高职高专计算机任务驱动模式教材

计算机网络技术项目教程

（计算机网络管理员级）

于鹏 丁喜纲 主编　　国锋 王婧 副主编

清华大学出版社

北京

内容简介

本书根据《计算机网络管理员国家职业标准》中对网络管理员（国家职业资格四级）所需具备的基本职业能力要求进行编写，以组建和管理一个基于 Windows XP 系统的对等网为主要目标，按照网络工程的实际流程展开，采用项目/任务模式，将计算机网络基础知识综合在各项技能中。读者可以在阅读本书时同步地进行实训，从而掌握计算机网络规划、建设、应用、运行管理及维护等方面的基础知识和技能，具备基本职业能力。

本书可作为网络管理员（国家职业资格四级）职业培训和职业技能鉴定的教材，也可作为高职高专院校计算机、网络通信、电子商务等专业的教材，以及从事网络建设、管理、维护等工作的技术人员的参考用书。

图书在版编目（CIP）数据

计算机网络技术项目教程/于鹏，丁喜纲主编．—北京：清华大学出版社，2009.10
高职高专计算机任务驱动模式教材
ISBN 978-7-302-21127-3

Ⅰ．计…　Ⅱ．①于…②丁…　Ⅲ．计算机网络－高等学校：技术学校－教材　Ⅳ．TP393

中国版本图书馆 CIP 数据核字（2009）第 171918 号

责任编辑：束传政
责任校对：袁　芳
责任印制：王秀菊

出版发行：清华大学出版社　　　　　　　　　地　　　址：北京清华大学学研大厦 A 座
　　　　　http://www.tup.com.cn　　　　　邮　　　编：100084
　　社　　总　　机：010-62770175　　　　　邮　　　购：010-62786544
　　投稿与读者服务：010-62776969，c-service@tup.tsinghua.edu.cn
　　质　量　反　馈：010-62772015，zhiliang@tup.tsinghua.edu.cn
印　装　者：北京鑫海金澳胶印有限公司
经　　销：全国新华书店
开　　本：185×260　　印　张：23　　字　　数：553 千字
版　　次：2009 年 10 月第 1 版　　印　　次：2009 年 10 月第 1 次印刷
印　　数：1～4000
定　　价：32.00 元

编审委员会

出版说明

我国高职高专教育经过近十年的发展,已经转向深度教学改革阶段。教育部 2006 年 12 月发布了教高[2006]16 号文件"关于全面提高高等职业教育教学质量的若干意见",大力推行工学结合,突出实践能力培养,全面提高高职高专教学质量。

清华大学出版社作为国内大学出版社的领跑者,为了进一步推动高职高专计算机专业教材的建设工作,适应高职高专院校计算机类人才培养的发展趋势,根据教高[2006]16 号文件的精神,2007 年秋季开始了切合新一轮教学改革的教材建设工作。

目前国内高职高专院校计算机网络与软件专业的教材品种繁多,但切合国家计算机网络与软件技术专业领域技能型紧缺人才培养培训方案并符合企业的实际需要、能够成体系的教材还不成熟。

我们组织国内对计算机网络和软件人才培养模式有研究并且有过一段实践经验的高职高专院校,进行了较长时间的研讨和调研,遴选出一批富有工程实践经验和教学经验的双师型教师,合力编写了这套适用于高职高专计算机网络、软件专业的教材。

本套教材的编写方法是以任务驱动案例教学为核心,以项目开发为主线。我们研究分析了国内外先进职业教育的培训模式、教学方法和教材特色,消化吸收优秀的经验和成果。以培养技术应用型人才为目标,以企业对人才的需要为依据,把软件工程和项目管理的思想完全融入教材体系,将基本技能培养和主流技术相结合,课程设置中重点突出、主辅分明、结构合理、衔接紧凑。教材侧重培养学生的实战操作能力,学、思、练相结合,旨在通过项目实践,增强学生的职业能力,使知识从书本中释放并转化为专业技能。

一、教材编写思想

本套教材以案例为中心,以技能培养为目标,围绕开发项目所用到知识点进行讲解,对某些知识点附上相关的例题,以帮助读者理解,进而将知识转变为技能。

考虑到是以"项目设计"为核心组织教学,所以在每一学期配有相应的实训课程及项目开发手册,要求学生在教师的指导下,能整合本学期所学的知识内容,相互协作,综合应用该学期的知识进行项目开发。同时在教材中采用了大量的案例,这些案例紧密地结合教材中的各个知识点,循序渐进,由浅入深,在整体上体现了内容主导、实例解析,以点带面的模式,配合课程后期以项目设计贯穿教学内容的教学模式。

软件开发技术具有种类繁多、更新速度快的特点。本套教材在介绍软件开发主流技术的同时,帮助学生建立软件相关技术的横向及纵向的关系,培养学生综合应用所学知识的能力。

二、丛书特色

本系列教材体现目前的工学结合教改思想,充分结合教改现状,突出项目面向教学和任务驱动模式教学改革成果,打造立体化精品教材。

1. 参照或吸纳国内外优秀计算机网络、软件专业教材的编写思想,采用本土化的实际项目或者任务,以保证其有更强的实用性,并与理论内容有很强的关联性。

2. 准确把握高职高专软件专业人才的培养目标和特点。

3. 充分调查研究国内软件企业,确定了基于 Java 和. NET 的两个主流技术路线,再将其组合成相应的课程链。

4. 教材通过一个个的教学任务或者教学项目,在做中学,在学中做,以及边学边做,重点突出技能培养。在突出技能培养的同时,还介绍解决思路和方法,培养学生未来在就业岗位上的终身学习能力。

5. 借鉴或采用项目驱动的教学方法和考核制度,突出计算机网络、软件人才培训的先进性、工具性、实践性和应用性。

6. 以案例为中心,以能力培养为目标,并以实际工作的例子引入概念,符合学生的认知规律。语言简洁明了、清晰易懂、更具人性化。

7. 符合国家计算机网络、软件人才的培养目标;采用引入知识点、讲述知识点、强化知识点、应用知识点、综合知识点的模式,由浅入深地展开对技术内容的讲述。

8. 为了便于教师授课和学生学习,清华大学出版社正在建设本套教材的教学服务资源。在清华大学出版社网站(www.tup.com.cn)免费提供教材的电子课件、案例库等资源。

高职高专教育正处于新一轮教学深度改革时期,从专业设置、课程体系建设到教材建设,依然是新课题。希望各高职高专院校在教学实践中积极提出意见和建议,并及时反馈给我们。清华大学出版社将对已出版的教材不断地修订、完善,提高教材质量,完善教材服务体系,为我国的高职高专教育继续出版优秀的高质量的教材。

清华大学出版社

高职高专计算机任务驱动模式教材编审委员会

rawstone@126.com

2009 年 1 月 1 日

前　言

目前计算机网络对社会生活及社会经济的发展已经产生了不可逆转的影响。作为高等职业院校计算机相关专业的学生,必须掌握计算机网络的基础知识和应用技能。目前计算机网络技术方面的教材很多,其中不乏优秀的书籍,但绝大部分教材仍然采用传统的"陈述知识"的方式,理论比重较大。虽然近年来有些教材也开始添加实训内容,但其内容设置仍然是为"陈述知识"服务的,各个实训并没有形成有机的整体,以致读者在学习过程中很难掌握实际技能,即使掌握了部分操作技能也无法具备基本职业能力。职业教育直接面向社会、面向市场,以就业为导向,必须使学生具备真正的技术应用能力,因此编写一本突出基本职业能力培养,适合高等职业教育的计算机网络技术方面的教材是非常必要的。

本教材在编写原则上,突出以职业能力为核心。教材编写贯穿"以职业标准为依据,以企业需求为导向,以职业能力为核心"的理念,依据国家职业标准,结合企业实际,反映岗位需求,突出新知识、新技术、新工艺、新方法,注重职业能力培养。凡是职业岗位工作中要求掌握的知识和技能,均做详细介绍。

在使用功能上,注重服务于培训和鉴定。根据职业发展的实际情况和培训需求,教材力求体现职业培训的规律,反映职业技能鉴定考核的基本要求,满足培训对象参加鉴定考试的需要。

通过对本教材的使用可以使读者掌握相关知识,学会应用技术,具备基本职业能力,能够独立完成小型计算机网络的规划、组建、应用、运行管理及维护等工作。本教材在编写时着力突出以下特色:

(1) 依据国家职业标准

国家职业标准源自生产一线、源自工作过程,具有以职业活动为导向、以职业能力为核心的特点。目前,我国正在积极推行职业院校"双证书"制度,要求职业院校毕业生在取得学历证书的同时应获得相应的职业资格证书。因此本书内容依据《计算机网络管理员国家职业标准》中对网络管理员(国家职业资格四级)所需具备的基本职业能力进行编写,力求突出职业特色和岗位特色。

(2) 以工作过程为导向,采用项目/任务模式

本书以工作过程为导向,采用项目/任务模式,所有内容以组建和管理

一个基于 Windows XP 系统的对等网为主要目标，按照网络工程的实际流程展开，采用项目/任务模式，将计算机网络基础知识综合在各项技能中，力求使读者在做中学，真正能够利用所学知识解决实际问题，以形成基本的职业能力。

（3）紧跟行业技术发展

计算机网络技术发展很快，本书着力于当前主流技术和新技术的讲解，吸收了有丰富实践经验的企业技术人员参与教材的编写过程，与企业行业密切联系，使所有内容紧跟行业技术的发展。

本书以组建和管理一个基于 Windows XP 系统的对等网为主要目标，根据《计算机网络管理员国家职业标准》对网络管理员（国家职业资格四级）所需具备的职业能力的要求，把计算机网络基础知识和相关技能分解为相对独立的 10 个项目，分别为：认识计算机网络与绘制网络拓扑结构图、网络终端设备的安装与配置、组建局域网、IP 地址规划与分配、IP 路由与路由器配置、接入 Internet、网络应用、网络管理与安全、网络运行维护、计算机机房环境管理。每个项目都有自己要实现的目标，由需要读者亲自动手完成的任务组成，各个项目相互联系，涵盖了计算机网络规划、建设、应用、管理和维护的全过程。为了使读者能检查学习效果，每个项目后都附有习题，其中包括一部分历年网络管理员（国家职业资格四级）职业技能鉴定考试中的相关试题。

本教材由于鹏、丁喜纲任主编，国锋、王婧任副主编，栾泽成、张峰、万纲尊、宋本兴、邱海燕、李霞、王伟华、管化积、宫军浩、于慧、李光耀、刘毅、王赫男、刘瑜、赵金芝、戴万燕、于志国、方燕等教师参与了本教材的编写工作。在编写过程中得到了各级领导的大力支持，值此致以衷心的感谢。

编者意在奉献给读者一本实用并具有特色的教材，但由于书中涉及的许多内容属于正在发展中的高新技术，加之我们水平有限，难免有错误和不妥之处，敬请广大读者给予批评指正。

编　者

2009 年 6 月于青岛

目　录

项目 1　认识计算机网络与绘制网络拓扑结构图

计算机网络是计算机技术与通信技术相互融合的产物,是当今计算机科学与工程中迅速发展的新兴技术之一,也是计算机应用中一个空前活跃的领域。人们可以借助计算机网络实现信息的交换和共享。如今,计算机网络技术已经深入到人们日常工作、生活的每个角落,随处都可以看到网络的存在,随处都可以享受到网络给我们生活带来的便利。本项目的主要目标是认识数据通信系统和计算机网络,掌握数据通信系统和计算机网络的基本知识,能够利用相关软件绘制计算机网络拓扑结构图。

任务 1.1　认识数据通信系统

【实训目的】
(1) 了解数据通信系统的基本模型。
(2) 了解基本数据传输技术。

【实训条件】
(1) 已经联网并能正常运行的计算机网络。
(2) 已经联网并能正常运行的有线广播、电话、有线电视或其他数据通信系统。

1.1.1　相关知识

数据通信是一门独立的学科,它涉及的范围很广,它的任务就是利用通信媒体传输信息。信息就是知识,数据是信息的表现形式,信息是数据的内容。数据通信就是通过传输介质,采用网络、通信技术来使信息数据化并传输。计算机使用 0 和 1(即比特)数字信号表示数据,计算机网络中的信息通信与共享通过以下过程实现:一台计算机中的比特信号通过网络传送到另一台计算机中去被处理或使用。从物理上讲,通信系统只使用传输介质传输电流、无线电波或光信号。

1. 数据通信系统

通信的目的就是传递信息。通信中产生和发送信息的一端叫做信源,接收信息的一端叫做信宿,信源和信宿之间的通信线路称为信道。信息在进入信道时要变换为适合信道传输的形式,在进入信宿时又要变换为适合信宿接收的形式。另外,信息在传输过程中可能会受到外界的干扰,这种干扰称为噪声。

数据通信系统的基本模型如图 1-1 所示。

图 1-1　数据通信系统的基本模型

(1) 数据与信号

信息一般用数据和信号表示。数据有模拟数据和数字数据两种形式。模拟数据是在一定时间间隔内,连续变化的数据。因为模拟数据具有连续性的特点,所以它可以取无限多个数值。例如声音、电视图像信号等都是连续变化的,都表现为模拟数据。数字数据是表现为离散量的数据,只能取有限个数值。在计算机中一般采用二进制形式,只有"0"和"1"两个数值。在数据通信中,人们习惯将被传输的二进制代码的 0、1 称为码元。

在通信系统中,数据需要转换为信号的形式从一点传到另一点。信号有模拟信号和数字信号两种基本形式。用数字信号进行的传输称为数字传输,用模拟信号进行的传输称为模拟传输。模拟信号是连续变化的、具有周期性的正弦波信号,而数字信号传输的是不连续的、离散的二进制脉冲信号。图 1-2 所示的是两种信号的典型表示。

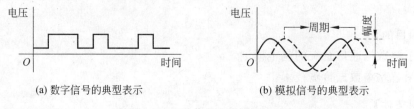

(a) 数字信号的典型表示　　　　(b) 模拟信号的典型表示

图 1-2　两种信号的典型表示

数据在计算机中是以离散的二进制数字信号表示的,但在数据通信过程中,它是以数字信号方式表示,还是以模拟信号方式表示,主要取决于选用的通信信道所允许传输的信号类型。如果通信信道不允许直接传输计算机所产生的数字信号,那么就需要在发送端将数字信号变换成模拟信号,在接收端再将模拟信号还原成数字信号,这个过程被称为调制解调。

(2) 信道

信道是信号传输的通道,主要包括通信设备和传输介质。传输介质可以是有形介质(如电缆、光纤)或无形介质(如传输电磁波的空间)。信道有物理信道和逻辑信道之分。物理信道是指用来传送信号的一种物理通路,由传输介质及有关设备组成。逻辑信道在信号的发送端和接收端之间并不存在一条物理上的传输介质,而是在物理信道的基础上,通过节点设备内部的连接来实现的。

信道可以按多种不同的方法分类,如按照传输介质来分,信道可分为有线信道和无线信道;按照传输信号的种类,信道可分为模拟信道和数字信道;按照使用权限又可分为专用信道和公用信道等。

(3) 主要技术指标

数据通信系统的技术指标主要体现在数据传输的质量和数量两方面。质量指信息传输的可靠性,一般用误码率来衡量。而数量指标有两个:一个是信道的传输能力,用信道容量来表示;另一个是信道上传输信息的速度,相应的指标是数据传输速率。

- 数据传输速率

数据传输速率是描述数据传输系统的重要技术指标之一。数据传输速率在数值上等于每秒钟传输所构成数据代码的二进制比特数,单位为比特/秒(bit/second),记做 b/s 或 bps。对于二进制数据,数据传输速率为:$S=1/t$(bps)。其中,t 为发送每一比特所需要的时间。例如,如果在通信信道上发送一个比特信号所需要的时间是 0.1ms,那么信道的数据传输速率为 10000bps。在实际应用中,常见的数据传输速率单位有:kbps、Mbps、Gbps。其中:$1\text{kbps}=10^3\text{bps}$,$1\text{Mbps}=10^6\text{bps}$,$1\text{Gbps}=10^9\text{bps}$。

在模拟信号传输中,有时会使用波特率衡量模拟信号的传输速度,波特率又称为波形速率,指每秒钟传送的波形的个数。

- 带宽

带宽是指频率范围,即最高频率与最低频率的差值,其单位是赫兹(Hz)。在计算机网络中能够遇到的带宽包括信号的带宽和信道的带宽。任何一个实际传输的信号都可以分解成一系列不同频率、不同幅度的正弦信号,其中具有较大能量比率的正弦信号最高频率与最低频率的差值,就是信号的带宽。

信道的带宽是指能够通过信道的正弦信号的频率范围,即信道可传送的正弦信号的最高频率与最低频率之差。例如,一条传输线可以接收从 500Hz 到 3000Hz 的频率,则在这条传输线上传送频率的带宽就是 2500Hz。信道的带宽由传输介质、接口部件、传输协议以及传输信息的特性等多种因素决定。带宽在一定程度上体现了信道的性能,是衡量传输系统的一个重要指标。信道的容量、传输速率和抗干扰性等因素均与带宽有着密切的联系。需要指出的是,带宽和数据传输速率之间并没有直接对应的关系。通常信道的带宽越大,信道的容量也就越大,其传输速率相应也越高。

一般来说,信号能在某信道上传输的前提条件是信号的频率范围在信道可传输的频率范围内,否则就需要对信号进行频谱搬移、压缩等相应的处理。

- 信道容量

信道是传输信息的通道,具有一定的容量。信道容量指信道能传输信息的最大能力,用单位时间内可传送的最大比特率表示,它决定于信道的带宽、可使用的时间及能通过的信道功率与干扰功率的比值。根据奈奎斯特取样定理,可以认为当信道的带宽为 F 时,在 T 秒内信道最多可传送 $2FT$ 个信息符号。信道容量和信号传输速率之间应满足以下关系,即信道容量>传输速率,如果高传输速率的信号在低容量信道上传输,其实际传输速率会受到信道容量的限制,难以达到原有的指标。

- 误码率

在有噪声的信道中,数据速率的增加意味着传输中出现差错的概率增加。误码率是用来表示传输二进制位时出现差错的概率。误码率近似等于被传错的二进制位数与所传送的二进制总位数的比值。在计算机网络通信系统中,要求误码率低于 10^{-9}。差错的出现具有随机性,在实际测量数据传输系统时,被测量的传输二进制位数越大,才会越接近于真正的误码率值。在误码率高于规定值时,可以用差错控制的方法进行检查和纠正。

2. 数据的传输方式

数据在线路上的传输方式可以分为单工方式、半双工方式和全双工方式三种。

（1）单工通信方式

在单工通信方式中，数据信息只能向一个方向传输，任何时候都不能改变数据的传送方向。如图1-3所示，其中A端只能作为发射端发送资料，B端只能作为接收端接收资料。为使双方能单工通信，还需一条线路用于控制。单工通信的信号传输链路一般由两条线路组成，一条用于传输数据，另一条用于传送控制信号，通常又称为二线制。如收音机、电视的信号传输方式就是单工通信。

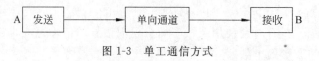

图1-3　单工通信方式

（2）半双工通信方式

在半双工通信方式中，数据信息可以双向传送，但必须是交替进行，同一时刻一个信道只允许单方向传送。如图1-4所示，其中A端和B端都具有发送和接收装置，但传输线路只有一条，若想改变信息的传送方向，需由开关进行切换。适用于终端之间的会话式通信，但由于通信中要频繁地调换信道的方向，故效率较低。如对讲机的通信方式。

图1-4　半双工通信方式

（3）全双工通信方式

全双工通信能在两个方向上同时发送和接收信息，如图1-5所示，它相当于把两个相反方向的单工通信方式组合起来，因此一般采用四线制。全双工通信效率高，控制简单，但组成系统造价高，适用于计算机之间通信。如计算机网络、手机通信的方式。

图1-5　全双工通信方式

3. 数据传输技术

（1）基带传输

在数据通信中，电信号所固有的基本频率叫基本频带，简称为基带。这种电信号就叫做基带信号。在数字通信信道上，直接传送基带信号的方法称为基带传输。

在发送端基带传输的信源数据经过编码器变换，变为直接传输的基带信号；在接收端由解码器恢复成与发送端相同的数据。基带传输是一种最基本的数据传输方式。

基带传输只能延伸有限的距离，一般不大于2.5km，当超过上述距离时，需要加中继器，将信号放大和再生，以延长传输距离。基带传输简单、设备费用少、经济，适用于传输距离不长的场合，特别适用于在短距离网络中使用。

（2）频带传输

由于电话交换网是用于传输语音信号的模拟通信信道，并且是目前覆盖面最广的一种通信方式，因此利用模拟通信信道进行数据通信也是最普遍使用的通信方式之一。而频带传输技术就是利用调制器把二进制信号调制成能在公共电话线上传输的音频信号（模拟信号），将音频信号在传输介质中传送到接收端后，再经过解调器的解调，把音频信号还原成二进制的电信号。频带传输的基本模型如图 1-6 所示。

图 1-6 频带传输的基本模型

频带传输的优点是克服了电话线上不能传送基带信号的缺点，用于语音通信的电话交换网技术成熟，造价较低，而且能够实现多任务的目的，从而提高了通信线路的利用率。但其缺点是数据传输速率和系统效率较低。

（3）宽带传输

宽带系统是指具有比原有话音信道带宽更宽的信道。使用这种宽带技术进行传输的系统，称为宽带传输系统。宽带传输系统可以进行高速的数据传输，并且允许在同一信道上进行数字信息和模拟信息服务。

4. 数据编码技术

在数据通信中，编码的作用是用信号来表示数据。计算机中的数据是以离散的二进制比特方式表示的数字数据。计算机数据在计算机网络中传输，通信信道无外乎数字信道和模拟信道两种类型，计算机数据在不同的信道中传输要采用不同的信号编码方式。也就是说，在模拟信道中传输时，要将数据转换为适于模拟信道传输的模拟信号；在数字信道中传输时，又要将数据转换为适于数字信道传输的数字信号。

（1）数字数据的数字信号编码

用数字信号表示数字数据，即用直流电压或电流波形的脉冲序列来表示数字数据的"0"和"1"，就是数字数据的数字信号编码。常用的编码方法有以下几种。

① 不归零编码（NRZ）

不归零编码用无电压表示二进制"0"，用恒定的正电压表示二进制"1"，如图 1-7 所示。不归零编码是效率最高的编码，但如果重复发送"1"，势必要连续发送正电压；如果重复发送"0"，势必要连续不送电压，这样会使某一位码元与其下一位码元之间没有间隙，不易区分识别，因此存在发送方和接收方的同步问题。

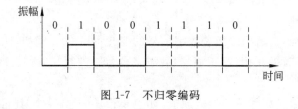

图 1-7 不归零编码

② 曼彻斯特编码

曼彻斯特编码不用电压的高低表示二进制"0"和"1"，而是用电压的跳变来表示的。在曼彻斯特编码中,每一位的中间均有一个跳变,这个跳变既作为数据信号,也作为时钟信号。电压从高到低的跳变表示二进制"1",从低到高的跳变表示二进制"0"。

③ 差分曼彻斯特编码

差分曼彻斯特编码是对曼彻斯特编码的改进,每位中间的跳变仅作同步之用,每位的值根据其开始边界是否发生跳变来决定。每位的开始无跳变表示二进制"1",有跳变表示二进制"0"。图1-8显示了对于同一个比特模式的曼彻斯特编码和差分曼彻斯特编码。

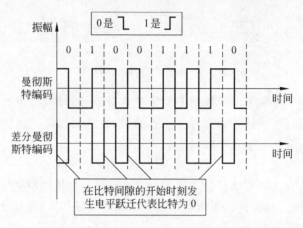

图1-8　曼彻斯特编码和差分曼彻斯特编码

(2) 数字数据的模拟信号编码

要在模拟信道上传输数字数据,首先数字信号要对相应的模拟信号进行调制,即用模拟信号作为载波运载要传送的数字数据。载波信号可以表示为正弦波形式:$f(t)=A\sin(\omega t+\varphi)$,其中幅度 A、频率 ω 和相位 φ 的变化均影响信号波形。因此,通过改变这三个参数可实现对模拟信号的编码。相应的调制方式分别称为幅度调制(ASK)、频率调制(FSK)和相位调制(PSK)。结合 ASK、FSK 和 PSK 可以实现高速调制,常见的组合是 PSK 和 ASK 的结合。

① 幅度调制(ASK)

幅度调制即载波的振幅随着数字信号的变化而变化。例如二进制"1"用有载波输出表示,即载波振幅为原始振幅;二进制"0"用无载波输出来表示,即载波振幅为0,如图1-9(a)所示。

② 频率调制(FSK)

频率调制即载波的频率随着数字信号的变化而变化。例如,二进制"1"用载波频率 f_1 来表示,二进制"0"用另一载波频率 f_2 来表示,如图1-9(b)所示。

③ 相位调制(PSK)

相位调制即载波的初始相位随着数字信号的变化而变化。例如,用 $180°$ 相位(反相)的载波来表示二进制"1",用 $0°$ 相位(正相)的载波来表示二进制"0",如图1-9(c)所示。

5. 多路复用技术

在长途通信中,一些高容量的传输通道(如卫星设施、光缆等),其可传输的频率带宽很宽,为了高效合理地利用这些资源,出现了多路复用技术。多路复用就是在单一的通信线路上,同时传输多个不同来源的信息。多路复用原理如图1-10所示。从不同发送端发出的信

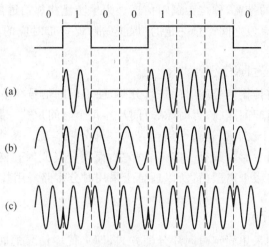

图 1-9　数字数据的模拟信号编码

号 $S_1, S_2, \cdots, S_n$，先由复合器复合为一个信号，再通过单一信道传输至接收端。接收前先由分离器分出各个信号，再被各接收端接收。可见，多路复用需要经复合、传输、分离三个过程。

图 1-10　多路复用原理

　　如何实现各个不同信号的复合与分离，是多路复用技术研究的中心问题。为使不同的信号能够复合为一个信号，要求各信号存在一定的共性；复合的信号能否分离，又取决于各信号有无自己的特征。根据不同信道的情况，事先对被传送的信息进行处理，使之既有复合的可能性，又有分离的条件。也就是说，各信号在复合前可各自做一标记，然后复合、传输。接收时再根据各自的特殊标记来识别分离它们。常见的多路复用技术有以下几种。

　　（1）频分多路复用（FDM）

　　频分多路复用的典型例子有许多，如无线电广播、无线电视中将多个电台或电视台的多组节目对应的声音、图像信号分别载在不同频率的无线电波上，同时，在同一无线空间中传播，接收者根据需要接收特定的某种频率的信号收听或收看。同样，有线电视也是基于同一原理。总之，频分多路复用是把线路或空间的频带资源分成多个频段，将其分别分配给多个用户，每个用户终端通过分配给它的子频段传输，如图 1-11 所示。在 FDM 频分多路复用

图 1-11　频分多路复用原理

中,各个频段都有一定的带宽,称之为逻辑信道。为了防止相邻信道信号频率覆盖造成的干扰,相邻两个信号的频率段之间设立一定的"保护"带,保护带对应的频率未被使用,以保证各个频带互相隔离不会交叠。

(2) 时分多路复用(TDM)

时分多路复用是将传输信号的时间进行分割,使不同的信号在不同时间内传送,即将整个传输时间分为许多时间间隔(称为时隙、时间片),每个时间片被一路信号占用。也就是说TDM就是通过在时间上交叉发送每一路信号的一部分来实现一条线路传送多路信号。时分多路复用线路上的每一时刻只有一路信号存在,而频分是同时传送若干路不同频率的信号。因为数字信号是有限个离散值,所以适合于采用时分多路复用技术,而模拟信号一般采用频分多路复用。

• 同步时分多路复用

同步时分多路复用采用固定时间片分配方式,即将传输信号的时间按特定长度连续地划分成特定时间段,再将每一时间段划分成等长度的多个时间片,每个时间片以固定的方式分配给各路数字信号,各路数字信号在每一时间段都顺序分配到一个时间片。如图 1-12 所示。

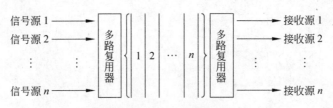

图 1-12　同步时分多路复用原理

由于在同步时分多路复用方式中,时间片预先分配且固定不变,无论是否传输数据,时间片拥有者都占有一定时间片,形成了时间片浪费,其时间片的利用率很低,为了克服同步时分多路复用的缺点,引入了异步时分多路复用技术。

• 异步时分多路复用

异步时分多路复用技术能动态地按需分配时间片,避免每个时间段中出现空闲时间片。也就是只有某一路用户有数据要发送时才把时间片分配给它。当用户暂停发送数据时不给它分配线路资源。所以每个用户的传输速率可以高于平均速率(即通过多占时间片),最高可达到线路总的传输能力(即占有所有的时间片)。如线路总的传输能力为 28.8kbps,三个用户公用此线路,在同步时分多路复用方式中,则每个用户的最高速率为 9600bps,而在异步时分多路复用方式时,每个用户的最高速率可达 28.8kbps。

(3) 波分多路复用(WDM)

波分多路复用利用了光具有不同的波长的特征,实际上就是光的频分复用。随着光纤技术的使用,基于光信号传输的复用技术得到重视。光的波分多路复用是利用波分复用设备将不同信道的信号调制成不同波长的光,并复用到光纤信道上,由于波长不同,所以各路光信号互不干扰;在接收方,采用波分设备将各路波长的光分解出来,如图 1-13 所示。

(4) 码分多路复用(CDM)

码分多路复用也是一种共享信道的方法,每个用户可在同一时间使用同样的频带进行

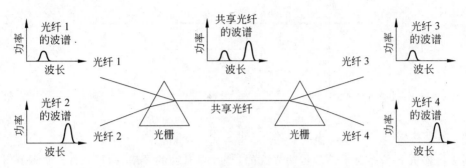

图 1-13　波分多路复用原理

通信,但使用的是基于码型的分割信道的方法,即每个用户分配一个地址码,各个码型互不重叠,通信各方之间不会相互干扰,且抗干扰能力强。

码分多路复用技术主要用于无线通信系统,特别是移动通信系统。它不仅可以提高通信的话音质量和数据传输的可靠性,减少干扰对通信的影响,而且增大了通信系统的容量。笔记本电脑、个人数字助理(PDA)以及掌上电脑等移动性计算机的联网通信就是使用了这种技术。

6. 同步传输和异步传输

在计算机中,通常是用 8 位的二进制代码来表示一个字符。在数据通信中,如图 1-14 所示,将待传送的每个字符的二进制代码按由低位到高位的顺序依次进行发送,到达对方后,再由通信接收装置将二进制代码还原成字符的方式称为串行通信。串行通信方式的传输速率较低,但只需要在接收端与发送端之间建立一条通信信道,因此费用低。目前,在计算机网络中,主要采用串行通信方式。

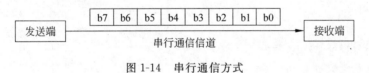

图 1-14　串行通信方式

在逐位传送的串行通信中,接收端必须能识别每个二进制位从什么时刻开始,这就是位定时。通信中一般以若干位表示一个字(或字符),除了位定时外还需要在接收端能识别每个字符从哪位开始,这就是字符定时。

(1) 异步传输

异步传输方式指收发两端各自有相互独立的位定时时钟,数据的传输速率是双方约定的,收方利用数据本身来进行同步的传输方式,一般是起止式同步方式。这种方式以字(一般为 8 比特)为单位进行传送,在需传送的字符前设置 1 比特的零电平作为起始位,预告待传送字符即将开始;在字符之后,设置 1~2 比特高电平作为终止位,以表示该字符传送结束。该终止位的电平也表示平时不进行通信的状态(即处于“闲”时状态),如图 1-15 所示。在异步方式中,不传送字符时,并不要求收发时钟“同步”,但在传送字符时,要求收发时钟在每一字符中的每一位上“同步”。

异步传输的优点是简单、可靠,常用于面向字符的、低速的异步通信场合。例如,主计算机与终端之间的交互式通信通常采用这种方式。

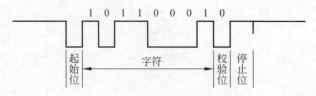

图 1-15　异步传输的数据格式

（2）同步传输

同步传输方式是相对于异步传输方式的，是针对时钟的同步，即指收发双方采用了统一时钟的传输方式。至于统一时钟信号的来源，或是双方有一条时钟信号的信道，或是利用独立同步信号来提取时钟。

同步传输是以数据块为单位的数据传输。每个数据块的头部和尾部都要附加一个特殊的字符或比特序列，标记一个数据块的开始和结束，一般还要附加一个校验序列（如 16 位或 32 位 CRC 校验码），以便对数据块进行差错控制，如图 1-16 所示。在同步传输方式中，是以固定的时钟节拍来传输信号的，即有恒定的传输速率。在串行数据流中，各个信号码元之间相对位置都是固定的，接收方为了从收到的数据流中正确地区分出一个个信号码元，首先必须建立起准确的时钟信号，即位同步，也就是要求收发两方具有一个同步（同频同相）时钟，从而满足收发双方同步工作的要求。与异步方式相比，同步传输方式中的设备，或是双方之间的信道比较复杂，但同步方式没有起止位，所以传输效率较高。

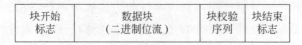

块开始 标志	数据块 （二进制位流）	块校验 序列	块结束 标志

图 1-16　同步传输的数据格式

1.1.2　实训内容

1. 参观有线广播系统

根据具体的条件，参观所在学校或其他单位的有线广播系统，按照通信系统基本模型了解该系统的基本组成，查看该系统的主要技术指标，思考该系统采用了何种传输方式和传输技术。

2. 参观电话系统

根据具体的条件，参观所在学校或其他单位的内部电话系统，按照通信系统基本模型了解该系统的基本组成，查看该系统的主要技术指标，思考该系统采用了何种传输方式和传输技术。

3. 参观计算机网络

根据具体的条件，参观所在学校或其他单位的计算机网络系统，按照通信系统基本模型了解该系统的基本组成，查看该系统的主要技术指标，思考该系统采用了何种传输方式和传输技术。

任务 1.2 认识计算机网络

【实训目的】

(1) 了解计算机网络的发展和应用。

(2) 了解计算机网络的软硬件组成。

(3) 认识计算机网络中的常用设备。

【实训条件】

(1) 已经联网并能正常运行的机房和校园网。

(2) 已经联网并能正常运行的其他网络。

1.2.1 相关知识

1. 计算机网络的产生和发展

计算机网络的发展历史虽然不长,但是发展速度很快,它经历了从简单到复杂、从单机到多机的演变过程,其产生与发展主要包括面向终端的计算机网络、计算机通信网络、计算机互联网络和高速互联网络等四个阶段。

(1) 第一代计算机网络

第一代计算机网络实际上是以中心计算机系统为核心的远程联机系统,是面向终端的计算机网络。这类系统除了一台中心计算机外,其余的终端都没有自主处理能力,还不能算作真正的计算机网络。因此,面向终端的计算机网络也被称为联机系统,它是现代计算机网络的雏形。第一代计算机网络结构如图 1-17 所示。

目前,我国金融系统等领域广泛使用的多用户终端就属于计算机终端网络,只不过其软、硬件设备和通信设施都已更新换代,提高了网络的运行效率。

(2) 第二代计算机网络

第二代计算机网络是以共享资源为目的的计算机通信网络。面向终端的计算机网络只能在终端和

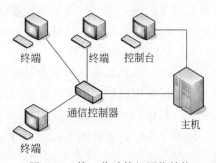

图 1-17 第一代计算机网络结构

主机之间进行通信,计算机之间无法通信。20 世纪 60 年代中期,出现了由多台主计算机通过通信线路互联构成的"计算机—计算机"通信系统,网络结构如图 1-18 所示。

在第二代计算机网络中每一台计算机都有自主处理能力,彼此之间不存在主从关系。它由通信子网和资源子网构成,用户通过终端不仅可以共享本主机上的软硬件资源,还可共享通信子网上其他主机的软硬件资源。我们将这种由多台主计算机互联构成的网络系统称为第二代计算机网络。第二代计算机网络在概念、结构和网络设计方面都为后继的计算机网络打下了良好的基础,它也是今天 Internet 的雏形。

(3) 第三代计算机网络

20 世纪 70 年代,各种各样的商业网络纷纷建立,并提出各自的网络体系结构。比较著

11

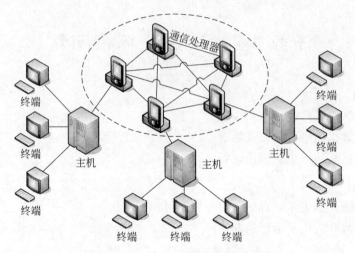

图 1-18　第二代计算机网络结构

名的有 IBM 公司于 1974 年公布的系统网络体系结构 SNA(System Network Architecture) 和 DEC 公司于 1975 年公布的分布式网络体系结构 DNA(Distributing Network Architecture)。这样,世界范围内不断出现了一些按照不同概念设计的网络,有力地推动了计算机网络的发展和广泛使用。

对同一体系结构的网络产品互连非常容易,但不同系统体系结构的产品却很难实现互连。为此,国际标准化组织(International Standards Organization,ISO)成立了一个专门机构研究和开发新一代的计算机网络。经过几年的努力,正式颁布了“开放系统互连参考模型”(Open System Interconnection Reference Model,OSI/RM),该模型为不同厂商之间开发可互操作的网络软件部件提供了基本依据,从此,计算机网络进入了标准化时代。我们将体系结构标准化的计算机网络称为第三代计算机网络,也称为计算机互联网络。

（4）第四代计算机网络

第四代计算机网络又称高速互联网络(或称高速 Internet)。通常意义上的计算机互联网络是通过数据通信网络实现数据的通信和共享,而第四代计算机网络基本上以电信网作为信息的载体,即计算机通过电信网络中的 X.25 网、DDN 网、帧中继网等传输信息。

随着互联网的迅猛发展,人们对远程教学、远程医疗、视频会议等多媒体应用的需求大幅度增加。这样,基于传统电信网络为信息载体的计算机互联网络不能满足人们对网络速度的要求,促使网络由低速向高速、由共享到交换、由窄带向宽带方向迅速发展,即由传统的计算机互联网络向高速互联网络发展。目前对于互联网的主干网来说,各种宽带组网技术日益成熟和完善,以 IP 技术为核心的计算机网络将成为网络(计算机网络和电信网络)的主体。新技术网格技术将整个 Internet 整合成一个巨大的超级计算机,实现计算资源、存储资源、数据资源、信息资源、通信资源、软件资源和知识资源的全面共享。

2. 计算机网络的定义

关于计算机网络这一概念的描述,从不同的角度出发,可以给出不同的定义。简单地说,计算机网络就是由通信线路互相连接的许多独立工作的计算机构成的集合体。这里强调构成网络的计算机是独立工作的,这是为了和多终端分时系统相区别。

从应用的角度来讲,只要将具有独立功能的多台计算机连接起来,能够实现各计算机之间信息的互相交换,并可以共享计算机资源的系统就是计算机网络。

从资源共享的角度来讲,计算机网络就是一组具有独立功能的计算机和其他设备,以允许用户相互通信和共享资源的方式互联在一起的系统。

从技术角度来讲,计算机网络就是由特定类型的传输介质(如双绞线、同轴电缆和光纤等)和网络适配器互连在一起的计算机,并受网络操作系统监控的网络系统。

我们可以将计算机网络这一概念系统地定义为:计算机网络就是将地理位置不同,并具有独立功能的多个计算机系统通过通信设备和通信线路连接起来,并且以功能完善的网络软件(网络协议、信息交换方式以及网络操作系统等)实现网络资源共享的系统。

3. 计算机网络的功能

计算机技术和通信技术结合而产生的计算机网络,不仅使计算机的作用范围突破了地理位置的限制,而且也增大了计算机本身的功能,拓宽了服务,使得它在各领域发挥了重要作用,成为目前计算机应用的主要形式,这是因为计算机网络具有下述重要的功能。

(1) 数据通信

数据通信即实现计算机与终端、计算机与计算机间的数据传输,是计算机网络的最基本的功能,也是实现其他功能的基础。如电子邮件、传真、远程数据交换等。

(2) 资源共享

资源共享是计算机网络的主要功能。在计算机网络中有很多昂贵的资源,例如大型数据库、巨型计算机等,并非为每一个用户所拥有,所以必须实现资源共享。网络中可共享的资源有硬件资源、软件资源和数据资源,其中共享数据资源最为重要。资源共享的结果是避免重复投资和劳动,从而提高资源的利用率,使系统的整体性价比得到改善。

(3) 提高系统的可靠性

在一个系统内,单个部件或计算机暂时失效时必须通过替换资源的办法来维持系统的继续运行。而在计算机网络中,每种资源(特别是程序和数据)可以存放在多个地点,用户可以通过多种途径来访问网内的某个资源,从而避免了单点失效对用户产生的影响。

(4) 进行分布处理

网络技术的发展,使得分布式计算成为可能。当需要处理一个大型作业时,可以将这个作业通过计算机网络分散到多个不同的计算机系统分别处理,提高处理速度,充分发挥设备的利用率。利用这个功能,可以将分散在各地的计算机资源集中起来进行重大科研项目的联合研究和开发。

(5) 集中处理

通过计算机网络,可以将某个组织的信息进行分散、分级、集中处理与管理,这是计算机网络最基本的功能。一些大型的计算机网络信息系统正是利用了此项功能,如银行系统、订票系统等。

4. 计算机网络的组成

(1) 通信子网和资源子网

既然计算机网络的主要目的是使资源(计算机系统、软件及数据)通过通信实现共享,那么计算机网络就应能够提供数据处理和数据通信两大基本功能。因此无论用户建网的具体目的和网络的具体配置如何,从网络逻辑功能角度,都可以将计算机网络分为通信子网和资源子网,如图 1-19 所示。

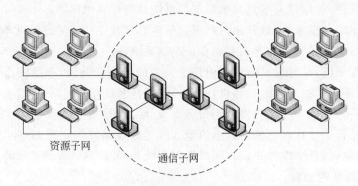

图 1-19　通信子网和资源子网

计算机网络系统以通信子网为中心,通信子网处于网络的内层,由通信控制处理机、其他通信设备、通信线路等组成,承担全网的数据传输、转发等通信处理任务。在目前网络结构中,通信子网一般由路由器、交换机和通信线路组成。

资源子网也称为用户子网,处于网络的外围,由网络中所有主机、终端、终端控制器、外设、各种软件资源和信息资源等组成,负责全网的数据处理、向网络用户提供各种网络资源和网络服务。资源子网通过通信线路连接到通信子网。

（2）网络硬件和网络软件

既然计算机网络是计算机的高级应用形式,因此和计算机一样,计算机网络也可以看做是由网络硬件和网络软件两大部分组成的。

① 网络硬件

网络硬件包括网络服务器、网络工作站、传输介质和网络设备等。
- 网络服务器是网络的核心,是网络的资源所在,它为使用者提供了主要的网络资源。
- 网络工作站实际上就是一台入网的计算机,它是用户使用网络的窗口。
- 传输介质是网络通信时信号的载体,包括双绞线、光缆、无线电波等。
- 网络设备是在网络通信过程中完成特定功能的通信部件,常见的网络设备有集线器、交换机、路由器等。网络设备和传输介质共同实现了网络的连接。

② 网络软件

网络软件是一种在网络环境下使用和运行或者控制和管理网络工作的计算机软件。根据软件的功能,计算机网络软件可分为网络系统软件和网络应用软件两大类型。网络系统软件是控制和管理网络运行、提供网络通信、分配和管理共享资源的网络软件,它包括网络操作系统、网络协议软件、通信控制软件和管理软件等。网络应用软件是指为某一个应用目的而开发的网络软件。

网络协议是通信双方关于通信如何进行所达成的协议,常见的网络协议有 TCP/IP 协议、NetBEUI 协议、IPX/SPX 协议等。

网络操作系统是网络软件的核心,用于管理、调度、控制计算机网络的多种资源,目前常用的计算机网络操作系统主要有 UNIX 系列、Windows 系列和 Linux 系列。
- UNIX 本是针对小型机主机环境开发的操作系统,是一种集中式分时多用户体系结构。这种网络操作系统历史悠久,其良好的网络管理功能已为广大网络用户所接受,稳定性能和安全性能非常好,但由于它多数是以命令方式来进行操作的,不容易掌握,主要用于大型的网站或大型局域网中。

- Microsoft 的 Windows 系统不仅在个人操作系统中占有绝对优势,它在网络操作系统中也具有非常强劲的力量。这类操作系统配置在整个局域网配置中是最常见的,但由于它稳定性能不是很高,所以一般只是用在中低档服务器中。在局域网中,Microsoft 的网络操作系统主要有 Windows NT 4.0 Server、Windows 2000 Server、Windows Server 2003 以及 Windows Server 2008 等。
- Linux 是一个开放源代码的网络操作系统,通过它可以免费得到许多应用程序。目前已经有很多中文版本的 Linux,如 RedHat(红帽子),红旗 Linux 等,在国内得到了用户的充分肯定。Linux 与 UNIX 有许多类似之处,具有较高的安全性和稳定性。

5. 计算机网络的分类

计算机网络的分类方法很多,从不同的角度出发,会有不同的分类方法,表 1-1 列举了目前计算机网络的主要分类方法。

表 1-1　计算机网络的分类

分 类 标 准	网 络 名 称
覆盖范围	局域网、城域网、广域网
管理方法	基于客户机/服务器的网络、对等网
网络操作系统	Windows 网络、Netware 网络、UNIX 网络等
网络协议	NetBEUI 网络、IPX/SPX 网络、TCP/IP 网络等
拓扑结构	总线型网络、星型网络、环型网络等
交换方式	线路交换、报文交换、分组交换
传输介质	有线网络、无线网络
体系结构	以太网、令牌环网、AppleTalk 网络等
通信传播方式	广播式网络、点到点式网络

(1) 按覆盖范围分类

计算机网络由于覆盖的范围不同,所采用的传输技术也不同,按照其覆盖的地理范围进行分类,可以较好地反映不同类型网络的技术特征。按覆盖的地理范围,计算机网络可以分为局域网、城域网和广域网。

① 局域网

局域网(Local Area Network,LAN)的通信范围一般被限制在中等规模的地理区域内(如一个实验室、一幢大楼、一个校园),具有较高数据传输率的物理通信信道,而且这种信道可以保持始终一致的低误码率。

局域网的主要特点可以归纳如下:

- 地理范围有限,参加组网的计算机通常处在 1~2km 的范围内。
- 信道的带宽大,数据传输率高,一般为 4Mbps~10Gbps。
- 数据传输可靠,误码率低。
- 局域网大多采用星型、总线型或环型拓扑结构,结构简单,容易实现。
- 通常网络归一个单一组织所拥有和使用,也不受任何公共网络当局的规定约束,容易进行设备的更新和新技术的引用,从而不断增强网络功能。

② 城域网

城域网(Metropolitan Area Network,MAN)是介于局域网与广域网之间的一种高速网络。最初,城域网的主要应用是互联城市范围内的许多局域网,目前城域网的应用范围已大大拓宽,能用来传输不同类型的业务,包括实时数据、语音和视频等。城域网能有效地工作于多种环境,其主要特点如下:

- 地理覆盖范围可达 100km。
- 数据传输速率为 50kbps~2.5Gbps 以上。
- 工作站数大于 500 个。
- 传错率小于 10^{-9}。
- 传输介质主要是光纤。
- 既可用于专用网,又可用于公用网。

③ 广域网

广域网(Wide Area Network,WAN)所涉及的范围可以为市、省、国家,乃至世界范围,其中最著名的就是 Internet,当人们提到计算机网络时,通常指的就是广域网。广域网的主要特点如下:

- 分布范围广,一般从几十到几千千米。
- 数据传输率差别较大,范围从 9.6kbps~22.5Gbps 以上。
- 错误率较高,一般在 10^{-3}~10^{-5} 左右。
- 采用不规则的网状拓扑结构。
- 属于公用网络。

单独建造一个广域网是极其昂贵和不现实的,所以,常常借用传统的公共传输(电话、有线电视等)网来实现。因为广域网的布局不规则,使得网络的通信控制比较复杂,尤其是使用公共传输网,要求联到网上的任何用户都必须严格遵守各种标准和规程。

(2) 按通信传播方式分类

计算机网络必须通过通信信道完成数据传输,通信信道有两类:广播信道和点到点信道,因此相应的计算机网络也可以分为广播式网络和点到点式网络。

① 广播式网络

在广播信道中,多个站点共享一条通信信道,在发送消息时,首先在数据的头部加上一段地址字段,以指明此数据应被哪台机器接收,数据发送到信道上后,所有的站点都将接收到。一旦收到数据,各站点将检查它的地址字段,如果是发送给它的,则处理该数据,否则将它丢弃,如图 1-20 所示。广播式网络通常也允许在它的地址字段中使用一段特殊的代码,以便将数据发送到所有的目标。使用此代码的数据发出以后,网络上的每一台机器都会接收到它,这种操作被称为广播(Broadcasting)。某些广播系统还支持向机器的一个子集发送的功能,即组播(Multicastion)。

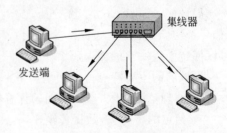

图 1-20　广播式网络

② 点到点式网络

点到点式网络是由很多节点构成,连接到点到点式网络的两台计算机不可能直接相连,如图 1-21 所示。点到点式网络的通信,必须通过多个中间节点进行中转,在中转过程中还可能存在着多条路径,距离也可能不一样,因此在点到点式网络中路由算法显得特别重要。一般来说,在局域网中多采用广播方式,而在广域网中多采用点到点方式。

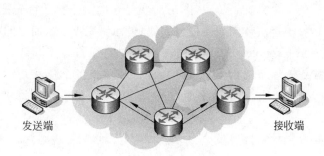

发送端　　　　　　　　　　　　　　　　　　　　接收端

图 1-21　点到点式网络

1.2.2　实训内容

1. 参观计算机网络实验室或机房

观察所在网络实验室或机房的网络结构,了解并熟悉该网络的软硬件结构,分析该计算机网络的功能和类型,并列出机房网络所使用的软件和硬件清单。

2. 参观校园网

参观所在学校的网络中心和校园网,了解并熟悉校园网的软硬件结构,分析校园网的功能和类型,并列出校园网所使用的软件和硬件清单。

3. 参观其他计算机网络

根据具体的条件,参观某企业或其他单位的计算机网络,了解并熟悉该网络的软硬件结构,分析该网络的功能和类型,并列出该网络所使用的软件和硬件清单。

任务 1.3　绘制网络拓扑结构图

【实训目的】

(1) 掌握常见网络拓扑结构的区别和适用场合。

(2) 能够正确阅读网络拓扑结构图。

(3) 学会利用常用绘图软件绘制网络拓扑结构图。

【实训条件】

(1) 已经联网并能正常运行的机房和校园网。

(2) 安装 Windows XP/2003 操作系统的 PC。

(3) Microsoft Office Visio Professional 2003 应用软件。

1.3.1 相关知识

拓扑学是几何学的一个分支,它是从图论演变过来的。拓扑学首先把实体抽象成与其大小、形状无关的点,将连接实体的线路抽象成线,进而研究点、线、面之间的关系。

计算机网络的拓扑(Topology)结构,是指网络中的通信线路和各节点之间的几何排列,它是解释一个网络物理布局的形式图,主要用来反映各个模块之间的结构关系。它影响着整个网络的设计、功能、可靠性和通信费用等方面,是研究计算机网络的主要环节之一。

计算机网络的拓扑结构主要有星型、总线型、树型、环型、不规则网状等多种类型。

1. 星型结构

在星型拓扑结构中,节点通过点到点通信线路与中心节点连接,如图 1-22 所示。中心节点控制全网的通信,任何两节点之间的通信都要通过中心节点。

- 优点:结构简单,易于实现,便于管理。
- 缺点:网络的中心节点是全网可靠性的瓶颈,中心节点的故障将造成全网瘫痪。

2. 总线型结构

如图 1-23 所示,总线型结构是用一条电缆作为公共总线,入网的节点通过相应接口连接到总线上。网络中的任何节点,都可以把自己要发送的信息送入总线,使信息在总线上传播,供目的节点接收。它们处于平等的通信地位,属于分布式传输控制关系。

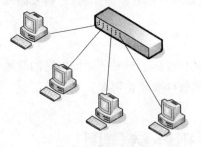

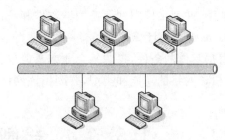

图 1-22　星型结构　　　　　　　　图 1-23　总线型结构

- 优点:节点的插入或拆卸是非常方便的,易于网络的扩充。
- 缺点:可靠性不高。如果总线出了问题,则整个网络都不能工作,且网络中断后查找故障点较难。

3. 树型结构

在树型拓扑结构中,节点按层次进行连接,如图 1-24 所示,信息交换主要在上下节点之间进行。树型拓扑结构有多个中心节点,各个中心节点均能处理业务,但最上面的主节点有统管整个网络的能力。

- 优点:通信线路连接简单,网络管理软件也不复杂,维护方便。
- 缺点:可靠性不高。如中心节点出现故障,则和该中心节点连接的节点均不能工作。

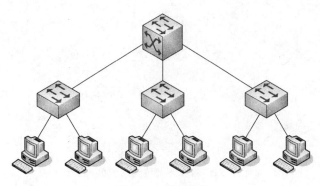

图 1-24 树型结构

4. 环型结构

在环型拓扑结构中,节点通过点到点通信线路连接成闭合环路,如图 1-25 所示。环中数据将沿一个方向逐站传送。

- 优点:拓扑结构简单,控制简便,结构对称性好。
- 缺点:环中每个节点与连接节点之间的通信线路都会转为网络可靠性的瓶颈,环中任何一个节点出现线路故障,都可能造成网络瘫痪,环中节点的加入和撤出过程都比较复杂。

5. 网状结构

这种拓扑结构主要指各节点通过传输线互相连接起来,并且每一个节点至少与其他两个节点相连,是广域网中的基本拓扑结构,不常用于局域网。

- 优点:两个节点间存在多条传输通道,具有较高的可靠性。
- 缺点:结构复杂,实现起来费用较高,不易管理和维护。

网状结构的示意图如图 1-26 所示。

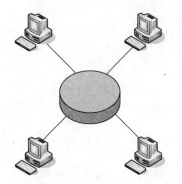

图 1-25 环型结构

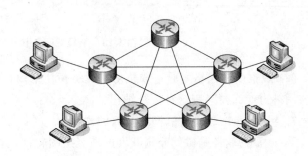

图 1-26 网状结构

6. 混合结构

这种拓扑结构是将前面所讲的星型结构、总线型结构和环型结构中的两种或三种结合在一起的网络结构,这种网络拓扑结构可以同时兼顾各种拓扑结构的优点,在一定程度上弥补了单一拓扑结构的缺陷。

图 1-27 所示为一种星型结构和环型结构组成的混合结构。

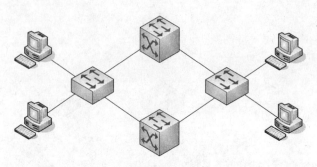

图 1-27　星型结构和环型结构组成的混合结构

1.3.2　实训内容

1. 分析局域网拓扑结构

（1）认真阅读图 1-28 所示的某局域网拓扑结构图，思考该网络是由哪些硬件组成的，这些硬件采用了什么样的拓扑结构连接在一起。

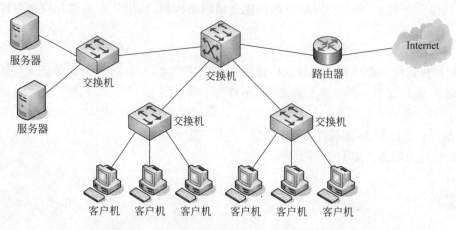

图 1-28　某局域网拓扑结构图

（2）观察所在网络实验室或机房的网络拓扑结构，在纸上画出该网络的拓扑结构图，分析该网络为什么要采用这种拓扑结构。

2. 利用 Visio 软件绘制网络拓扑结构图

Visio 系列软件是微软公司开发的高级绘图软件，属于 Office 系列，可以绘制流程图、网络拓扑图、组织结构图、机械工程图、流程图等。它功能强大，易于使用，就像 Word 一样。它可以帮助网络工程师创建商业和技术方面的图形，对复杂的概念、过程及系统进行组织和文档备案。Microsoft Office Visio Professional 2003 应用软件还可以通过直接与数据资源同步自动化数据图形，提供最新的图形，还可以自定制来满足特定需求。下面是绘制网络拓扑结构的基本步骤。

（1）运行 Microsoft Office Visio Professional 2003 应用软件，在打开的如图 1-29 所示的窗口左边"类别"列表中选择"网络"选项，然后在右边窗口中选择一个对应的选项，或者在

Visio 2003 主界面中执行"新建"→"网络"菜单下的某项菜单操作,都可打开如图 1-30 所示的界面(在此仅以选择"详细网络图"选项为例)。

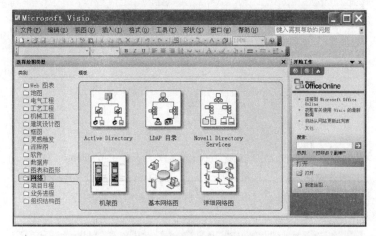

图 1-29　Visio 2003 主界面

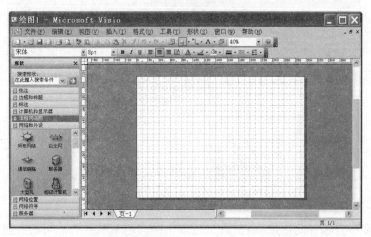

图 1-30　"详细网络图"拓扑结构绘制界面

(2) 在左边图元列表中选择相应的设备,按住鼠标左键把相应图元拖到右边绘制平台窗口中的相应位置,然后松开鼠标左键,得到相应的图元。如图 1-31 所示,在"网络和外设"选项的图元列表中分别选择"交换机"和"服务器",并将其拖至相应位置。

(3) 可以在按住鼠标左键的同时拖动四周的绿色方格来调整图元大小,通过按住鼠标左键的同时旋转图元顶部的绿色小圆圈,以改变图元的摆放方向,再通过把鼠标放在图元上,然后在出现 4 个方向箭头时按住鼠标左键调整图元的位置。如要为某图元标注型号可单击工具栏中的"文本工具"按钮,即可在图元下方显示一个小的文本框,此时可以输入型号或其他标注,如图 1-32 所示。

(4) 有多种方法完成图元间的连接,可以使用工具栏中的"连接线工具"。在选择了该工具后,单击要连接的两个图元之一,此时会有一个红色的方框,移动鼠标选择相应的位置,当出现紫色星状点时按住鼠标左键,把连接线拖到另一图元。注意,此时如果出现一个大的

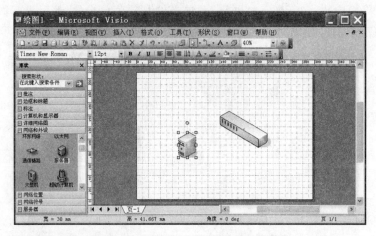

图 1-31　图元拖放到绘制平台后的图示

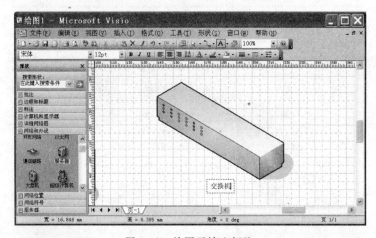

图 1-32　给图元输入标注

红方框，则表示不宜选择此连接点；只有当出现小的红色星状点时才可松开鼠标，连接成功。如图 1-33 所示就是交换机与一台服务器的连接。

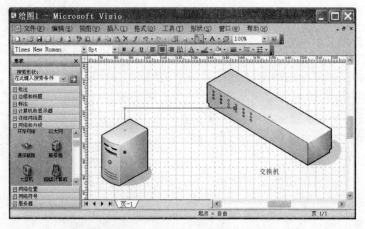

图 1-33　交换机与一台服务器的连接

(5) 把其他网络设备图元一一添加并与网络中的相应设备图元连接起来,当然这些设备图元可能会在左边窗口中的不同类别选项窗格下面。如果左边已显示的类别中没有包括,则可通过单击工具栏中的按钮,打开类别选择列表,从中可以添加其他类别显示在左边窗口中。

Microsoft Office Visio Professional 2003 应用软件的使用方法比较简单,操作方法与 Word 类似,请按照上述方法画出如图 1-28 所示的网络拓扑结构图,并将该图保存为"JPEG 文件交换"格式的图片文件。

3. 绘制校园网拓扑结构图

参观所在学校的网络中心和校园网,了解校园网的拓扑结构,利用 Microsoft Office Visio Professional 2003 应用软件绘制校园网的拓扑结构图。

任务 1.4   树立计算机网络从业者应具备的职业道德观念

【实训目的】

(1) 了解计算机网络出现的问题。

(2) 树立作为计算机网络从业者应具备的职业道德观念。

【实训条件】

(1) 已经联网并能正常运行的机房和校园网。

(2) 能够连入 Internet 的 PC。

1.4.1   相关知识

1. 计算机网络带来的问题

计算机网络的广泛应用已经对经济、文化、教育、科学的发展与人类生活质量的提高产生了重要影响,同时也不可避免地带来一些新的社会、道德、政治与法律问题。

随着社会信息化的发展,发达国家的银行正在经历着结构、职能和性质的转化,正在向金融服务的综合化、网络化方面发展,目前向客户提供的金融服务种类已达 150 种,其服务网络遍布全世界,直接面向客户的网络银行已经投入营业。人们已经不习惯随身携带大量现金的购物方式,信用卡、支票已成为人们最普遍的货币流通方式。大批的商业活动与大笔资金通过计算机网络在世界各地快速流通已经对世界经济的发展产生了重要和积极的影响,但同时也面临着严峻的挑战。

计算机犯罪正在引起社会的普遍关注,而计算机网络是攻击的重点。计算机犯罪是一种高技术型犯罪,由于其犯罪的隐蔽性,对计算机网络安全构成了巨大威胁。国际上计算机犯罪案件正在以 100% 的速率增长,在 Internet 上的"黑客"攻击事件则以每年 10 倍的速度在增长,计算机病毒从 1986 年发现首例以来,呈几何级数增长,给计算机网络带来了很大威胁。国防网络和金融网络则成了计算机犯罪案犯的主攻目标。美国国防部的计算机系统经常发现非法闯入者的攻击,美国金融界为此每年损失近百亿美元。因此,网络安全问题引起了人们普遍的重视。

Internet可以为科学研究人员、学生、公司职员提供很多宝贵的信息,使得人们可以不受地理位置的限制与时间的限制,相互交换信息,合作研究,学习新的知识,了解各国科学、文化发展。同时人们对Internet上一些不健康的、违背道德规范的信息表示了极大担忧。一些不道德的Internet用户利用网络发表不负责或损坏他人利益的消息,窃取商业、研究机密,危及个人隐私,这类事件已是常常发生,其中有一些已诉诸法律。人们将分布在世界各地的Internet用户称为"Internet公民",将网络用户的活动称之为"Internet社会"的活动,这说明了Internet的应用已经在人类生活中产生了前所未有的影响。我们必须意识到,对于大到整个世界的Internet,小到各个公司的企业内部网与各个大学的校园网,都存在来自网络内部与外部的威胁。要使网络有序、安全地运行,必须加强网络使用方法、网络安全与道德教育,完善网络管理,研究和不断开发各种网络安全技术与产品,同时也要重视"网络社会"中的"道德"与"法律",这对人类来说是一个新的课题。

2. 职业道德的定义和特点

(1) 职业道德的定义

职业道德是从事一定职业的公民在职业活动中所必须遵循的道德准则和行为规范的总和。它是一定社会中占主导地位的道德在职业活动中的具体体现,即适应各种职业活动的要求而必然产生的道德原则、规范及相应的道德意识、道德情操和道德品质。

职业道德是一种社会角色规范,是对从业者在赋予一定职能并许诺一定报酬的同时所提出的责任要求。职业道德是在为他人提供产品、服务或其他形式的社会劳动时才发生的。职业道德不仅影响社会风气,而且制约着社会经济的发展。

职业道德一方面调整职业内部人们之间的关系,要求每个从业人员遵守职业道德准则,做好本职工作;另一方面,职业道德调节本职业的人们同其他职业和社会上其他人们之间的关系,以维护职业的存在,并促进其职业及整个社会向前发展。

(2) 职业道德的特点

• 明确的职业性

职业道德调节的范围只限于已经参加职业活动的人员的行为,未从事职业活动的人不受职业道德的调节。也就是说,职业道德是用于专属人群,范围对象明确。

从具体实施来看,职业道德具有明确的专业性,仅限于调节特定的职业或行业中的从业人员。各领域的职业道德准则相互之间不能随意代替,体现了道德的细分和专业化。

职业道德虽然都是适应职业特点形成和发展的,但职业道德的共同原则和基本精神具有普遍性。职业道德是社会所公认的、共同的道德观念和理想,各种职业行为都有公共性。

• 连续性和稳定性

在经济社会中,各个职业的特殊要求及社会大众的要求被集中反映在该职业的职业道德上。这种体现通过多年的职业实践被提炼出来,而且并不因为社会经济关系的变更而轻易消失,成功的经验和优秀的传统都会被继承下来。这主要表现在某一职业所独有的、世代相袭的道德习惯和行为准则,一般还体现为从事不同职业的人员在精神风貌上的差异性。例如,"公平交易"作为商业的职业行为规范得到业界内外的认可。

• 表现形式的多样性

职业道德规范根据各行各业的具体特点、具体条件以及从事该行业员工的素质和能力状况,采用简洁多样的形式(如明快、生动的口号,通俗易懂的大众语言,响亮上口的标语等)表现出来,从而使职业道德具体化。这些形式一般来说都言简意赅,易于为从业者理解,并且便于记忆,不仅便于规范操作,也便于根据实际情况进行调整,达到内外监督的目的。

* 实用性

职业道德对从业人员职业行为及其社会关系的规范,归根结底体现为对利益关系的调节。所以在操作过程中,职业道德总是与从业人员自身的利益密切相关的,当从业人员不能履行某一道德规范时,或存在明显差距时,往往会面临着各种类型的惩戒、舆论指责,乃至被淘汰出局。比如商业上的"缺一罚十",作为一种公开的对外承诺,直接体现了自律与他律的统一。

3. 计算机网络从业者职业守则

同其他工作一样,作为计算机网络相关工作的从业人员在工作中也有各自的职业道德,基于计算机网络工作的特点,通常计算机网络从业者在工作中应遵守以下职业守则。

(1)遵纪守法,尊重知识产权

① 知识产权的内容

根据我国《民法通则》的规定,知识产权属于民事权利,是基于创造性智力成果和工商业标记依法产生的权利的统称,包括著作权和工业产权。

在我国,著作权用在广义时,包括(狭义的)著作权、著作邻接权、计算机软件著作权等,属于著作权法规定的范围。这是著作权人对著作物(作品)独占利用的排他的权利。狭义的著作权又分为发表权、署名权、修改权、保护作品完整权、使用权和获得报酬权。著作权分为著作人身权和著作财产权。著作权与专利权、商标权有时有交叉情形,这是知识产权的一个特点。

工业产权包括专利、商标、服务标志、厂商名称、原产地名称、制止不正当竞争等。

* 商标权是指商标主管机关依法授予商标所有人对其注册商标受国家法律保护的专有权。商标是用以区别商品和服务不同来源的商业性标志,由文字、图形、字母、数字、三维标志、颜色组合或者上述要素的组合构成。我国商标权的获得必须履行商标注册程序,而且遵循申请在先原则。

* 专利权与专利保护是指一项发明创造向国家专利局提出专利申请,经依法审查合格后,向专利申请人授予的在规定时间内对该项发明创造享有的专有权。发明创造被授予专利权后,专利权人对该项发明创造拥有独占权,任何单位和个人未经专利权人许可,都不得实施其专利,即不得为生产经营目的的制造、使用、许诺销售、销售和进口其专利产品。未经专利权人许可,实施其专利即侵犯其专利权,引起纠纷的,由当事人协商解决;不愿协商或者协商不成的,专利权人或利害关系人可以向人民法院起诉,也可以请求管理专利工作的部门处理。

② 计算机网络与知识产权

由于计算机网络最主要的功能是实现资源共享,所以很多人认为计算机网络是一种完全开放的状态,只要愿意,可以在网上发表任何言论,或从网上下载那些根本不知道所署是真名还是假名的文章、图片及各种作品。但实际上计算机网络只是信息资源的一种载体,其本质与报纸、电视等传统媒体没有任何区别。网络经济也同现实的一样,同样要遵守共同的规则,这其中就包括对网络资源的利用问题。

目前网上侵权引发的投诉时有发生,涉及抄袭、域名纠纷、商标侵权等多个方面,从发展趋势来看,这一领域的侵权行为正呈逐年上升的态势,但我国法律对于网上行为的界定还比较模糊,也造成了司法实践中的困难。另外打击网上侵权也不只是我国的问题,世界各国都在加紧完善现有的法律法规,以打击网络上的不法行为。

③ 网上侵犯知识产权的形式和方法

目前网上侵犯知识产权的形式主要有以下几种。

• 著作权(版权)侵犯

著作权的无形性与网络的开放性导致了这种网上最常见的侵权方式。一方面,一些网站会在未经著作权人许可的情况下,把其作品在网上公开发表;另一方面,一些报纸杂志等传统媒体会刊登从网上直接下载的作品。这都属于侵犯著作权的行为。

• 商标侵权

商标侵权的一种方式是把别人的驰名商标的图案或者文字冠之于网页的最显著位置,其目的或者是为了链接的方便,或者是为了提高自己网站的知名度,这就容易造成别人的误解和误认,构成对驰名商标所有人权利的直接侵犯。还有一种方式是隐形的商标侵权。现在很多网站都有搜索引擎,当把某个关键词输入后,就立刻找到相关内容的资源,有些人就利用了这一功能,把别人的驰名商标、企业名称埋植在自己网站的源码中。这被认为是网络广告的一种形式,但实际上已经造成了对别人商标和企业名称的侵犯。

• 域名纠纷

域名注册引起的纠纷主要有两种情况:一种是抢注域名,即将他人的知名的商标、商号或其他商业标志抢先注册为域名,自己并不使用,抢注者注册域名不是为了使用,而是借注册域名"敲诈"权利人,收取赎金;另一种情况是域名或其主要部分与他人的商标相同或相似。由于许多大公司都是以商标作为域名使用的,因此,在互联网上用商标名称进行检索更为快捷。如果有一定知名度的商标被他人用域名注册的话,商标的注册人、使用人与域名的注册人之间就可能发生冲突。

(2) 爱岗敬业,严守保密制度

作为计算机网络从业人员应爱岗敬业,严守保密制度,保守相应的国家机密和商业机密。另外,由于目前很多商业信息及其他信息都会在计算机系统保存并通过计算机网络传输,计算机网络从业者必须采取相关措施,防止泄密的发生。

① 计算机网络系统泄密的主要渠道

• 计算机电磁辐射泄密。

• 计算机网络传输电磁辐射泄密。

• 用作传播、交流或存储资料的光盘、硬盘、U 盘等计算机媒体泄密。

• 计算机网络工作人员在管理、操作、维修过程中造成的泄密。

• 传真机、电话机、打印机等外围设备都存在着电磁辐射泄密。

② 防范措施

• 注意机房选址,对机房、主机加以屏蔽或安装电子干扰器。

• 涉密计算机在使用前要进行安全检查。

• 涉密计算机不连入网络,计算机网络应加装防火墙等安全设备。

• 涉密计算机需要维修前,应彻底清除涉密信息。

• 加强对用作传播、交流或存储资料的光盘、硬盘、U 盘等计算机媒体的审查和管理。

- 对机密信息要进行加密存储和加密传播,建立各项保密管理制度。
- 对工作人员进行教育,严守保密规章制度。

计算机网络信息系统的开发、安装和使用也必须符合保密要求,计算机网络信息系统应采取有效的保密措施,配置合格的保密专用设备,所采取的保密措施必须和所处理信息的密级要求相一致。计算机网络信息系统应采取系统访问控制、数据保护和系统安全保密监控管理技术措施,不得进行越权操作,未采取安全保密措施的数据不得进入网络。

(3) 爱护设备

管理设备及维护网络的正常运转是每个计算机网络从业者日常工作的重要组成部分,因此计算机网络从业者必须遵守相关的操作规程和制度,爱护设备,定期对设备进行检查,确保计算机网络相关设备的正常运行。

(4) 团结协作

计算机网络涉及软件、硬件等各个方面,是一个复杂的系统,因此计算机网络方面的工作是不能由一个人独立完成的,不管是网络组建、网络系统开发还是网络管理维护都需要一个或几个团队所有人员相互协作完成。因此计算机网络的从业人员必须具备良好的团队意识和协作精神,正确处理竞争和合作之间的关系。

1.4.2　实训内容

1. 讨论计算机网络存在的问题

通过 Internet 了解当前计算机网络带来的社会、道德、政治与法律等各方面的问题,并针对有代表性的事例进行讨论,思考作为计算机网络从业者应如何避免或解决这些问题。

2. 了解计算机网络的相关管理制度

参观学校或其他单位的机房和网络中心,学习学校机房和网络中心的相关规章制度,思考为什么要制定这些规章制度,作为计算机网络从业者应如何将其贯彻落实。

3. 了解计算机网络管理员的工作职责

参观学校或其他单位的机房和网络中心,了解该网络相关管理人员的岗位和配置情况,了解不同岗位工作人员的岗位职责。根据自己的实际情况思考应如何具备计算机网络管理的职业能力,作为计算机网络管理者树立什么样的职业道德观念。

4. 了解计算机网络其他相关工作的工作职责

参观从事网络组建或网络系统开发相关工作的专业公司,了解该公司相关工作人员的岗位和配置情况,了解不同岗位工作人员的岗位职责。根据自己的实际情况思考应如何具备相关的职业能力,应树立什么样的职业道德观念。

习　题　1

1. 判断题

(1) 数据在通信线路上的传输是有方向的。　　　　　　　　　　　　　　　　(　　)

(2) 同步传输中,每个字符在传输时前后都加上起始位和结束位,以此表示字符的开始和结束。　(　　)

（3）异步传输的传输速率高于同步传输。 （　　）

（4）信道容量与信道带宽是正比的关系。 （　　）

（5）曼彻斯特编码，电位从低变到高表示1，从高变到低表示0。 （　　）

（6）差分曼彻斯特编码，位时间开始时存在变换表示0，位时间开始时无变换表示1。 （　　）

（7）多路复用的目的是使多路可以共用一个信道，或者将多路信号组合在一条物理信道上传输，以充分利用信道容量。 （　　）

（8）波分多路复用与频分多路复用采用了相同的复用原理。 （　　）

（9）网络拓扑结构是指一个网络中各个节点之间互连的几何构形，即指各个节点之间的连接方式。 （　　）

（10）树型网中一个分支和节点故障将会影响其他分支和节点的工作。 （　　）

（11）职业道德是指与人们职业活动密切相关并根据不同的职业特点，对人们的行为、思想品质与道德情操提出要求和规范的总和。 （　　）

（12）职业道德对于各个行业的从业人员的要求都是一样的。 （　　）

（13）盗版行为会损害作者的合法权益，但不会影响社会生产力和经济的发展。 （　　）

（14）网络管理员对涉及侵犯他人知识产权、个人隐私或其他人身权利的信息应当予以删除。 （　　）

（15）网络管理员不负责网络信息的发布和网络资源的管理。 （　　）

（16）竞争和合作是辩证统一的，合作是为了更好的竞争。 （　　）

（17）网络管理员在企业中是网络资源的管理者与分配者，所以其在公司的地位高于其他员工。 （　　）

（18）局域网覆盖范围较小，一般距离在几百米到几十千米。 （　　）

（19）局域网比广域网的传输速率低。 （　　）

（20）异步传输发送端可以在任意时刻发送字符，字符之间的间隔时间可以任意变化。 （　　）

2. 单项选择题

（1）（　　）传送的信息始终是按一个方向的通信。

  A. 单工通信 B. 有线传输 C. 双工通信 D. 无线传输

（2）（　　）信道的每一端可以是接收端，信息可以从一端传到另一端，也可以从另一端传回该端，但在同一时刻，信息只能有一个传输方向。

  A. 半双工通信 B. 全双工通信 C. 有线传输 D. 无线传输

（3）（　　）是指数据在一个信道上各位依次传输，传输线路数目与数据位数无关。

  A. 半双工通信 B. 串行传输 C. 有线传输 D. 并行传输

（4）计算机系统内部数据传输主要为并行传输，计算机与计算机之间的数据传输主要是（　　）。

  A. 半双工通信 B. 串行传输 C. 有线传输 D. 并行传输

（5）（　　）指接收端按照发送端的每个码元的起止时间及重复频率来接收数据，并且要校准自己的时钟，以便与发送端的发送取得一致，实现数据接收。

  A. 半双工通信 B. 同步传输 C. 有线传输 D. 异步传输

（6）（　　）方式中每个字符都独立传输，接收设备每收到一个字符的开始位后进行同步。

  A. 半双工通信 B. 同步传输 C. 有线传输 D. 异步传输

（7）（　　）是指单位时间内传输的数据单元的数量。

  A. 数据传输距离   B. 数据传输速率

  C. 数据传输质量   D. 数据信道带宽与容量

（8）（　　）是指可以不失真地传输信号的频道范围，通常被称为信道的通频带。

  A. 数据传输速率 B. 数据传输质量 C. 数据信道带宽 D. 数据传输距离

（9）数据传输之前，先要对其进行（　　）。

  A. 编码 B. 解码 C. 压缩 D. 解压

(10) 将信道的可用频带按频率分割成若干不同的频段,每路信号占用其中一个频段,在接收端用适当的滤波器将多路信号分开,这种技术称为( )。

  A. 频分多路复用 B. 时分多路复用 C. 波分多路复用 D. 码分多址复用

(11) 电视传输技术就是应用了( )原理。

  A. 频分多路复用 B. 时分多路复用 C. 波分多路复用 D. 码分多址复用

(12) ( )就是将提供给整个信道传输信息的时间划分为若干时间片(简称时隙),并将这些时隙分配给每一个信号源使用,每一路信号在自己的时隙内独占信道进行数据传输。

  A. 频分多路复用 B. 时分多路复用 C. 波分多路复用 D. 码分多址复用

(13) 联通 CDMA 就是( )的一种方式。

  A. 频分多路复用 B. 时分多路复用 C. 波分多路复用 D. 码分多址复用

(14) ( )主要应用于企事业单位内部,可作为办公自动化网络和专用网络。

  A. 公网 B. 局域网 C. 城域网 D. 广域网

(15) Internet 是最大最典型的( )。

  A. 公网 B. 局域网 C. 城域网 D. 广域网

(16) 如果网络的服务区域在一个局部范围(一般几十千米之内),则称为( )。

  A. 公网 B. 局域网 C. 城域网 D. 广域网

(17) ( )网络的缺点是:由于采用中央节点集中控制,一旦中央节点出现故障,将导致整个网络瘫痪。

  A. 星型结构 B. 总线型结构 C. 环型结构 D. 树型结构

(18) 下列有关广域网的叙述中,正确的是( )。

  A. 广域网必须使用拨号接入   B. 广域网必须使用专用的物理通信线路

  C. 广域网必须进行路由选择   D. 广域网都按广播方式进行数据通信

(19) 在一个办公室内,将 6 台计算机用交换机连接成网络,该网络的物理拓扑结构为( )。

  A. 星型结构 B. 总线型结构 C. 环型结构 D. 树型结构

(20) 职业道德的基本职能是( )职能。

  A. 约束 B. 调节 C. 教育 D. 引导

3. 多项选择题

(1) 数据传输按照传输介质分类,可分为( )两大类。

  A. 单工通信 B. 有线传输 C. 双工通信 D. 无线传输

(2) 双工通信方式中又可分为( )。

  A. 半双工通信 B. 全双工通信 C. 有线传输 D. 无线传输

(3) 下列属于串行通信特点的有( )。

  A. 通信线路数量少,线路利用率高,比较适合长距离的数据传输

  B. 发送和接收端都要有串/并转换设备

  C. 需要有同步措施来保证传输的可靠性

  D. 成本较高

(4) 下列属于并行通信特点的有( )。

  A. 传输速率高   B. 传输线路多

  C. 适合长距离传输   D. 不需要对传输代码进行时序转换

(5) 下列属于数据传输系统技术指标的有( )。

  A. 数据传输距离   B. 数据传输速率

  C. 数据传输质量   D. 数据信道带宽与容量

(6) 在传输线路上,传输的信号可以是( )。

    A. 微波信号　　　　　　　B. 数字信号　　　　　C. 长波信号　　　　　D. 模拟信号

(7) 数据的编码模式通常有(　　)。

    A. 将模拟数据转化为模拟信号　　　　　　B. 将模拟数据转化为数字信号

    C. 将数字数据转化为模拟信号　　　　　　D. 将数字数据转化为数字信号

(8) 下列属于 NRZ 编码特点的是(　　)。

    A. 实现简单　　　　　　　　　　　　　B. 带宽利用率高

    C. 带宽利用率低　　　　　　　　　　　D. 存在直流分量且缺少同步能力

(9) 计算机网络按照网络覆盖区域范围可以分为(　　)。

    A. 公网　　　　　　　　B. 局域网　　　　　C. 城域网　　　　　D. 广域网

(10) 局域网的基本特点包括(　　)。

    A. 地理范围有限　　　　　　　　　　　B. 节点数目有限

    C. 较高的数据传输速率　　　　　　　　D. 低时延和低误码率

(11) 下列属于星型网拓扑的优点的是(　　)。

    A. 利用中央节点可方便地提供服务和重新配置网络

    B. 各个连接点的故障只影响一个设备,不会影响全网

    C. 容易检测和隔离故障,便于维护

    D. 任何一个连接只涉及中央节点和一个节点,因此控制介质访问的方法很简单

(12) 下列属于星型网拓扑的缺点的是(　　)。

    A. 每个节点直接与中央节点相连,需要大量电缆

    B. 成本费用较高

    C. 如果中央节点发生故障,则全网不能工作

    D. 对中央节点的可靠性和冗余度要求高

(13) 下列属于网状网特点的是(　　)。

    A. 网络结构冗余度大　　　　　　　　　B. 稳定性好

    C. 线路利用率不高　　　　　　　　　　D. 经济性较差

(14) 局域网拓扑结构有(　　)。

    A. 总线型网络　　　　B. 星型网络　　　　C. 环型网络　　　　D. 球型网络

(15) 下列不受著作权法保护的作品有(　　)。

    A. 依法禁止出版、传播的作品

    B. 法律、法规

    C. 国家机关的决议、决定、命令及官方正式译文

    D. 时事新闻、历法、数表、通用表格和公式

(16) 下列属于软件著作权人享有的权利的是(　　)。

    A. 发表权　　　　　　　B. 出租权　　　　　C. 署名权　　　　　D. 翻译权

(17) 著作权人享有(　　)的权利。

    A. 发表权　　　　　　　　　　　　　　B. 署名权

    C. 修改权　　　　　　　　　　　　　　D. 保护作品完整权及使用权和获得报酬权

(18) 职业道德的社会作用包括(　　)。

    A. 调节职业交往中的人际关系　　　　　B. 有助于提高本行业的信誉

    C. 促进行业的发展　　　　　　　　　　D. 有助于提高全社会的道德水平

(19) 网络管理员的职责包括(　　)。

    A. 尊重和维护法律　　B. 爱岗敬业　　　　C. 积极进取　　　　D. 团结协作

(20) 网络管理员对公司内的员工进行网络知识及使用方法的培训,以减少由于人为的误操作而导致

的网络故障,培训的项目主要包括(　　)等方面。

  A. 计算机及其他网络终端设备的正确使用和简单维护方法

  B. 基本网络应用的操作方法,如申请账户、上传文件、下载文件等

  C. 预防和清除计算机病毒的方法

  D. 网络资源、设备等的使用规定,明确用户的权利和责任

4. 问答题

(1) 什么是单工通信、半双工通信和全双工通信? 试举例说明。

(2) 要在数字信道中传输二进制数据"10010101",试写出该数字数据的不归零编码、曼彻斯特编码和差分曼彻斯特编码。

(3) 什么是多路复用技术? 简述目前常用几种多路复用技术的工作原理。

(4) 计算机网络的发展可划分为几个阶段? 每个阶段各有什么特点?

(5) 简述计算机网络的组成。

(6) 计算机网络可以从哪些方面进行分类?

(7) 简述局域网和广域网的区别。

(8) 常见的网络拓扑结构有哪几种? 各有什么特点?

项目2 网络终端设备的安装与配置

计算机网络用户主要通过网络终端设备实现与计算机网络的连接，获取网络中提供的各种服务，实现相关的功能。本项目的主要目标是完成计算机网络终端设备的软、硬件安装和配置，理解网络体系结构和 TCP/IP 协议的相关知识。

任务 2.1 安装操作系统

【实训目的】

（1）理解网络体系结构。

（2）理解局域网的体系结构和工作模式。

（3）掌握在网络终端设备上安装操作系统的方法。

【实训条件】

（1）PC 及相关工具。

（2）Windows XP 操作系统安装光盘。

2.1.1 相关知识

1. 网络体系结构

计算机网络体系结构精确定义了计算机网络及其组成部分的功能和各部分之间的交互功能。计算机网络体系结构采用分层对等结构，对等层之间有交互作用。计算机网络是一种十分复杂的系统，应从物理、逻辑和软件结构来描述其体系结构。具体来说，逻辑结构是指执行各种网络操作任务所需的功能；物理结构是指实现网络逻辑功能的各种网络系统和设备；软件结构是指网络软件的结构，这些网络软件就是在各网络部件中执行网络功能的程序。常见的网络体系结构大多是从逻辑结构的角度描述的。

（1）基本概念

① 协议（Protocol）

计算机网络是由多个互连的节点组成，节点之间需要不断地交换数据与控制信息。要做到有条不紊地交换数据，每个节点都必须遵守一些事先约定好的规则。这些规则明确地规定了所交换数据的格式和时序。这些为网络数据交换而制定的规则、约定与标准被称为网络协议。

网络协议是计算机之间进行通信所必需的。因为各种计算机或相关设备，出自不同厂家,软硬件各不相同,连在同一个计算机网络上,必须采取相互"兼容"的措施,才能互相通信。这需要在信息转换、信息控制和信息管理方面,制定一个共同遵守的协议。

任何一种通信协议都包括三个组成部分:语法、语义和时序。

- 语法规定了通信双方"如何讲",确定用户数据与控制信息的结构与格式。
- 语义规定通信双方准备"讲什么",即需要发出何种控制信息,以及完成的动作与做出的响应。
- 时序规定双方"何时进行通信",即对事件实现顺序的详细说明。

② 层次(Layer)

层次是人们对复杂问题处理的基本方法。人们对于一些难以处理的复杂问题,通常是分解为若干个较容易处理的小一些的问题。在计算机网络中,将总休要实现的功能分配在不同的模块中,每个模块要完成的服务及服务实现的过程都有明确规定。每个模块叫做一个层次,不同的网络系统分成相同的层次;不同系统的同等层具有相同的功能;高层使用低层提供的服务时,并不需知道低层服务的具体实现方法。这种层次结构可以大大降低复杂问题处理的难度,因此,层次是计算机网络体系结构中一个重要与基本的概念。

在层次结构中,各层有各层的协议。一台机器上的第 n 层与另一台机器上的第 n 层进行通话,通话的规则就是第 n 层协议。图 2-1 说明了一个 n 层协议的层次结构。

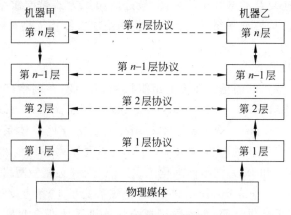

图 2-1   协议层次结构

实际上,数据并不是从一台机器的第 n 层直接传送到另一台机器的第 n 层,而是每一层都把数据和控制信息交给它的下一层,由底层进行实际的通信。

分层的基本原则如下:

- 网络中的每一个节点都具有相同的分层结构,同一个节点的相邻层之间有一个明确规定的接口,该接口定义下层向上层提供的服务。
- 每一层完成一组特定的有明确含义的协议功能,并尽可能地减少在相邻层间传递信息的数量。
- 同一节点中的每一层能够同相邻层通信,但不准跨层进行通信。两个节点间的通信除底层为水平通信外,其他各层都是垂直通信,也就是说网络中各个节点之间的直接接口,只能是底层。

计算机网络中采用层次结构,具有如下优点:

- 各层之间相互独立。高层并不需要知道低层是如何实现的,而仅需要知道该层通过层间的接口所提供的服务。
- 灵活性好。当任何一层发生变化时,例如由于技术的进步促进实现技术的变化,只要接口保持不变,则在这层以上或以下各层均不受影响。另外,当某层提供的服务不再需要时,甚至可将这层取消。
- 各层都可以采用最合适的技术来实现,各层实现技术的改变不影响其他层。
- 易于实现和维护。因为整个的系统已被分解为若干个易于处理的部分,这种结构使得一个庞大而又复杂系统的实现和维护变得容易控制。
- 有利于促进标准化。这主要是因为每一层的功能和所提供的服务都已有了精确的说明。

③ 接口(Interface)

接口是同一节点内相邻层之间交换信息的连接点。同一个节点的相邻层之间存在着明确规定的接口,低层向高层通过接口提供服务。只要接口条件不变、低层功能不变,低层功能的具体实现方法与技术的变化不会影响整个系统的工作。

④ 网络体系结构(Network Architecture)

网络协议对计算机网络是不可缺少的,一个功能完备的计算机网络需要制定一整套复杂的协议集。对于结构复杂的网络协议来说,最好的组织方式是层次结构模型。计算机网络协议就是按照层次结构模型来组织的。我们将网络层次结构模型与各层协议的集合定义为计算机网络体系结构。

(2) ISO/OSI 参考模型

由于历史原因,计算机和通信工业界的组织机构和厂商,在网络产品方面,制定了不同的协议和标准,例如 IBM 公司的 SNA(Systems Networks Architecture,系统网络体系结构)、DEC 公司的 DNA(Digital Networks Architecture,数字网络体系结构)。为了协调这些协议和标准,提高网络行业的标准化水平,以适应不同网络系统的相互通信,CCITT(国际电报电话咨询委员会)和 ISO(国际标准化组织)认识到有必要使网络体系结构标准化,并组织制定了 OSI(Open System Interconnection,开放系统互连)参考模型。它兼容于现有网络标准,为不同网络体系提供参照,将不同机制的计算机系统联合起来,使它们之间可以相互通信。

当今的网络大多是建立在 OSI 参考模型基础上的。在 OSI 参考模型中,网络的各个功能层分别执行特定的网络操作。理解 OSI 参考模型有助于更好地理解网络,选择合适的组网方案,改进网络的性能。

OSI 参考模型共分七层结构,从低到高的顺序为:物理层、数据链路层、网络层、传输层、会话层、表示层和应用层。图 2-2 所示的是 OSI 参考模型层次示意图。

OSI 参考模型各层的基本功能如图 2-3 所示。

① 物理层

物理层是设备之间的物理接口,位于 OSI 分层体系结构中的最底层,主要定义了物理链路所要求的机械、电气、功能和规程特性等。数据通过该接口从一台设备传送给另一台设备。物理层应保证数据按位传送的正确性。该层设计时涉及的问题有:信号"1"和"0"用多少伏的电压表示;一个比特信息占用多长时间(也叫位宽);传输方式(半工、半双工或全双

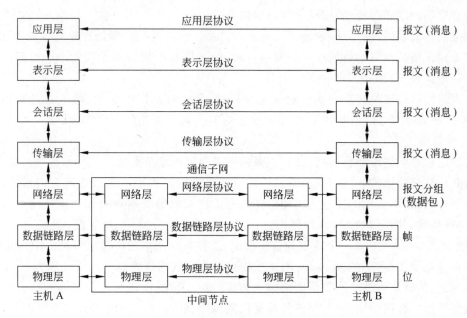

图 2-2　OSI 参考模型

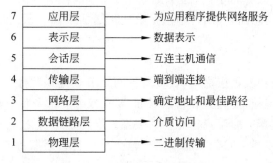

图 2-3　OSI 模型各层的基本功能

工);初始连接如何建立;当双方通信完毕又如何拆开这个连接;接插器(网络插头和插座)有多少个引脚;每个引脚的规格和作用等。

② 数据链路层

数据链路层是 OSI 模型的第二层,它控制网络层与物理层之间的通信。它的主要功能是将从网络层接收到的数据分割成特定的可被物理层传输的帧。帧是用来移动数据的结构包,它不仅包括原始(未加工)数据(或称"有效荷载"),还包括发送方和接收方的网络地址以及纠错和控制信息。其中地址确定了帧将发送到何处,而纠错和控制信息则确保帧无差错到达。

网络适配器代表的就是数据链路层。不同类型的网络适配器由不同链路层协议来规定。

③ 网络层

OSI 模型的第三层,其主要功能是将网络地址翻译成对应的物理地址,并决定如何将数据从发送方路由到接收方。该层将数据转换成一种称为数据包的数据单元,每一个数据包

35

中都含有目的地址和源地址,以满足路由的需要。

网络层对数据包进行分段和重组。分段即是指当数据从一个能处理较大数据单元的网络段传送到仅能处理较小数据单元的网络段时,网络层减小数据单元的大小的过程。重组过程即是重构被分段的数据单元。

由网络层协议来决定数据到达目的地的路径,负责处理网络通信、堵塞和介质传输速率。TCP/IP 协议中的 IP 和 IPX/SPX 协议中的 IPX 都是典型的网络层协议。

④ 传输层

传输层位于网络层和会话层之间,主要任务是提供网络节点之间的可靠数据传输,把应用层与其他数据传输的各层隔离出来。该层负责将数据转换成网络传输所需的格式,检测传输结果,并纠正不成功的传输。传输层把从会话层接收的数据划分成网络层所要求的数据包,进行传输,并在接收端,再把经网络层传来的数据包进行重新装配,提供给会话层。TCP/IP 协议中的 TCP 是一个典型的跨平台的、支持异构网络的传输层协议。IPX/SPX 协议中的传输层协议 SPX 在 Netware 网络上提供可靠的数据传输。

实际上,传输层是整个协议层次结构中的核心层。它的作用是为发送端和接收端之间提供性能可靠的数据传输,而与当前实际使用的网络无关。可以这样说,如果没有传输层,整个分层协议的概念就没有多大意义了。

传输层位于高层和低层的中间,起承上启下的作用,它的下面三层实现面向数据的通信,上面三层实现面向信息的处理,传输层是数据传送的最高一层,也是七层模式中最重要和最复杂的一层。

⑤ 会话层

会话层位于传输层和表示层之间,负责对各网络节点应用程序或者进程之间的协商和连接;不仅建立合适的连接,而且验证会话双方,要求双方提供身份验证。

会话层允许不同机器上的用户建立会话关系。会话层服务之一是管理对话,会话层允许信息同时双向传输,或某一时刻只能单向传输。另一种会话服务是同步。如果网络平均每小时出现一次大故障,而两台计算机之间要进行长达两小时的文件传输时该怎么办呢?每一次传输中途失败后,都不得不重新传输这个文件。而当网络再次出现故障时,又可能半途而废了。为了解决这个问题,会话层提供了一种方法,即在数据流中插入检查点。每次网络崩溃后,仅需要重传最后一个检查点以后的数据。

⑥ 表示层

表示层位于会话层的上方,确保一个应用程序的命令和数据能被网络上其他计算机理解,也就是将一种格式转换成另一种格式的数据转换,使用户之间的通信尽可能简化,与设备无关。这些格式转换包括打印机的网络接口、视频显示和文件格式等。

表示层以下的各层只关心可靠地传输比特流,而表示层关心的是所传输信息的语法和语义。

表示层服务的一个典型例子是用一种大家一致同意的标准方法对数据编码。大多数用户程序之间并不是交换随机的比特流,而是诸如人名、日期、货币数量和发票之类的信息。这些对象是以字符串、整型、浮点数的形式,以及由几种简单类型组成的数据结构来表示。不同的机器用不同的代码来表示字符串、整型等。为了让采用不同表示法的计算机之间能进行通信,交换中使用的数据结构可以用抽象的方式来定义,并且使用标准的编码方式。表示层管理这些抽象数据结构,并且在计算机内部表示法和网络的标准表示法之间进行转换。

　　⑦ 应用层

　　应用层是 OSI 参考模型中的最高层,它直接面向用户,是用户访问网络的接口层。其主要任务是提供计算机网络与最终用户的界面,提供完成特定网络服务功能所需的各种应用程序协议。其他 6 个层次解决了网络通信和表示的问题,应用层则解决应用程序相互请求数据和服务,包括文件传输、数据库管理和网络管理等问题。电子邮件服务、WWW 服务都是应用层的软件。

　　在 OSI 参考模型中,各层的数据类型是不相同的。应用层、表示层、会话层和传输层的数据是消息(Message),网络层的数据单位是数据包(Packet),数据链路层的数据单位是帧(Frame),物理层的数据单位则是二进制流。当数据从一层传输到相邻层的时候,支持各功能层协议的软件负责相应的格式转换。

　　OSI 参考模型定义的标准框架,只是一种抽象的分层结构,具体的实现则有赖于各种网络体系的具体标准,它们通常是一组可操作的协议集合,对应于网络分层,不同层次有不同的通信协议。

　　(3) OSI 模型中信息的流动过程

　　在 OSI 参考模型中,通信是在系统进程之间进行的。需注意的是,除物理层外,在各对等层之间只有逻辑上的通信,并无直接的通信,较高层间的通信要使用较低层提供的服务。在物理层以上,每个协议实体顺序向下送到较低层,以便使数据最终通过物理信道到达它的对等层实体。图 2-4 描述了信息在 OSI 参考模型中的流动过程。

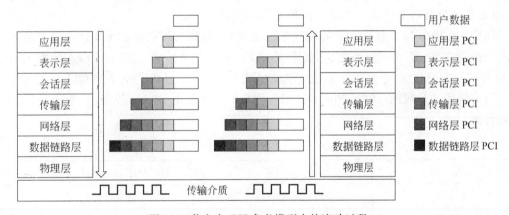

图 2-4　信息在 OSI 参考模型中的流动过程

　　下面以网络一端的用户 A 向另一端的用户 B 发送电子邮件为例来说明信息的流动过程。其中包括用户 A 向用户 B 的电子邮件服务器发送邮件和用户 B 通过服务器从自己的电子邮箱读取邮件两次通信过程。

　　用户 A 首先要把电子邮件的内容(用户数据)通过电子邮件应用程序发出,在应用层(电子邮件应用程序的一个进程),把一个报头(PCI,协议控制信息)附加于用户数据上,这个控制信息是第 7 层应用层协议所要求的,组成第 7 层的协议数据单元。然后把第 7 层的协议数据单元(用户数据和控制信息作为一个单元整体)传送给表示层的一个实体。表示层又把这个单元附加上自己的报头组成第 6 层表示层的协议数据单元再向下层传送。重复这一过程直到数据链路层,数据链路层将网络层送来的协议数据单元封装成帧,然后通过物理层传送到传输介质。当这一帧数据被用户 B 所登录的电子邮件系统服务器接收后,逐层进行理解,并执行相应层次协议控制信息的内容,开始相反的过程。数据从较低层向较高层传输,每层都拆掉其最外层的报头,而把剩余的部分向上传输,一直到服务器电子邮件系统运行的某个进程(对等的应用层),把用户 A 的邮件存放到服务器上用户 B 的电子邮箱中。

当用户 B 在自己的机器上运行电子邮件应用程序,从电子邮箱中读取邮件时,执行的是从电子邮箱所在的服务器向用户 B 的计算机传送数据的通信过程。这个过程可能不只传送用户 A 的邮件,同时传送的还有其他用户发送给用户 B 的邮件。这个过程是两台计算机上运行的电子邮件应用系统进程实体相互理解并执行的过程,即应用层功能。但双方的高层都用到了其他各层的服务。

2. 局域网体系结构

局域网发展到 20 世纪 70 年代末,诞生了数十种标准。为了使各种局域网能够很好地互联,不同生产厂家的局域网产品之间具有更好的兼容性,并有利于产品成本的减低,IEEE (Institute of Electrical and Electronics Engineers,美国电气和电子工程师协会)专门成立了 IEEE 802 委员会,其任务就是制定局域网的国际标准。

IEEE 是一个国际性的电子技术与信息科学工程师的协会,是世界上最大的专业技术组织之一。该组织成立的目的在于为电气电子方面的科学家、工程师、制造商提供国际联络和信息交流的场合,并提供专业教育和提高专业能力的服务。IEEE 的主要活动是召开会议、出版期刊、制定标准、继续教育、颁发奖项、认证等,目前其在太空、计算机、电信、生物医学、电力及消费性电子产品等领域中都是主要的权威。

IEEE 于 1980 年 2 月成立了局域网标准委员会(简称 IEEE 802 委员会),专门从事局域网标准化工作,经过不断的完善,制定了 IEEE 802 系列标准(见表 2-1),该标准包含了 CSMA/CD、令牌总线、令牌环等多种网络的标准。ISO 组织已将其采纳为 OSI 标准的一部分。目前常用的局域网,例如 Ethernet(以太网)、Token Ring(令牌环)等,都遵守 IEEE 802 系列标准。

表 2-1　IEEE 802 系列标准

名　称	内　容
802.1	局域网体系结构、网络互联,以及网络管理与性能测试
802.2	逻辑链路控制 LLC 子层功能与服务(停用)
802.3	CSMA/CD 总线介质访问控制子层与物理层规范 包括以下几个标准。 IEEE 802.3:10Mbps 以太网规范 IEEE 802.3u:100Mbps 以太网规范,已并入 IEEE 802.3 IEEE 802.3z:光纤介质千兆以太网规范 IEEE 802.3ab:基于 UTP 的千兆以太网规范 IEEE 802.3ae:万兆以太网规范
802.4	令牌总线介质访问控制子层与物理层规范(停用)
802.5	令牌环介质访问控制子层与物理层规范

续表

名　称	内　容
802.6	城域网(MAN)介质访问控制子层与物理层规范
802.7	宽带技术(停用)
802.8	光纤技术(停用)
802.9	综合语音与数据局域网(IVD LAN 技术)(停用)
802.10	可互操作的局域网安全性规范(SILS)(停用)
802.11	无线局域网技术
802.12	100Base-VG(传输速率 100Mbps 的局域网标准)(停用)
802.14	交互式电视网(包括 Cable Modem)(停用)
802.15	个人区域网络(蓝牙技术)
802.16	宽带无线

局域网作为计算机网络的一种,应该遵循 OSI 参考模型,但在 IEEE 802 标准中只描述了局域网物理层和数据链路层的功能,而局域网的高层功能是由具体的局域网操作系统来实现的。IEEE 802 标准所描述的局域网参考模型与 OSI 参考模型的关系如图 2-5 所示,该模型包括了 OSI 参考模型最低两层的功能。由图 2-5 可见,IEEE 802 标准将 OSI 参考模型中数据链路层的功能分为了 LLC(Logical Link Control,逻辑链路控制)和 MAC(Media Access Control,介质访问控制)两个子层。

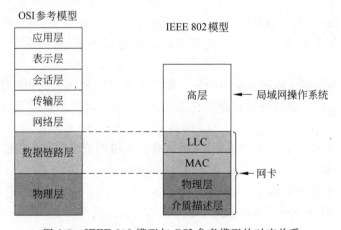

图 2-5　IEEE 802 模型与 OSI 参考模型的对应关系

① 物理层

物理层的主要作用是确保二进制信号的正确传输,包括位流的正确传送与正确接收。局域网物理层的标准规范主要有以下内容:

- 局域网传输介质与传输距离。
- 物理接口的机械特性、电气特性、性能特性和规程特性。
- 信号的编码方式。局域网常用的信号编码方式主要有曼彻斯特编码、差分曼彻斯特编码、不归零编码等。

- 错误校验码以及同步信号的产生和删除。
- 传输速率。
- 网络拓扑结构。

② MAC 子层

MAC 子层是数据链路层的一个功能子层,是数据链路层的下半部分,它直接与物理层相邻。MAC 子层位不同的物理介质定义了介质访问控制标准。其主要功能如下:

- 传送数据时,将传送的数据组装成 MAC 帧,帧中包括地址和差错检测等字段。
- 接收数据时,将接收的数据分解成 MAC 帧,并进行地址识别和差错检测。
- 管理和控制对局域网传输介质的访问。

③ LLC 子层

LLC 子层在数据链路层的上半部分,在 MAC 层的支持下向网络层提供服务,可运行于所有 802 局域网和城域网协议之上。LLC 子层与传输介质无关。它独立于介质访问控制方法,隐蔽了各种 802 网络之间的差别,并向网络层提供一个统一的格式和接口。

LLC 子层的功能包括差错控制、流量控制和顺序控制,并为网络层提供面向连接和无连接两类服务。

3. 局域网的工作模式

按照建网后选用不同操作系统所提供的不同工作模式,可以将局域网分为对等式结构、客户机/服务器模式和浏览器/服务器模式三种基本类型,这三种工作模式涉及用户存取和共享信息的方式。

(1) 对等式结构

在对等式网络中,相连的机器都处于同等地位。它们共享资源,每台机器都能以同样方式作用于对方。基本来说,所有计算机都可以既作为服务器,同时又是客户机,如图 2-6 所示。

对等式网络是小型企业网络常用的工作模式。它不需要一个专用的服务器,每台工作站都有绝对的自主权。通过网络可以相互交换文件,也可以共享打印机、CD-ROM 等硬件资源。

当然,对等式网络的缺点也非常明显,那就是只能提供很少的服务功能、资源分布分散、难以管理、安全性低等。

(2) 客户机/服务器模式

客户机/服务器(Client/Server)模式是一种基于服务器的网络,如图 2-7 所示。与对等

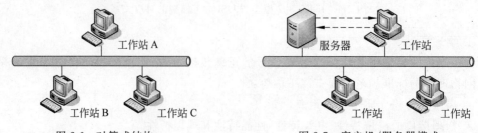

图 2-6　对等式结构　　　　　图 2-7　客户机/服务器模式

式网络相比,基于服务器的模式提供了更好的运行性能并且可靠性也有所提高。在基于服务器的网络中,不需要将工作站的硬盘与他人共享,共享数据全部集中存放在服务器上。

客户机/服务器模式的网络和对等式网络相比具有许多优点。首先,它有助于主机和小型计算机系统配置的规模缩小化;其次,由于在客户机/服务器网络中是由服务器完成主要的数据处理任务,这样在服务器和客户机之间的网络传输就减小了很多。另外,在客户机/服务器网络中把数据都集中起来,这种结构能提供更严密的安全保护功能,也有助于数据保护和恢复。它还可以通过分割处理任务,由客户机和服务器双方来分担任务,充分地发挥高档服务器的作用。

(3) 浏览器/服务器模式

浏览器/服务器(Browser/Server)模式又称为三层结构(BWS 结构),如图 2-8 所示。其中三层是相互独立的,任何一层的改变都不影响其他各层的功能,浏览器/服务器模式的客户端不需要安装专门的软件,只需要浏览器即可,减轻了客户端的负担,避免了不断提高客户端性能的要求,同时也使软件维护人员的维护变得容易。浏览器通过 Web 服务器与数据库进行交互,可以方便地在不同平台下工作,服务器端可采用高性能计算机,并安装 Oracle、Sybase、Informix 等大型数据库。浏览器/服务器结构避免了客户直接访问数据库,提高了数据库的安全性。浏览器/服务器模式是随着 Internet 技术兴起而产生的,是对客户机/服务器的改进,但该结构下服务器端的工作较重,对服务器的性能要求更高。

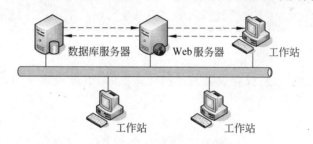

图 2-8　浏览器/服务器模式

(4) 综合使用

虽然客户机/服务器模式比对等式网络有更多的优点,但把两者结合起来使用好处更多。例如,一个由多个 Windows 客户机/服务器操作系统形成的网络就可以为一些 Windows XP 工作站提供集中存储的解决方法,这样可以动态地形成一些对等模式的工作组,在这些工作组中可以自由地共享文件、打印机等服务,但不会干扰那些由 Windows Server 2003 服务器提供的服务。

2.1.2　实训内容

网络终端设备的主要目的是获取网络中提供的各种服务,因此网络终端设备并不需要安装网络操作系统。本任务要求在网络终端设备上完成 Windows XP Professional 的安装。

1. 安装前的准备工作

操作系统有多种安装方法,在这里我们利用 Windows XP Professional 安装光盘直接从 CD-ROM 启动安装,在安装前要做好以下准备工作。

（1）准备好 Windows XP Professional 安装光盘，检查光驱是否支持自启动。

（2）可能的情况下，在运行安装程序前，用磁盘扫描程序扫描所有硬盘，检查硬盘错误并进行修复。

（3）记录安装文件的产品密钥（安装序列号）。

（4）设置光盘启动，操作方法如下：

① 开启计算机，按 Del 键（有的计算机是按 F2 键）进入 BIOS 设置界面，如图 2-9 所示。

② 在该窗口中，选择 BOOT 菜单，将该计算机的第一启动顺序设为 CD-ROM Drive，如图 2-10 所示。需要注意的是不同的 BIOS 设置光盘启动的方法不同，设置时应查阅主板说明书。

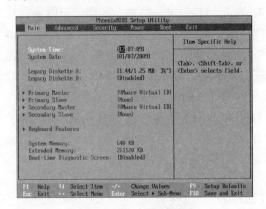

图 2-9　BIOS 设置界面

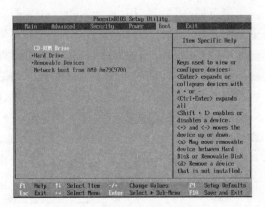

图 2-10　BIOS 中的 BOOT 菜单

设置完毕后，按 F10 键，保存设置并退出计算机的 BIOS 设置窗口，此时计算机将重新启动。

2. 安装的第一阶段

（1）将 Windows XP Professional 安装光盘放入光驱，重新启动计算机，按照屏幕的提示从 CD-ROM 引导系统。

（2）若无意外安装程序将正常启动，自动检测计算机的硬件，如键盘、鼠标、COM 端口等。

（3）当出现图 2-11 所示的窗口时，按 Enter 键，可进入图 2-12 所示的窗口。

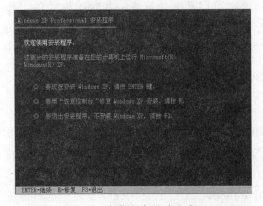

图 2-11　安装程序的欢迎窗口

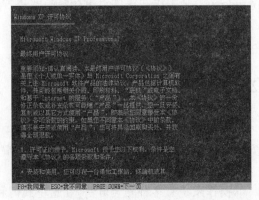

图 2-12　Windows XP 许可协议

（4）在图 2-12 所示的窗口中，可以看到 Windows XP 的许可协议，按 F8 键，表示接受该协议，进入图 2-13 所示的窗口。

（5）用方向键选择安装系统所用的分区，选择好分区后按 Enter 键，进入图 2-14 所示的窗口。

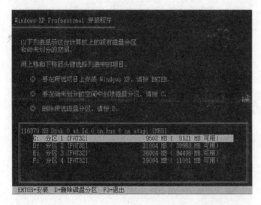

图 2-13　选择安装系统所用的分区

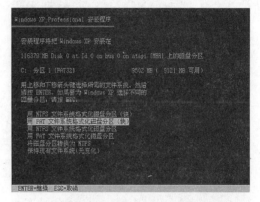

图 2-14　对所选分区可以进行格式化

（6）对所选分区可以进行格式化，选择转换文件系统格式或保存现有文件系统。需要注意的是，NTFS 格式可节约磁盘空间，提高安全性和减小磁盘碎片。选择"用 FAT 文件系统格式化磁盘分区（快）"命令，按 Enter 键，进入图 2-15 所示的窗口。

（7）在图 2-15 所示的窗口中，按 F 键确认对驱动器的格式化，进入图 2-16 所示的窗口，按 Enter 键对驱动器进行格式化，格式化的界面如图 2-17 所示。

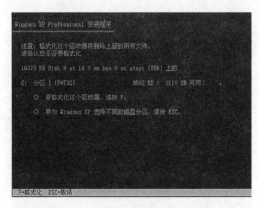

图 2-15　格式化驱动器的警告

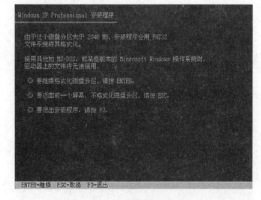

图 2-16　确认格式化

（8）格式化完成后，安装程序开始复制文件到安装文件夹，如图 2-18 所示。文件复制完毕后，安装程序开始初始化 Windows 配置，然后系统会自动在 15 秒后重新启动。

3．安装的第二阶段

（1）重新启动计算机后，系统开始检测与测试系统的硬件，当出现图 2-19 所示的"区域和语言选项"对话框，可以进行区域和语言的设置。单击"下一步"按钮，打开图 2-20 所示的"自定义软件"对话框。

图 2-17　安装程序正在格式化

图 2-18　安装程序复制文件

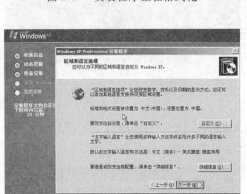

图 2-19　"区域和语言选项"对话框

图 2-20　"自定义软件"对话框

（2）在"自定义软件"对话框中，输入个人信息后，单击"下一步"按钮，打开图 2-21 所示的"您的产品密钥"对话框。

（3）在"您的产品密钥"对话框中，输入产品密钥后，单击"下一步"按钮，打开图 2-22 所示的"计算机名和系统管理员密码"对话框。

图 2-21　"您的产品密钥"对话框

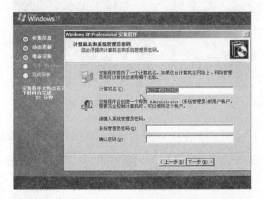

图 2-22　"计算机名和系统管理员密码"对话框

（4）在"计算机名和系统管理员密码"对话框中，输入计算机名和系统管理员密码后，单击"下一步"按钮，打开图 2-23 所示的"日期和时间设置"对话框。

（5）设置日期和时间后，开始复制安装系统文件，如图 2-24 所示。

图 2-23　"日期和时间设置"对话框

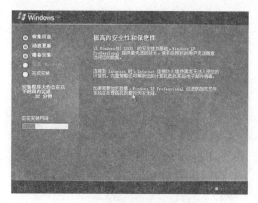

图 2-24　复制安装系统文件

（6）安装一段时间后，会出现图 2-25 所示的"网络设置"对话框，选择需要安装的网络组件，一般选择"典型设置"，如果需要安装特殊的网络组件，可选择"自定义设置"。单击"下一步"按钮，打开图 2-26 所示的"工作组或计算机域"对话框。

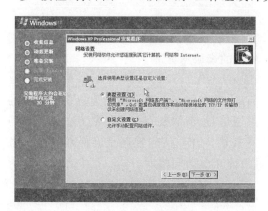

图 2-25　"网络设置"对话框

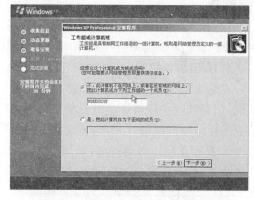

图 2-26　"工作组或计算机域"对话框

（7）在"工作组或计算机域"对话框中，选择计算机所在的工作组或域，这里应根据网络管理员的安排进行设定，在小型局域网中，一般应选择工作组模式。单击"下一步"按钮，安装程序会自动完成全过程。

4．安装的第三阶段

安装完成后自动重新启动，出现启动画面，第一次启动需要较长时间，接下来是欢迎使用画面，提示设置系统。系统会引导完成连接到 Internet、激活 Windows 以及计算机登录用户的设置。设置完成后，系统将注销并重新以新用户身份登录，登录桌面如图 2-27 所示。

图 2-27　Windows XP 登录桌面

任务 2.2 安 装 网 卡

【实训目的】

(1) 理解以太网的基本工作原理。

(2) 掌握以太网网卡的安装过程并熟悉网卡的设置。

(3) 理解 MAC 地址的概念和作用。

(4) 学会查看网卡的 MAC 地址。

【实训条件】

(1) 网卡及相应驱动程序。

(2) PC 及相关工具。

(3) Windows XP 操作系统安装光盘。

2.2.1 相关知识

以太网(Ethernet)是目前应用最广泛的局域网组网技术,一般情况下可以认为以太网和 IEEE 802.3 是同义词,都是使用 CSMA/CD 协议的局域网标准。

1. 介质访问控制

在总线型、环型和星型拓扑结构的网络中,都存在着在同一传输介质上连接多个节点的情况,而局域网中任何一个节点都要求与其他节点通信,这就需要有一种仲裁方式来控制各节点使用传输介质的方式,这就是所谓的介质访问控制。介质访问控制是确保对网络中各个节点进行有序访问的方法,局域网中主要采用两种介质访问控制方式:竞争方式和令牌传送方式。

(1) 以太网的 CSMA/CD 工作机制

在竞争方式中,允许多个节点对单个通信信道进行访问,每个节点之间互相竞争信道的控制使用权,获得使用权者便可传送数据。两种主要的竞争方式是 CSMA/CD(Carrier Sense Multiple Access/Collision Detect,载波监听多路访问/冲突检测方法)和 CSMA/CA (Carrier Sense Multiple Access/Collision Avoidance,载波监听多路访问/避免冲突方法), CSMA/CD 是以太网的基本工作机制,而 CSMA/CA 主要用于 Apple 公司的 AppleTalk 和 IEEE 802.11 无线局域网中。

传统的以太网使用总线型拓扑结构,它要求多台计算机共享单一的介质。发送计算机传输调制过的载波,载波从发送计算机向电缆的两端传输,如图 2-28 所示。需要注意的是

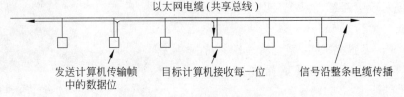

图 2-28 以太网中的数据传输

局域网技术中的共享并不意味着多个数据帧可以同时传输,在传输过程中发送计算机会独占使用整个电缆,而其他计算机必须等待。在此计算机完成数据帧传输后,共享电缆才能被其他计算机使用。

在以太网中,如果一个节点要发送数据,它将以"广播"的方式把数据通过作为公共传输介质的总线发送出去,连在总线上的所有节点都能"收听"到发送节点发送的数据信号。由于网中所有节点都可以利用总线传输介质发送数据,并且网中没有控制中心,因此冲突的发生将是不可避免的。为了有效地实现分布式多节点访问公共传输介质的控制策略,CSMA/CD 具有自身的管理机制。

实际上 CSMA/CD 与人际间通话非常相似,可以用以下 7 步来说明。

① 载波监听:想发送信息包的节点要确保现在没有其他节点在使用共享介质,所以该节点首先要监听信道上的动静(即先听后说)。

② 如果信道在一定时段内寂静无声(称为帧间缝隙 IFG),则该节点就开始传输(即无声则讲)。

③ 如果信道一直很忙碌,就一直监视信道,直到出现最小的 IFG 时段时,该节点才开始发送它的数据(即有空就说)。

④ 冲突检测:如果两个节点或更多的节点都在监听和等待发送,然后在信道空时同时(几乎同时)决定立即开始发送数据,此时就发生碰撞。这一事件会导致冲突,并使双方信息包都受到损坏。以太网在传输过程中不断地监听信道,以检测碰撞冲突(即边听边说)。

⑤ 如果一个节点在传输期间检测出碰撞冲突,则立即停止该次传输,并向信道发出一个"拥挤"信号,以确保其他所有节点也发现该冲突,从而摒弃可能一直在接收的受损的信息包(冲突停止,即一次只能一人讲)。

⑥ 多路存取:在等待一段时间(称为后退)后,想发送的节点试图进行新的发送。采用一种叫二进制指数退避策略的算法来决定不同的节点在试图再次发送数据前要等待的时间(即随机延迟)。

⑦ 返回到第①步。

图 2-29 展示了 CSMA/CD 介质访问控制的流程。

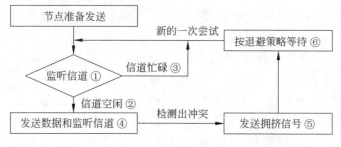

图 2-29　CSMA/CD 介质访问控制的流程

CSMA/CD 的优势在于节点不需要依靠中心控制就能进行数据发送。当网络通信量较小,冲突很少发生时,CSMA/CD 是快速而有效的方式。但当网络负载较重时,就容易出现冲突,网络性能也将相应降低。

（2）令牌传送方式

在令牌传送方式中,令牌在网络中沿各节点依次传递。所谓令牌是一个有特殊目的的数据帧,它的作用是允许节点进行数据发送。一个节点只在持有令牌时才能发送数据。采用令牌传送方式的有 IEEE 802.4(令牌总线)、IEEE 802.5(令牌环)、FDDI(光纤分布式数据接口)等。其中令牌环(Token Ring)网络是在 20 世纪 70 年代由 IBM 首先开发出来的,图 2-30 给出了令牌环控制方式的工作机制。

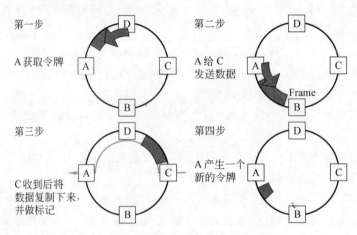

第一步 A获取令牌

第二步 A给C发送数据 Frame

第三步 C收到后将数据复制下来,并做标记

第四步 A产生一个新的令牌

图 2-30 令牌环控制方式的工作机制

令牌传送方式能提供优先权服务,有很强的实时性,效率较高,网络上站点的增加,不会对网络性能产生大的影响。但在令牌传送方式中控制电路较复杂,令牌容易丢失,网络的价格较贵,可靠性不高。

2. 以太网的冲突域

在以太网中,如果一个 CSMA/CD 网络上的两台计算机在同时通信时会发生冲突,那么这个 CSMA/CD 网络就是一个冲突域。连接在一条总线上的计算机构成的以太网属于同一个冲突域,如果以太网中的各个网段以中继器或者集线器连接,因为中继器或者集线器不具有选路功能,只是将接收到的数据以广播的形式发出,所以仍然是一个冲突域。

冲突域也是一个确保严格遵守 CSMA/CD 机制而不能超越的时间概念。CSMA/CD 机制要求节点边发送数据边监听信道,所以要求发送端必须在数据发送完毕之前收到冲突信号,如图 2-31 所示。

图中 A,B 为任意两个节点,距离为 L,垂直坐标为延迟时间 t。设 A 节点从 t_0 时开始发送,t_1 时第 1 位到达 B 节点而 A 节点已发完 256 位,延时为 $25.6\mu s$。在此之前 B 节点不知 A 节点已发送,可在任意 t_x 时间竞发,但在电缆 M 点发生冲突。B 节点在 t_1 检测到了冲突而发出拥塞包,A 节点在刚发完一个最小包后即收到拥塞包知道最小包已受损,双方都退回重新竞发。若 A 节点发出的是一个大于 512 字节的长包,则更能在发完之前

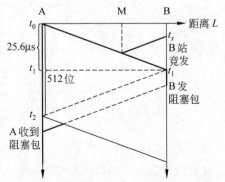

图 2-31 CSMA/CD 机制中的冲突域

侦听到冲突而退回重发,避免了资源浪费。若不按最小包长限制的 25.6μs,则 A 节点发完较小包之后,根本不知道该包已受损而使错包在网上广播。所以,以太网的冲突域是保证在规定的时间范围内发现冲突,使得局域网内的任何节点,都能正确执行 CSMA/CD 协议,而不会发生错误。

因此组建以太网的一个关键就是网内任何两节点间所有设备的延时的总和应小于冲突域。以太网中规定最小的数据帧为 64 字节,若传输速度为 10Mbps,则以太网的冲突域的大小为 25.6μs,即网络中最远的两个点的传输延迟时间小于 25.6μs;若传输速度为 100Mbps,则以太网的冲突域的大小为 2.56μs,即网络中最远的两个点的传输延迟时间小于 2.56μs。

3. 以太网的 MAC 地址

在 CSMA/CD 的工作机制中,接收数据的计算机必须通过数据帧中的地址来判断此数据帧是否发给自己,因此为了保证网络正常运行,每台计算机必须有一个与其他计算机不同的硬件地址,即网络中不能有重复地址。MAC 地址也称为物理地址,是 IEEE 802 标准为局域网规定的一种 48bit 的全球唯一地址,用在 MAC 帧中。MAC 地址是被嵌入到以太网网卡中的。在生产网卡时,MAC 地址被固化在网卡的 ROM 中,计算机在安装网卡后,就可以利用该网卡固化的 MAC 地址进行数据通信。对于计算机来说,只要其网卡不换,它的 MAC 地址就不会改变。

IEEE 802 规定网卡地址为 6 字节,即 48bit,计算机和网络设备中一般以 12 个十六进制数表示,如:00-05-5D-6B-29-F5。MAC 地址中前 3 个字节由网卡生产厂商向 IEEE 的注册管理委员会申请购买,称为机构唯一标识号,又称公司标识符。例如 D-Link 网卡的 MAC 地址前 3 个字节为 00-05-5D。MAC 地址中后 3 个字节由厂商指定,不能重复。这样可以保证世界上的网卡没有重复地址,6 个字节的地址块可以得到 2^{24}(大约 70 亿)个不同的地址。

在 MAC 数据帧传输过程中,目的地址的最高位为"0"代表单播地址,即接收端为单一站点,所以网卡的 MAC 地址的最高位总为"0"。目的地址的最高位为"1"代表组播地址,组播地址允许多个站点使用同一地址,当把一帧送给组地址时,组内所有的站点都会收到该帧。目的地址全为"1"代表广播地址,此时数据将传送到网上的所有站点。

4. 以太网的 MAC 帧格式

实际上以太网有两种帧格式,目前普遍采用的是 DIX Ethernet V2 格式,DIX Ethernet V2 的 MAC 帧结构如图 2-32 所示。

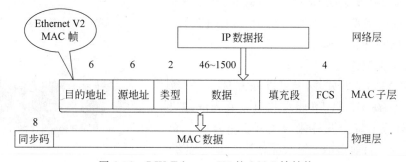

图 2-32　DIX Ethernet V2 的 MAC 帧结构

CSMA/CD 规定 MAC 帧的最短长度为 64 字节,具体如下。

- 目的地址:6 字节,为目的计算机的 MAC 地址。
- 源地址:6 字节,本计算机的 MAC 地址。
- 类型:2 字节,高层协议标志,说明上层使用何种协议。例如,若类型值为 0x0800,则上层使用 IP 协议;如果类型值为 0x8137,则上层使用 IPX 协议。上层协议不同,以太网的帧的长度范围会有所变化。
- 数据:长度在 0~1500 字节之间,是上层协议传下来的数据。由于 DIX Ethernet V2 没有单独定义 LLC 子层,如果上层使用 TCP/IP 协议,Data 就是 IP 数据报的数据。
- 填充字段:保证帧长不少于 64 字节,即数据和填充字段的长度和应在 46~1500 字节之间,当上层数据小于 46 字节时,会自动添加字节。46 字节是用帧最小长度 64 字节减去前后的固定字段的字节数 18 得到的。当对方收到 MAC 数据帧时,会丢掉填充数据,还原为 IP 数据报,传递给上层协议。
- FCS:帧校验序列,是一个 32 位的循环冗余码。
- 前同步码:MAC 数据帧传给物理层时,还会加上同步码,10101010 序列,保证接收方与发送方同步。

MAC 子层还规定了帧间的最小间隔为 $9.6\mu s$,这是为了保证刚收到数据帧的站点网卡上的缓存能有时间清理,做好接收下一帧的准备,避免因缓存占满而造成数据帧丢失。

5. 以太网网卡

网络适配器又称网络接口卡(Network Interface Card,NIC),简称为网卡,它是计算机网络中最基本和最重要的连接设备之一,计算机主要通过它接入局域网。网卡在网络中的工作是双重的:一方面负责接收网络上传过来的数据包,解包后,将数据通过主板上的总线传输给本地计算机;另一方面它将本地计算机上的数据经过打包后送入网络。

(1) 以太网网卡的分类

- 按速度分类

根据以太网网卡的工作速度不同可分为 10M 网卡、100M 网卡、10M/100M 自适应网卡、1000M 网卡等,分别支持不同类型的以太网组网技术。

- 按总线类型分类

总线类型主要指网卡与计算机主板的连接方式。总线类型不同,网卡与计算机主板间的数据传输速度不同。目前 PC 中使用的独立网卡都采用 PCI 总线类型,如图 2-33 所示。PCI 网卡的理论带宽为 133MHz。

- 按接口类型分类

如果按接口类型划分,网卡可以分为 RJ-45 双绞线接口、BNC 细缆接口、AUI 粗缆接口以及光纤接口网卡等。另外还有综合几种接口类型于一身的二合一、三合一网卡。目前市场上绝大部分网卡采用 RJ-45 接口,与双绞线相连。BNC 接口则是采用 10Base-2 同轴电缆的接口类型,它同带有螺旋凹槽的同轴电缆上

图 2-33　PCI 网卡

的金属接头(如 T 形头)相连；AUI 接口用于连接 10Base-5 中的收发器电缆,目前这两种接口的网卡都已基本不再使用。在服务器和高速工作站上会使用具有光纤接口的网卡,网卡上会提供法兰盘(即光纤插座)。

除了以上几种类型的网卡之外,现在还有无线网卡、USB 网卡等类型的网卡。

图 2-34 所示的是网卡的 RJ-45 接口和光纤接口。

图 2-34　网卡的 RJ-45 接口(左)和光纤接口(右)

（2）网卡的选择

目前,网卡的技术和制造工艺已经非常成熟,用户在选购网卡时只要稍加注意,应该可以购买到质量过硬的网卡产品。选购网卡一般应从以下几个方面考虑。

① 注意技术发展方向

目前,以太网网卡有 10M、100M、10M/100M 及 1000M 网卡。对于一般的网络来说,服务器应该采用千兆以太网网卡,这种网卡多用于服务器与交换机之间的连接,以提高整体系统的响应速率。就客户机而言,对于通常的文件共享等应用,10M 网卡就已经足够了,但对于语音和视频等应用,100M 网卡将更利于实时应用的传输。

② 注意总线接口方式

如没有特殊需要,一般可使用集成网卡或 PCI 总线的网卡,在一些特殊的应用中也可以考虑直接使用 USB 接口或其他接口网卡。

③ 注意产品附加值

由于局域网普遍采用双绞线作为桌面终端接入的传输介质,并使用结构化综合布线,因此一般的客户机只需要选用单一 RJ-45 接口的网卡就可以了,但选购网卡时应注意网卡的附加功能。

- 适用性好的网卡应通过各主流操作系统的认证,至少应具备 Windows 2000/XP/Vista、Linux、UNIX 等操作系统的驱动程序。

- 智能网卡上会自带处理器或带有专门设计的 AISC 芯片,可承担使用非智能网卡时由计算机处理器承担的一部分任务,因而即使在网络信息流量很大时,也极少占用计算机的内存和 CPU 时间。

- 是否支持远程启动。如果要组建无盘工作站,所购买的网卡必须要有远程启动芯片插槽,而且要配备专用的远程启动芯片,因为远程启动芯片一般情况下是不能通用的。同时,远程启动芯片必须支持网络操作系统。

- 是否支持自动唤醒功能。当需要访问网络中某一台计算机上的资源,而被访问者处于关闭状态时,可利用网卡的自动唤醒功能,让被访问者在接到访问信息后便自动启动并登录网络。如果网络用户需要实现自动唤醒,便可选择具有自动唤醒功能的网卡。

2.2.2 实训内容

计算机使用的网卡有多种类型,不同类型网卡的安装方法有所不同,对于目前常见 PCI 总线接口的以太网网卡,其基本安装步骤如下。

1. 网卡的硬件安装

(1) 关闭主机电源,拔下电源插头。

(2) 打开机箱后盖,在主板上找一个空闲 PCI 插槽,卸下相应的防尘片,保留好螺钉。

(3) 将网卡对准插槽向下压入插槽中,如图 2-35(a)所示。

(4) 用卸下的螺钉固定网卡的金属挡板,安装机箱后盖。

(5) 将双绞线跳线上的 RJ-45 接头插入到网卡背板上的 RJ-45 端口,如图 2-35(b)所示。如果通电且正常安装,网卡上的相应指示灯会亮。

2. 安装网卡驱动程序

在机箱中安好网卡后,重新启动计算机,系统自动检测新增加的硬件(对即插即用的网卡),插入网卡驱动程序光盘(如果是从网络下载到硬盘的安装文件应指明其路径),通过添加新硬件向导引导用户安装驱动程序。

也可以通过单击"控制面板"→"添加硬件"命令,系统将自动搜索即插即用新硬件并安装其驱动程序。

3. 检测网卡的工作状态

(1) 右击桌面上的"我的电脑"图标,执行"属性"命令,打开"系统属性"对话框。选择"硬件"选项卡,单击"设备管理器"控制台,在"设备管理器"中单击"网络适配器",可以看到已经安装的网卡,如图 2-36 所示。

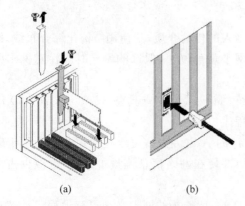

图 2-35 网卡硬件安装示意图   图 2-36 "设备管理器"控制台

(2) 右击已经安装的网卡,选择"属性"命令,可以查看该设备的工作状态,如图 2-37 所示。

4. 查看网卡的 MAC 地址

在 Windows XP 系统中可以通过以下两种方法查看网卡的 MAC 地址。

图 2-37　网卡属性

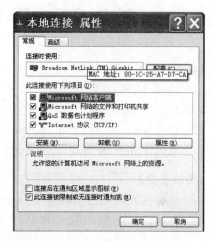

图 2-38　网卡查看 MAC 地址

　　（1）右击"网上邻居"，选择"属性"命令，打开"网络拨号连接"窗口，右击"本地连接"项，再选择"属性"命令，打开"本地连接属性"对话框。用鼠标指向"连接时使用"对话框中的网卡型号，此时将会显示该网卡 MAC 地址，如图 2-38 所示。

　　（2）单击屏幕右下角的"本地连接状态"图标（如图 2-39 所示），打开"本地连接状态"对话框，单击"支持"选项卡，如图 2-40 所示。单击"详细信息"，打开"网络连接详细信息"对话框，可以看到网卡的实际地址，即 MAC 地址，如图 2-41 所示。

图 2-39　屏幕右下角的"本地连接状态"图标

图 2-40　"本地连接状态"对话框

图 2-41　"网络连接详细信息"对话框

　　【注意】"本地连接"是与网卡对应的。如果在计算机中安装了两块以上的网卡，那么在操作系统中会出现两个以上的"本地连接"，系统会自动以"本地连接"、"本地连接 1"、"本地连接 2"进行命名，用户可以进行重命名。

任务 2.3　网络协议的安装与配置

【实训目的】

（1）理解 TCP/IP 模型。

（2）理解网络协议在计算机网络中的作用。

（3）掌握 Windows 环境下各种网络协议的安装方法。

（4）掌握 Windows 环境下 TCP/IP 协议的基本配置。

【实训条件】

（1）能够接入网络的安装有 Windows XP 操作系统的 PC。

（2）能够访问的 Web 站点和 FTP 站点。

（3）Windows XP 操作系统安装光盘。

（4）网络管理员分配的能够使 PC 正确联入网络的 IP 地址、子网掩码、默认网关和 DNS 服务器 IP。

2.3.1　相关知识

1. TCP/IP 模型

OSI 参考模型试图达到一种理想境界，即全世界的计算机网络都遵循这个统一标准，但实际上完全遵从 OSI 参考模型的协议几乎没有。尽管如此，OSI 参考模型为人们考察其他协议各部分间的工作方式提供了框架和评估基础。

TCP/IP 是指一整套数据通信协议，它是 20 世纪 70 年代中期，美国国防部为其 ARPANET 广域网开发的网络体系结构和协议标准，其名字是由这些协议中的两个主要协议组成，即传输控制协议（Transmission Control Protocol，TCP）和网际协议（Internet Protocol，IP）。实际上，TCP/IP 框架包含了大量的协议和应用，TCP/IP 是多个独立定义的协议的集合，简称为 TCP/IP 协议集。虽然 TCP/IP 不是 ISO 标准，但它作为 Internet/Intranet 中的标准协议，其使用已经越来越广泛，可以说，TCP/IP 是一种"事实上的标准"。

（1）TCP/IP 模型的层次结构

TCP/IP 模型由 4 个层次组成。TCP/IP 模型与 OSI 参考模型之间的关系如图 2-42 所示。

① 应用层

应用层为用户提供网络应用，并为这些应用提供网络支撑服务，把用户的数据发送到低层，为应用程序提供网络接口。由于 TCP/IP 将所有与应用相关的内容都归为一层，所以在应用层要处理高层协议、数据表达和对话控制等任务。

② 传输层

传输层的作用是提供可靠的点到点的数据传输，能够确保源节点传送的数据报正确到达目标节点。为保证数据传输的可靠性，传输层协议也提供了确认、差错控制和流量控制等机制。传输层从应用层接收数据，并在必要的时候把它分成较小的单元，传递给网络层，且

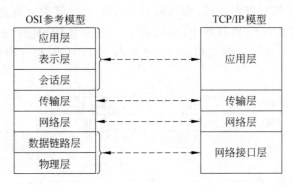

图 2-42 TCP/IP 模型与 OSI 参考模型的关系

确保到达对方的各段信息正确无误。

③ 网络层

网络层的主要功能是负责通过网络接口层发送 IP 数据报,或接收来自网络接口层的帧并将其转为 IP 数据报,然后把 IP 数据报发往网络中的目的节点。为正确地发送数据,网络层还具有路由选择、拥塞控制的功能。这些数据报到达顺序和发送顺序可能不同,因此如果需要按顺序发送及接收时,传输层必须对数据报排序。

④ 网络接口层

在 TCP/IP 模型中没有真正描述这一部分内容。网络接口层是指各种计算机网络,包括 Ethernet 802.3、Token Ring 802.5、X.25、HDLC、PPP 等,相当于 OSI 中的最低两层,也可看做 TCP/IP 利用 OSI 的下两层。它指任何一个能传输数据报的通信系统,这些系统大到广域网、小到局域网甚至点到点连接。正是这一点使得 TCP/IP 具有相当的灵活性。

(2) TCP/IP 的基本工作原理

从以上体系结构分析,TCP/IP 模型是 OSI 参考模型的简化。与 OSI 参考模型一样,TCP/IP 网络上源主机的协议层与目的主机的同层协议层之间,通过下层提供的服务实现对话。源主机和目的主机的同层实体称为对等实体或对等进程,它们之间的对话实际上是在源主机协议层上从上到下,然后穿越网络到达目的主机后再在协议层从下到上到达相应层的过程。图 2-43 给出了 TCP/IP 的基本工作原理。

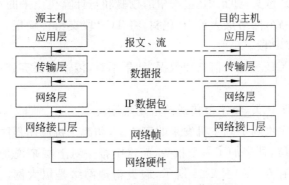

图 2-43 TCP/IP 的基本工作原理

TCP/IP 是一个协议系列或协议族,目前包含了 100 多个协议,用来将计算机和数据通信设备组成实际的 TCP/IP 计算机网络。TCP/IP 模型各层的一些主要协议如图 2-44 所示,其主要特点是应用层有很多协议,而网络层和传输层协议少而确定,这恰好表明 TCP/IP 协议可以应用到各式各样的网络上,同时也能为各式各样的应用提供服务。正因为如此,Internet 才发展到今天的这种规模。表 2-2 给出了 TCP/IP 协议集的主要协议以及它们提供的主要服务。

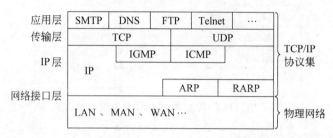

图 2-44　TCP/IP 协议集

表 2-2　TCP/IP 协议集的主要协议以及它们提供的主要服务

协议	提供服务	相应层次	协议	提供服务	相应层次
IP	数据包服务	网络层	TCP	可靠性服务	传输层
ICMP	差错和控制	网络层	FTP	文件传送	应用层
ARP	IP 地址→物理地址	网络层	Telnet	终端仿真	应用层
RARP	物理地址→IP 地址	网络层	DNS	域名→IP 地址	应用层

下面以使用 TCP 协议传送文件(如 FTP 应用程序)为例,说明 TCP/IP 的工作原理。

① 在源主机上,应用层将一串字节流传给传输层。

② 传输层将字节流分成 TCP 段,加上 TCP 自己的报头信息交给网络层。

③ 网络层生成数据包,将 TCP 段放入其数据域中,并加上源和目的主机的 IP 包头交给网络接口层。

④ 网络接口层将 IP 数据包装入帧的数据部分,并加上相应的帧头及校验位,发往目的主机或 IP 路由器。

⑤ 在目的主机,网络接口层将相应帧头去掉,得到 IP 数据包,送给网络层。

⑥ 网络层检查 IP 包头,如果 IP 包头中的校验和与计算机出来的不一致,则丢弃该包。

⑦ 如果校验和一致,网络层去掉 IP 包头,将 TCP 段交给传输层。传输层检查顺序号,判断是否为正确的 TCP 段。

⑧ 传输层计算 TCP 段的头信息和数据,如果不对,传输层丢弃该 TCP 段,否则向源主机发送确认信息。

⑨ 传输层去掉 TCP 头,将字节传送给应用程序。

⑩ 最终,应用程序收到了源主机发来的字节流,和源主机应用程序发送的相同。

实际上每往下一层,便多加了一个报头,而这个报头对上层来说是不透明的,上层根本感觉不到下层报头的存在。如图 2-45 所示,假设物理网络是以太网,上述基于 TCP/IP 的文件传输(FTP)应用加入报头的过程便是一个逐层封装的过程,当到达目的主机时,则是从下而上去掉报头的一个解封装的过程。

从用户角度看,TCP/IP 协议提供一组应用程序,包括电子邮件、文件传送、远程登录

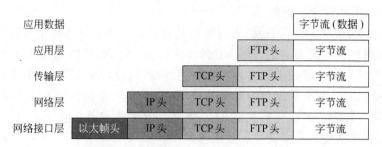

图 2-45 基于 TCP/IP 的逐层封装过程

等,用户使用其可以很方便地获取相应网络服务;从程序员的角度看,TCP/IP 主要提供两种服务,包括无连接报文分组递送服务和面向连接的可靠数据流传输服务,程序员可以用它们来开发适合相应应用环境的应用程序;从设计的角度看,TCP/IP 主要涉及寻址、路由选择和协议的具体实现。

（3）TCP/IP 与 OSI 的比较

首先,TCP/IP 模型未能区分服务、接口、协议这些概念,因此 TCP/IP 模型对于利用新技术设计新网络而言并没有太大的指导意义。

其次,TCP/IP 模型不通用,除了 TCP/IP 之外不适合其他协议栈,试图用 TCP/IP 模型去描述其他模型（如 SNA）是不可能的。

再次,就常规意义而言,TCP/IP 网络接口层并不是分层协议中的层,它实际上是网络层和数据链路层的接口。

最后,TCP/IP 模型未提及物理层和数据链路层,也未对这两层加以区分,而这两层的功能是根本不同的,物理层处理各种介质的传输特性,而数据链路层则负责帧的起止界定,按所期望的可靠程度传送帧。

2. 网络层协议

TCP/IP 的网络层相当于 OSI 参考模型的网络层,它将所有底层的物理实现隐藏起来。网络层的协议包括 Internet 协议（IP）、Internet 控制报文协议（ICMP）、Internet 组管理协议（IGMP）、地址解析协议（ARP）和反向地址解析协议（RARP）。网络层的作用是将数据包从源主机发送出去,并且使这些数据包独立地到达目的主机。在数据包传送过程中,即使是连续的数据包也可能走不同的路径,到达目的主机的顺序也会不同于发送时的顺序。这是因为网络的情况复杂,随时可能有一些路径发生故障,或是网络的某处发生数据包拥塞。因此在网络层定义了一个标准的包格式和协议,该格式的数据包能被网上所有的主机理解和正确处理,格式的定义是由 IP 协议规定的,因此 IP 协议是网络层中最为重要的协议。

（1）IP

IP 协议是网络层的核心,负责完成网络中数据包的路径选择,并跟踪这些数据包到达不同目的端。IP 协议规定了数据传输时的基本单元和格式,但并不了解发送数据包的内容,只处理源和目的端 IP 地址、协议号以及另一个 IP 自身的校验码。这些项形成了 IP 的头信息,IP 的头信息也是放在由 IP 进行处理的每个数据包之前。IP 提供以下主要功能。

① 无连接、不可靠传输服务

IP协议被认为提供的是无连接、不可靠的传输服务。由于从整体上TCP/IP协议设计为以分层方式运行在不同的层上,因此IP的无连接和不可靠,是指IP协议仅提供最好的传输服务,但不保证数据包能成功到达目的端,并且在传输过程中IP协议不维护任何关于后续数据包的状态信息,每个数据包的处理是相互独立的。可靠的传输是在传输层由TCP实现的,面向连接的传输也是在传输层由TCP处理。IP的功能是提供一种机制,以向传输层协议发送数据包和从传输层协议接收数据包。

② 数据包分段和重组

IP协议的进一步功能是在最大传输单元的基础上,限制数据包的大小以提高传输效率。IP通常会在数据包源和目的点之间某处的路由器上,选择适当的数据包大小,然后将较大的数据包分段,使得分段的大小正好适合在网络上传递的帧的大小。当分段到达目的地后,IP会将其重组为原来的数据包。

③ 路由功能

IP负责完成网络中数据包传输的路径选择。

(2) ICMP

ICMP(Internet Control Message Protocol,Internet控制报文协议)是TCP/IP协议族的子协议,用于在IP主机、路由器之间传递控制消息。控制消息是指网络通不通、主机是否可达、路由是否可用等网络本身的消息。这些控制消息虽然并不传输用户数据,但是对于用户数据的传递起着重要的作用。ICMP消息包含在IP数据包中,可以找到到达子网内正确主机的方法。

• ICMP回送应答

最经常使用的ICMP消息是在用于检查网络连通性的ping命令(Linux和Windows中均有)中实现的。它向发送者提供关于IP连接的反馈信息,通常作为调试工具使用。

• ICMP重定向

当路由器检测到其路由比相同网段上的另一个路由器上的路由差时,路由器会向主机发出ICMP重定向信息,并且命令主机使用最优的路由器作为网关。

• ICMP源抑制

IP用ICMP源抑制信息提供了流量控制的基本形式。ICMP源抑制信息通知起始主机或网关,接收主机过载或不能接收通信;然后起始主机将降低其向接收主机发送数据包的速度,直至停止收到源抑制信息为止。

(3) ARP

在局域网中,网络中实际传输的是帧,帧里面是有目标主机的MAC地址的。在以太网中,一个主机和另一个主机进行直接通信,必须要知道目标主机的MAC地址。所谓地址解析就是主机在发送帧前将目标IP地址转换成目标MAC地址的过程。ARP(Address Resolution Protocol,地址解析协议)的基本功能就是通过目标设备的IP地址,查询目标设备的MAC地址,以保证通信的顺利进行。

(4) RARP

RARP(Reverse Address Resolution Protocol,反向地址解析协议)允许局域网的物理机器从网关服务器的ARP表或者缓存上请求其IP地址。网络管理员在局域网网关路由器里创建一个表以映射物理地址(MAC)和与其对应的 IP 地址。当设置一台新的机器时,其 RARP 客户机程序需要向路由器上的 RARP 服务器请求相应的 IP 地址。假设在路由表中已经设置了一个记录,RARP 服务器将会返回 IP 地址给机器,此机器就会存储起来以便日后使用。

3. 传输层协议

传输层的目的是在网络层或互联网层提供主机数据通信服务的基础上,在主机之间提供可靠的进程通信。在本质上,传输层的功能一方面是加强或弥补网络层或互联网层提供的服务;另一方面是提供进程通信机制。传输层协议包括 TCP(Transmission Control Protocol,传输控制协议)和 UDP(User Datagram Protocol,用户数据报协议)。

(1) 传输层端口

传输层的主要功能是提供进程通信能力,因此网络通信的最终地址不仅包括主机地址,还包括可描述进程的某种标志。所以 TCP/IP 协议提出了端口(Port)的概念,用于标志通信的进程。

端口是操作系统的一种可分配资源,应用程序(调入内存运行后称为进程)通过系统调用与某端口建立连接(绑定)后,传输层传给该端口的数据都被相应的进程所接收,相应进程发给传输层的数据都从该端口输出。在 TCP/IP 协议的实现中,端口操作类似于一般的 I/O 操作,进程获取一个端口,相当于获取本地唯一的 I/O 文件,可以用一般的读写方式访问,每个端口都拥有一个叫端口号的整数描述符(端口号为 16 位二进制数,0~65535),用来区别不同的端口。由于 TCP/IP 传输层的 TCP 和 UDP 两个协议是两个完全独立的软件模块,因此各自的端口号也相互独立。如 TCP 有一个 255 号端口,UDP 也可以有一个 255 号端口,两者并不冲突。

端口有两种基本分配方式:一种是全局分配,由一个公认权威的中央机构根据用户需要进行统一分配,并将结果公布于众;另一种是本地分配,又称动态连接,即进程需要访问传输层服务时,向本地操作系统提出申请,操作系统返回本地唯一的端口号,进程再通过合适的系统调用,将自己和该端口连接起来。TCP/IP 端口的分配综合了以上两种方式,将端口号分为两部分,少量的作为保留端口,以全局方式分配给服务进程。每一个标准服务器都拥有一个全局公认的端口,即使在不同的机器上,其端口号也相同。剩余的为自由端口,以本地方式进行分配。TCP 和 UDP 规定小于 256 的端口才能作为保留端口,图 2-46 给出了 TCP 和 UDP 规定的部分保留端口。

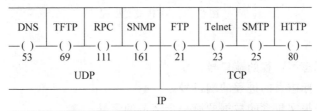

图 2-46　TCP 和 UDP 规定的部分保留端口

（2）UDP

UDP 是面向无连接的通信协议。按照 UDP 协议处理的报文包括 UDP 报头和高层用户数据两部分，其格式如图 2-47 所示。UDP 报头只包含 4 个字段：源端口、目的端口、长度和 UDP 校验和。源端口用于标志源进程的端口号，目的端口用于标志目的进程的端口号，长度字段规定了 UDP 报头和数据的长度，校验和字段用来防止 UDP 报文在传输中出错。

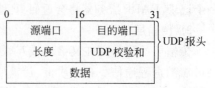

图 2-47　UDP 报文格式

UDP 协议只用来提供协议端口，实现进程通信。由于 UDP 通信不需要连接，所以可以实现广播发送。UDP 无复杂流量控制和差错控制，简单高效，但其不需要接收方确认，属于不可靠的传输，可能会出现丢包现象，实际应用中要求程序员编程验证。UDP 协议主要面向交互型应用。

（3）TCP

TCP 协议是为了在主机间实现高可靠性的数据交换的传输协议。TCP 协议主要在网络不可靠的时候完成通信，它是面向连接的端到端的可靠协议，支持多种网络应用程序。TCP 对下层服务没有多少要求，它假定下层只能提供不可靠的数据报服务，可以在多种硬件构成的网络上运行。TCP 的下层是 IP 协议，TCP 可以根据 IP 协议提供的服务传送大小不定的数据，IP 协议负责对数据进行分段、重组，在多种网络中传送。

① TCP 报文格式

TCP 报文包括 TCP 报头和高层用户数据两部分，其格式如图 2-48 所示。

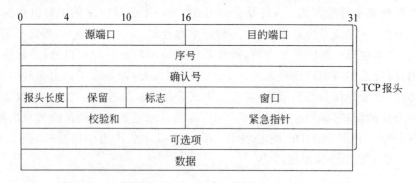

图 2-48　TCP 报文格式

各字段含义如下：

- 源端口：标志源进程的端口号。
- 目的端口：标志目的进程的端口号。
- 序号：发送报文包含的数据的第一个字节的序号。
- 确认号：接收方期望下一次接收的报文中数据的第一个字节的序号。
- 报头长度：TCP 报头的长度。
- 保留：保留为今后使用，目前置 0。
- 标志：用来在 TCP 双方间转发控制信息，包含 URG、ACK、PSH、RST、SYN 和 FIN 位。

- 窗口：用来控制发方发送的数据量，单位为字节。
- 校验和：TCP 计算报头、报文数据和伪头部（同 UDP）的校验和。
- 紧急指针：指出报文中的紧急数据的最后一个字节的序号。
- 可选项：TCP 只规定了一种选项，即最大报文长度。

② TCP 的可靠传输

TCP 提供面向连接的、可靠的字节流传输。TCP 连接是全双工和点到点的。全双工意味着可以同时进行双向传输，点到点的意思是每个连接只有两个端点，TCP 不支持组播或广播。为保证数据传输的可靠性，TCP 使用三次握手的方法来建立和释放传输的连接，并使用确认和重传机制来实现传输差错的控制，另外 TCP 采用窗口机制以实现流量控制和拥塞控制。

- TCP 连接的建立和释放

TCP 是面向连接的协议，因此在数据传送之前，它需要先建立连接。为确保连接建立和释放的可靠性，TCP 使用了三次握手的方法。所谓三次握手就是在连接建立和释放过程中，通信的双方需要交换三个报文。

在创建一个新的连接过程中，三次握手要求每一端产生一个随机的 32 位初始序列号。由于每次请求新连接使用的初始序列号不同，TCP 可以将过时的连接区分开来，避免重复连接的产生。

图 2-49 显示了 TCP 利用三次握手建立连接的正常过程。

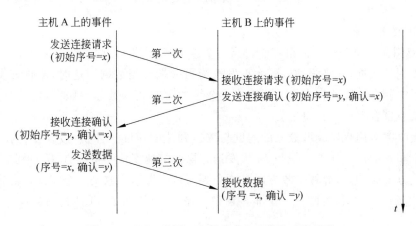

图 2-49　TCP 利用三次握手建立连接的正常过程

在三次握手的第一次握手中，主机 A 向主机 B 发出连接请求，其中包含主机 A 选择的初始序号 x；第二次握手中，主机 B 收到请求，发回连接确认，其中包含主机 B 选择的初始序号 y，以及主机 B 对主机 A 初始序号 x 的确认；第三次握手中，主机 A 向主机 B 发送数据，其中包含对主机 B 初始序号 y 的确认。

在 TCP 协议中，连接的双方都可以发起释放连接的操作。为了保证在释放连接之前所有的数据都可靠地到达了目的地，TCP 再次使用了三次握手。一方发出释放请求后并不立即释放连接，而是等待对方确认。只有收到对方的确认信息后，才能释放连接。

- TCP 差错控制

TCP 建立在 IP 协议之上，IP 协议提供不可靠的数据传输服务，因此，数据出错甚至丢失可能是经常发生的。TCP 使用确认和重传机制实现数据传输的差错控制。

在差错控制中，如果接收方的 TCP 正确地收到一个数据报文，它要回发一个确认信息给发送方；若检测到错误，则丢弃该数据。而发送方在发送数据时，TCP 需要启动一个定时器，在定时器到时之前，如果没有收到确认信息（可能因为数据出错或丢失），则发送方重传数据。图 2-50 说明了 TCP 的差错控制机制。

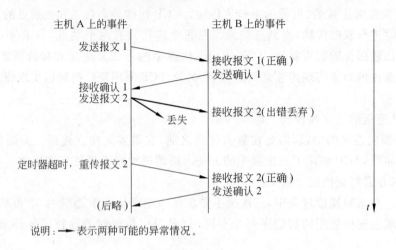

图 2-50　TCP 的差错控制机制

- TCP 流量控制

TCP 使用窗口机制进行流量控制。当一个连接建立时，连接的接收端分配一块缓冲区来存储接收到的数据，并将缓冲区的大小发送给另一端。当数据到达时，接收方发送确认，其中包含了它剩余的缓冲区大小。这里将剩余缓冲区空间的数量叫做窗口，接收方在发送的每一确认中都含有一个窗口通告。

如果接收方应用程序读取数据的速度与数据到达的速度一样快，接收方将在每一确认中发送一个非零的窗口通告。但是，如果发送方操作的速度快于接收方，接收到的数据最终将充满接收方的缓冲区，导致接收方通告一个零窗口。发送方收到一个零窗口通告时，必须停止发送，直到接收方重新通告一个非零窗口。图 2-51 说明了 TCP 利用窗口进行流量控制的过程。

在图 2-51 中，假设发送方每次最多可以发送 1000 字节，并且接收方通告了一个 2500 字节的初始窗口。由于 2500 字节的窗口说明接收方具有 2500 字节的空闲缓冲区。因此发送方传输了三个报文，其中两个报文包含了 1000 字节，一个包含了 500 字节。在每个报文到达时，接收方就产生一个确认，其中窗口减去了到达的数据尺寸。

由于前三个报文在接收方应用程序使用数据之前就充满了缓冲区，因此通告的窗口达到 0，发送方不能再传送数据。在接收方应用程序用掉了 2000 字节后，接收方 TCP 发生了一个额外的确认，其中的窗口通告为 2000 字节，用于通知发送方可以再发送 2000 字节。于是发送方又发送两个报文，致使接收方的窗口再一次变为 0。

窗口和窗口通告可以有效地控制 TCP 的数据传输流量，使发送方发送的数据永远不会溢出接收方的缓冲空间。

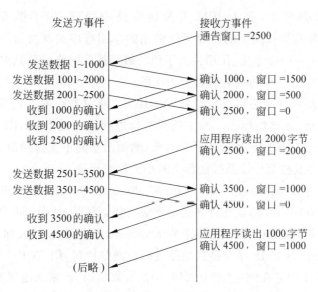

图 2-51   TCP 利用窗口进行流量控制的过程

- TCP 拥塞控制

最初的 TCP 协议只有基于窗口的流量控制机制而没有拥塞控制机制。流量控制作为接收方管理发送方发送数据的方式,用来防止接收方可用的数据缓存空间的溢出。流量控制是一种局部控制机制,其参与者仅仅是发送方和接收方,它只考虑了接收端的接收能力,而没有考虑到网络的传输能力;而拥塞控制则注重于整体,其考虑的是整个网络的传输能力,是一种全局控制机制。正因为流量控制的这种局限性,从而导致了拥塞崩溃现象的发生。

1986 年初,Jacobson 开发了 TCP 应用中的拥塞控制机制。运行在端节点主机中的这些机制使得 TCP 连接在网络发生拥塞时回退,也就是说 TCP 源端会对网络发出的拥塞指示(例如丢包、重复的 ACK 等)做出响应。1988 年 Jacobson 针对 TCP 在控制网络拥塞方面的不足,提出了"慢启动"(Slow Start)和"拥塞避免"算法。1990 年出现的 TCP Reno 版本增加了"快速重传"、"快速恢复"算法,避免了网络拥塞不严重时采用"慢启动"算法而造成过大地减小发送窗口尺寸的现象,这样 TCP 的拥塞控制就由这 4 个核心部分组成。近几年又出现 TCP 的改进版本,如 NewReno、选择性应答等。正是这些拥塞控制机制防止了今天网络拥塞崩溃的发生。

4. 应用层协议

应用层协议直接面向用户,包括了众多应用和应用支撑协议,常见的应用协议有文件传输协议(FTP)、超文本传输协议(HTTP)、简单邮件传输协议(SMTP)、虚拟终端(Telnet)等,常见的应用支撑协议包括域名服务(DNS)、简单网络管理协议(SNMP)等。

5. 其他网络协议

目前的计算机网络中除了使用 TCP/IP 协议外,还会用到其他的网络协议,常见的有 NetBEUI 协议、IPX/SPX 协议等。

(1) NetBEUI 协议

NetBEUI(NetBIOS Enhanced User Interface, NetBIOS 用户扩展接口协议)是

NetBIOS 协议的增强版本,是为 IBM 开发的非路由协议,用于携带 NetBEUI 通信。NetBIOS 协议是一种在局域网上的程序可以使用的应用程序编程接口(API),为程序提供了请求低级服务的统一的命令集,作用是为了给局域网提供网络以及其他特殊功能,几乎所有的局域网都是在 NetBIOS 协议的基础上工作的。

NetBEUI 缺乏路由和网络层寻址功能,NetBEUI 帧中唯一的地址是数据链路层媒体访问控制(MAC)地址,该地址标志了网卡但没有标志网络。由于 NetBEUI 不需要附加的网络地址和网络层头尾,所以速度很快并很有效,然而由于其不支持路由,所以 NetBEUI 只适用于只有单个网络或整个环境都桥接起来的小工作组环境。

NetBEUI 曾被许多操作系统采用,例如 Windows for Workgroup、Windows 9x 系列、Windows NT 等。NetBEUI 协议在许多情形下很有用,是 Windows 98 之前的操作系统的缺省协议。一台只安装了 TCP/IP 协议的 Windows 9x 机器要想加入到 WINNT 域,必须安装 NetBEUI 协议。TCP/IP 尽管是目前最流行的网络协议,但 TCP/IP 协议在局域网中的通信效率并不高,使用它在浏览"网上邻居"中的计算机时,经常会出现不能正常浏览的现象,此时安装 NetBEUI 协议就会解决这个问题。在 Windows 操作系统中,默认情况下在安装 TCP/IP 协议后会自动安装 NetBIOS。比如在 Windows 2000/XP 中,当选择"自动获得 IP"后会启用 DHCP 服务器,从该服务器使用 NetBIOS 设置;如果使用静态 IP 地址或 DHCP 服务器不提供 NetBIOS 设置,则启用 TCP/IP 上的 NetBIOS。

NetBEUI 虽然在小型局域网络的速度非常快,但是却无法在广域网中被路由到其他的网络区段,因此如果对于广域网也有同样的要求,应该在网络中同时使用两种通信协议:NetBEUI 和 TCP/IP 协议。NetBEUI 用于与同一个局域网内的计算机通信,而当通过路由器与其他网络内的计算机通信时就使用 TCP/IP 协议。

(2) IPX/SPX 协议

IPX/SPX(Internet Packet Exchange/Sequences Packet Exchange,Internet 分组交换/顺序分组交换)是 Novell 公司的通信协议集。与 NetBEUI 形成鲜明区别的是 IPX/SPX 比较庞大,在复杂环境下具有很强的适应性。这是因为 IPX/SPX 在设计一开始就考虑了网段的问题,因此它具有强大的路由功能,适合于大型网络使用。当用户端接入 NetWare 服务器时,IPX/SPX 及其兼容协议是最好的选择。但在非 Novel 网络环境中,一般不使用 IPX/SPX。

IPX 主要实现网络设备之间连接的建立、维持和终止;SPX 协议是 IPX 的辅助协议,主要实现发出信息的分组、跟踪分组传输,保证信息完整无缺地传输。

在 Windows 操作系统中,一般使用 NWLink IPX/SPX 兼容协议和 NWLink NetBIOX 两种 IPX/SPX 的兼容协议,统称为 NWLink 协议。NWLink 协议继承了 IPX/SPX 协议的优点,更适应 Windows 的网络环境。IPX/SPX 协议一般可以应用于大型网络(比如 Novell)和局域网游戏环境中(比如"反恐精英"、"星际争霸")。不过,如果不是在 Novell 网络环境中,一般不使用 IPX/SPX 协议,而是使用 IPX/SPX 兼容协议,尤其是在 Windows 9x/2000 组成的对等网中。

2.3.2　实训内容

1. 安装网络协议

网络中的各台计算机必须添加相应的通信协议才能互相通信，TCP/IP 协议是局域网中最常用的通信协议，Windows 操作系统一般会自动安装 TCP/IP 协议，在 Windows 操作系统中安装 NWLink 协议和 NetBEUI 协议的步骤如下：

（1）右击"网上邻居"图标，从弹出的快捷菜单中选择"属性"命令，在"网络连接"中右击"本地连接"图标，从弹出的快捷菜单中选择"属性"命令，打开"本地连接属性"对话框，如图 2-52 所示。查看"此连接使用下列项目"列表框中是否有 NWLink IPX/SPX/NetBIOS 协议。

（2）若没有，则单击"安装"按钮，打开"选择网络组件类型"对话框，选择"协议"组件，单击"添加"按钮，打开"选择网络协议"对话框，如图 2-53 所示。

图 2-52　"本地连接属性"对话框

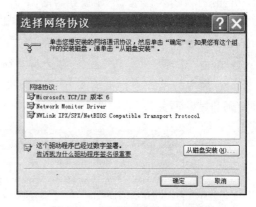

图 2-53　"选择网络协议"对话框

（3）在"选择网络协议"对话框中选择 NWLink IPX/SPX/NetBIOS Compatible Transport Protocol，单击"从磁盘安装"，此时需要插入操作系统安装光盘，系统会自动安装相应的网络协议。

（4）在 Windows XP 操作系统中 NetBEUI 协议已不是系统的默认安装协议，当安装 Windows XP 的计算机和安装 Windows 9x 的计算机组建对等网时需要安装 NetBEUI 协议，其安装方法是：将 Windows XP 安装光盘中的"VALUEADD \ MSFT \ NET \ NETBEUI"目录下的 nbf.sys 文件复制到计算机的"％SYSTEMROOT％\ SYSTEM32\ DRIVERS\"目录中，再将 netnbf.inf 文件复制到计算机的"％SYSTEMROOT％\INF\"目录中，这样在安装"协议"的时候，在图 2-52 所示窗口中就可以看到"NetBEUI 协议"了。

【注意】　"％SYSTEMROOT％"是指 Windows XP 操作系统在计算机中的安装目录。

2. 设置 IP 地址信息

一台计算机要使用 TCP/IP 协议连入 Internet,必须具有合法的 IP 地址、子网掩码、默认网关和 DNS 服务器 IP,这些 IP 地址信息是由网络自动分配或网络管理员分配的,设置 IP 地址信息的步骤如下:

(1) 右击"网上邻居"图标,从弹出的快捷菜单中选择"属性"命令,在"网络连接"中右击"本地连接"图标,从弹出的快捷菜单中选择"属性"命令,打开"本地连接属性"对话框,如图 2-52 所示。

(2) 选择"此连接使用下列项目"列表框中的"Internet 协议(TCP/IP)",单击"属性",打开"Internet 协议(TCP/IP)属性"对话框,如图 2-54 所示。在这里使用网络管理员分配的 IP 地址信息,选中"使用下面的 IP 地址"单选按钮,输入 IP 地址、子网掩码和默认网关,选中"使用下面的 DNS 服务器地址"单选按钮,输入首选 DNS 服务器的 IP 地址。

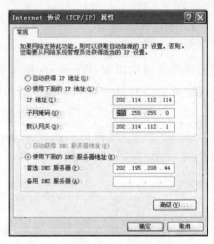

图 2-54 "Internet 协议(TCP/IP)属性"对话框

3. 使用 ipconfig 命令查看网卡配置信息和 MAC 地址

ipconfig 命令用于显示当前计算机的网卡配置信息。操作步骤如下:

(1) 单击"开始"→"运行"命令,在运行对话框中输入 cmd,进入系统的命令行模式。

(2) 在命令行模式中直接输入 ipconfig,此时它将显示每个已经配置了接口的 IP 地址、子网掩码和默认网关值,如图 2-55 所示。

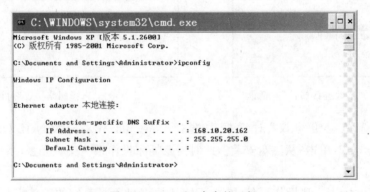

图 2-55 ipconfig 命令的运行

(3) 在命令行模式中输入 ipconfig/all。当使用 all 选项时,ipconfig 能为 DNS 和 WINS 服务器显示它已配置且所要使用的附加信息(如 IP 地址等),并且显示内置于本地网卡中的物理地址(MAC)。如果 IP 地址是从 DHCP 服务器租用的,将显示 DHCP 服务器的 IP 地址和租用地址预计失效的日期,如图 2-56 所示。

4. 访问 Web 站点和 FTP 站点

在 Internet 中,经常通过浏览器访问 Web 站点和 FTP 站点来实现资源共享,在访问相应不同类型站点时需要使用不同的协议。操作步骤如下:

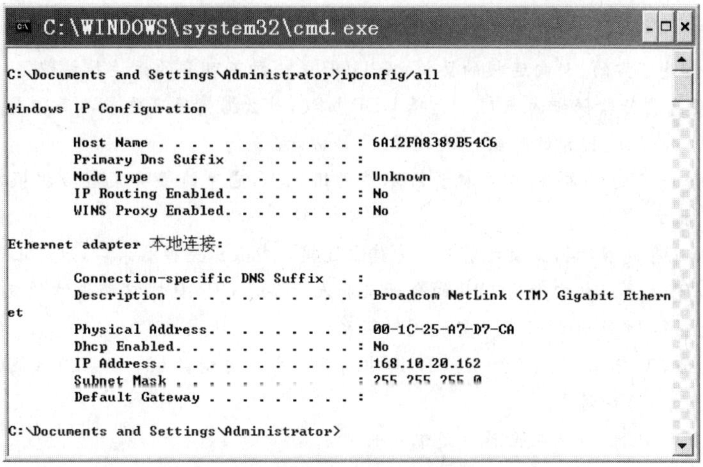

```
C:\WINDOWS\system32\cmd.exe

C:\Documents and Settings\Administrator>ipconfig/all

Windows IP Configuration

        Host Name . . . . . . . . . . . : 6A12FA8389B54C6
        Primary Dns Suffix . . . . . . . :
        Node Type . . . . . . . . . . . : Unknown
        IP Routing Enabled. . . . . . . . : No
        WINS Proxy Enabled. . . . . . . . : No

Ethernet adapter 本地连接:

        Connection-specific DNS Suffix . . :
        Description . . . . . . . . . . . : Broadcom NetLink (TM) Gigabit Ethern
et
        Physical Address. . . . . . . . . : 00-1C-25-A7-D7-CA
        Dhcp Enabled. . . . . . . . . . . : No
        IP Address. . . . . . . . . . . . : 168.10.20.162
        Subnet Mask . . . . . . . . . . . : 255.255.255.0
        Default Gateway . . . . . . . . . :

C:\Documents and Settings\Administrator>
```

图 2-56　ipconfig/all 命令的运行

（1）打开 IE 浏览器，在 IE 浏览器的地址栏中输入 Web 站点的 URL。由于 Web 服务器使用"超文本传输协议（HTTP）"，因此 Web 站点 URL 的第一部分应为 http://，例如 http://www.baidu.com。

（2）打开 IE 浏览器，在 IE 浏览器的地址栏中输入 FTP 站点的 URL。由于 FTP 服务器使用"文件传输协议（FTP）"，因此 FTP 站点 URL 的第一部分应为 ftp://，例如 ftp://192.168.1.6。

比较 HTTP 和 FTP 协议，思考这两种协议的不同。

利用 Internet 进行电子邮件收发、QQ 聊天、视频点播，思考在平时使用 Internet 时，还见到过哪些协议？这些协议分别处于 TCP/IP 中的哪一层，支持何种服务？

【注意】　URL（统一资源定位符）是用于完整地描述 Internet 上网页和其他资源的地址的一种标志方法。

习　题　2

1. 判断题

（1）采用 CSMA/CD 介质访问方式，每个站在发送数据帧之前，首先要进行载波监听，只有介质空闲时，才允许发送帧。　　　　　　　　　　　　　　　　　　　　　　　　　　　（　　）

（2）采用 CSMA/CD 介质访问方式，不是网中的每个站（节点）都能独立地决定数据帧的发送与接收。　　　　　　　　　　　　　　　　　　　　　　　　　　　　　　　　　　　（　　）

（3）采用令牌环网络的介质访问方式，节点接收到一个空令牌后，如果有数据需要发送，就可以先发送出一个忙令牌，然后紧接着发送包装好的数据帧，否则让空令牌往下一节点流动。　　（　　）

（4）IEEE 802.3 标准最大的特点就是采用 CSMA/CD 的介质访问控制方式。　　　　（　　）

（5）C/S 环境中至少要有三台服务器。　　　　　　　　　　　　　　　　　　　　　（　　）

（6）B/S 结构的用户工作界面是通过 WWW 浏览器来实现的。　　　　　　　　　　（　　）

（7）在对等网中，一台联网的计算机既是服务器，又是客户机。　　　　　　　　　　（　　）

（8）只要遵循 OSI 标准，一个系统可以和位于世界上任何地方的、也遵循 OSI 标准的其他任何系统进

行通信。 （　　）

（9）在 OSI 模型中，1～5 层完成了端到端的数据传送，并且是可靠、无差错的传送。 （　　）

（10）TCP 协议是可靠的、面向连接的协议，而 UDP 是一种不可靠的无连接协议。 （　　）

（11）对于需要可靠传输保证的应用应选择 UDP 协议；对数据精确度要求不高但是对于传输速度和效率要求很高的应用，如音频、视频的传输一般选择 TCP 协议。 （　　）

（12）IP 不保障服务的可靠性，在主机资源不足的情况下，它可能丢弃某些数据报，同时 IP 也不检查被数据链路丢弃的报文。 （　　）

（13）面向连接服务是在数据交换之前必须先建立连接。当数据交换结束后，应终止这个连接。 （　　）

（14）在 TCP/IP 体系结构中没有 OSI 的会话层和表示层，TCP/IP 把它都归结到应用层。 （　　）

（15）MAC 地址与 IP 地址之间有一定的逻辑联系。 （　　）

（16）MAC 地址 08∶00∶20∶0A∶8C∶6D，其中前 6 位十六进制数 08∶00∶20 代表该制造商所制造的某个网络产品（如网卡）的系列号。 （　　）

（17）所有产品的 MAC 地址在世界上是唯一的。 （　　）

（18）WWW 的应用是对等模式的服务系统。 （　　）

（19）PCMCIA 网卡不适合膝上计算机。 （　　）

（20）无连接服务特别适合于传送少量零星的报文。 （　　）

2. 单项选择题

（1）（　　）即客户机/服务器结构。

    A. C/S 结构　　　　　B. B/S 结构　　　　　C. 对等网　　　　　D. 不对等网

（2）一台联网的计算机，用户使用它访问网上资源，同时本地的资源也可以通过网络由其他的计算机使用，此时这计算机扮演的是（　　）角色。

    A. 客户机　　　　　B. 路由器　　　　　C. 对等机　　　　　D. 服务器

（3）OSI 参考模型分为（　　）层。

    A. 5　　　　　B. 6　　　　　C. 7　　　　　D. 8

（4）（　　）是 OSI 参考模型的第一层，它虽然处于最底层，却是整个开放系统的基础。

    A. 物理层　　　　　B. 数据链路层　　　　　C. 网络层　　　　　D. 传输层

（5）（　　）的任务是在两个相连节点之间的线路上无差错地传送以帧为单位的数据。

    A. 物理层　　　　　B. 数据链路层　　　　　C. 网络层　　　　　D. 传输层

（6）（　　）是 OSI 参考模型的第三层，介于数据链路层和传输层之间。

    A. 物理层　　　　　B. 数据链路层　　　　　C. 网络层　　　　　D. 传输层

（7）（　　）也称运输层，是两台计算机经过网络进行数据通信时，第一个端到端的层次，具有缓冲作用。

    A. 物理层　　　　　B. 数据链路层　　　　　C. 网络层　　　　　D. 传输层

（8）（　　）是 OSI 参考模型的第五层，由于利用传输层提供的服务，使其在两个会话实体之间进行透明的数据传输。

    A. 网络层　　　　　B. 传输层　　　　　C. 会话层　　　　　D. 表示层

（9）（　　）为异种机通信提供一种公共语言，以便能进行互操作。

    A. 网络层　　　　　B. 传输层　　　　　C. 会话层　　　　　D. 表示层

（10）（　　）在 OSI 参考模型中处于最上层，由应用程序组成，它为最终用户提供服务。

    A. 网络层　　　　　B. 传输层　　　　　C. 会话层　　　　　D. 应用层

（11）（　　）是应用最广泛的协议，已经被公认为事实上的标准，它也是现在的国际互联网的标准协议。

    A. OSI　　　　　B. TCP/IP　　　　　C. UDP　　　　　D. ATM

（12）（　　）是 TCP/IP 模型的最底层，也被称为主机网络层。

    A. 网络接口层   B. 网络层   C. 传输层   D. 应用层

(13)(　　)是 TCP/IP 协议族的最高层,与 OSI 参考模型相比较,它包含了会话层、表示层和应用层的功能。

    A. 网络接口层   B. 网络层   C. 传输层   D. 应用层

(14)(　　)提供 WWW 服务。

    A. SMTP   B. HTTP   C. TELNET   D. FTP

(15)(　　)实现远程登录功能,通常电子公告牌系统 BBS 可以使用这个协议登录。

    A. SMTP   B. HTTP   C. TELNET   D. FTP

(16)(　　)用于交互式的文件传输。

    A. SMTP   B. HTTP   C. TELNET   D. FTP

(17)(　　)负责计算机名字到 IP 地址的转换。

    A. DNS   B. SNMP   C. RIP/OSPF   D. TELNET

(18)将 IP 地址转换为相应物理网络地址的组协议是(　　)。

    A. ARP   B. LCP   C. NCP   D. ICMP

(19)如果节点初始化之后,只有自己的物理地址而没有 IP 地址,则它可以通过(　　)协议,发出广播请求,请求自己的 IP 地址。

    A. IP   B. ICMP   C. ARP   D. RARP

(20)FTP 采用(　　)。

    A. 浏览器和服务器结构   B. 对等网

    C. 客户/服务器模式   D. 无服务器结构

(21)MAC 地址是以太网 NIC(网卡)上带的地址,为(　　)位长。

    A. 8   B. 16   C. 24   D. 48

(22)在局域网模型中,数据链路层分为(　　)。

    A. 逻辑链路控制子层和网络子层

    B. 逻辑链路控制子层和媒体访问控制子层

    C. 网络接口访问控制子层和媒体访问控制子层

    D. 逻辑链路控制子层和网络接口访问控制子层

(23)Web 站点默认的 TCP 端口号是(　　)。

    A. 21   B. 80   C. 2583   D. 8080

(24)FTP 站点默认的 TCP 端口号是(　　)。

    A. 21   B. 80   C. 2583   D. 8080

(25)Internet 中用于文件传输的是(　　)。

    A. DHCP 服务器   B. DNS 服务器   C. FTP 服务器   D. 路由器

(26)SMTP 使用的传输层协议为(　　)。

    A. HTTP   B. IP   C. TCP   D. UDP

(27)在 WWW 服务器与客户机之间发送和接收 HTML 文档时,使用的协议是(　　)。

    A. FTP   B. Gopher   C. HTTP   D. NNTP

(28)采用 CSMA/CD 介质访问方式,当发生冲突时(　　)。

    A. 继续发送   B. 停止发送

    C. 停止发送并立刻开始监听   D. 停止发送并随机延时后再开始监听

(29)网卡用来实现计算机和(　　)之间的物理连接。

    A. 其他计算机   B. Internet   C. 传输介质   D. 打印机

(30)ipconfig 命令是(　　)。

    A. 一个命令行脚本实用程序   B. 路由跟踪工具

    C. 显示 IP 信息的工具   D. 自动分配 IP 地址的程序

3. 多项选择题

(1) 在 C/S 结构中,服务器主要负责(　　)。

    A. 提供数据　　　　　　B. 文件管理　　　　　C. 打印　　　　　D. 通信

(2) 在 C/S 结构中,主要涉及(　　)三种技术。

    A. 远程过程调用　　　　　　　　　　　　B. 分布式数据库

    C. 电力分配　　　　　　　　　　　　　　D. 文件传输

(3) 下列属于 B/S 结构特点的是(　　)。

    A. 更加开放、与软硬件平台无关　　　　　B. 应用开放速度快

    C. 生命周期长　　　　　　　　　　　　　D. 扩充和维护方便

(4) 在网络中,计算机可扮演(　　)三种角色。

    A. 客户机　　　　　　　B. 路由器　　　　　C. 对等机　　　　　D. 服务器

(5) 下列属于对等网特点的是(　　)。

    A. 建立成本较低

    B. 不用专门的管理人员

    C. 对等网络中的权限控制是用户自己定义的,比较灵活

    D. 安全性较高

(6) 物理层的主要功能有(　　)。

    A. 为数据终端设备提供传送数据的通道　　B. 传输数据

    C. 完成物理层的一些管理工作　　　　　　D. 路由选择和中继

(7) 数据链路层的基本功能有(　　)。

    A. 链路连接的建立、拆除、分离　　　　　B. 帧定界和帧同步

    C. 对帧的收发顺序进行控制　　　　　　　D. 差错检测和恢复

(8) 下列属于网络层主要功能的有(　　)。

    A. 路由选择和中继

    B. 激活、终止网络连接

    C. 在一条数据链路上复用多条网络连接,多采取分时复用技术

    D. 差错检测与恢复

(9) 下列属于传输层主要功能的有(　　)。

    A. 调节各通信子网的差异,使会话层感受不到通信子层的差异

    B. 差错恢复

    C. 流量控制

    D. 链路连接的建立、拆除、分离

(10) 会话层主要功能包括(　　)。

    A. 实现会话连接到运输连接的映射　　　　B. 会话连接的释放

    C. 会话层管理　　　　　　　　　　　　　D. 异常报告

(11) 表示层的主要功能有(　　)。

    A. 定义不同体系间的不同数据格式　　　　B. 具体说明独立结构的数据传输格式

    C. 编码和解码数据　　　　　　　　　　　D. 加密和解码数据

(12) TCP/IP 模型包括(　　)。

    A. 网络接口层　　　　　B. 网络层　　　　　C. 传输层　　　　　D. 应用层

(13) TCP/IP 模型中,网络层的主要功能有(　　)。

    A. 路由选择和拥塞控制　　　　　　　　　B. 定义地址解析协议

    C. 定义反向地址解析协议　　　　　　　　D. 定义 ICMP 协议

(14) TCP/IP 协议在传输层定义了(　)两个协议。

  A. 传输控制协议   B. 互连协议

  C. 中断协议   D. 用户数据报协议

(15) 下列属于互联网上 TCP/IP 应用层协议的有(　)。

  A. SMTP   B. HTTP   C. TELNET   D. FTP

(16) 网络层的主要协议有(　)。

  A. 网际协议 IP   B. Internet 控制报文协议 ICMP

  C. 地址解析协议 ARP   D. 逆向地址解析协议 RARP

(17) 面向连接服务的三个阶段是(　)。

  A. 连接建立   B. 数据传输   C. 连接中断   D. 连接释放

(18) 网卡完成(　)。

  A. 物理层功能   B. 应用层功能

  C. 数据链路层的大部分功能   D. 会话层功能

(19) 下列属于网络工作站功能的有(　)。

  A. 网上传输文件   B. 使用共享打印机

  C. 访问 Internet 各种服务   D. 共享网上各种软硬件资源

(20) ipconfig 命令可以显示(　)。

  A. 适配器的 IP 地址   B. 子网掩码

  C. 默认网关   D. 活动的 TCP 连接

4. 问答题

(1) 简述 OSI 参考模型各层的功能。

(2) 简述在 OSI 参考模型中发送方和接收方之间信息的流动过程。

(3) 局域网的参考模型的数据链路层分为哪几个子层？各子层的功能是什么？

(4) 目前局域网有哪几种工作模式？各有什么特点？

(5) 什么是介质访问控制？简述以太网的 CSMA/CD 的工作机制。

(6) TCP/IP 协议分为哪几层？各层有哪些主要协议？

(7) 简述 TCP/IP 网络模型中数据封装的过程。

(8) 简述 TCP/IP 传输层协议 TCP 和 UDP 的特点。这两个协议分别适合于何种数据的传输？

(9) 除了 TCP/IP 协议外，目前常见的网络协议还有哪些？各有什么特点？

5. 技能题

(1) Windows XP Professional 操作系统的安装与配置

【内容及操作要求】　使用光盘安装 Windows XP Professional 操作系统，并将操作系统安装在 C 盘根目录下，用户名为"技能"，单位名称为"技能鉴定"，使该计算机工作在工作组 STUDENT 中，其余按默认设置。

【准备工作】　一台未安装操作系统的计算机，一张 Windows XP Professional 操作系统的安装光盘。

【考核时限】　操作时间视计算机硬件配置而定，一般应不超过 30min，若计算机配置过低可酌情延时。

(2) 网卡的安装与配置

【内容及操作要求】　将一块 PCI 总线接口的网卡插在主板上，并安装其驱动程序（在默认路径下），查看其是否与其他设备有冲突，如果有冲突调整其各项值至无冲突为止。为其添加 IPX/SPX 协议，并用手动的方式将其 IP 地址设置为 192.168.1.200，子网掩码为 255.255.255.0，其余均按默认值设置。

【准备工作】　一台安装 Windows XP Professional 或以上操作系统的计算机，一块 PCI 总线接口的网卡及其驱动程序安装盘，一把十字旋具。

【考核时限】　30min。

项目 3　组建局域网

局域网是一种在有限的地理范围内将大量的 PC 及各种设备互连在一起实现数据传输和资源共享的计算机网络。20 世纪 70 年代,微型计算机迅速发展,近距离相互通信、共享资源的需要促进了局域网技术的迅速发展。在当今的计算机网络技术中,局域网技术已经占据了十分重要的地位。局域网的标准繁多,但目前以太网技术已经占据了主流,取代其他技术,成为局域网的代名词。本项目的主要目标是理解基本的局域网组网技术,熟悉局域网所使用的基本设备和器件,实现局域网的连接和连通性测试,了解交换机的基本配置和在交换机上配置 VLAN 的基本方法。

任务 3.1　选择局域网组网技术

【实训目的】
(1) 熟悉传统以太网组网技术及应用。
(2) 熟悉快速以太网组网技术及应用。
(3) 熟悉千兆位以太网组网技术及应用。
(4) 了解万兆位以太网组网技术。
(5) 理解选择局域网组网技术的一般方法。

【实训条件】
(1) 已经联网并能正常运行的机房和校园网。
(2) 已经联网并能正常运行的其他网络。
(3) 典型网吧、校园网或企业网的组网案例。

3.1.1　相关知识

以太网是目前使用最为广泛的局域网,从 20 世纪 70 年代末就有了正式的网络产品。在整个 80 年代中,以太网与 PC 同步发展,其传输速率自 20 世纪 80 年代初的 10Mbps 发展到 90 年代的 100Mbps,目前已经出现了 10Gbps 的以太网产品,以太网支持的传输介质从最初的同轴电缆发展到双绞线和光缆;星型拓扑的出现使以太网技术上了一个新台阶,获得了更迅速的发展;从共享式以太网发展到交换式以太网,并出现了全双工以太网技术,致使整个以太网系统的带宽以十倍、百倍地增长,并保持足够的系统覆盖范围。

1. 传统以太网组网技术

传统以太网技术是早期局域网广泛采用的组网技术,采用总线型拓扑结构和广播式的传输方式,可以提供 10Mbps 的传输速度。传统以太网存在多种组网方式,曾经广泛使用的有 10Base-5、10Base-2、10Base-T 和 10Base-F 四种,它们的 MAC 子层和物理层中的编码/译码模块均是相同的,而不同的是物理层中的收发器及媒体连接方式。表 3-1 比较了传统以太网组网技术的物理性能。

表 3-1　传统以太网组网技术物理性能的比较

	10Base-5	10Base-2	10Base-T	10Base-F
收发器	外置设备	内置芯片	内置芯片	内置芯片
传输介质	粗缆	细缆	3、4、5 类 UTP	单模或多模光缆
最长媒体段	500m	185m	100m	500m、1km 或 2km
拓扑结构	总线型	总线型	星型	星型
中继器/集线器	中继器	中继器	集线器	集线器
最大跨距/媒体段数	2.5km/5	925m/5	500m/5	4km/2
连接器	AUI	BNC	RJ-45	ST

（1）10Base-5

10Base-5 也称为粗缆以太网,采用基带传输,使用总线拓扑结构,传输速率为 10Mbps。目前 10Base-5 已不再使用,因为它的成本比较高,网络维护较困难。图 3-1 显示了组成一个 10Base-5 网所需的网络设备。

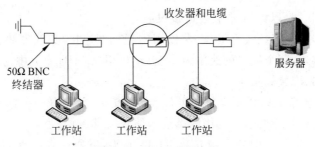

图 3-1　10Base-5 以太网

10Base-5 的主要性能指标如下:
- 如果不使用中继器,最大粗缆长度不能超过 500m。
- 工作站与收发器之间的最大距离为 50m。
- 两个相邻收发器之间的最小距离为 2.5m,收发器电缆的最大长度为 50m。
- 如果使用中继器,一个 10Base-5 网中最多只允许使用 4 个中继器,连接 5 个网段。工作站只允许安装在其中的三个网段上,其余的用于扩充距离。
- 通过中继器连接后的粗缆网段最大长度不能超过 2500m。
- 一个网段上最多允许有 100 台工作站,中继器被看作工作站。

（2）10Base-2

10Base-2 也称为细缆以太网,采用基带传输,使用总线拓扑结构,传输速率为 10Mbps。10Base-2 网安装简单,电缆线也比较便宜,成本较低,但连接的长度较短。另外,其可靠性不高,如果总线出了问题,则整个网络都不能工作,且断网后查找故障点较难。10Base-2 网络如图 3-2 所示。

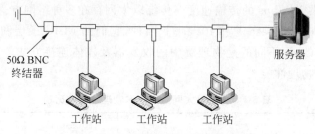

50Ω BNC
终结器

服务器

工作站　　工作站　　工作站

图 3-2　10Base-2 以太网

与粗缆方式相比,细缆方式造价低、安装容易。但由于网段中连入多个 BNC T 型连接器,存在多个 BNC 连接器头与 BNC T 型连接器的连接点,因而细同轴电缆连接的故障率较高,系统可靠性受到影响。因此,细缆以太网目前也已不再使用。

（3）10Base-T

10Base-T 在拓扑结构中增加了集线器（Hub）,每个集线器上的节点连接为物理星型结构。

① 组建 10Base-T 的基本网络设备

图 3-3 显示了组成一个 10Base-T 网所需的网络设备。

工作站

集线器

工作站

双绞线跳线

服务器

工作站

图 3-3　10Base-T 以太网

- 网卡:要求带有 RJ-45 插头的以太网卡。
- 集线器 Hub:是以太网的中心连接设备,各
  节点通过非屏蔽双绞线 UTP 与集线器实现星型连接,集线器将接收到的数据转发到每一个端口,每个端口的速率为 10Mbps。用在 10Base-T 中的集线器类型主要有普通集线器、堆叠式集线器等。
- 双绞线:非屏蔽双绞线不仅价格低廉,安装方便,且具有一定抗外界电磁干扰的作用。根据网络性能要求可选用 3 类或 5 类双绞线。
- RJ-45 插头:双绞线两端必须安装 RJ-45 插头,以便插在网卡和集线器中的 RJ-45 插座上。

② 10Base-T 的主要性能指标

- 集线器与网卡之间和集线器之间的最长距离均为 100m。
- 集线器数量最多为 4 个,即任意两节点之间的距离不会超过 500m。
- 集线器可级联以便扩充,Hub 之间可用同轴电缆相连,最大间距为 100m。
- 集线器可通过同轴电缆或光纤与其他 LAN 相连以形成大型以太网。
- 若不使用网桥,最多可连接 1023 个节点。
- 对无盘工作站,还要在网卡上插入一块远程启动 EPROM 芯片。

10Base-T 在许多方面是各种以太网中最为出色的,它与 10Base-2 相比有很多优势,最主要的特点是易于扩充,管理维护方便。

10Base-T 以太网系统问世后,以它的价廉、易安装维护、可靠性高以及扩展性好等特点成为以太网技术的热点。它完全取代了 10Base-2 及 10Base-5 使用同轴电缆的总线型以太

网,是现代以太网技术发展的里程碑,并且对整个 LAN 技术发展也产生了很大的影响,是快速以太网、千兆位以太网等组网技术的基础。

(4) 10Base-F

10Base-F 是一种使用光纤作为传输介质的以太网技术,10Base-F 标准定义了三种不同的光纤规范:10Base-FL、10Base-FB 和 10Base-FP。其中 10Base-FL 是常用的光纤以太网标准,而 10Base-FB 和 10Base-FP 都没有被广泛采用。

(5) 传统以太网中继规则

从理论上讲中继器的使用是无限的,网络也因此可以无限延长。事实上这是不可能的,因为网络标准中都对信号的延迟范围作了具体的规定,中继器只能在此规定范围内进行有效的工作,否则会引起网络故障。以太网采用 CSMA/CD 的工作机制,要受到冲突域的限制。传统以太网规定最小的数据帧为 64 个字节,传输速度为 10Mbps,则传统以太网冲突域的大小为 $25.6\mu s$,因此在传统以太网中:

$$(DTE\ 延迟＋MAC\ 延迟＋中继器延迟＋电缆延迟)\leqslant 25.6\mu s$$

其中,数据在任一节点内收发所花费的时间为 DTE 延迟。由网卡进行冲突检测和收发所花费的时间为 MAC 延迟。DTE 和 MAC 延迟往往合并计算。走过一段电缆的时间为电缆延迟,通过中继器整形放大所花的时间为中继器延迟。由此而制定了组建 10Mbps 以太网的 5-4-3-2-1 中继规则,其中:

- 5 是局域网最多可有 5 个网段。
- 4 是全信道上最多可连 4 个中继器。
- 3 是其中 3 个网段可连节点。
- 2 是有两个网段只用来扩长而不连任何节点,其目的是减少竞发节点的个数,从而减少发生冲突的几率。
- 1 是由此组成一个共享局域网。

2. 快速以太网组网技术

快速以太网(Fast Ethernet)的数据传输速率为 100Mbps。快速以太网保留着传统的 10Mbps 以太网的所有特征,即相同的帧格式、相同的介质访问控制方法 CSMA/CD、相同的组网方法,而只是把每个比特的发送时间由 100ns 降低到 10ns。

在 1995 年 9 月,IEEE 802 委员会正式批准了 Fast Ethernet 标准 IEEE 802.3u。它是现行的 IEEE 802.3 标准的补充,也就是 100Base-T 的新规范,使以太网的速率高达 100Mbps。新的 100Base-T 规范与 10Base-T 的区别在于物理层标准和网络设计方面。IEEE 802 3u 标准在 LLC 子层使用 IEEE 802.2 标准,在 MAC 子层使用 CSMA/CD 方法,只是在物理层做了一些调整,定义了新的物理层标准 100Base-T。100Base-T 标准采用了介质专用接口(Media Independent Interface,MII),它将 MAC 子层与物理层分隔开来,使得物理层在实现 100Mbps 速率时所使用的传输介质和信号编码方式的变化不会影响 MAC 子层。

快速以太网可支持多种传输介质,目前制定了 4 种有关传输介质的标准:100Base-TX、100Base-T4、100Base-T2 与 100Base-FX。

① 100Base-TX 支持 2 对 5 类非屏蔽双绞线 UTP 或 2 对屏蔽双绞线 STP。其中 1 对双绞线用于发送,另 1 对双绞线用于接收数据。因此 100Base-TX 是一个全双工系统,每个

节点可以同时以 100Mbps 的速率发送与接收数据。

② 100Base-T4 支持 4 对 3 类非屏蔽双绞线 UTP,其中有 3 对线用于数据传输,1 对线用于冲突检测。因为它没有单独专用的发送和接收线,所以不可能进行全双工操作。

③ 100Base-T2 支持 2 对 3 类非屏蔽双绞线 UTP。其中 1 对线用于发送数据,另 1 对用于接收数据,因而可以进行全双工操作。

④ 100Base-FX 支持 2 芯的多模($62.5\mu m$ 或 $125\mu m$)或单模光纤。100Base-FX 主要是用作高速主干网,从节点到集线器的距离可以达到 412m。

表 3-2 对快速以太网的各种标准进行了比较。

表 3-2   快速以太网的各种标准的比较

	100Base-TX	100Base-T4	100Base-T2	100Base-FX
使用电缆	5 类 UTP 或 STP	3/4/5 类 UTP	3/4/5 类 UTP	单模或多模光缆
要求的线对数	2	4	2	2
发送线对数	1	3	1	1
距离	100m	100m	100m	150/412/2000m
全双工能力	有	无	有	有

100Base-TX 是继承了 10Base-T 的 5 类非屏蔽双绞线的环境,在布线不变的情况下,只要将 10Base-T 设备更换成 100Base-TX 的设备即可形成一个 100Mbps 的以太网系统;同样,100Base-FX 继承了 10Base-FL 的多模光纤的布线环境而直接可以升级成 100Mbps 光纤以太网系统;对于较旧的一些只采用 3 类非屏蔽双绞线的布线环境,可采用 100Base-T4 和 100Base-T2 来解决。由于目前所建设的布线系统中,一般传输网络信息几乎都选用超 5 类双绞线或光纤,所以在一般的局域网中 100Base-TX 与 100Base-FX 的使用最为普及。

3. 千兆位以太网组网技术

尽管快速以太网具有高可靠性、易扩展性、成本低等优点,但随着多媒体通信技术在网络中的应用,如会议电视、视频点播(VOD)、高清晰度电视(HDTV)等,人们对网络带宽提出了更高的要求,因此人们开始寻求更高带宽的局域网。千兆位以太网就是在这种背景下产生的,且已经发展成为建设企业局域网时首选的高速网络技术。

(1)千兆位以太网技术特点

千兆位以太网最大的优点在于它对原有以太网的兼容性,同 100Mbps 快速以太网一样,千兆位以太网使用与 10Mbps 传统以太网相同的帧格式和帧大小,以及相同的 CSMA/CD 协议。这意味着广大的以太网用户可以对现有以太网进行平滑的、无须中断的升级,而且无须增加附加的协议栈或中间件。同时,千兆位以太网还继承了以太网的其他优点,如可靠性较高、易于管理等。

千兆位以太网相比其他技术具有大带宽的优势,并且仍具有发展空间,有关标准组织已经制定了 10Gbps 以太网络的技术规范和标准。同时基于以太网帧层及 IP 层的优先级控制机制和协议标准以及各种 QoS 支持技术也逐渐成熟,为实施要求更佳服务质量的应用提供了基础。伴随光纤制造和传输技术的进步,千兆位以太网的传输距离可达几百千米,这使得其逐渐成为构建城域网乃至广域网的一种技术选择。

千兆位以太网相对于原有的快速以太网、FDDI、ATM 等主干网解决方案,提供了另一条改善交换机与交换机之间骨干连接和交换机与服务器之间连接的可靠、经济的途径。网络设计人员将能够建立有效使用高速、任务关键的应用程序和文件备份的高速基础设施。网络管理人员将为用户提供对 Internet、Intranet、城域网与广域网更快速的访问。

(2) 千兆位以太网的标准

① IEEE 802.3z

IEEE 802.3z 负责制定光纤(单模或多模)和同轴电缆的全双工链路标准。IEEE 802.3z 定义了基于光纤和短距离铜缆的千兆位以太网传输规范,采用 8B/10B 编码技术,信道传输速度为 1.25Gbps,去耦后实现 1000Mbps 传输速度。IEEE 802.3z 具有下列千兆位以太网标准。

- 1000Base-CX 1000Base-CX 的传输介质是一种短距离屏蔽铜缆,最长距离可达 25m。这种屏蔽双绞线不是标准的 STP,而是一种特殊规格、高质量、带屏蔽的双绞线。它的特性阻抗为 150 欧姆,传输速率最高达 1.25Gbps,传输效率为 80%。

1000Base-CX 的短距离屏蔽铜缆适用于交换机之间的短距离连接,特别适应于千兆主干交换机与主服务器的短距离连接。这种连接往往就在机房的配线架柜上以跨线方式连接即可,不必使用长距离的铜缆或光缆。

- 1000Base-LX 1000Base-LX 是一种在收发器上使用长波激光(LWL)作为信号源的媒体技术。这种收发器上配置了激光波长为 1270~1355nm(一般为 1300nm)的光纤激光传输器,它可以驱动多模光纤,也可驱动单模光纤,使用的光纤规格有 62.5μm 和 50μm 的多模光纤,以及 9μm 的单模光纤。

对于多模光缆,在全双工模式下,最长距离可达 550m;对于单模光缆,全双工模式下最长距离达 5km。连接光缆所使用的 SC 型光纤连接器,与 100Mbps 快速以太网中 100Base-FX 使用的型号相同。

- 1000Base-SX 1000Base-SX 是一种在收发器上使用短波激光(SWL)作为信号源的媒体技术。这种收发器上配置了激光波长为 770~860nm(一般为 800nm)的光纤激光传输器,不支持单模光纤,仅支持多模光纤,包括 62.5μm 和 50μm 两种。

对于 62.5μm 的多模光纤,全双工模式下最长距离为 275m;对于 50μm 多模光纤,全双工模式下最长距离为 550m。连接光缆所使用的连接器与 1000Base-LX 一样,为 SC 连接器。

② IEEE 802.3ab

IEEE 802.3ab 负责制定基于 UTP 的半双工链路的千兆位以太网标准,产生 IEEE 802.3ab 标准及协议。主要制定了 1000Base-T 千兆位以太网物理层标准。

- 1000Base-T4 1000Base-T4 是一种使用 5 类 UTP 的千兆位以太网技术,最远传输距离与 100Base-TX 一样,为 100m。与 1000Base-LX、1000Base-SX 和 1000Base-CX 网络介质不同,1000Base-T4 不支持 8B/10B 编码/译码方案,需要采用专门的、更加先进的编码/译码机制。1000Base-T4 采用 4 对 5 类双绞线完成 1000Mbps 的数据传送,每一对双绞线传送 250Mbps 的数据流。

- 1000Base-TX 1000Base-TX 也基于 4 对双绞线电缆,但却是以 2 对线发送数据,2 对线接收数据(类似于 100Base-TX 的一对线发送一对线接收)。由于每对线缆本身不进行双向的传输,线缆之间的串扰就大大降低,同时其编码方式也相对简单。

这种技术对网络的接口要求比较低,不需要非常复杂的电路设计,降低了网络接口的成本。但由于要达到 1000Mbps 的传输速率,要求的线缆带宽就超过 100MHz,也就是说 5 类双绞线和超 5 类双绞线不支持该类型的网络,必定需要 6 类双绞线系统的支持。

4. 万兆位以太网组网技术

以太网主要是在局域网中占绝对优势,在很长的一段时间中,由于带宽以及传输距离等原因,人们普遍认为以太网不能用于城域网,特别是在汇聚层以及骨干层。1999 年底成立了 IEEE 802.3ae 工作组,进行万兆位以太网技术(10Gbps)的研究,并于 2002 年正式发布 IEEE 802.3ae 标准。万兆位以太网不仅再度扩展了以太网的带宽和传输距离,更重要的是使得以太网从局域网领域向城域网领域渗透。

(1)万兆位以太网技术特点

万兆位以太网是一种只采用全双工数据传输技术,其物理层(PHY)和 OSI 参考模型的第一层(物理层)一致,负责建立传输介质(光纤或铜线)和 MAC 层的连接。MAC 层相当于 OSI 参考模型的第二层(数据链路层)。万兆位以太网标准的物理层分为两部分,分别为 LAN 物理层和 WAN 物理层。LAN 物理层提供了现在正广泛应用的以太网接口,传输速率为 10Gbps;WAN 物理层则提供了与 OC-192c 和 SDH VC-6-64c 相兼容的接口,传输速率为 9.58Gbps。与 SONET 不同的是,运行在 SONET 上的万兆位以太网依然以异步方式工作。WIS(WAN 接口子层)将万兆位以太网流量映射到 SONET 的 STS-192c 帧中,通过调整数据包间的间距,使 OC-192c 的略低的数据传输率与万兆位以太网相匹配。

万兆位以太网标准的物理层可进一步细分为 5 种具体的接口:1550nm LAN 接口、1310nm 宽频波分复用(WWDM)LAN 接口、850nm LAN 接口、1550nm WAN 接口和 1310nm WAN 接口。每种接口都有其对应的最适宜的传输介质。850nm LAN 接口适于用在 $50/125\mu m$ 多模光纤上,最大传输距离为 65m。$50/125\mu m$ 多模光纤现在已用得不多,但由于这种光纤制造容易,价格便宜,所以用来连接服务器比较划算。1310nm 宽频波分复用(WWDM)LAN 接口适于用在 $66.5/125\mu m$ 的多模光纤上,传输距离为 300m。1550nm WAN 接口和 1310nm WAN 接口适于在单模光纤上进行长距离的城域网和广域网数据传输,1310nm WAN 接口支持的传输距离为 10km,1550nm WAN 接口支持的传输距离为 40km。

万兆位以太网标准意味着以太网将具有更高的带宽(10Gbps)和更远的传输距离(最长传输距离可达 40km)。另外,过去有时需采用数千兆捆绑以满足交换机互连所需的高带宽,因而浪费了更多的光纤资源,现在可以采用万兆位互连,甚至 4 万兆位捆绑互连,达到 40Gbps 的宽带水平。由于万兆位以太网只工作于光纤模式(屏蔽双绞线也可以工作于该模式),没有采用载波监听多路访问和冲突检测(CSMA/CD)协议和访问优先控制技术,简化了访问控制的算法。从而简化了网络的管理,并降低了部署的成本,因而得到了广泛的应用。

万兆位以太网技术提供了更多的更新功能,大大提升了 QoS,具有相当的革命性,因此,能更好地满足网络安全、服务质量、链路保护等多个方面需求。当然,最重要的特性就是,万兆位以太网技术基本承袭了以太网、快速以太网及千兆位以太网技术。因此在用户普及率、使用方便性、网络互操作性及简易性上皆占有极大的引进优势。在升级到万兆位以太网解决方案时,用户不必担心既有的程序或服务是否会受到影响,升级的风险非常低,可实现平滑升级,保护了用户的投资;同时在未来升级到 40Gbps 甚至 100Gbps 都将有很明显的优势。

（2）万兆位以太网的标准

万兆位以太网规范包含在 IEEE 802.3 标准的补充标准 IEEE 802.3ae 中,它扩展了 IEEE 802.3 协议和 MAC 规范,使其支持 10Gbps 的传输速率。万兆位以太网联网规范主要有以下几种。

① 10GBase-SR 和 10GBase-SW　主要支持短波(850nm)多模光纤(MMF),光纤距离为 2～300m。10GBase-SR 主要支持"暗光纤"(Darkfiber),暗光纤是指没有光传播并且不与任何设备连接的光纤。10GBase-SW 主要用于连接 SONET 设备,它应用于远程数据通信。

② 10GBase-LR 和 10GBase-LW　主要支持长波(1310nm)单模光纤(SMF),光纤距离为 2m～10km(约 32808 英尺)。10GBase-LW 主要用来连接 SONET 设备,10GBase-LR 则用来支持"暗光纤"。

③ 10GBase-ER 和 10GBase-EW　主要支持超长波(1550nm)单模光纤(SMF),光纤距离为 2m～40km。10GBase-EW 主要用来连接 SONET 设备,10GBase-ER 则用来支持"暗光纤"。

④ 10GBase-LX4　10GBase-LX4 采用波分复用技术,在单对光缆上以 4 倍波长发送信号。10GBase-LX4 系统运行在 1310nm 的多模或单模暗光纤方式下。该系统的设计目标是针对于 2～300m 的多模光纤模式或 2m～10km 的单模光纤模式。

5. 局域网组网技术的选择

无论是局域网还是其他的网络,其组网技术的选择都要根据用户的具体需求,充分考虑到开放性、先进性、可扩充性、可靠性、实用性和安全性的设计原则,应当采用当前比较先进同时又比较成熟和工业标准化程度较高的组网技术。

对于覆盖分布范围不大、信息业务种类单一的小型局域网来说,可以根据用户的实际需求选择单一的组网技术。而大、中型局域网设计与小型局域网设计有很大区别,虽然小型局域网是大、中型局域网的基础部分,但大、中型局域网中必须有主干网络部分,以便连接各个小型局域网而形成更大范围的局域网。因此,在大、中型局域网设计时要考虑的因素与小型局域网有很大不同。这是因为大、中型局域网的覆盖范围较大,所处客观环境较为复杂,信息需求多种多样和网络技术性能要求也高。在大、中型局域网设计时,需要从整个网络系统的技术性能、网络互联形式、网络系统管理和工程建设造价以及维护管理费用等各方面综合考虑来确定设计方案。

目前在大中型局域网设计中,通常采用由星型结构中心点通过级联扩展形成的树型拓扑结构,如图 3-4 所示。一般可以把这种树型结构分成三个层次,即核心层、汇聚层和接入层,在不同的层次可以选用不同的组网技术、网络连接设备和传输介质。例如在核心层可以使用 1000Base-SX 千兆位以太网技术,采用多模光纤光缆作为传输介质;在汇聚层可以使用 100Base-TX 快速以太网技术,采用双绞线电缆作为传输介质;在接入层可以使用 10Base-T 传统以太网技术,采用双绞线电缆作为传输介质。这样既保证了网络的整体性能,又将网络的成本控制在一定的范围内,而且还可以根据用户的不同需求进行灵活的扩展和升级。

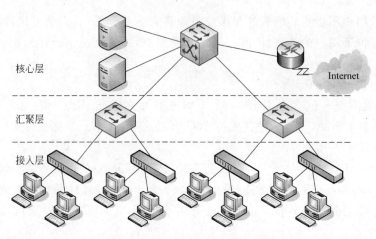

图 3-4　大中型局域网的一般结构

3.1.2　实训内容

1. 分析计算机网络实验室或机房的组网技术

观察所在网络实验室或机房的网络结构,思考该网络采用了什么样的组网技术,画出该网络的拓扑结构图,列出该网络所使用的网络硬件清单。

2. 分析校园网的组网技术

(1) 图 3-5 给出了某学校局域网的实际拓扑结构图,试分析该网络采用了什么样的组

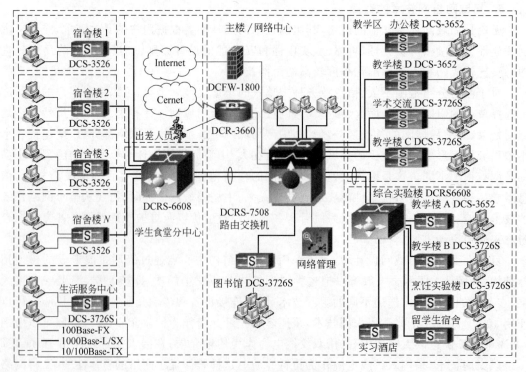

图 3-5　某局域网拓扑结构图

网技术,列出该网络所使用的网络硬件清单。

（2）观察所在学校的网络中心和校园网,思考该网络采用了什么样的组网技术,画出该网络的拓扑结构图,列出该网络所使用的网络硬件清单。

3. 分析其他网络组网技术

根据具体的条件,参观某网吧、企业或其他单位的计算机网络,思考该网络采用了什么样的组网技术,画出该网络的拓扑结构图,列出该网络所使用的网络硬件清单。

任务 3.2　制作双绞线跳线

【实训目的】

（1）熟悉计算机网络中常用的传输介质。

（2）理解局域网通信线路的连接与实现。

（3）掌握非屏蔽双绞线与 RJ-45 水晶头的连接方法。

（4）掌握非屏蔽双绞线直通线和交叉线的制作以及它们的区别和适用场合。

（5）掌握简易线缆测试仪的使用方法。

【实训条件】

非屏蔽双绞线,RJ-45 水晶头,RJ-45 压线钳,简易线缆测试仪。

3.2.1　相关知识

传输介质是网络中各节点之间的物理通路或信道,它是信息传递的载体。计算机网络中所采用的传输介质分为两类:一类是有线的,一类是无线的。有线传输介质主要有双绞线、同轴电缆和光缆;无线传输介质包括无线电波和红外线等。

1. 双绞线

双绞线由按规则螺旋结构排列的两根、四根或八根绝缘导线组成。它是局域网布线中最常用的一种传输介质,尤其在星型网络拓扑中,双绞线是必不可少的布线材料。为了降低信号的干扰程度,每一对双绞线一般由两根绝缘铜导线相互缠绕而成,每根铜导线的绝缘层上分别涂有不同的颜色,便于区别。

双绞线分为非屏蔽双绞线（UTP）和屏蔽双绞线（STP）两大类,按照传输带宽又可以分为 3 类、4 类、5 类、超 5 类、6 类以及超 6 类线;最新的 7 类双绞线全部采用屏蔽结构。目前,局域网中常用的双绞线是非屏蔽的超 5 类和 6 类线,内含 4 对 8 根导线。市场上出售的 3 类、5 类、超 5 类和 6 类双绞线外层保护胶皮上分别标注"Cat 3"、"Cat 5"、"Cat 5e"和"Cat 6"字样。

（1）屏蔽双绞线和非屏蔽双绞线

屏蔽双绞线电缆最大的特点在于封装在其中的双绞线与外层绝缘胶皮之间有一层金属材料,屏蔽双绞线和非屏蔽双绞线的结构如图 3-6 所示。屏蔽双绞线电缆的结构能减少辐射,防止信息被窃听,同时还具有较高的数据传输速率。但屏蔽双绞线电缆的价格相对较高,安装时要比非屏蔽双绞线困难,必须使用特殊的连接器,技术要求也比非屏蔽双绞线电缆高。与屏蔽双绞线相比,非屏蔽双绞线电缆外面只有一层绝缘胶皮,因而重量轻、易弯曲、易安装,组网灵活,非常适用于结构化布线。所以,在无特殊要求的计算机网络布线中,常使用非屏蔽双绞线电缆。

图 3-6　屏蔽双绞线(右)和非屏蔽双绞线(左)

（2）非屏蔽双绞线的传输特性

① 3 类双绞线　3 类双绞线带宽为 16MHz,传输速率可达 10Mbps。它被认为是 10Base-T 以太网安装可以接受的最低配置电缆,但现在已不再推荐使用。目前 3 类双绞线电缆仍在电话布线系统中有着一定程度的使用。

② 4 类双绞线　4 类双绞线电缆用来支持 16Mbps 的令牌环网,测试通过带宽为 20MHz,传输速率达 16Mbps。

③ 5 类双绞线　5 类双绞线电缆是用于运行 CDDI(CDDI 是基于双绞线的 FDDI 网络)和快速以太网的电缆,最初指定带宽为 100MHz,传输速率达 100Mbps。在一定条件下,5 类双绞线电缆可以用于 1000Base-T 网络,但要达到此目的,必须在电缆中同时使用多对线对以分摊数据流。目前,5 类双绞线电缆仍广泛使用于电话、保安、自动控制等网络中,但在计算机网络布线中已失去市场。

④ 超 5 类双绞线　超 5 类双绞线电缆的传输带宽为 100MHz,传输速率可达到 100Mbps。与 5 类电缆相比,具有更多的扭绞数目,可以更好的抵抗来自外部和电缆内部其他导线的干扰,从而提升了性能,在近端串扰、相邻线对综合近端串扰、衰减和衰减串扰比 4 个主要指标上都有了较大的改进。因此超 5 类双绞线电缆具有更好的传输性能,更适合支持 1000Base-T 网络,是目前计算机网络布线常用的传输介质。

⑤ 6 类双绞线电缆　6 类双绞线电缆主要应用于百兆快速以太网和千兆位以太网中,传输带宽可达 200～250MHz,是 5 类线和超 5 类电缆带宽的 2 倍,最大速度可达到 1000Mbps。6 类双绞线电缆改善了在串扰以及回波损耗方面的性能,更适合于全双工的高速千兆网络的传输需求。

⑥ 超 6 类双绞线电缆　超 6 类双绞线电缆主要应用于千兆位以太网中。传输带宽是 500MHz,最大传输速度为 1000Mbps,与 6 类电缆相比,在串扰、衰减等方面有较大改善。

⑦ 7 类双绞线电缆　7 类双绞线电缆是线对屏蔽的 S/FTP 电缆,它有效地抵御了线对之间的串扰,使得在同一根电缆上实现多个应用成为可能,其传输带宽为 600MHz,是 6 类线的 2 倍以上,传输速率可达 10Gbps,主要用来支持万兆位以太网的应用。

2. 同轴电缆

同轴电缆由内外两种导体构成。内导体是一根铜质导线或多股铜线,外导体是圆柱形铜箔或用细铜丝编织的圆柱形网,内外导体之间用绝缘物充填,最外层是保护性塑料外壳,如图 3-7 所示。

同轴电缆按阻抗特性主要分为 75Ω 电缆和 50Ω 电缆。

图 3-7　同轴电缆的结构

50Ω 电缆根据直径又分为粗同轴电缆(粗缆)和细同轴电缆(细缆)两种。粗同轴电缆直径为 10mm,在传输速率为 10Mbps 时,传输距离可达 500m。细同轴电缆直径为 5mm,在传输速率为 10Mbps 时,传输距离可达 185m。粗同轴电缆价格较高,安装复杂,一般需要专业人员进行操作。

50Ω 电缆也叫基带(Baseband)同轴电缆。基带同轴电缆多适用于直接传输数字信号(即基带信号),不需加调制解调器,信号可在电缆上双向传输,其抗干扰能力较好,但仍不能完全避开电磁干扰。每段电缆可支持近百台设备正常工作,加中继器后可接上千台设备。

75Ω 电缆主要用于传送模拟信号,这种电缆也叫宽带(Broadband)同轴电缆。宽带同轴电缆由于其频带宽,故能将语音、图像、图形及数据同时在一条电缆上传送。宽带同轴电缆的传输距离最长可达 10km(不加中继器),一般为 20km(加中继器)。其抗干扰能力强,可完全避开电磁干扰,可连接上千台设备。要把计算机产生的数字信号变成模拟信号在 CATV 电缆传输,就要求在发送端和接收端加入调制解调器 Modem。对于带宽为 400MHz 的 CATV 电缆,其传送速率为 100～150Mbps。

与双绞线相比,同轴电缆的抗干扰能力强,屏蔽性能好,常用于设备与设备之间的连接,或用于总线型网络拓扑中。

3. 光纤

光纤即光导纤维是一种传输光束的细而柔韧的媒质。光导纤维线缆由一捆光导纤维组成,简称为光缆。与铜缆相比,光缆本身不需要电,虽然其在铺设初期阶段所需的连接器、工具和人工成本很高,但其不受电磁干扰和射频干扰的影响,具有更高的数据传输率和更远的传输距离,并且不用考虑接地问题,对各种环境因素具有更强的抵抗力。这些特点使得光缆在某些应用中更具吸引力,成为目前计算机网络中常用的传输介质之一。

(1)光纤的物理特性

光纤是一种直径为 50～100μm 的柔软、能传导光束的传输介质。多种玻璃和塑料可以用来制造光纤,计算机网络中的光纤主要是采用石英玻璃制成的,是横截面积较小的双层同心圆柱体。

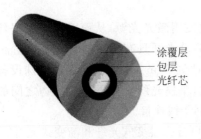

图 3-8　裸光纤的结构

裸光纤由光纤芯、包层和涂覆层组成,折射率高的中心部分叫做光纤芯,折射率低的外围部分叫包层。光以不同的角度送入光纤芯,在包层和光纤芯的界面发生反射,进行远距离传输。包层的外面涂覆一层很薄的涂覆层,涂覆材料为硅酮树酯或聚氨基甲酸乙酯,涂覆层的外面套塑(或称二次涂覆),套塑的原料大都采用尼龙、聚乙烯或聚丙烯等塑料,光纤的结构如图 3-8 所示。

（2）光纤通信系统

光纤通信系统是以光波为载体、以光纤为传输介质的通信方式。光纤通信系统的组成如图 3-9 所示。在光纤发送端，主要采用两种光源：发光二极管 LED 与注入型激光二极管 ILD。在接收端将光信号转换成电信号时，要使用光电二极管 PIN 检波器。

图 3-9　光纤通信系统

（3）光纤的分类

① 单模光纤和多模光纤　光纤有两种形式：单模光纤和多模光纤。单模光纤使用光的单一模式传送信号，而多模光纤使用光的多种模式传送信号。光传输中的模式是指一根以特定角度进入光纤芯的光线，因此可以认为模式是指以特定角度进入光纤的具有相同波长的光束。

单模光纤和多模光纤在结构以及布线方式上有很多不同，如图 3-10 所示。单模光纤只允许一束光传播，没有模分散的特性，光信号损耗很低，离散也很小，传播距离远，单模导入波长为 1310nm 和 1550nm。多模光纤是在给定的工作波长上，以多个模式同时传输的光纤，从而形成模分散，限制了带宽和距离，因此，多模光纤的芯径大，传输速度低、距离短，成本低，多模导入波长为 850nm 和 1300nm。

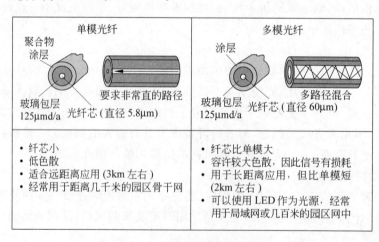

图 3-10　单模光纤和多模光纤的比较

多模光纤可以使用 LED 作为光源，而单模光纤必须使用激光光源，从而可以把数据传输更远的距离。根据 EIA/TIA 标准，用于干线布线的单模光纤具有更高的带宽且最远传输距离可以达到 3km，而多模光纤传送信号的距离只能达到 2km。电话公司通过特殊设备可以使单模光纤达到 65km 的传输距离。由于这些特性，单模光纤主要用于建筑物之间的互连或广域网连接，多模光纤主要用于建筑物内的局域网干线连接。

② 按照折射率分布不同分类　对于多模光纤，通常可分为跳变式光纤和渐变式光纤。跳变式光纤纤芯的折射率 n_1 和包层的折射率 n_2 都为常数，且 n_1 大于 n_2。在纤芯和包

层的交界面处折射率呈阶梯变化,从而使得光信号在纤芯和包层的交界面上不断产生全反射向前传送。跳变式光纤的模间色散很高,目前单模光纤都采用跳变式,采用跳变式的多模光纤已经逐渐被淘汰了。

渐变式光纤纤芯的折射率 n_1 随着半径的增加而按一定规律减小,到纤芯与包层的交界处与包层的折射率 n_2 相等,从而使得光信号按正弦形式传播。这种结构能减少模间色散,提高光纤带宽和传输距离,现在的多模光纤多为渐变式光纤。

图 3-11 给出了光束在两种折射率分布不同的光纤中传输的示意图。

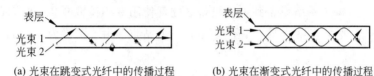

(a) 光束在跳变式光纤中的传播过程　　(b) 光束在渐变式光纤中的传播过程

图 3-11　光束在两种折射率分布不同的光纤中的传播过程

（4）光纤的特点

与铜质电缆相比较,光纤明显具有其他传输介质所无法比拟的优点:

• 传输信号的频带宽,通信容量大。
• 信号衰减小,传输距离长,抗干扰能力强,应用范围广。
• 抗化学腐蚀能力强,适用于一些特殊环境下的布线。
• 原材料资源丰富。

当然,光纤也存在着一些缺点,如质地脆,机械力度低;切断和连接中技术要求较高等,这些缺点也限制了目前光纤的普及应用。

（5）光缆的种类

光缆有多种结构,它可以包含单一或多根光纤束、不同类型的绝缘材料、包层甚至铜导体,以适应各种不同环境、不同要求的应用。光缆有多种分类方法,目前在计算机网络中主要按照光缆的使用环境和敷设方式对光缆进行分类。

① 室内光缆　室内光缆的抗拉强度较小,保护层较差,但也更轻便、更经济。室内光缆主要适用于建筑物内的计算机网络布线。

② 室外光缆　室外光缆的抗拉强度比较大,保护层厚重,在计算机网络中主要用于建筑物外网络布线。根据敷设方式的不同,室外光缆可以分为架空光缆、管道光缆、直埋光缆、隧道光缆和水底光缆等。

③ 室内/室外通用光缆　基于敷设技术,室外光缆必须具有与室内光缆不同的结构特点。室外光缆必须承受水蒸气扩散和潮气的侵入,必须具有足够的机械强度及对啮咬等保护措施。室外光缆由于有 PE 护套及易燃填充物,燃烧很容易传导,从而引起火灾,不适合室内敷设。室内/室外通用光缆既可在室内也可在室外使用,不需要在室外向室内的过渡点进行熔接。

4. 无线传输介质

双绞线、同轴电缆、光纤等都属于有线传输介质,其应用仅限于有限的区域内。随着传输距离的加大,传输介质在整个系统中所占成本的比例也越大,因而使系统性能价格比下降。而且线路越长,出现的故障的几率越高,因而使系统可靠性降低。此外,线路的铺设安装还受到地形条件的限制。为了克服有线传输介质的缺陷,有必要在计算机网络中利用空间传输无线信号,如无线电波、红外线、微波、激光等,它们的特点是利用在空间传播的电磁波来传送信息。

5. 局域网通信线路

以太网应用经过不断的发展,传输速度从最初的 10Mbps 逐步扩展到 100Mbps、1Gbps、10Gbps,以太网的价格也跟随摩尔定律以及规模经济而迅速下降。在最初的设计中以太网只使用公共的、共享的传输介质(同轴电缆)。100Mbps 快速以太网和千兆位以太网开启了一个新概念,每个网络设备到中心设备之间都使用专用传输介质(双绞线、光缆)。局域网的带宽无论是被所有站点共享,还是被某一个站点专用,都要为每个设备分配一根电缆。

以太网有多种标准,每一种标准所采用的传输介质、传输方式和组网方法都有所不同,所以组建局域网时应根据所选择的以太网标准,选择相应的传输介质。表 3-3 列出了各种以太网标准对传输介质的要求。

表 3-3 各种以太网标准对传输介质的要求

标 准	MAC 子层规范	电缆最大长度/m	电缆类型	所需线对	拓扑结构
10Base-5	802.3	500	50Ω 粗缆	—	总线型
10Base-2	802.3	185	50Ω 细缆	—	总线型
10Base-T	802.3	100	3、4 或 5 类双绞线	2	星型
10Base-FL	802.3	2000	光纤	1	星型
100Base-TX	802.3u	100	5 类双绞线	2	星型
100Base-T4	802.3u	100	3 类双绞线	4	星型
100Base-T2	802.3u	100	3、4 或 5 类双绞线	2	星型
100Base-FX	802.3u	400/2000	多模光纤	1	星型
10Base-FX	802.3u	10000	单模光纤	1	星型
1000Base-SX	802.3z	220～550	多模光纤	1	星型
1000Base-LX	802.3z	550～3000	单模或多模光纤	1	星型
1000Base-CX	802.3z	25	屏蔽铜线	2	星型
1000Base-T4	802.3ab	100	5 类双绞线	4	星型
1000Base-TX	802.3ab	100	6 类双绞线	4	星型

另外需要说明的是,目前在大中型的局域网中,广泛采用了结构化综合布线技术。综合布线系统是一种开放结构的布线系统,它利用单一的布线方式,完成话音、数据、图形和图像的传输。综合布线系统由不同系列和规格的部件组成,其中包括传输介质、相关连接硬件(如配线架、插座、插头和适配器)以及电气保护设备。综合布线一般采用分层星型拓扑结构。该结构下的每个分支子系统都是相对独立的单元,对每个分支子系统的改动都不影响其他子系统,只要改变节点连接方式就可使综合布线在星型、总线型、环型、树型等结构之间进行转换。根据美国国家标准化委员会电气工业协会(TIA)/电子工业协会(EIA)制定的商用建筑布线标准,综合布线系统由以下 6 个子系统组成:工作区子系统、水平干线子系统、管理间子系统、垂直干线子系统、设备间子系统和建筑群子系统。各个子系统相互独立,

单独设计,单独施工,构成了一个有机的整体,其结构如图 3-12 所示。

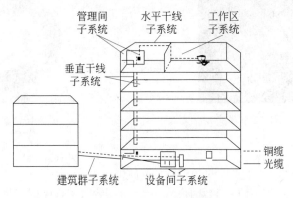

图 3-12 综合布线系统结构

在采用综合布线系统的局域网中,计算机和网络设备(如交换机或集线器)并不是通过跳线直接连接的,图 3-13 说明了在采用综合布线系统的局域网中计算机和交换机的连接方式。

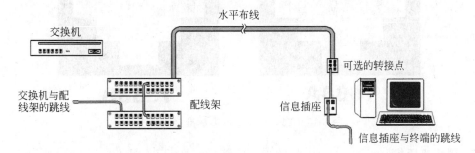

图 3-13 在采用综合布线系统的局域网中计算机和交换机的连接方式

其中信息插座的外形类似于电源插座,和电源插座一样也是固定于墙壁或地面,其作用是为计算机等终端设备提供一个网络接口,通过双绞线跳线即可将计算机通过信息插座连接到综合布线系统,从而接入主网络。配线架用于终结线缆,为双绞线电缆或光缆与其他设备(如交换机、集线器等)的连接提供接口,在配线架上可进行互连或交接操作,使局域网变得更加易于管理。

3.2.2 实训内容

1. 认识双绞线跳线

在使用双绞线线缆布线时,通常要使用双绞线跳线来完成布线系统与相应设备的连接。所谓双绞线跳线是两端带有 RJ-45 水晶头(如图 3-14 所示)的一段线缆,可以很方便地使用和进行管理。双绞线跳线如图 3-15 所示。

双绞线由 8 根不同颜色的线分成 4 对绞合在一起。RJ-45 水晶头前端有 8 个凹槽,凹槽内的有 8 个金属触点,在连接双绞线和 RJ-45 水晶头时需要重点注意的是要将双绞线的 8 根不同颜色的线按照规定的线序插入 RJ-45 水晶头的 8 个凹槽。在 EIA/TIA 布线标准中规定了两种线序 T568A 和 T568B,如图 3-16 所示。

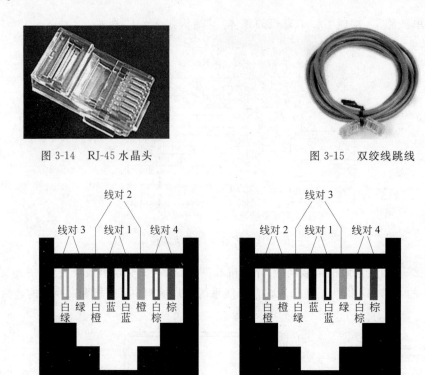

图 3-14　RJ-45 水晶头　　　　　图 3-15　双绞线跳线

图 3-16　T568A 和 T568B 标准接线模式

2. 制作直通线

计算机网络中常用的双绞线跳线有直通线和交叉线。双绞线两边都按照 EIAT/TIA 568B 标准连接 RJ-45 水晶头,这样的跳线叫做直通线。直通线主要用于将计算机连入交换机,也可用于交换机和交换机不同类型接口的连接。其主要制作步骤如下:

(1) 剪下所需的双绞线长度,至少 0.6m,最多不超过 5m。

(2) 利用剥线钳将双绞线的外皮除去约 3cm,如图 3-17 所示。

图 3-17　利用剥线钳除去双绞线外皮

(3) 将裸露的双绞线中的橙色对线拨向自己的左方,棕色对线拨向右方向,绿色对线拨向前方,蓝色对线拨向后方,小心的剥开每一对线,按 EIA/TIA 568B 标准(白橙—橙—白绿—蓝—白蓝—绿—白棕—棕)排列好,如图 3-18 所示。

(4) 把线排整齐,将裸露出的双绞线用专用钳剪下,只剩约 14mm 的长度,并剪齐线头,

图 3-18 剥开每一对线,排好线序

如图 3-19 所示。

(5) 将双绞线的每一根线依序放入 RJ-45 水晶头的引脚内,第一只引脚内应该放白橙色的线,其余类推,如图 3-20 所示。注意插到底,直到另一端可以看到铜线芯为止,如图 3-21 所示。

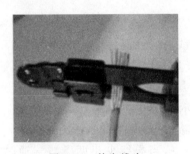

图 3-19 剪齐线头

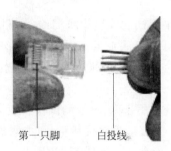

第一只脚　　白投线

图 3-20 将双绞线放入 RJ-45 水晶头

(6) 将 RJ-45 水晶头从无牙的一侧推入压线钳夹槽,用力握紧压线钳,将突出在外的针脚全部压入水晶头内,如图 3-22 所示。

图 3-21 插好的双绞线

图 3-22 压线

(7) 用同样的方法完成另一端的制作。

3. 制作交叉线

双绞线一边是按照 EIA/TIA 568A 标准连接,另一边按照 EIA/TIA 568B 标准连接 RJ-45 水晶头,这样的跳线叫做交叉线。交叉线主要用于将计算机与计算机直接相连、交换机与交换机相同类型端口的直接相连,也被用于计算机直接接入路由器的以太网口。交叉线的制作步骤与直通线基本相同。

4. 跳线的测试

制作完双绞线后,下一步需要检测它的连通性,以确定是否有连接故障。可以使用专业的电缆测试工具进行测试,在要求不高的场合也可以使用廉价的简易线缆测试仪,如

图 3-23 所示。

测试时将双绞线跳线两端的水晶头分别插入主测试仪和远程测试端的 RJ-45 接口,将开关调至 ON,主指示灯从 1 至 8 逐个顺序闪亮,如图 3-24 所示。

图 3-23 简易线缆测试仪

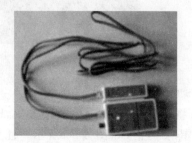

图 3-24 测试双绞线跳线

如果测试的线缆为直通线,主测试仪的指示灯从 1 至 8 逐个顺序闪亮时,远程测试端的指示灯也应从 1 至 8 逐个顺序闪亮。如果测试的线缆为交叉线,主测试仪的指示灯从 1 至 8 逐个顺序闪亮时,远程测试端的指示灯会按照 3、6、1、4、5、2、7、8 这样的顺序依次闪亮。

若连接不正常,电缆测试仪一般会按下列情况显示:

(1) 当有一根导线断路,则主测试仪和远程测试端对应线号的灯都不亮。

(2) 当有几条导线断路,则相对应的几条线都不亮,当导线少于两条线连通时,灯都不亮。

(3) 当两边导线乱序,则与主测试仪端连通的远程测试端的相应线号灯亮。

(4) 当导线有两根短路时,则主测试仪显示不变,而远程测试端显示短路的两根线灯都亮;若有三根或三根以上的导线短路时,则短路的几条线对应的灯都不亮。

(5) 若测试仪上出现红灯或黄灯,说明跳线存在接触不良等现象,此时最好先用压线钳再压制两端水晶头一次,再测如故障依然存在,则应重新进行制作。

任务 3.3　认识与配置交换机

【实训目的】

(1) 理解交换机的功能和工作原理。

(2) 了解交换机外观和启动过程。

(3) 了解以太网交换机的登录方法。

(4) 了解以太网交换机的命令行工作模式。

【实训条件】

(1) 交换机(本节以 Cisco 2950 交换机为例,也可选用其他品牌型号的交换机,没有条件的也可以采用 Boson Netsim 模拟软件)。

(2) 双绞线、RJ-45 压线钳及 RJ-45 水晶头若干。

(3) 安装 Windows XP 的 PC。

3.3.1　相关知识

1. 通信交换技术

最初的数据通信是在物理上两端直接相连的设备间进行的,随着通信设备的增多、设备间距离的扩大,这种每个设备都直接相连的方式是不现实的。两个设备间的通信需要一些中间节点来过渡,可以把这些中间节点称为交换设备。这些交换设备并不需要处理经过它的数据内容,只是简单地把数据从一个交换设备传到下一个交换设备,直到数据到达目的地。这些交换设备通过某种方式互相连接成一个通信网络,从某个交换设备进入通信网络的数据,通过从交换设备到交换设备的转接、交换被送达目的地。

常见的交换技术有三种:线路交换(电路交换)、报文交换和分组交换(包交换)。

(1) 线路交换

线路交换是一种直接的交换方式,它为一对需要进行通信的装置之间提供一条临时的专用通道,一般由交换机负责建立。即提供一条专用的传输通道,既可是物理通道又可是逻辑通道。

这条通道是由节点内部电路对节点间传输路径经过适当选择、连接而完成的,是由多个节点和多条节点间传输路径组成的链路。

目前公用电话网广泛使用的交换方式就是线路交换。经由线路交换的通信包括三个阶段:线路建立阶段、数据传输阶段、线路释放阶段。

线路交换具有下列特点:

- 呼叫建立时间长且存在呼损。在线路建立阶段,在两站间建立一条专用通路需要花费一段时间,这段时间称为呼叫建立时间。在线路建立过程中由于交换网繁忙等原因而使建立失败,对于交换网则要拆除已建立的部分线路,用户需要挂断重拨,这称为呼损。
- 线路连通后提供给用户的是"透明通路",即交换网对用户信息的编码方法、信息格式以及传输控制程序等都不加以限制,但对通信双方而言,必须做到双方的收发速度、编码方法、信息格式、传输控制等一致才能完成通信。
- 一旦线路建立后,数据以固定的速率传输,除通过传输链路的传播延迟以外,没有别的延迟,在每个节点的延迟是可以忽略的,适用于实时大批量连续的数据传输。
- 线路(信道)利用率低。线路建立,进行数据传输,直至通信链路拆除为止,信息是专用的,再加上通信建立时间、拆除时间和呼损,其利用率较低。

(2) 报文交换

报文交换是一种存储转发技术,在存储转发交换方式中,网络节点通常为一台专用计算机,带有足够的外存,以便在数据进入时,进行缓冲存储。节点接收到数据之后,数据暂放在节点的存储设备之中,等输出线路空闲时,再根据数据中所附的目的地址转发到下一个合适的节点,如此往复,直到数据到达目标地址。

存储转发交换方式与电路交换方式的主要区别表现在以下两个方面:

- 发送的数据与目的地址、源地址、控制信息按照一定格式组成一个数据单元(报文或报文分组)进入通信子网。

- 通信子网中的节点负责完成数据单元的接收、差错校验、存储、路径选择和转发功能。

报文交换方式就是用户把需要传输的数据分割成一定大小的报文。每一个报文由传输的数据和报头组成，报头中有源地址和目标地址。报文由发送端发送，在节点处被暂时存储，节点根据报头中的目标地址为报文进行路径选择，当报文要发送的目的地址线路空闲时，节点立即将报文发送到目的地。

报文交换具有优点：

- 发送端和接收端在通信时不需建立一条专用的通路，临时动态选择路径。
- 与电路交换相比，报文交换没有建立线路和拆除线路所需的等待和时延。
- 线路利用率高，多个报文可以分时共享一条线路。
- 报文交换可以根据线路情况选择不同的速度高效地传输数据，这是电路交换所不能的。
- 数据传输的可靠性高。每个节点在存储转发中，都进行差错控制，即检错、纠错。

报文交换存在的缺点主要有：由于采用了对完整报文的存储/转发，节点存储/转发的时延较大，不适用于交互式通信，如电话通信。由于每个节点都要把报文完整地接收、存储、检错、纠错、转发，从而产生了节点延迟，并且报文交换对报文长度没有限制，报文可以很长，这样就有可能使报文长时间占用某两节点之间的链路，不利于实时交互通信。分组交换即所谓的包交换正是针对报文交换的缺点而提出的一种改进方式。

报文交换的主要应用领域是电子邮件、电报、非紧急的业务查询和应答。

（3）分组交换

分组交换方式也称包交换方式，该方式是把长的报文分成若干较短的报文分组，以报文分组为单位进行发送、暂存和转发。每个报文分组，除要传送数据地址信息外，还有数据分组编号。报文在发送端被分组后，各组报文可按不同的传输路径进行传输，经过节点时，同样要存储、转发，最后在接收端将各报文分组按编号再重新组成报文。

分组交换方式有以下特点：

- 分组交换方式具有电路交换方式和报文交换方式的共同优点。
- 由于报文分组长度较短，在传输出错时，检错容易并且重发花费的时间较少，这就利于提高存储转发节点的存储空间利用率与传输效率。
- 报文分组在各节点间的传送比较灵活，且各分组路径可自行选择，每个节点收到一个报文后，即可向下一个节点转发，不必等到其他分组到齐。

分组交换方式已经成为当今公用数据交换网中主要的交换技术，它的主要应用领域是快速查询和应答的任何场合，例如电子转账、股票牌价等。

分组交换技术在实际应用中，又可以分为数据报方式和虚电路方式。

① 数据报方式

数据报交换方式把任一个分组都当作单独的"小报文"来处理，而不管它属于哪个报文的分组。例如，要将报文从 A 站发送到 C 站（如图 3-25 所示），首先在 A 站将报文分成 3 个分组（P1，P2，

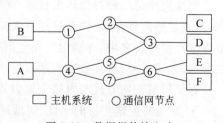

图 3-25　数据报传输方式

P3),按次序连续地发送给节点 4,节点 4 每接收一个分组都先存储下来,分别对它们进行单独的路径选择和其他处理过程。例如它可能将 P1 发送给节点 5,P2 发送给节点 1,P3 发往节点 7,这种选择主要取决于节点 4 在处理每一个分组时各链路的负荷情况以及路径选择的原则和策略。由于每个分组都带有地址和分组序列,虽然它们不一定经过同一条路径,但最终都要通过节点 2 到达目的站 C。这些分组到达节点 2 的顺序可能被打乱,但节点 2 可以对分组进行排序和重装,当然目的站 C 也可以完成这些排序和重装工作。

上述这种分组交换方式简称为数据报传输方式,作为基本传输单位的"小报文"被称为数据报(Datagram)。

从以上讨论可以看出,数据报工作方式具有以下特点:

- 同一报文的不同分组可以由不同的传输路径通过通信了网。
- 同一报文的不同分组到达目的节点时可能出现乱序、重复与丢失现象。
- 每一个分组在传输过程中都必须带有目的地址与源地址。
- 数据报方式报文传输延迟较大,适用于突发性通信,不适用于长报文、会话式通信。

在研究数据报交换方式的优点与缺点的基础上,人们进一步提出了虚电路交换方式。

② 虚电路方式

所谓虚电路就是两个用户的终端设备在开始互相发送和接收数据之前需要通过通信网络建立逻辑上的连接,一旦这种连接建立,直至用户不需要发送和接收数据时清除这种连接。

虚电路方式的主要特点是:所有分组都必须沿着事先建立的虚电路传输,存在一个虚呼叫建立阶段和拆除阶段(清除阶段)。与电路交换相比,并不意味着实体间存在像电路交换方式那样的专用线路,而是选定了特定路径进行传输,分组所途经的所有节点都对这些分组进行存储/转发,这是与电路交换的实质上的区别。

虚电路方式的特点如下:

- 在每次报文分组发送之前,必须在发送方与接收方之间建立一条逻辑连接。
- 一次通信的所有报文分组都从这条逻辑连接的虚电路上通过,因此报文分组不必带目的地址、源地址等辅助信息,报文分组到达目的节点不会出现丢失、重复与乱序的现象。
- 报文分组通过每个虚电路上的节点时,节点只需要做差错检测,而不需要做路径选择。
- 通信子网中每个节点可以和任何节点建立多条虚电路连接。

由于虚电路方式具有分组交换与线路交换两种方式的优点,因此在计算机网络中得到了广泛的应用。

2. 交换机的功能和工作原理

计算机网络使用的交换机分为两种:广域网交换机和局域网交换机。广域网交换机主要在电信领域用于提供数据通信的基础平台。局域网交换机用于将个人计算机、共享设备和服务器等网络应用设备连接成用户计算机局域网。

在计算机网络系统中,交换概念的提出是对于共享工作模式的改进。集线器就是一种共享设备,集线器本身不能识别目的地址,当同一局域网内的 A 主机给 B 主机传输数据时,数据帧在以 Hub 为架构的网络上是以广播方式传输的,由每一台终端通过验证数据帧的地址信息来确定是否接收。也就是说，在这种工作方式下，同一时刻网络上只能传输一组数据帧的通信，如果发生碰撞还得重试。这种方式就是共享网络带宽。

交换机拥有一条很高带宽的背部总线和内部交换矩阵。交换机的所有的端口都挂接在这条背部总线上，控制电路收到数据包以后，处理端口会查找内存中的地址对照表以确定目的 MAC(网卡的硬件地址)的 NIC(网卡)挂接在哪个端口上，通过内部交换矩阵迅速将数据包传送到目的端口，目的 MAC 若不存在才广播到所有的端口，接收端口回应后交换机会"学习"新的地址，并把它添加入内部 MAC 地址表中。交换机的工作原理如图 3-26 所示。

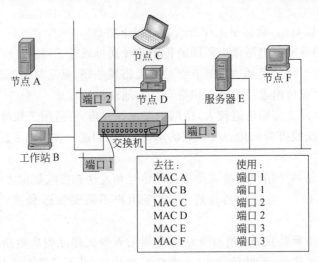

图 3-26 交换机的工作原理

使用交换机也可以把网络分段，通过对照 MAC 地址表，交换机只允许必要的网络流量通过交换机。通过交换机的过滤和转发，可以有效地隔离广播风暴，减少错误包的出现，避免共享冲突。

交换机在同一时刻可进行多个端口对之间的数据传输。每一端口都可视为独立的网段，连接在其上的网络设备独自享有全部的带宽，无须同其他设备竞争使用。当节点 A 向节点 D 发送数据时，节点 E 可同时向节点 F 发送数据，而且这两个传输都享有网络的全部带宽。假使这里使用的是 10Mbps 的以太网交换机，那么该交换机这时的总流通量就等于 $2 \times 10Mbps = 20Mbps$，而使用 10Mbps 的共享式 Hub 时，一个 Hub 的总流通量也不会超出 10Mbps。

总之，交换机与网桥一样是一种基于 MAC 地址识别，能完成封装转发数据包功能的网络设备。交换机可以学习 MAC 地址，并把其存放在内部地址表中，通过在数据帧的始发者和目标接收者之间建立临时的交换路径，使数据帧直接由源地址到达目的地址。综上所述，交换式以太网系统与共享式以太网比较有如下优点：

- 每个端口上可以连接节点或网段。不论节点和网段均独占带宽。
- 系统的最大带宽可以达到端口带宽的 n 倍，其中 n 为端口数。n 越大，系统能达到的带宽越高。
- 交换机连接了多个网段，网段上运作都是独立的，被隔离的。但是需要的话，两个独立的网段通过其端口也可以建立暂时的数据信道。

- 被交换机隔离的独立网段上数据流信息不会在其他端口上广播,具有一定数据安全性。
- 若端口上支持全双工传输方式,则端口上媒体段的长度不受 CSMA/CD 制约,可以延伸距离。若端口上只支持半双工传输方式,则交换机的作用是连接网段以扩展网络的覆盖范围。
- 交换机的实现通常采用全硬件结构实现,具有速度快,可以为每一个节点提供全部网络带宽的特点。
- 交换机转发延迟很小,远远超过普通网桥互联网络之间的转发性能。
- 交换机提供足够的缓冲器并通过流量控制来消除拥塞。
- 交换机的每个端口都相当于一个桥,每个桥都具有各个网段的地址表,又可通过底板交换信息。可将一组网段组成 LAN,LAN 之间交换信息时可以存储转发。其转发方式有直通方式、帧头检测方式和全部存储转发方式三种,交换机可能采用其中一种,也可采用二、三种兼用。
- 交换机可以是一个网络中心,在其覆盖范围内可能包含着多个 LAN 段、工作组和服务器群,一般交换机都与 SNMP 兼容,收集网络的流量和状态信息,提供排除故障和改变流量的依据。

3. 交换机的分类

常见的局域网交换机的分类方法有:按照交换机支持的网络通信介质和数据传输速率分类、按照应用规模分类、按照设备结构分类及按照网络体系结构层次分类等。

(1) 按照网络通信介质和数据传输速率分类

按照支持的网络和数据传输速率,局域网交换机可以分为以太网交换机(十兆位交换机)、快速以太网交换机(百兆位交换机)、千兆位以太网交换机、FDDI 交换机和 ATM 交换机等多种。十兆位以太网交换机现在已经不再生产,目前主要使用百兆位交换机和千兆位交换机。

(2) 按照应用规模分类

按照应用规模,可将局域网交换机分为桌面交换机、工作组级交换机、部门级交换机和企业级交换机。

① 桌面交换机　桌面交换机是最常见的一种交换机,价格便宜,被广泛用于一般办公室、小型机房和网站管理中心等部门,甚至进入了家庭应用。在传输速度上,桌面型交换机通常提供多个具有 10M/100M 自适应能力的端口。与其他类型交换机显著不同的是每端口支持的 MAC 地址很少。

② 工作组级交换机　工作组级交换机也是在构建局域网时被广泛使用的交换机,当使用桌面交换机不能满足应用需求时,大多采用工作组级交换机。虽然工作组级交换机提供的端口数量较少,但每端口支持的 MAC 地址比桌面交换机多,并具有良好的扩充能力。在传输速度上,工作组级交换机提供 100M 端口或 10M/100M 自适应能力端口。

③ 部门级交换机　部门级交换机比工作组级交换机支持更多的用户,提供更强的数据交换能力,通常用作小型局域网的主干交换机或中型局域网的楼层交换机。低端的部门级交换机通常提供 8 至 16 个端口,高端的部门级交换机可以提供多至 48 个端口。部门级交换机通常在所有端口上支持全双工操作,并且有一个用于上连的高速数据通信端口。

④ 企业级交换机　企业级交换机是交换机家族中的高端产品,是功能最强的交换机,在局域网中作为骨干设备使用,提供高速、高效、稳定和可靠的中心交换服务。企业级交换机除了支持冗余电源供电外,还支持许多不同类型的硬件选件模块,并提供强大的数据交换能力。用户选择企业级交换机时,可以根据需要选择千兆位以太网光纤通信模块、千兆位以太网双绞线通信模块、快速以太网模块、ATM 网模块和路由模块等。因此,企业级交换机在建设企业级别的网络时非常有用。特别是可以在采用新技术的同时支持以前系统的技术,在网络升级的同时保护现有的投资。企业级交换机通常还有非常强大的管理功能,但是价格比较昂贵。

（3）按照设备结构分类

按照设备结构特点,将局域网交换机分为机架式交换机、带扩展槽固定配置式交换机、不带扩展槽固定配置式交换机和可堆叠交换机等 4 种。

① 机架式交换机　机架式交换机是一种插槽式的交换机,用户可以根据需求,选购不同的模块插入到插槽中。这种交换机功能强大,扩展性较好,可支持不同的网络类型,如以太网、快速以太网、千兆位以太网、ATM 网、令牌环网和 FDDI 等。像企业级交换机那样的高端产品有不少采用机架式结构。机架式交换机使用灵活,但通常价格都比较昂贵。

② 带扩展槽固定配置式交换机　带扩展槽固定配置式交换机,是一种配置固定端口数并开少量扩展槽的交换机。这种交换机在固定端口所支持网络的基础上,还可以通过在扩展槽插入相应模块来支持其他类型网络,为用户使用提供了一定的灵活性,产品价格居中。

③ 不带扩展槽固定配置式交换机　不带扩展槽固定配置式交换机仅支持一种类型的网络,产品价格便宜,通常用于以太网,在小型企业或办公室环境下的局域网中被广泛使用。

④ 可堆叠交换机　可堆叠交换机通常是在固定配置式交换机上扩展了堆叠功能的设备,具有配置容易、部署迅速、可伸缩性和易于管理等优点,得到了广泛的应用。具备可堆叠功能的交换机,可以类似普通交换机那样按照常规使用,当需要扩展端口接入能力时,还可以通过各自专门的堆叠端口,将若干台同样的物理设备“串联”起来作为一台逻辑设备使用。

（4）按照网络体系结构层次分类

按照网络体系的分层结构,交换机可以分为第 2 层交换机、第 3 层交换机和第 4 层交换机,甚至提出了第 7 层交换机。

① 第 2 层交换机　第 2 层交换机是指工作在 OSI 参考模型数据链路层上的传统的交换机。其主要功能包括物理编址、错误校验、数据帧序列重新整理和流控,所接入的各网络节点之间可独享带宽。第 2 层交换机的弱点是不能有效地解决广播风暴、异种网络互联和安全性控制等问题。

② 第 3 层交换机　第 3 层交换机是带有 OSI 参考模型网络层路由功能的交换机,在保留第 2 层交换机所有功能的基础上,增加了对路由功能和 VLAN 的支持,增加了对链路聚合功能的支持,甚至可以提供防火墙等许多功能。第 3 层交换机在网络分段、安全性、可管理性和抑制广播风暴等方面具有很大的优势。

③ 第 4 层交换机　第 4 层交换机是指工作在 OSI 参考模型传输层的交换机,利用第 3 层和第 4 层数据包包头中的信息,来识别应用数据流会话。利用这些信息,第 4 层交换机可以做出向何处转发会话信息流的智能选择。用户的请求可以根据不同的规则被转发到“最佳”服务器上。第 4 层交换机支持安全过滤,支持对网络应用数据流的服务质量管理策

略 QoS 和应用层记账功能,优化数据传输,被用于实现多台服务器负载均衡。

④ 第 7 层交换机 随着多层交换技术的发展,人们还提出了第 7 层交换机的概念。第 7 层交换机可以提供基于内容的智能交换,能够根据实际的应用类型做出决策。

4. 交换机的选购

(1)交换机的技术指标

交换机的技术指标较多,全面反映了交换机的技术性能和功能,是选择产品时参考的重要数据依据。选择交换机产品时,主要考察 6 个方面的内容:系统配置情况、所支持的协议和标准情况、所支持的路由功能、对 VLAN 的支持情况、网管功能和容错功能。

① 系统配置情况。主要考察交换机所支持的最大硬件配置指标,如可以安插的最大模块数量、可以支持的最多端口数量、背板最大带宽和系统的缓冲区空间等。

② 所支持的协议和标准情况。主要考察设备对国际标准化组织所制定的联网规范和设备标准支持情况,特别是对设备链路层、网络层、传输层和应用层各种标准和协议的支持情况。

③ 所支持的路由功能。主要考察路由的技术指标和功能扩展能力。

④ 对 VLAN 的支持。主要考察交换机实现 VLAN 的方式和允许的 VLAN 数量。现在已经把一台交换机是否支持 VLAN 作为衡量一台交换机性能是否先进的基本指标。对 VLAN 的划分可以基于端口、MAC 地址,还可以基于第 3 层协议或子网。IEEE 802.1Q 是定义 VLAN 的标准,不同厂商的设备只要支持该标准,就可以进行互连和进行 VLAN 的划分。通过支持第 3 层交换的网络设备,VLAN 之间也可以通信。

⑤ 网管功能。主要考察网管软件功能。网管软件应该能够对网络上的资源进行集中化管理操作,包括配置管理、性能和记账管理、故障管理、操作管理和变化管理等。交换机所支持的管理程度反映了该设备的可管理性及可操作性。

⑥ 容错功能。主要考察设备的可靠性和抵御单点故障的能力。作为局域网主干设备的交换机,特别是核心交换机,不允许因为单点故障导致整个系统瘫痪。

(2)选择交换机的一般原则

① 适用性与先进性相结合。用于局域网主干通信的交换机属于长线投资设备,产品一般价格较高,不同品牌型号有很大差异。选择时应该掌握适用性与先进性相结合的原则。

② 安全可靠。网络系统的安全可靠,在很大程度上取决于交换机本身的安全可靠性。

③ 尽可能选择市场主流产品。选择局域网交换机时,应尽可能选择在国内或国际网络建设中占有一定市场份额的主流产品。

④ 选择同一厂家的配置产品解决方案。由于在使用局域网交换机组网时通常都是多台设备配合使用,最好选择同一厂家的配置产品解决方案。

5. 交换机存在的问题

为了让网络中的每一台主机都收到某个帧,主机必须使发出帧中的目的 MAC 地址全为"1",这个帧为广播帧。广播帧能到达的范围,称为广播域。这类局域网中广播帧的存在会大大降低交换机的效率,这时可以利用交换机的虚拟局域网功能(并非每种交换机都支持虚拟网)将广播包限制在一定范围内。

每台交换机的端口都支持一定数目的 MAC 地址,这样交换机能够"记忆"住该端口一组连接站点的情况,但不同品牌、型号交换机端口所支持的 MAC 数也不一样,用户使用时一定要注意交换机端口的连接端点数。如果超过交换机给定的 MAC 数,交换机接收到一个网络帧时,只要其目的站的 MAC 地址不存在于该交换机端口的 MAC 地址表中,那么该帧会以广播方式发向交换机的每个端口。

由于交换机只是工作在 OSI 第二层的设备,同网桥一样,它也不具有隔离广播帧的能力。虽然用虚拟局域网技术虽然可以解决这一问题,但是在虚拟局域网之间的数据传送需要通过路由器或三层交换机来完成。

3.3.2 实训内容

1. 以太网交换机的登录

交换机的本质是计算机,也是由硬件和软件组成,有自己的操作系统和配置文件。交换机分为可网管的和不可网管的,可网管的交换机是可以由用户进行配置的,如果不配置会按照厂家的默认配置工作。由于交换机没有自己的输入输出设备,所以其配置主要通过外部连接的计算机来进行。要通过计算机登录到以太网交换机并对其进行配置可以有多种方式,如通过 Console 端口、Telnet、Web 方式等,其中使用终端控制台通过 Console 端口查看和修改以太网交换机的配置是最基本、最常用的方法,其他方式必须在通过 Console 端口进行基本配置后才可以实现。通过 Console 端口登录以太网交换机的基本步骤如下:

(1) 制作反接线。反接线是双绞线跳线的一种,用于将计算机连到交换机或路由器的控制端口,在此计算机起超级终端作用。反接线的制作方法与直通线、交叉线的制作方法基本相同,唯一差别是两端的线序不同,反接线两端 RJ-45 水晶头的连接线序如表 3-4 所示。通常购买交换机时会带一根反接线,不需自己制作。

表 3-4 反接线连接线序

端1	白橙	橙	白绿	蓝	白蓝	绿	白棕	棕
端2	棕	白棕	绿	白蓝	蓝	白绿	橙	白橙

(2) 用反接线通过 RJ-45 到 DB-9 连接器(如图 3-27 所示)与计算机串行口(COM1)相连,另一端与交换机的 Console 端口相连,如图 3-28 所示。

图 3-27 RJ-45 到 DB-9 连接器

交换机的 Console 端口

图 3-28 交换机与计算机的连接

(3) 单击"开始"→"程序"→"附件"→"通信"→"超级终端"命令,打开如图 3-29 所示的"连接描述"对话框,输入名称,单击"确定"按钮。

(4) 在如图 3-30 所示的"连接到"对话框中选择 Console 线连接的 COM 端口,单击"确定"按钮。

图 3-29 "连接描述"对话框

图 3-30 "连接到"对话框

(5) 在如图 3-31 所示的"COM1 属性"对话框中对 COM 端口进行设置，单击"确定"按钮，显示超级终端窗口，如图 3-32 所示。

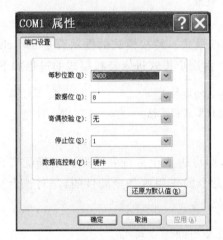

图 3-31 "COM1 属性"对话框

图 3-32 超级终端窗口

(6) 打开交换机电源，连续按 Enter 键，可显示初始界面，如图 3-33 所示。

图 3-33 超级终端显示的交换机启动画面

99

（7）交换机启动后，就会进入命令行模式，用户可以通过在超级终端中输入各种命令，完成对交换机的配置。

2. 交换机命令行工作模式的切换

Cisco 交换机的配置命令是分级的，不同级别的管理员可以使用不同的命令集。在命令行模式下，Cisco 交换机主要有以下几种工作模式。

（1）用户模式

当用户通过交换机的控制台端口或 Telnet 会话连接并登录到交换机时，此时所处的命令执行模式就是用户模式。在用户模式下，用户只能使用很少的命令，且不能对交换机进行配置。用户模式的提示符是 switch>。

【注意】 不同模式的提示符不同，提示符的第一部分是交换机的名字，如果没有对交换机的名字进行配置，系统默认的交换机名字为 switch。在每一种模式下，可以直接输入"?"并按 Enter 键，可获得在该模式下允许执行的命令帮助。

（2）特权模式

在用户模式下，执行 enable 命令，将进入到特权模式。特权模式的提示符是 switch#，在该模式下，用户能够执行 IOS 提供的所有命令。由用户模式进入特权模式的过程如下：

```
switch>enable                         //进入特权模式
switch #                              //特权模式提示符
```

（3）全局配置模式

在特权模式下，执行 configure terminal 命令，即可进入全局配置模式。全局配置模式的提示符为 student1(config)#，该模式下的配置命令的作用域是全局性的，是对整个交换机起作用。由特权模式进入全局配置模式的过程如下：

```
switch # config terminal              //进入全局配置模式
Enter configuration commands,one per line. End with CNTL/Z.
switch (config)#                      //全局配置模式提示符
```

（4）全局配置模式下的配置子模式

在全局配置模式，还可进入端口配置、line 配置等子模式。例如在全局配置模式下，可以通过 interface 命令，进入端口配置模式，在该模式下，可对选定的端口进行配置。由全局配置模式进入端口配置模式的过程如下：

```
switch (config)# interface fastethernet 0/3    //对交换机的 0/3 号快速以太网端口进行配置
switch (config-if)#                            //端口配置模式
```

（5）模式的退出

从子模式返回全局配置模式，执行 exit 命令；从全局配置模式返回特权模式，执行 exit 命令；若要退出任何配置模式，直接返回特权模式，则要直接 end 命令或按 Ctrl＋Z 组合键。以下是模式退出的过程。

```
switch (config-if)#                   //端口配置模式
switch (config-if)#exit               //退出端口配置模式,返回全局配置模式
switch (config)#                      //全局配置模式
```

```
switch (config)#exit                        //退出全局配置模式
switch #                                     //特权模式提示符
switch #config terminal                      //进入全局配置模式
Enter configuration commands,one per line. End with CNTL/Z.
switch (config)#                             //全局配置模式提示符
switch (config)#interface fastethernet 0/3   //对交换机的 0/3 号快速以太网端口进行配置
switch (config-if)#                          //端口配置模式
switch (config-if)#end                       //退出端口配置模式,返回特权模式
switch #                                     //特权模式提示符
switch #disable                              //退出特权模式
switch>                                      //用户模式提示符
```

3. 了解交换机的基本配置

了解交换机的基本配置,如恢复交换机的缺省配置、指定交换机的主机名和密码、设定交换机的 IP 地址和默认网关、配置启动交换机的 HTTP 服务、查看交换机 MAC 地址表、配置静态 MAC 地址等。具体操作请参照交换机的说明书或帮助文件,这里不再赘述。

任务 3.4 局域网的连接

【实训目的】

(1)掌握两台计算机直接组网的连接方法。
(2)掌握使用单一交换机(或集线器)组建局域网的方法。
(3)了解使用多交换机(或集线器)组建局域网的方法。
(4)掌握判断局域网连接状况的方法。

【实训条件】

(1)PC 三台。
(2)交换机或集线器三台。
(3)超 5 类双绞线及 RJ-45 水晶头若干。

3.4.1 相关知识

1. 快速以太网的构建

目前的局域网主要采用 100Base-TX 与 100Base-FX 组网技术,其采用的网络结构与 10Base-T 相同,仍然采用星型拓扑结构。

在 100Mbps 快速以太网中使用了双绞线与光缆两种传输介质。对于 100Base-TX,可以使用 5 类 100Ω 阻抗的非屏蔽双绞线,也可使用屏蔽双绞线。在 100Base-TX 环境中,两种双绞线的最长网段均为 100m。在使用 3 类不屏蔽双绞线的 100Base-T4 和 100Base-T2 环境中,这种非屏蔽双绞线的最长网段也为 100m。

在 100Base-FX 环境中,一般选用 $62.5/125\mu m$ 多模光纤,也可选用 $50/125\mu m$、$85/125\mu m$ 以及 $100/125\mu m$ 型号的光缆。但在一个完整的光缆段内必须选择同种型号的光

缆，以免引起光信号不必要的损耗。对于多模光纤，在 100Mbps 的传输速率、全双工情况下，系统中最长的网段可达 2km。100Base-FX 也支持单模光纤作为传输介质，在全双工情况下，单模光纤段可达到 40km，甚至更远，但价格要比多模光纤贵得多。在系统配置时，可以外置单模光纤收发器，也可以在多模光纤收发器的连接器上再配置一个多模/单模转换器，以驱动单模光纤。

在快速以太网中有 I 类和 II 类两种集线器。I 类能把来自输入端口的信号变换成适合其他端口类型的信号，因此可实现诸如 100Base-TX/FX 网段和 100Base-T4 网段这类使用不同信号技术的网段间的连接。II 类对来自端口的信号不进行变换，直通而过，因此对于使用不同信号技术网段间不能进行连接。快速以太网仍然采用 CSMA/CD 的工作机制，仍要受到冲突域的限制，快速以太网传输速度为 100Mbps，其冲突域的大小为 $2.56\mu s$，也就是说在共享快速以太网内，任意两个网站之间所经过的网络设备、线缆的总延迟不大于 $2.56\mu s$。一般说来，组建高速共享 LAN 可遵守 3-2-1 规则。即在 1 个高速共享 LAN 内，最多用 2 个 II 类高速集线器，两网站间最多经过 3 条电缆，但两个高速集线器之间的电缆长度不能超过 5m，集线器到节点连线小于 100m UTP。由于集线器本身的限制，目前组建快速以太网时已基本被交换机代替。

2. 千兆位以太网的构建

千兆位以太网络是由千兆交换机、千兆网卡、布线系统等构成。目前千兆位以太网的主要部件价格较高，而真正的桌面用户并不需要 1Gbps 的数据传输速度，因此目前千兆位以太网主要应用于大中型局域网的骨干。千兆交换机构成了网络的骨干部分，千兆网卡安插在服务器上，通过布线系统与交换机相连，千兆交换机下面还可连接许多百兆交换机，百兆交换机连接工作站，这就是所谓的"百兆到桌面"。在有些专业图形制作、视频点播应用中，还可能会用到"千兆到桌面"，及用千兆交换机连到插有千兆网卡的工作站上，满足了特殊应用下对高带宽的需求。典型的千兆位以太网组网结构如图 3-34 所示。

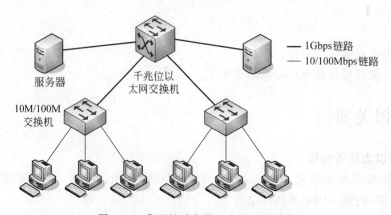

图 3-34　典型的千兆位以太网组网结构

（1）千兆位以太网网卡

用户在考虑将服务器和强有力的工作站的传输速率提高至 1Gbps 的时候，必须小心地挑选千兆位以太网网卡。在传输速率达到 1Gbps 时，其 CPU 就无法适应网络的吞吐量，除非网卡提供智能主机辅助功能，千兆位以太网上的路由器和现有的低容量交换机也同样如此。

理论上,一个工作站有多少吞吐量主要取决于其总线和内存结构,以及其 CPU 速度总线为 32 位的计算机只能产生 1Gbps 的通信量,64 位的 PCI 总线具有更高的吞吐量(2Gbps)。

千兆位以太网需要第三代适配器。其主要特色是包括一个执行智能的和主机特有的卸载功能的机械精简指令集计算处理器,进入的数据直接从网上传到主机存储器单元,应用立刻对其进行调整以便访问,这样就消除了包复制过程中的多重中断。

(2) 千兆位以太网交换机

随着千兆位的通信流经过局域网主干,交换传输着数据、图形、声音和图像构成的混合信息,因此,除了增加带宽以外,千兆位以太网交换机的作用本质上与 10Mbps 以太网交换机和 100Mbps 以太网交换机不同,主干交换机主要发挥高端作用,解决通信管理、拥挤控制和服务质量(QoS)等问题。

3.4.2　实训内容

1. 两台计算机直连

如果仅仅是两台计算机之间组网,可以直接使用双绞线跳线将两台计算机的网卡连接在一起,如图 3-35 所示。

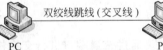

在使用网卡将两台计算机直连时,双绞线跳线要用交叉线(制作方法见任务 3.2),并且两台计算机最好选用相同品牌和相同传输速度的网卡,以避免可能的连接故障。

图 3-35　两台计算机直连构成的网络

2. 单一交换机连接局域网

把所有计算机通过双绞线跳线连接到单一交换机或集线器上,组成一个小型的局域网,如图 3-36 所示。

交换机上的 RJ-45 端口可以分为普通端口(MDI-X 端口)和 Uplink 端口(MDI-Ⅱ 端口),如图 3-37 所示。一般来说计算机应该连接到交换机的普通端口上,而 Uplink 端口主要用于交换机与交换机间的级联。

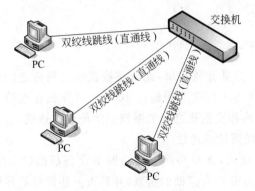

图 3-36　单一交换机结构的组网

图 3-37　交换机上的普通端口和 Uplink 端口

在将计算机网卡上的 RJ-45 接口连接到交换机的普通端口时,双绞线跳线应该使用直通线(制作方法见任务 3.2),网卡的速度应与交换机的端口速度相匹配。

3. 多交换机连接局域网

当需要联网的计算机超过单一交换机所能提供的端口数量或需要联网的计算机位置比较分散时,需要进行多个交换机之间的连接。交换机之间的连接有三种:级联、堆叠和冗余连接,其中级联扩展方式是最常规、最直接的一种扩展方式。

(1)通过 Uplink 端口进行交换机的级联

如果交换机有 Uplink 端口,则可直接采用这个端口进行级联,在级联时下层交换机使用专门的 Uplink 端口,通过双绞线跳线连入上一级交换机的普通端口,如图 3-38 所示。在这种级联方式中使用的级联跳线必须是直通线,不能用交叉线,而且跳线长度不能超过 100m。

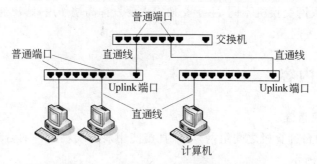

图 3-38　交换机通过 Uplink 端口级联

(2)通过普通端口进行交换机的级联

如果交换机没有 Uplink 端口,可以采用交换机的普通端口进行交换机的级联,这种级联方式的性能稍差,级联方式如图 3-39 所示。

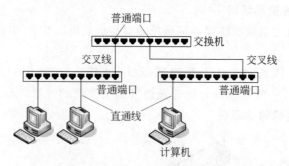

图 3-39　交换机通过普通端口级联

在这种连接方式中所使用的交换机的端口都是普通端口,此时交换机和交换机之间的级联跳线必须是交叉线,不能使用直通线,同样跳线长度不能超过 100m。计算机在连接交换机时仍然接入交换机的普通端口,因此计算机和交换机之间的跳线仍然使用直通线。

4. 利用网卡和网络设备的指示灯判断局域网的连通性

在局域网连接完成后,需要判断连接是否成功,无论是网卡还是网络设备都提供 LED 指示灯,通过对这些指示灯的观察可以得到一些非常有帮助的信息,并解决一些简单的连通性故障。

(1)网卡指示灯

在使用网卡指示灯判断连通时,一定要先打开交换机或集线器的电源,保证交换机或集线器处于正常工作状态。

网卡有多种类型,不同类型网卡的指示灯数量及其含义并不相同,需注意查看网卡说明书。例如 Intel Pro/1000 MT 网卡通常有三个指示灯,分别用于表示连接状态(Link 指示灯)、数据传输状态(ACT 指示灯)和连接速率。当正常连接时,Link 指示灯呈绿色;有数据传输时,ACT 指示灯会不断闪烁。当连接速率为 10Mbps 时,速率指示灯熄灭;当连接速率为 100Mbps 时,速率指示灯呈绿色;当连接速率为 1000Mbps 时,速率指示灯呈黄色。如果在局域网连接时发现该网卡的 Link 指示灯未亮,则表明连接有故障。

目前很多计算机的网卡集成在了主板上,通常集成网卡只有两个指示灯,黄色指示灯用于表明连接是否正常,绿色指示灯表明计算机主板是否已经为网卡供电,使其处于待机状态。如果绿色指示灯亮而黄色指示灯没有亮,则表明发生了连通性故障。

(2) 交换机指示灯

无论是交换机还是集线器,无论是光纤端口还是 RJ-45 端口,每个端口都会有一个 LED 指示灯用于指示该端口是否处于工作状态,连通性是否完好。无论是该端口连接的设备处于关机状态,还是链路的连通性有问题,都会导致相应端口的 LED 指示灯熄灭,只有该端口所连接的设备处于开机状态,并且链路连通性完好的情况下,指示灯才会被点亮。图 3-40 给出了交换机在连接设备后指示灯的情况。

图 3-40　交换机在连接设备后指示灯的情况

交换机有多种类型,不同类型交换机的指示灯的含义并不相同,在使用时请注意查看交换机或集线器的说明书。

5. 利用 ping 命令测试两台计算机的连通性

ping 是个使用频率极高的实用程序,用于确定本地主机是否能与另一台主机交换(发送与接收)数据报,从而判断网络的连通性。利用 ping 命令判断网络连通性的基本步骤如下:

(1) 在连入网络中的每台计算机中安装 TCP/IP 协议(安装方法见任务 2.3)。

(2) 为计算机设置 IP 地址信息(设置方法见任务 2.3),两台计算机的 IP 地址分别设为 192.168.1.1、192.168.1.2;子网掩码均为 255.255.255.0;默认网关和 DNS 服务器为空。

【注意】　如果网络中有三台或三台以上的的计算机,则第三台计算机 IP 地址可设为 192.168.1.3,以此类推。子网掩码均为 255.255.255.0;默认网关和 DNS 服务器为空。

(3) 在 IP 地址为 192.168.1.1 的计算机上,单击"开始"→"运行"命令,在运行对话框中输入 cmd,进入系统的命令行模式。

(4) 在命令行模式中输入 ping 127.0.0.1 命令,测试本机 TCP/IP 的安装或运行是否正常。如果正常,则运行结果如图 3-41 所示。

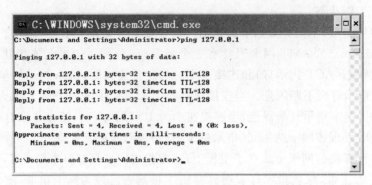

图 3-41　用 ping 命令测试本机

（5）在命令行模式中输入 ping 192.168.1.2 或 ping 192.168.1.3 命令，测试本机与其他计算机的连接是否正常。如果运行结果如图 3-42 所示，则表明连接正常；如果运行结果如图 3-43 所示，则表明连接可能有问题。

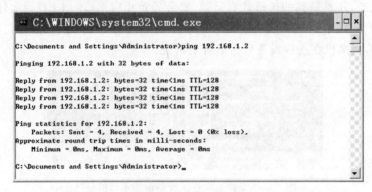

图 3-42　用 ping 命令测试连接正常

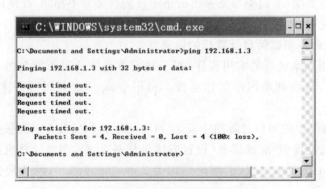

图 3-43　用 ping 命令测试超时错误

【注意】　ping 命令测试出现错误有多种可能，并不能确定是网络的连通性故障。当前很多的防病毒软件包括操作系统自带的防火墙都有可能屏蔽 ping 命令，因此在利用 ping 命令进行连通性测试时需要关闭防病毒软件和防火墙，并对测试结果进行综合考虑。关于 ping 命令更具体的应用将在以后章节进行介绍。

任务 3.5　以太网交换机的 VLAN 配置

【实训目的】

（1）理解 VLAN 的作用。

（2）了解以太网交换机的 VLAN 配置。

【实训条件】

（1）交换机（本节以 Cisco 2950 交换机为例，也可选用其他品牌型号的交换机，没有条件的也可以采用 Boson Netsim 模拟软件）。

（2）安装 Windows XP 的 PC。

（3）交换以太网。

3.5.1　相关知识

交换式以太网是虚拟局域网（VLAN，Virture LAN）的基础。由于交换机是工作在 OSI 第二层的设备，不具备隔离广播帧的能力，广播帧的存在会形成广播风暴，从而大大降低交换机的传输效率。此时可以利用交换机的虚拟局域网技术将广播帧限制在一定范围内。

1. 虚拟局域网的功能

发展 VLAN 技术的主要原因是为了减少网络中的节点进行移动、增加和修改时的管理开销；其次为了解决因数据的广播而引发的一些性能问题，以对广播数据更好地进行管理和控制。

（1）提高管理效率

网络中的节点要进行移动、增加和改变，一般都需要重新进行布线，并且要对地址重新分配、对集线器和路由器重新配置，这无形中增加了网络管理的难度和费用。

虚拟局域网技术的出现可以成功地解决上述难题。当某个 VLAN 中的一个用户从一个地点移动至另一个地点时，只要他们仍旧保持在同一个 VLAN 中并且能够连接到一个交换端口上。那么无须对他们的网络地址进行修改。最多只是需要将此交换端口重新配置到相应的 VLAN 中。此种方式极大地简化了配置和调试工作。VLAN 技术将有效地实现对网络的动态管理以达到节省开销的目的。

例如，对于 IP 类型的网络，当用户从一个子网移至另一个子网时，一般都需要对其 IP 地址进行手工修改，而此种修改可能需要花费比较长的时间才能使节点正常工作，而这些时间本来是可以用于其他一些更具有创造性的活动上的。

使用 VLAN 则可以完全消除这些不必要的时间浪费，因 VLAN 的成员身份同节点所在的地址是无关的，这样一来节点可以发生移动而其 IP 地址和子网成员身份则可以保持不变。

（2）抑制广播风暴

广播数据造成的广播风暴是局域网中的另一个技术难题。广播风暴产生的原因是多样的，如网络应用的类型、服务器的类型、逻辑分段的数目以及网络设备的故障。广播风暴将严重地损害网络的性能并可能导致整个网络的崩溃。因此网络管理员必须采取措施对因广播数据而可能导致的问题加以预防。

一种解决方案是通过路由器来设置防火墙对网络进行适当的分段,以防止因某个网段出现问题而使整个网络受到影响。

另一种解决方案就是通过 VLAN 来解决。因为支持 VLAN 的交换设备也可以抑制广播风暴,某 VLAN 中的广播数据只能被传送到本 VLAN 成员的交换端口上,而本 VLAN 之外的端口上将不会出现这些数据。

同使用路由器的解决方案相比,VLAN 技术有几个显著的优点是路由器所无法具备的。首先是性能上的问题。使用路由器最大的问题是传输延迟比较高,而在 VLAN 中大部分数据都是借助于交换机进行传输的,只有在不同 VLAN 间的数据才需经过路由器进行处理。在配置得比较好的 VLAN 中,VLAN 间的数据量将比较少,因而总的网络性能将不会受到太大影响;其次路由器的配置和管理更为复杂,减少网络中路由器的数量可以降低网络的维护和管理开销;另外同路由器端口比较起来,交换端口的价格要便宜一些,这使得我们可以用比较少的费用而获得比较好的效果。

在 VLAN 中,网络管理人员可以非常方便地通过多种手段对广播域的大小进行控制,例如限制在同一个 VLAN 中的交换端口的数目以及连接这些端口上的用户的数目等。一般来说,VLAN 中的用户数越少,此 VLAN 中的广播数据对于网络中其他用户的影响将越小。

(3) 增强网络安全性

共享式局域网还存在着一个重要的问题就是数据的保密性。因为在共享式局域网中只要把机器接入到任一端口就可以收到相应网段上的所有数据。广播域越大,此种危险也越大。

增强网络安全性的一种最有效和最易于管理的方法是将整个网络划分成一个个互相独立的广播组(VLAN);另外网管人员可以限制某个 VLAN 中的用户的数量,并且可以禁止那些没有得到许可的用户加入到某个 VLAN 中。按照此种方式,VLAN 可以提供一道安全性防火墙,以控制用户对于网络资源的访问,控制广播组的大小和构成,并且可借助于网管软件在发生非法入侵时及时通知管理人员。

实现此种类型的分段相对来说还是比较简单的。例如可以根据应用类型和访问权限对交换端口进行分组,那些受限的应用和资源一般均被放到一个 VLAN 中。试图侵入某个 VLAN 中的非法用户将被网管软件标记出来。

通过使用路由器访问表还可以使安全性得到更进一步的增强。路由器将根据在交换设备和路由器中的配置而限制对于某些 VLAN 中数据的访问,此种限制可以根据节点的地址、应用类型、协议类型、甚至时间等加以设置。

(4) 实现虚拟工作组

通过 VLAN 技术可以建立起虚拟工作组模型。虚拟工作组指的是在 VLAN 中同一个部门的所有成员将可以像处于同一个 LAN 上那样进行通信;大部分网络通信将不会传出此 VLAN 广播域。当某个用户从一个地方移动到另一个地方时,如果其工作部门不发生变化,那么就用不着对其机器进行重新配置。与此类似,如果某个用户改变了工作部门,也可以不改变其工作地点,而只需网管人员修改其 VLAN 成员身份即可。

通过虚拟工作组模型可以实现动态化的组织环境。例如,以某个临时性的项目为基础的工作组可以虚拟地连接到同一个 VLAN 上,这样此工作组中的人员将用不着改变其工作地点。另外这些工作组可以是动态的:同某个功能有关的工作组相应的 VLAN 可以在项目的生存期内动态地创建起来;而在此项目完成之后则可以将此 VLAN"拆除",用户的地理位置不用发生任何变化。

(5) 基于服务的 VLAN

在企业中用户一般都需要对网络中的各种资源进行访问,而不论其具体是处于哪个 VLAN 中。解决这个问题的一种方法是使用重叠方式的 VLAN,即让某个节点同时属于多个 VLAN 中;或者是通过使用交换设备中集成的路由功能,即用交换方式处理 VLAN 间的报文。从策略方面来说,可以采用基于服务的 VLAN。这是 VLAN 进一步发展的一个重要方向。

在基于服务的 VLAN 中,每一个 VLAN 是同网络上的一个服务器或一种服务相对应的。这样一来服务器将不再固定归属于一个或多个 VLAN,而是用户将处于多个 VLAN 中,例如,所有的用户均将属于 E-mail 服务器的 VLAN 中,同时财务部门的成员以及某些高级的管理人员又同财务服务器相对应。

随着网络带宽的提高以及各网络厂商对于 VLAN 重叠的更好的解决方案的提出,属于某个特定 VLAN 集合的工作组数量将越来越少。同时这些工作组中的成员数却越来越多,最终将达到每个用户都可以定制他需要使用的服务集合。在此基础上更进一步,对于在某个给定的时间内使用哪些服务将最终由用户自己决定。此时的网络结构将开始具有有线电视的多频道的特点。

在此种环境下,VLAN 将失去由网管人员所定义的静态或半静态广播域的特点,而成为用户可以自行预约的一个个"频道"。用户只需指定他在某个特定的时刻所需要使用的服务。网络管理可以对用户使用了哪些网络服务进行精确和自动的计费,也可以出于安全性的考虑而阻止某些用户接入特定的通道。

2. 虚拟局域网的实现技术

交换技术本身就涉及网络的多个层次,因此虚拟局域网也可以在网络的不同层次上实现。不同虚拟局域网组网方法的区别主要表现在对虚拟局域网成员的定义方法上,通常有以下几种实现技术。

(1) 利用交换机端口号

许多早期的虚拟局域网都是根据局域网交换机的端口来定义虚拟局域网成员的。虚拟局域网从逻辑上把局域网交换机的端口划分为不同的虚拟子网,各虚拟子网相对独立,其结构如图 3-44(a)所示。图中局域网交换机端口 1、2、3、7 和 8 组成 VLAN1,端口 4、5 和 6 组成了 VLAN2。

在最初的实现中,VLAN 是不能跨越交换设备的。后来进一步的发展使得 VLAN 也可以跨越多个交换机。如图 3-44(b)所示,局域网交换机 1 的 3、4、5、6、7 和 8 端口与局域网交换机 2 的 1、2、3 和 8 端口组成 VLAN1,局域网交换机 1 的 1、2 端口和局域网交换机 2 的 4、5、6、7 端口组成 VLAN2。

用局域网交换机端口划分虚拟局域网是最常用的方法,而且该方法也比较简单且非常有效。但纯粹用端口定义虚拟局域网时,不允许不同的虚拟局域网包含相同的物理网段或

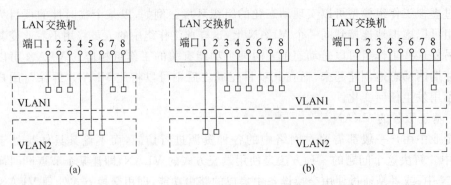

图 3-44　用局域网交换机端口号定义虚拟局域网

交换端口。例如,交换机 1 的 1 端口属于 VLAN1 后,就不能再属于 VLAN2。用端口定义虚拟局域网的主要缺点是:当用户从一个端口移到另一个端口时,网络管理员必须对虚拟局域网成员进行重新配置。

（2）利用 MAC 地址

这种方法由网络管理员指定属于同一个虚拟局域网中的各客户机的 MAC 地址。用 MAC 地址进行虚拟局域网成员的定义既有优点也有缺点。由于 MAC 地址是固化在网卡中的,所以用 MAC 地址定义的虚拟局域网允许节点移动到网络其他物理网段。由于它的 MAC 地址不变,所以该节点将自动保持原来的虚拟局域网成员的地位。从这个角度来说,基于 MAC 地址定义的虚拟局域网可以看作是基于用户的虚拟局域网。另外在此种方式中,同一个 MAC 地址处于多个虚拟局域网是不成问题的。

但这种方法也有许多不足之处,首先所有的用户在最初都必须被手工配置到至少一个虚拟局域网中,然后才可以实现对虚拟局域网成员的自动跟踪。但在大规模网络中,初始化时把上千个用户配置到某个虚拟局域网中显然是很麻烦的。

（3）利用网络层

这种方法是按照协议类型（支持多协议的情况）或网络层地址（如 TCP/IP 网络的子网地址）来进行虚拟局域网的划分。此种类型的虚拟局域网划分需要将子网地址映射到虚拟局域网,交换设备则根据子网地址而将各机器的 MAC 地址同一个虚拟局域网联系起来。交换设备将决定不同网络端口上连接的机器属于同一个虚拟局域网。

按网络层定义 VLAN 有许多优点。首先,我们可以按照协议类型来组成虚拟局域网,这对于那些基于服务或应用的虚拟局域网策略的网络管理员无疑是极具吸引力的。同时,用户可以随意移动机器而无须重新配置网络地址,这对于 TCP/IP 协议的用户是特别有利的。

与用 MAC 地址定义虚拟局域网或用端口地址定义虚拟局域网的方法相比,用网络层地址定义虚拟局域网方法的缺点是性能较差。检查网络层地址比检查 MAC 地址要花费更多的时间,因此用网络层地址定义虚拟局域网的速度会比较慢。

（4）利用 IP 广播组

这种虚拟局域网的建立是动态的,它代表了一组 IP 地址。虚拟局域网中由叫做代理的设备对虚拟局域网中的成员进行管理。当 IP 广播包要送达多个目的节点时,就动态建立虚拟局域网代理,这个代理和多个 IP 节点组成 IP 广播组虚拟局域网。网络用广播信息通知各 IP 站,表明网络中存在 IP 广播组,节点如果响应信息,就可以加入 IP 广播组,成为虚拟局域网中的一员,与虚拟局域网中的其他成员通信。IP 广播组中的所有节点属于同一个虚拟局域网,但它们只是特定时间段内特定 IP 广播组的成员。IP 广播组虚拟局域网的动态特性提供了很高的灵活性,可以根据服务灵活地组建,而且它可以跨越路由器形成与广域网的互联。

(5) 基于策略的 VLAN

这是实现 VLAN 的最有力的方法。它允许网络管理员使用任何 VLAN 策略的组合来创建满足其需求的 VLAN。通过把上面列出的 VLAN 策略把设备指定给 VLAN,当一个策略被指定到一个交换机时,该策略就在整个网络上应用,而设备被置入 VLAN 中。从设备发出的帧总是经过重新计算,以使 VLAN 成员的身份能随着设备产生的流量类型而改变。

总之,各种划分方法侧重点不同,所达到的效果就不尽相同。目前在网络产品中融合多种划分 VLAN 的方法,以便根据实际情况寻找最合适的途径。同时,随着管理软件的发展,VLAN 的划分逐渐趋向于动态化。

3.5.2　实训内容

在以太网交换机中,划分 VLAN 主要有基于端口的静态划分和基于 MAC 地址动态划分两种方法,基于端口的静态划分静态 VLAN 的步骤如下。

1. 创建 VLAN

在默认情况下交换机中已经创建了一个 VLAN,该 VLAN 的编号为 1,名字为 default,交换机的所有端口都属于该 VLAN。我们需要做的就是创建新的 VLAN,并将相应端口添加到新的 VLAN 中。在交换机命令行模式下创建 VLAN 的过程如下所示:

```
switch>                        //用户模式提示符
switch> enable                 //进入特权模式
switch# vlan database          //进入 VLAN 数据库
switch(vlan)#                   //VLAN 数据库提示符
switch(vlan)# vlan 2 name v2    //创建一个新 VLAN,编号为 2,名字为 v2
switch(vlan)# exit             //退出 VLAN 数据库
switch# show vlan brief        //查看所有 VLAN 的配置摘要信息
```

2. 将端口加入到相应的 VLAN 中

在交换机命令行模式下将端口加入到相应的 VLAN 的过程如下所示:

```
switch #config terminal                    //进入全局配置模式
Enter configuration commands,one per line. End with CNTL/Z
switch(config)#interface fastethernet 0/1  //对交换机的 0/1 号快速以太网端口进行配置
switch(config-if)#switchport access vlan vlan2
                                           //将交换机的 0/1 号快速以太网端口加入 VLAN2
switch(config-if)#exit                     //退出端口配置模式,返回全局配置模式
switch(config)#interface fastethernet 0/2
                                           //对交换机的 0/2 号快速以太网端口进行配置
```

```
switch(config-if)# switchport access vlan vlan2
                                    //将交换机的 0/2 号快速以太网端口加入 VLAN2
switch(config-if)# end              //退出端口配置模式,返回特权模式
switch# show vlan brief             //查看所有 VLAN 的配置摘要信息
```

此时交换机所有 VLAN 的配置摘要信息如图 3-45 所示。

```
switch# show vlan brief
        VLAN Name                   Status    Ports
        --------------------------------------------------------
        1    default                active    Fa0/3,Fa0/4,Fa0/5,Fa0/6
                                              Fa0/7,Fa0/8,Fa0/9,Fa0/10
                                              Fa0/11,Fa0/12
        2    v2                     active    Fa0/1,Fa0/2

        1002 fddi-default           active
        1003 token-ring-default     active
        1004 fddinet-default        active
        1005 trnet-default          active
```

图 3-45   VLAN 的配置摘要信息

3. 使用 ping 命令测试各计算机的连通性

在每台计算机上运行 ping 命令测试该计算机与网络其他计算机的连通性,会发现不处在同一个 VLAN 中的计算机是不能通信的。

任务 3.6   组建无线局域网

【实训目的】
(1) 了解常用的无线网络技术。
(2) 理解无线局域网的 802.11 标准。
(3) 了解无线局域网的设备。
(4) 熟悉无线局域网的结构和组网方法。

【实训条件】
(1) 安装 Windows XP 的 PC。
(2) 无线网卡。

3.6.1   相关知识

无线局域网(Wireless Local Area Network,WLAN)是计算机网络与无线通信技术相结合的产物。简单地说,无线局域网就是在不采用传统电缆线的情况下,提供传统有线局域网的所有功能。即无线局域网采用的传输介质不是双绞线或者光纤,而是红外线或者无线

电波。无线网络是有线网络的补充,适用于不便于架设线缆的网络环境。

1. 无线局域网的技术标准

最早的 WLAN 产品运行在 900MHz 的频段上,速度大约只有 1～2Mbps。1992 年,工作在 2.4GHz 频段上的 WLAN 产品问世,之后的大多数 WLAN 产品也都在此频段上运行。目前的 WLAN 产品所采用的技术标准主要包括:IEEE 802.11、IEEE 802.11b、HomeRF、IrDA 和蓝牙。由于 2.4GHz 的频段是对所有无线电系统都开放的频段,因此使用其中的任何一个频段都有可能遇到不可预测的干扰源,例如某些家电、手机、微波炉等。为此,无线通信技术中特别设计了快速确认和跳频方案以确保链路稳定。

(1) IEEE 802.11

1997 年 6 月,IEEE 推出了第一代无线局域网标准——IEEE 802.11。该标准定义了物理层和介质访问控制子层(MAC)的协议规范,允许无线局域网及无线设备制造商在一定范围内建立操作网络设备,其速度大约有 1～2Mbps。任何 LAN 应用、网络操作系统或协议(包括 TCP/IP、Novell NetWare)在遵守 IEEE 802.11 标准的 WLAN 上运行时,就像它们运行在以太网上一样容易。

为了支持更高的数据传输速率,IEEE 于 1999 年 9 月批准了 IEEE 802.11b 标准。IEEE 802.11b 标准对 IEEE 802.11 标准进行了修改和补充,其中最重要的改进就是在 IEEE 802.11 的基础上增加了两种更高的通信速率 5.5Mbps 和 11Mbps。由于现行的以太网技术可以实现 10Mbps、100Mbps 乃至 1000Mbps 等不同速率以太网络之间的兼容,因此有了 IEEE 802.11b 标准之后,移动用户将可以得到以太网级的网络性能、速率和可用性,管理者也可以无缝地将多种 LAN 技术集成起来,形成一种能够最大限度地满足用户需求的网络。

IEEE 802.11g 是一种混合标准,兼容 802.11b,已取代 802.11b 成为市场主流,其载波的频率为 2.4GHz(跟 802.11b 相同),原始传送速度为 54Mbps,净传输速度约为 24.7Mbps(跟 802.11a 相同),能满足用户大文件的传输和高清晰视频点播等要求。表 3-5 列出了常见的 802.11 标准。

表 3-5　802.11 常用标准

标　准	物理层数据速率/Mbps	实际数据速率/Mbps	最大传输距离/m	频率/GHz	QoS
802.11b	11	6	100	2.4	无
802.11a	54	31	80	5	无
802.11g	54	12	150	2.4	无
802.11n	>500	>100	1000	2.4 5.8	有

(2) HomeRF

HomeRF 是专门为家庭用户设计的一种 WLAN 技术标准。HomeRF 利用跳频扩频方式,既可以通过时分复用支持语音通信,又能通过载波监听多重访问/冲突避免(CSMA/CA)协议提供数据通信服务。最大传输速率为 2Mbps,传输范围超过 100m。

美国联邦通信委员会(FCC)最近采取措施,允许下一代 HomeRF 无线通信网络传送的最高速度提升到 10Mbps,这将使 HomeRF 的带宽与 IEEE 802.11b 标准所能达到的

11Mbps 的带宽相差无几。

（3）蓝牙技术

对 IEEE 802.11 来说,蓝牙(IEEE 802.15)的出现不是为了竞争而是为了相互补充。"蓝牙"是一种极其先进的大容量近距离无线数字通信的技术标准,其目标是实现最高数据传输速度 1Mbps(有效传输速率为 721kbps)、最大传输距离为 10cm～10m,通过增加发射功率可达到 100m。它的程序是写在一个 9mm×9mm 的微芯片中的,同时配备了这样芯片的两个通信设备之间可以实现方便的无线连接。可以同时连接多个设备,最多可达 7 个,这就可以把用户身边的设备都连接起来,形成一个"个人领域的网络"(Personal Area Network)。

蓝牙比 802.11 更具移动性,比如,802.11 限制在办公室和校园内,而蓝牙却能把一个设备连接到 LAN(局域网)和 WAN(广域网),甚至支持全球漫游。此外,蓝牙成本低、体积小,可用于连接更多的设备。蓝牙最大的优势还在于,在更新网络骨干时,如果搭配蓝牙架构进行,使用整体网路的成本肯定比铺设线缆低。

对于用户来说,以下的情景可以实现:所有的设备(包括笔记本电脑、鼠标、打印机、接入点、移动电话和话筒等)都使用蓝牙协议无线地连接在一起,进行语音和数据的交换,同时,还可以通过无线或有线的接入点(如 PSTN,ISDN,LAN,xDSL)与外界相连。

（4）IrDA(Infrared Data Association,红外线数据标准协会)

IrDA 成立于 1993 年,是非营利性组织,致力于建立无线传播连接的国际标准。简单地讲,IrDA 是一种利用红外线进行点对点通信的技术,其相应的软件和硬件技术都已比较成熟。它的主要优点是:体积小、功率低,适合设备移动的需要,传输速率高,可达 16Mbps、成本低、应用普遍。

2. 无线局域网的设备

组建无线局域网的设备主要包括:无线网卡、无线访问接入点、无线网桥、无线路由器和天线等,几乎所有的无线网络产品中都自含无线发射/接收功能。

（1）无线网卡

无线网卡在无线局域网中的作用相当于有线网卡在有线局域网中的作用。无线网卡主要包括 NIC(网卡)单元、扩频通信机和天线三个功能模块。NIC 单元属于数据链路层,由它负责建立主机与物理层之间的连接;扩频通信机与物理层建立了对应关系,它通过天线实现无线电信号的接收与发射。按无线网卡的总线类型可分为适用于台式机的 PCI 接口的无线网卡和适用于笔记本电脑的 PCMCIA 接口的无线网卡,如图 3-46 所示。另外还有在台式机和笔记本电脑均可采用的 USB 接口的无线网卡,如图 3-47 所示。

图 3-46　PCMCIA 接口的无线网卡　　　　图 3-47　USB 接口的无线网卡

（2）无线访问接入点

无线访问接入点（Access Point，AP）是在无线局域网环境中进行数据发送和接收的集中设备，相当于有线网络中的集线器，如图 3-48 所示。通常，一个 AP 能够在几十至几百米的范围内连接多个无线用户。AP 可以通过标准的以太网电缆与传统的有线网络相连，从而可以作为无线网络和有线网络的连接点。由于无线电波在传播过程中会不断衰减，导致 AP 的通信范围被限定在一定的范围内，这个范围被称做微单元。如果采用多个 AP，并使它们的微单元互相有一定范围的重合，当用户在整个无线局域网覆盖区内移动时，无线网卡能够自动发现附近信号强度最大的 AP，并

图 3-48　无线访问接入点（AP）

通过这个 AP 收发数据，保持不间断的网络连接，这种方式称为无线漫游。

（3）无线网桥

无线网桥主要用于无线和有线局域网之间的互联。当两个局域网无法实现有线连接或使用有线连接存在困难时，就可使用无线网桥实现点对点的连接，此时无线网桥将起到协议转换的作用。

（4）无线路由器

无线路由器集成了无线访问接入点的接入功能和路由器的第三层路由选择功能，如图 3-49 所示。

（5）天线

天线（Antenna）的功能是将信号源发送的信号由天线传送至远处。天线一般有定向性和安全性之分，前者较适合于长距离使用，而后者则较适合区域性的使用。例如若要将第一栋建筑物内的无线网络的范围扩展到 1km 甚至更远距离以外的第二栋建筑物，可选用的一种方法是在每栋建筑物上安装一个定向天线，天线的方向互相对准，第一栋建筑物的天线经过网桥连到有线网络上，第二栋建筑物的天线接到第二栋建筑物的网桥上，如此无线网络就可以接通相距较远的两个或多个建筑物。图 3-50 所示为一款可用于室外的壁挂定向天线。

图 3-49　无线路由器

图 3-50　壁挂定向天线

3. 无线局域网的组网模式

将上述几种无线局域网设备结合在一起使用，就可以组建出多层次、无线与有线并存的计算机网络。一般来说，无线局域网有两种组网模式，一种是无固定基站的；另一种是有固定基站的，这两种模式各有特点。无固定基站组成的网络称为自组网络，主要用于在安装无线网卡的计算机之间组成对等状态的网络。有固定基站的网络类似于移动通信的机制，网络用户安装无线网卡的计算机通过基站（无线访问接入点或无线路由器）接入网络，这种网

络应用比较广泛,一般用于有线局域网覆盖范围的延伸或作为宽带无线互联网的接入方式。

（1）自组网络模式

自组网络又称为对等网,是最简单的无线局域网结构,是一种无中心拓扑结构,网络连接的计算机具有平等的通信关系,仅适用于较少数的计算机无线连接(通常是在 5 台主机以内),如图 3-51 所示。在任何时间内,只要两个或更多的无线网络接口互相都在彼此的范围之内,就可以建立一个独立的网络,可以实现点对点或点对多点连接。自组网络模式不需要固定设施,只需要在每台计算机中插入一块无线网卡就可以实现,因此非常适合组建临时的网络。

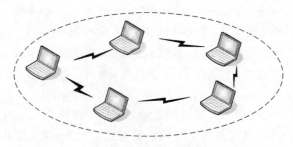

图 3-51　自组网络模式

（2）基础结构网络模式

在具有一定用户数量或是需要建立一个稳定的无线网络平台时,一般会采用以 AP 为中心的模式,这种模式也是无线局域网最为普通的构建模式,即基础结构模式,该模式是采用固定基站的模式。在基础结构网络中,要求有一个 AP 充当中心站,所有站点对网络的访问均由其控制。通过 AP、无线网桥等无线设备还可以把无线局域网和有线网络连接起来,并允许用户有效地共享网络资源,如图 3-52 所示。

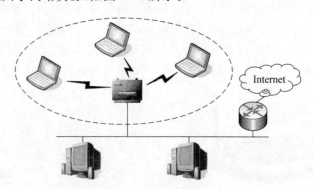

图 3-52　基础结构网络模式

虽然无线网络有诸多优势,但与有线网络相比,无线局域网也存在一些不足,例如,网络速率较慢,价格较高,数据传输的安全性有待进一步提高等。因而目前无线局域网主要还是面对那些有特定需求的用户,作为对有线网络的一种补充。但随着无线局域网技术的不断提高,无线局域网将会发挥更加重要和广泛的作用。

3.6.2 实训内容

1. 安装无线网卡

无线网卡的安装与有线网卡的安装基本相同,包括物理安装和驱动程序安装,请参考有线网卡的安装或无线网卡说明书,这里不再赘述。

2. 利用无线网卡连接两台计算机

两台安装了无线网卡的计算机可以采用自组网络模式直接相连,在 Windows XP 系统下其基本操作步骤如下:

(1)右击"网上邻居",选择"属性"命令,在弹出的窗口中,右击"无线网络连接",选择"属性"命令,打开"无线网络连接属性"对话框,切换到"无线网络配置"选项卡,如图 3-53 所示。

(2)在"无线网络配置"选项卡中,单击"高级"按钮,打开"高级"对话框,如图 3-54 所示。选择"仅计算机到计算机"单选按钮,单击"关闭"按钮

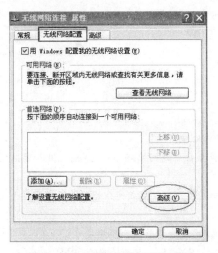

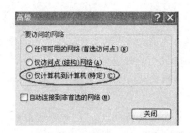

图 3-53 "无线网络配置"选项卡   图 3-54 "高级"对话框

(3)在图 3-53 所示的"无线网络配置"选项卡中,单击"添加"按钮,打开"无线网络属性"对话框,如图 3-55 所示。输入网络名(SSID),需要注意的是两台计算机必须设置相同的 SSID。

(4)单击"确定"按钮,返回到"无线网络连接属性"对话框,切换到"常规"选项卡,如图 3-56 所示。选择"Internet 协议",单击"属性"按钮,在弹出的"Internet 属性"对话框中设置 IP 地址和子网掩码。两台计算机的 IP 地址分别设为 192.168.1.1、192.168.1.2,子网掩码均为 255.255.255.0,默认网关和 DNS 服务器为空。

(5)用相同的方法,完成另一台计算机的配置。

3. 测试无线网络的连通性

和有线网络一样,可以通过 ping 命令测试无线网络的连通性。ping 命令的使用方法请参考任务 3.4,这里不再赘述。

图 3-55 "无线网络属性"对话框

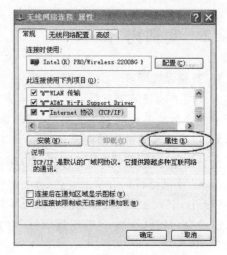

图 3-56 "常规"选项卡

习　题　3

1. 判断题

(1) 多模光纤的传输距离远远大于单模光纤的传输距离。　　　　　　　　　　　（　　）

(2) 红外线通信比较适合近距离的楼宇之间的数据通信。　　　　　　　　　　　（　　）

(3) 电路交换方式适合用在多突发信息的计算机数据传输中。　　　　　　　　　（　　）

(4) 分组交换网中采用数据报方式进行传输时,各个数据报所走的路径不一定相同,但各数据报的到达顺序与出发时一致。　　　　　　　　　　　　　　　　　　　　　　　　　　　（　　）

(5) 分组交换网中,虚电路是由各段实电路经过若干中间节点交换机或通信处理机而连接起来的逻辑通路。　　　　　　　　　　　　　　　　　　　　　　　　　　　　　　　　　（　　）

(6) 分组交换网中,采用虚电路方式进行传输,每个分组均带有完整的目的站的地址信息。　（　　）

(7) 早期的以太网采用共享总线方式,采用同轴电缆作为传输媒介,传输速率为 10Mbps。　（　　）

(8) 在传统以太网中,任何一台计算机发送的数据包都可以被其他计算机接收。　　（　　）

(9) 快速以太网采用的协议与以太网的协议完全相同。　　　　　　　　　　　　（　　）

(10) 快速以太网与以太网不相兼容。　　　　　　　　　　　　　　　　　　　（　　）

(11) 1000Base-T 采用的协议与 100Base-FX 完全相同。　　　　　　　　　　（　　）

(12) 信号在网络线路上传输时,不会因为线路的增长而衰减。　　　　　　　　（　　）

(13) 在网络中使用中继器后,通信线路可以无限长。　　　　　　　　　　　　（　　）

(14) 用中继器连接的局域网应具有相同的协议和速率。　　　　　　　　　　　（　　）

(15) 集线器从一个端口接收到数据信号后将其转发到其他所有处于工作状态的端口,每台计算机都可收到这些数据。　　　　　　　　　　　　　　　　　　　　　　　　　　　　　　（　　）

(16) 与集线器某个端口相连的计算机,可以随时发送信息给另一个与集线器端口相连接的计算机。　　　　　　　　　　　　　　　　　　　　　　　　　　　　　　　　　　　　（　　）

(17) 网桥接收一个数据帧,如果目的节点和发送节点在同一个局域网内,网桥则将帧删除,不进行转发。　　　　　　　　　　　　　　　　　　　　　　　　　　　　　　　　　　　（　　）

(18) 基于 MAC 地址划分 VLAN 的方法的最大优点就是当用户物理位置转移时,VLAN 不用重新

配置。　　　　　　　　　　　　　　　　　　　　　　　　　　　　　　　（　　）

(19) 网桥有隔离广播信息的能力。　　　　　　　　　　　　　　　　　　（　　）

(20) 3 类非屏蔽双绞线电缆适用于 100Base-T4 以太网。　　　　　　　　（　　）

(21) 由于 6 类双绞线电缆适用于千兆以太网,所以连接器已不再是 RJ-45 了。（　　）

(22) 如果把"最好"的网络产品组合起来进行布线,就一定会使网络信号衰减幅度达到最小,达到最佳通信效果。　　　　　　　　　　　　　　　　　　　　　　　　　　　　　　（　　）

(23) 从双绞线中分出一对线来连接电话,或同时把两对线连接到两个网络接口模块中,这样做就能提高线缆的利用率。　　　　　　　　　　　　　　　　　　　　　　　　　　　　　（　　）

(24) 集线器是一个共享设备,网络中所有用户共享一个带宽。　　　　　　（　　）

(25) 连接在交换机上的网络设备独自享有全部的带宽。　　　　　　　　　（　　）

(26) 如果网络的利用率超过 40%,并且碰撞率大于 10%,网络就可以选用集线器。（　　）

(27) 5 类非屏蔽双绞线电缆的传输信道带宽达到 100MHz,能提供 100Mbps 的传输速率。（　　）

(28) 屏蔽双绞线电缆带有附加的屏蔽层,它起到保护信号的作用。　　　　（　　）

(29) 同轴电缆是目前的计算机网络电缆中最常用的一种传输介质。　　　　（　　）

(30) 光纤可以接受小于 20° 的弯曲。　　　　　　　　　　　　　　　　　（　　）

2. 单项选择题

(1) 下列几种传输介质中,传输速率最高的是(　　)。

　　A. 双绞线　　　　　　　B. 红外线　　　　　　　C. 同轴电缆　　　　　　D. 光缆

(2) 频道范围在 300MHz～300GHz 之间,在空间中直线传播,传播距离一般只有几十千米的是(　　)。

　　A. 微波通信　　　　　　B. 红外线通信　　　　　C. 扩展无线电通信　　　D. 卫星通信

(3) (　　)就是指通信之前,在通信的双方之间先分配一个固定的电路,一定时间内,通信双方占用这条信道并利用这条电路进行通信。

　　A. 电路交换　　　　　　B. 报文交换　　　　　　C. 数据交换　　　　　　D. 分组交换

(4) (　　)的基本思路是将数据分成一定长度的若干段落,每个分组的前面加上一个标题用来指明该分组发往的地址,然后由交换机将他们转发到目的地址。

　　A. 电路交换　　　　　　B. 报文交换　　　　　　C. 数据交换　　　　　　D. 分组交换

(5) 双绞线电缆、同轴电缆和光缆属于(　　)。

　　A. 网间互联设备　　　　B. 网络连接设备　　　　C. 传输介质　　　　　　D. 服务器设备

(6) 10Base-T 以太网是(　　)网络。

　　A. 网状　　　　　　　　B. 星型　　　　　　　　C. 复合　　　　　　　　D. 电话

(7) 快速以太网组网的传输速率为(　　)。

　　A. 10Mbps　　　　　　 B. 50Mbps　　　　　　　C. 100Mbps　　　　　　 D. 200Mbps

(8) (　　)是连接计算机网络线路的设备,负责两个网络节点间物理信号的双向转发工作。

　　A. 中继器　　　　　　　B. 网桥　　　　　　　　C. 路由器　　　　　　　D. 集线器

(9) (　　)又称为交换式集线器,工作在 OSI 参考模型的第二层数据链路层。

　　A. 中继器　　　　　　　B. 网桥　　　　　　　　C. 交换机　　　　　　　D. 路由器

(10) (　　)是数据链路层的设备,它能够读取数据包的 MAC 地址信息并根据 MAC 地址来进行交换。

　　A. 单层交换机　　　　　B. 二层交换机　　　　　C. 三层交换机　　　　　D. 四层交换机

(11) (　　)是实现路由功能的基于硬件的设备。它能够根据网络层信息,对包含有网络目的地址和信息类型的数据进行更好的转发。

　　A. 单层交换机　　　　　B. 二层交换机　　　　　C. 三层交换机　　　　　D. 四层交换机

(12) 多模光纤的最大工作距离为(　　)以上。

　　A. 100m　　　　　　　　B. 200m　　　　　　　　C. 400m　　　　　　　　D. 500m

(13) 常被用于局域网的主干线缆是（　　）。

    A. 高压电线　　　　　B. 双绞线电缆　　　　C. 同轴电缆　　　　　D. 光缆

(14) 应用于局域网的双绞线有 8 芯,但大多数情况下使用（　　）芯。

    A. 3　　　　　　　　　B. 4　　　　　　　　　C. 5　　　　　　　　　D. 6

(15) EIA/TIA 568A 与 EIA/TIA 568B 相比,只有"橙/白橙"与（　　）这两对线交换了一下位置。

    A. "绿/白绿"　　　　　B. "蓝/白蓝"　　　　　C. "棕/白棕"　　　　　D. "白/橙"

(16) 1000Base-LX 使用的传输介质是（　　）。

    A. UTP　　　　　　　B. STP　　　　　　　C. 同轴电缆　　　　　D. 多模光纤

(17) 10Base-T 使用标准的 RJ-45 接插件与 3 类或 5 类非屏蔽双绞线连接网卡与集线器,网卡与集线器之间的双绞线长度最大为（　　）。

    A. 15m　　　　　　　B. 50m　　　　　　　C. 100m　　　　　　　D. 500m

(18) 下列说法正确的是（　　）。

    A. 双绞线电缆连接器最常用的是 RJ-11 连接器和 RJ-45 连接器

    B. RJ-11 连接器应用于计算机网络连接中

    C. RJ-45 连接器应用于电话线连接中

    D. RJ-11 连接器是 11 根线,RJ-45 连接器是 45 根线

(19) 双绞线电缆连接器是（　　）。

    A. T 型连接器　　　　B. RJ-45 连接器　　　C. BNC 连接器　　　　D. ST 连接器

(20) 常用来测试网络是否连通的命令是（　　）。

    A. ping　　　　　　　B. ipconfig　　　　　　C. usernet　　　　　　D. edit

(21) 设计建筑群子系统时主要考虑的问题可能是（　　）。

    A. 不间断电源　　　　B. 配线架　　　　　　C. 信息插座　　　　　D. 地下管道敷设

(22) 组建局域网可以用集线器,也可以用交换机。用集线器连接的一组工作站（　　）。

    A. 同属一个冲突域,但不属一个广播网　　　　B. 同属一个冲突域,也同属一个广播网
    C. 不属一个冲突域,但同属一个广播网　　　　D. 不属一个冲突域,也不属一个广播网

(23) 组建局域网可以用集线器,也可以用交换机。用交换机连接的一组工作站（　　）。

    A. 同属一个冲突域,但不属一个广播网　　　　B. 同属一个冲突域,也同属一个广播网
    C. 不属一个冲突域,但同属一个广播网　　　　D. 不属一个冲突域,也不属一个广播网

(24) 两个以太网交换机之间的距离为 600m,应选择（　　）连接两台交换机。

    A. 双绞线　　　　　　B. 同轴电缆　　　　　C. 光纤　　　　　　　D. 电话线

(25) 一端采用 EIA/TIA 568A 标准连接,另一端采用 EIA/TIA 568B 标准连接的双绞线叫（　　）。

    A. 直通线　　　　　　B. 交叉线　　　　　　C. 同等线　　　　　　D. 异同线

(26) 二层交换技术利用（　　）进行交换。

    A. IP 地址　　　　　　B. MAC 地址　　　　　C. 端口号　　　　　　D. 应用协议

(27) 光纤通常分为（　　）。

    A. 多向光纤和单向光纤　　　　　　　　　　　B. 发光二极管光纤和激光器光纤
    C. 多模光纤和单模光纤　　　　　　　　　　　D. 多根光纤和单根光纤

(28) 在网络综合布线中,工作区子系统的主要传输介质是（　　）。

    A. 单模光纤　　　　　B. UTP　　　　　　　C. 同轴电缆　　　　　D. 光纤

(29) 下列属于光缆连接器的是（　　）。

    A. T 型连接器　　　　B. RJ-45 连接器　　　C. BNC 连接器　　　　D. ST 连接器

(30) （　　）是光纤介质快速以太网。

    A. 100Base-TX　　　　　　　　　　　　　　　B. 100Base-T4

　　　　C. 100Base-FX　　　　　　　　　　　D. 100Base-AnyLAN

3. 多项选择题

(1) 下列属于有线传输介质的有(　　　)。

　　A. 双绞线　　　　　　　B. 红外线　　　　C. 同轴电缆　　　　D. 光缆

(2) 下列属于红外线通信特征的有(　　　)。

　　A. 工作频率是 102～105GHz　　　　　　B. 方向性强

　　C. 不易受电磁波干扰　　　　　　　　　D. 穿透能力较差

(3) 数据传输按交换方式可以分为(　　　)三种方式。

　　A. 电路交换　　　　　　B. 报文交换　　　C. 数据交换　　　　D. 分组交换

(4) 电路交换方式的通信过程的三阶段包括(　　　)。

　　A. 电路建立　　　　　　B. 数据传输　　　C. 电路拆除　　　　D. 电路中断

(5) 下列属于报文交换传输方式特点的有(　　　)。

　　A. 线路利用率高

　　B. 可将一个报文发送到多个目的地

　　C. 不需要同时使用发送器和接收器来传输数据

　　D. 能够建立报文的优先级

(6) 分组交换网中,处理报文的方法有(　　　)两种方式。

　　A. 数据报方式　　　　　B. 电路交换　　　C. 报文交换　　　　D. 虚电路方式

(7) 下列属于分组交换传输特点的是(　　　)。

　　A. 减少了时间延迟　　　　　　　　　　　B. 每个节点上所需要缓冲容量小

　　C. 传输出现错误时,只要重新传输一个分组　D. 易于重新开始新的传输

(8) 一般来说,局域网的硬件系统包括(　　　)。

　　A. 服务器、网络工作站　　　　　　　　　B. 网络接口卡

　　C. 网络设备、传输介质　　　　　　　　　D. 介质连接器、适配器

(9) 10Mbps 以太网主要包括(　　　)标准。

　　A. 10Base-5　　　　　　B. 10Base-2　　　C. 10Base-T　　　　D. 10Base-F

(10) 10Base-T 以太网的硬件包括(　　　)。

　　A. 集线器　　　　　　　　　　　　　　　B. 双绞线电缆

　　C. RJ-45 标准连接器　　　　　　　　　　D. 具有标准连接器的网卡

(11) 快速以太网标准主要包括(　　　)。

　　A. 100Base-TX　　　　B. 100Base-T4　　C. 100Base-FX　　　D. 100Base-T2

(12) 100Base-TX 的硬件包括(　　　)。

　　A. 100Base-TX 以太网网卡

　　B. 5 类或以上非屏蔽双绞线电缆,或匹配电阻为 150Ω 的屏蔽双绞线电缆

　　C. 8 针 RJ-45 连接器

　　D. 100Base-TX 集线器

(13) 100Base-TX 的组网原则包括(　　　)。

　　A. 各节点通过集线器连入网络

　　B. 传输介质采用 5 类或 5 类以上非屏蔽双绞线,或 150Ω 屏蔽双绞线

　　C. 双绞线与网卡或与集线器之间的连接,采用 RJ-45 连接器

　　D. 节点与集线器之间最大距离为 100m,在一个冲突域只能连接一个 I 类集线器

(14) 千兆以太网物理层标准规定的传输介质标准有(　　　)。

　　A. 短波长激光光纤介质系统标准 1000Base-SX

B. 长波长激光光纤介质系统标准 1000Base-LX

C. 短铜线介质系统标准 1000Base-CX

D. 长铜线介质系统标准 1000Base-T

(15) 下列属于物理层的互连设备的有（　　）。

    A. 中继器　　　　　　B. 网桥　　　　　　C. 路由器　　　　　　D. 集线器

(16) 交换机的主要功能有（　　）。

    A. 物理编址　　　　　　　　　　　　B. 网络拓扑结构分析

    C. 错误校验　　　　　　　　　　　　D. 帧序列以及流控

(17) 从广义上分,交换机可以分成（　　）两种。

    A. 局域网交换机　　　　　　　　　　B. 广域网交换机

    C. 二层交换机　　　　　　　　　　　D. 三层交换机

(18) 局域网交换机最主要的指标是（　　）。

    A. 端口的配置　　　　　　　　　　　B. 数据交换能力

    C. 体积大小　　　　　　　　　　　　D. 包交换速度

(19) 通常 VLAN 在交换机上的实现方法可以大致划分为（　　）三类。

    A. 基于网卡型号划分 VLAN　　　　　B. 基于端口划分 VLAN

    C. 基于 MAC 地址划分 VLAN　　　　 D. 基于网络层划分 VLAN

(20) 光缆的优点有（　　）。

    A. 传输速度非常快,可达到上万兆比特每秒

    B. 衰减小

    C. 抗电磁干扰能力强

    D. 需要成对出现,才能完成收、发信号的功能

(21) 使用光缆的有（　　）。

    A. 快速以太网　　　　　　　　　　　B. 千兆以太网

    C. 光纤分布式数据接口（FDDI）　　　D. 异步传输模式（ATM）

(22) 使用直通双绞线的情况有（　　）。

    A. 两台计算机直连　　　　　　　　　B. 计算机与交换机连接

    C. 两台交换机级联　　　　　　　　　D. 三台计算机串联

(23) 下列关于 RJ-45 连接器的描述中,正确的是（　　）。

    A. 使现代局域网的标准双绞线接头　　B. 3 类、5 类双绞线均与它连接

    C. 同轴电缆与它连接　　　　　　　　D. 它要与 8 芯的双绞线相连

(24) 以下对单模光纤描述正确的是（　　）。

    A. 额定值通常为 $8.3/125\mu m$　　　　B. 额定值通常为 $62.5/125\mu m$

    C. 传输信号由发光二极管（LED）生成　D. 传输信号由激光器生成

(25) 交换机的特性是（　　）。

    A. 在同一时刻可进行多个端口对之间的数据传输

    B. 每一个端口都可视为独立的网段

    C. 具有判断网络地址和选择路径的功能

    D. 连接其上的网络设备独自享有全部的带宽

4. 问答题

(1) 快速以太网有哪几种组网方式? 各有什么特点?

(2) 千兆位以太网有哪几种组网方式? 分别使用何种传输介质?

(3) 目前组建大中型局域网通常应如何选择组网技术? 一般需要哪些设备?

(4) 简述屏蔽双绞线和非屏蔽双绞线的区别。

(5) 简述单模光纤和多模光纤的区别。

(6) 常见的双绞线跳线有哪几种? 在制作和应用上有什么区别?

(7) 简述线路交换、报文交换和分组交换的区别。

(8) 分组交换在实际应用中可以分为哪两种方式? 各有什么特点?

(9) 简述交换机和集线器的区别。

(10) 简述三层交换机和二层交换机在功能上的区别。

(11) 交换机和交换机之间有哪些连接方式? 在局域网中最常见的是哪一种?

(12) 简述虚拟局域网的功能和实现方法。

(13) 目前常见的无线局域网技术标准有哪些? 各有什么特点?

(14) 无线局域网常用的组网设备有哪些?

5. 技能题

(1) 双绞线跳线的制作

【内容及操作要求】 制作一定长度的双绞线,两端安装有 RJ-45 水晶头,可连接工作站的网卡、集线器或交换机等网络设备。按标准线序制作一条直通线和一条交叉线,并分别使用简易线缆测试仪测试其连通性。

【准备工作】 3～5m 长的双绞线,RJ-45 水晶头 4～6 个,RJ-45 压线钳,尖嘴钳,简易线缆测试仪。

【考核时限】 30min。

(2) 小型办公局域网的组建

【内容及操作要求】 使用交换机组建小型办公局域网,网络节点数在 10～24 左右,采用 100Base-TX 组网技术,网络结构如图 3-57 所示。各计算机安装 Windows XP Professional 或以上操作系统,使用 TCP/IP 协议,IP 地址分别设为 192.168.1.1～192.168.1.10,子网掩码均为 255.255.255.0,默认网关和 DNS 服务器为空。要求各计算机之间能够 ping 通,能够相互访问。

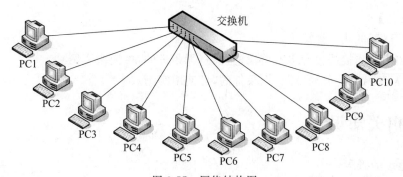

图 3-57 网络结构图

【准备工作】 安装 Windows XP Professional 或以上操作系统的计算机 10 台,交换机一台及说明书,一定长度的双绞线,RJ-45 水晶头若干,RJ-45 压线钳,简易线缆测试仪。

【考核时限】 60min。

项目 4 IP 地址规划与分配

不同类型的局域网相互之间是不能直接通信的,主要原因是因为其所传送数据的基本单元(数据帧)的格式不同。而 IP 协议把各种不同格式的"帧"统一转换成"IP 数据报"格式,从而实现了各种计算机在网络层的互通。IP 协议给网络中的每台计算机和其他设备都规定了一个唯一的 IP 地址,保证了用户在联网的计算机上操作时,能够快速找到所需对象。本项目的主要目标是理解 IP 地址的相关知识,学会规划和分配 IP 地址,掌握用子网掩码划分子网和构建超网,熟悉 IPv6 的安装和参数设置。

任务 4.1 规划 IP 地址

【实训目的】

(1) 理解 IP 地址的概念和分类。

(2) 理解 IP 地址的分配原则。

(3) 掌握在局域网中规划 IP 地址的方法。

【实训条件】

(1) 正常联网的几台计算机。

(2) 由路由器连接的包含多个网段的网络(无条件的,可使用实例)。

(3) 划分了 VLAN 的局域网(无条件的,可使用实例)。

4.1.1 相关知识

1. IP 地址的概念

连在某个网络上的两台计算机之间在相互通信时,在它们所传送的数据包里都会含有某些附加信息,这些附加信息中会包含发送数据的计算机的地址和接收数据的计算机的地址,从而对网络当中的计算机进行识别,以方便通信。计算机网络中使用的地址包含 MAC 地址和 IP 地址。我们知道 MAC 地址是数据链路层使用的地址,是固化在网卡上无法改变的,而在实际使用过程中,某一个地域的网络中可能会有来自很多厂家的网卡,这些网卡的 MAC 地址没有任何的规律。因此如果在大型网络中,把 MAC 地址作为网络的单一寻址依据,则需要建立庞大的 MAC 地址与计算机所在位置的映射表,这势必影响网络的传输速度。因此,在某一个局域网内,只使用 MAC 地址进行寻址是可行的,而在大规模网络的寻址中必须使用网络层的 IP 地址。

IP 地址在网络层提供了一种统一的地址格式,在统一管理下进行分配,保证每一个地址对应于网络上的一台主机,屏蔽了 MAC 地址之间的差异,保证网络的互联互通。根据 TCP/IP 协议规定,IP 地址是由 32 位二进制数组成,而且在网络上是唯一的。例如,某台计算机的 IP 地址为:

11001010 01100110 10000110 01000100

很明显,这些数字对于人来说不太好记忆。人们为了方便记忆,采用点分十进制 IP 地址格式,就是将组成计算机 IP 地址的 32 位二进制数分成 4 段,每段 8 位,中间用小数点隔开,然后将每 8 位二进制数转换成十进制数,这样上述计算机的 IP 地址就变成了 202.102.134.68。显然这里每一个十进制数不会超过 255。

2. IP 地址的分类

IP 地址与我们日常生活中的电话号码很相像,例如有一个电话号码为0532-83643624,这个号码中的前四位表示该电话是属于哪个地区的,后面的数字表示该地区的某个电话号码。与上面的例子类似,我们把计算机的 IP 地址也分成两部分,分别为网络标识(net-id)和主机标识(host-id)。同一个物理网络上的所有主机都用同一个网络标识,网络上的一个主机(包括网络上工作站、服务器和路由器等)都有一个主机标识与其对应。这样 IP 地址的 4 个字节划分为两个部分:一部分用以标明具体的网络段,即网络标识;另一部分用以标明具体的节点,即主机标识,也就是说某个网络中的特定的计算机号码。例如,青岛信息港服务器的 IP 地址为 202.102.134.68,对于该 IP 地址,我们可以把它分成网络标识和主机标识两部分,这样上述的 IP 地址就可以写成:

网络标识: 202.102.134
主机标识: 68

由于网络中包含的计算机有可能不一样多,有的网络可能包含较多的计算机,也有的网络包含较少的计算机,于是人们按照网络规模的大小,把 32 位地址信息设成 5 种定位的划分方式,分别对应于 A 类、B 类、C 类、D 类、E 类 IP 地址,如图 4-1 所示。

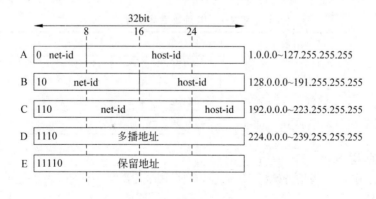

图 4-1　IP 地址的分类

(1) A 类 IP 地址

一个 A 类 IP 地址是指,在 IP 地址的 4 段号码中,第一段号码为网络标识,剩下的三段号码为本地计算机的主机标识。如果用二进制表示 IP 地址的话,A 类 IP 地址就由1字节的网络标识和 3 字节主机标识组成,IP 地址的最高位必须是"0"。A 类 IP 地址中的网络标识长度为 7 位,主机标识的长度为 24 位,如图 4-1 所示。A 类网络地址数量较少,可以用于主机数达 1600 多万台的大型网络。

(2) B 类 IP 地址

一个 B 类 IP 地址是指,在 IP 地址的 4 段号码中,前两段号码为网络标识,剩下的两段号码为本地计算机的主机标识。如果用二进制表示 IP 地址的话,B 类 IP 地址就由 2 字节的网络标识和 2 字节主机标识组成,IP 地址的最高位必须是"10"。B 类 IP 地址中的网络标识长度为 14 位,主机标识的长度为 16 位,如图 4-1 所示。B 类网络地址适用于中等规模的网络,每个网络所能容纳的计算机数为 6 万多台。

(3) C 类 IP 地址

一个 C 类 IP 地址是指,在 IP 地址的 4 段号码中,前三段号码为网络标识,剩下的一段号码为本地计算机的主机标识。如果用二进制表示 IP 地址的话,C 类 IP 地址就由 3 字节的网络标识和 1 字节主机标识组成,IP 地址的最高位必须是"110"。C 类 IP 地址中的网络标识长度为 21 位,主机标识的长度为 8 位,如图 4-1 所示。C 类网络地址数量较多,适用于小规模的局域网络,每个网络最多只能包含 254 台计算机。

(4) D 类地址

D 类 IP 地址第一个字节以"1110"开始,它是一个专门保留的地址。它并不指向特定的网络,目前这一类地址被用在多点广播(Multicast)中。多点广播地址用来一次寻址一组计算机,它标识共享同一协议的一组计算机。

(5) E 类 IP 地址

以"11110"开始,为将来使用保留。

在这 5 类 IP 地址中我们常用的是 A 类、B 类和 C 类,可以根据 IP 地址的第一个字节来确定网络类型。A 类网络第一个字节的第一个二进制位为 0,B 类网络第一个字节的前两个二进制位为 10,C 类网络第一个字节的前三位二进制位为 110。换成十进制可见 A 类网络地址从 1~127,B 类网络地址从 128~191,C 类网络地址从 192~223。A 类、B 类和 C 类 IP 地址空间的情况可参见表 4-1。

表 4-1 IP 地址空间容量

	第一组数字	网络地址数	网络主机数	主机总数
A 类网络	1~127	126	16777214	2113928964
B 类网络	128~191	16382	65534	1073577988
C 类网络	192~223	2097152	254	532676608
总　　计		2113660	16843002	3720183560

3. 特殊的 IP 地址

在 IP 地址中有一些是特殊的 IP 地址,在使用时需要特别注意,表 4-2 列出了常见的一些特殊 IP 地址。

另外还有一种特殊的 IP 地址,它们属于 A 类、B 类或 C 类地址,但是却有特殊的用途,这类地址称为私有地址,私有 IP 地址是和公有 IP 地址相对的。由于在 Internet 中任何一个接入设备都需要有一个属于自己的 IP 地址,随着 Internet 的迅速发展出现了 IP 地址不够用的情况,因此人们将 A、B、C 类地址的一部分保留下来,作为私有 IP 地址,专门用于各类专有网络(如企业网、校园网、行政网)的使用。

表 4-2 特殊的 IP 地址

net-id	host-id	源地址	目的地址	代表的意思
0	0	可以	不可	本网络的本主机
0	host-id	可以	不可	本网络的某个主机
全 1	全 1	不可	可以	本地广播地址对本网络内广播（路由器不转发）
net-id	全 1	不可	可以	直接广播地址对 net-id 内的所有主机广播
127	任何数	可以	可以	用作本地软件环回测试

私有 IP 地址是只能在局域网中使用的 IP 地址,当局域网通过路由设备与广域网连接时,路由设备会自动将该地址段的信号隔离在局域网内部,不用担心所使用的保护 IP 地址与其他局域网中使用的同一地址段的保留 IP 地址发生冲突(即 IP 地址完全相同)。所以完全可以放心大胆地根据自己的需要(主要考虑所需的网络数量和网络内计算机的数量)选用适当的专有网络地址段,设置本局域网中的 IP 地址。

路由器或网关会自动将这些 IP 地址拦截在局域网络之内,而不会将其路由到公有网络中,所以即使在两个局域网中均使用相同的私有 IP 地址段,彼此之间也不会发生冲突。在 IP 地址资源已非常紧张的今天,这种技术手段被越来越广泛地应用于各种类型的网络之中。

当然,使用私有 IP 地址的计算机也可以通过局域网访问 Internet,不过需要借助地址映射或代理服务器实现 Internet 连接共享才能完成。

私有 IP 地址包括以下地址段。

(1) 10.0.0.0/8

10.0.0.0/8 私有网络是 A 类网络,允许有效 IP 地址范围从 10.0.0.1 至 10.255.255.254。10.0.0.0/8 私有网络有 24 位主机标识。

(2) 172.16.0.0/12

172.16.0.0/12 私有网络可以被认为是 16 位 B 类网络,20 位可分配的地址空间(20 位主机标识),能够应用于私人组织里的任一子网方案。172.16.0.0/12 私有网络允许下列有效的 IP 地址范围:172.16.0.1 至 172.31.255.254。

(3) 192.168.0.0/16

192.168.0.0/16 私有网络可以被认为是 C 类网络 ID,16 位可分配的地址空间(16 位主机标识),可用于私人组织里的任一子网方案。192.168.0.0/16 私有网络允许使用下述有效 IP 地址范围:192.168.0.1 至 192.168.255.254。

4. IP 地址的分配原则

在局域网中分配 IP 地址一般应遵循以下原则。

- 通常局域网计算机和路由器的端口需要分配 IP 地址。
- 处于同一个广播域的主机或路由器的 IP 地址的网络标识必须相同。
- 用交换机互联的网段是同一个广播域,如果在交换机上使用了虚拟局域网技术,那么不同的 VLAN 是不同的广播域,处于不同 VLAN 的主机,IP 地址网络标识不同。

- 路由器不同的端口连接的是不同的广播域,路由器依靠路由表,连接不同广播域。
- 路由器总是拥有两个或两个以上的 IP 地址,且网络标识不同。
- 两个路由器直接相连的端口,可以指明也可不指明 IP 地址。

4.1.2 实训内容

1. 为路由器连接的局域网规划 IP 地址

如图 4-2 所示,共有三个局域网(LAN1,LAN2 和 LAN3)通过三个路由器(R1,R2 和 R3)互连起来构成一个互联网。图中给出了对该网络 IP 地址的规划(使用 C 类 IP 地址),思考该规划是否符合 IP 地址的分配原则,应如何对路由器连接的网络进行 IP 地址规划。

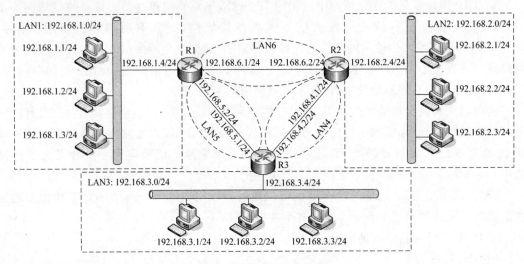

图 4-2　IP 地址分配示例

2. VLAN 中 IP 地址规划

如图 4-3 所示,6 台计算机连接在一台交换机上,在该交换机上划分了三个 VLAN,试根据局域网中分配 IP 地址所遵循的原则,为该网络中的计算机规划 IP 地址,思考应如何对划分了 VLAN 的局域网进行 IP 地址规划。

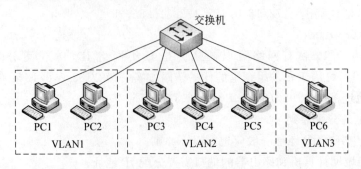

图 4-3　VLAN 中 IP 地址规划

3. 校园网 IP 地址规划

查看所在学校校园网的 IP 地址规划情况,对照校园网的拓扑结构图,思考校园网为什么这样规划 IP 地址。

任务 4.2　IP 子网划分与构建超网

【实训目的】

(1) 理解子网掩码的作用。

(2) 掌握用子网掩码划分子网的方法。

(3) 掌握用子网掩码构建超网的方法。

【实训条件】

(1) 正常联网的几台计算机。

(2) 由路由器连接的包含多个网段的网络(无条件的可使用实例)。

(3) 划分了 VLAN 的局域网(无条件的可使用实例)。

4.2.1　相关知识

1. 子网

子网(Subnet)是在 TCP/IP 网络上,用路由器连接的网段,如图 4-4 所示。同一子网内的 IP 地址必须具有相同的网络标识。

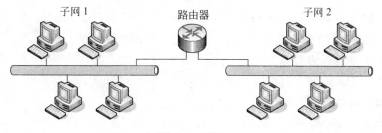

图 4-4　子网

2. 子网掩码

通常在设置 IP 地址的时候,必须同时设置子网掩码,子网掩码不能单独存在,它必须结合 IP 地址一起使用。子网掩码只有一个作用,就是将某个 IP 地址划分成网络标识和主机标识两部分。

子网掩码的设定必须遵循一定的规则。与 IP 地址相同,子网掩码的长度也是 32 位,左边是网络位,用二进制数字"1"表示;右边是主机位,用二进制数字"0"表示。比如图 4-5 为 IP 地址为 168.10.20.160 和子网掩码为 255.255.255.0 的二进制对照。其中,子网掩码中的"1"有 24 个,代表与此相对应的 IP 地址左边 24 位是网络标识;子网掩码中的"0"有 8 个,代表与此相对应的 IP 地址右边 8 位是主机标识。这样,子网掩码就确定了一个 IP 地址的 32 位二进制数字中哪些是网络标识、哪些是主机标识。这对于采用 TCP/IP 协议的网络来说非常重要,只有通过子网掩码,才能表明一台主机所在的子网与其他子网的关系,使网络正常工作。A 类网络的子网掩码为 255.0.0.0,B 类网络为 255.255.0.0,C 类网络地址为

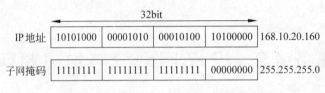

图 4-5　IP 地址与子网掩码二进制比较

255.255.255.0。

　　子网掩码是用来判断任意两台计算机的 IP 地址是否属于同一广播域的根据。最为简单的理解就是两台计算机各自的 IP 地址与子网掩码进行 AND 运算(与运算)后,如果得出的结果是相同的,则说明这两台计算机是处于同一个广播域的,可以进行直接的通信。例如某网络中有三台主机:

- 主机 1:IP 地址 192.168.0.1,子网掩码 255.255.255.0。

　　转化为二进制进行运算:

　　IP 地址　　　11000000.10101000.00000000.00000001

　　子网掩码　　11111111.11111111.11111111.00000000

　　AND 运算　　11000000.10101000.00000000.00000000

　　转化为十进制后为 192.168.0.0。

- 主机 2:IP 地址 192.168.0.254,子网掩码 255.255.255.0。

　　转化为二进制进行运算:

　　IP 地址　　　11000000.10101000.00000000.11111110

　　子网掩码　　11111111.11111111.11111111.00000000

　　AND 运算　　11000000.10101000.00000000.00000000

　　转化为十进制后为 192.168.0.0。

- 主机 3:IP 地址 192.168.0.4,子网掩码 255.255.255.0。

　　转化为二进制进行运算:

　　IP 地址　　　11000000.10101000.00000000.00000100

　　子网掩码　　11111111.11111111.11111111.00000000

　　AND 运算　　11000000.10101000.00000000.00000000

　　转化为十进制后为 192.168.0.0。

　　通过以上对三组计算机 IP 地址与子网掩码的 AND 运算后,得到的运算结果是一样的,计算机就会把这三台计算机视为是同一广播域,可以通过相关的协议把数据包直接发送到目标主机;如果网络标识不同,表明目标主机在远程网络上,那么数据包将会发送给本网络上的路由器,由路由器将数据包发送到其他网络,直至到达目的地。

3. IP 子网划分

　　(1) IP 地址两级结构的局限

　　标准的 IP 地址分为两级结构,即每个 IP 地址都分为网络标识和主机标识两部分,在同一个广播域中的所有主机网络标识要相同,而主机标识要不同。但这种结构在实际的网络应用中还存在着一定的局限和不足:

- IP 地址空间的利用率有时很低,如某广播域只有 10 台主机,要分配 IP 地址,必须选择 C 类的 IP 地址,而一个 C 类的 IP 地址段一共有 254 个可以分配的 IP 地址,这样有 244 个 IP 地址就被浪费掉了。

- 给每一个物理网络分配一个网络标识会使路由器和主机上的路由表变得太大,因而使网络性能变坏。
- 两级的 IP 地址不够灵活,很难针对不同的网络需求进行规划和管理。

解决这些问题的办法是,让网络内部可以分成多个部分,但对外却像一个单独网络一样。从 1985 年起在 IP 地址中就增加了一个"子网标识字段",使两级的 IP 地址变成三级的 IP 地址。这种做法叫做划分子网,或子网寻址或子网路由选择。

也可以使用下面的等式来表示三级 IP 地址:

IP 地址 ::= {<网络标识>,<子网标识>,<主机标识>}

(2) 子网划分

下面通过一个 B 类地址子网划分的实例来说明子网是如何划分的。例如某区域网络申请到了 B 类地址如 169.12.0.0/16,该 32 位 IP 地址中的前 16 位是固定的,后 16 位可供用户自己支配。网络管理员可以将这 16 位分成两部分,一部分作为子网标识,另一部分作为主机标识。作为子网标识的比特数可以从 2 到 14,如果子网标识的位数为 m,则该网络一共可以划分为 2^m-2 个子网(注意子网标识不能全为"1",也不能全为"0"),与之对应主机标识的位数为 $16-m$,每个子网中可以容纳 $2^{16-m}-2$ 个主机(注意主机标识不能全为"1",也不能全为"0")。表 4-3 列出了 B 类地址的子网划分选择。

表 4-3　B 类地址的子网划分选择

子网标识的比特数	子 网 掩 码	子 网 数	主机数/子网
2	255.255.192.0	2	16382
3	255.255.224.0	6	8190
4	255.255.240.0	14	4094
5	255.255.248.0	30	2046
6	255.255.252.0	62	1022
7	255.255.254.0	126	510
8	255.255.255.0	254	254
9	255.255.255.128	510	126
10	255.255.255.192	1022	62
11	255.255.255.224	2046	30
12	255.255.255.240	4094	14
13	255.255.255.248	8190	6
14	255.255.255.252	16382	2

由上表可以看出,当用子网掩码进行了子网划分之后,整个 B 类网络中可以容纳的主机数量即可以分配给主机的 IP 地址数量减少了,划分子网是以牺牲可用 IP 地址的数量为代价的。

用子网掩码划分子网的一般步骤如下:

(1) 确定子网的数量 m,并将 m 加 1 后其转换为二进制数,并确定位数 n。

(2) 按照 IP 地址的类型写出其默认子网掩码。

（3）将默认子网掩码中主机标识的前 n 位对应的位置置 1，其余位置置 0。

（4）写出各子网的子网标识和相应的 IP 地址。

4. IP 构建超网

所谓构建超网是一种用子网掩码将若干个相邻的连续的网络地址组合成单个网络地址的方法，它可以把几个规模较小的网络合成一个规模较大的网络。构建超网可看作子网划分的逆过程。子网划分时，从 IP 地址主机标识部分借位，将其合并进网络标识部分；而在构建超网过程中，则是将网络标识部分的某些位合并进主机标识部分。

5. 无分类编址（CIDR）

CIDR（Classless Inter-Domain Routing，无类型域间选路）是一个在 Internet 上创建附加地址的方法，这些地址提供给服务提供商（Internet Service Provider，ISP），再由 ISP 分配给客户。CIDR 将路由集中起来，使一个 IP 地址代表主要骨干提供商服务的几千个 IP 地址，从而减轻 Internet 路由器的负担。

CIDR 对原来用于分配 A 类、B 类和 C 类地址的有类别路由选择进程进行了重新构建。CIDR 用 13～27 位长的前缀取代了原来 IP 地址结构对网络标识部分的限制（三类地址的网络标识部分分别被限制为 8 位、16 位和 24 位）。在管理员能分配的地址块中，主机数量范围为 32～500000，从而能更好地满足机构对地址的特殊需求。

CIDR 地址中包含标准的 32 位 IP 地址和有关网络标识部分位数的信息，使用"斜线记法"来表示整个的 IP 地址块。CIDR 表示方法如下：

A.B.C.D/n　（A.B.C.D 为 IP 地址，n 表示网络标识的位数）

以 CIDR 地址 222.80.18.18/25 为例，其中"/25"表示该 IP 地址中的前 25 位代表网络标识，其余位代表主机标识。

4.2.2　实训内容

1. 用子网掩码划分子网

【例 4-1】 假设取得网络地址 200.200.200.0，子网掩码为 255.255.255.0。现在在该网络中需要划分 6 个子网，每个子网中 30 台主机，请问如何划分子网，才能满足要求。请写出 6 个子网的子网掩码、网络地址、第一个主机地址、最后一个主机地址、广播地址。

【解】

（1）本题目中要划分 6 个子网，6 加 1 等于 7，7 转换为二进制数为 111，位数 $n=3$。

（2）网络地址 200.200.200.0，是 C 类 IP 地址，默认子网掩码为 255.255.255.0，二进制形式为：11111111 11111111 11111111 00000000。

（3）将默认子网掩码中主机标识的前 n 位对应位置置 1，其余位置置 0。得到划分子网后的子网掩码为 11111111 11111111 11111111 11100000，转换为十进制为 255.255.255.224。每个 IP 地址中后 5 位为主机标识，每个子网中有 $2^5-2=30$ 个主机，符合题目要求。

（4）写出各子网的子网标识和相应的 IP 地址，由子网掩码的确定可以看出，在本网络中原 C 类 IP 地址主机标识的前三位被当作子网标识，子网标识不能全为 0，也不能全为 1，而主机标识全为 0 时，代表一个网络，所以我们得到的第一个子网是：

11001000 11001000 11001000 **001**00000

其中 11001000 11001000 11001000 是网络标识，**001** 是子网标识，00000 为主机标识，转换为十进制为：200.200.200.32。

子网中主机标识全为 1 为该子网的广播地址，所以得到第一个子网的广播地址为：11001000 11001000 11001000 **001**11111，转换为十进制为：200.200.200.63。

子网中第一个可用的 IP 地址为：11001000 11001000 11001000 **001**00001，转换为十进制为：200.200.200.33；最后一个可用的 IP 地址为 11001000 11001000 11001000 **001**11110，转换为十进制为：200.200.200.62。

表 4-4 列出了本例中各子网的子网掩码、网络地址、第一个主机地址、最后一个主机地址、广播地址。

表 4-4　各子网 IP 地址的分配

子　　网	子 网 掩 码	网 络 地 址	第一个 主机地址	最后一个 主机地址	广 播 地 址
第 1 个子网	255.255.255.224	200.200.200.32	200.200.200.33	200.200.200.62	200.200.200.63
第 2 个子网	255.255.255.224	200.200.200.64	200.200.200.65	200.200.200.94	200.200.200.95
第 3 个子网	255.255.255.224	200.200.200.96	200.200.200.97	200.200.200.126	200.200.200.127
第 4 个子网	255.255.255.224	200.200.200.128	200.200.200.129	200.200.200.158	200.200.200.159
第 5 个子网	255.255.255.224	200.200.200.160	200.200.200.161	200.200.200.190	200.200.200.191
第 6 个子网	255.255.255.224	200.200.200.192	200.200.200.193	200.200.200.222	200.200.200.223

2. 用子网掩码构建超网

【例 4-2】 某公司网络中共有 400 台主机，这 400 台主机间需要直接通信，应如何为该公司网络分配 IP 地址。

【解】 该公司网络中共有 400 台主机，需要 400 个 IP 地址，而一个 C 类的网络最多有 254 个可以使用的 IP 地址，因此要为该公司网络分配 IP 地址一种方法是可以考虑申请 B 类的 IP 地址。另外也可以考虑申请两个 C 类的 IP 地址，通过子网掩码构建成一个超网的方法。

如我们可以申请两个 C 类的 IP 地址 200.200.14.0 和 200.200.15.0，每个网络中有 254 个可用的 IP 地址，将这两个 IP 转换为二进制为：

11001000 11001000 00001110 00000000

11001000 11001000 00001111 00000000

C 类网络的默认子网掩码为 255.255.255.0，前 24 位为网络标识，后 8 位为主机标识；而在上面两个 C 类网络中，其网络标识只有最后一位是不同的，前 23 位是相同的，如果我们将子网掩码改为 11111111 11111111 11111110 00000000，即 255.255.254.0，此时上面两个 C 类网络中，IP 地址中前 23 位就成为网络标识：

11001000 11001000 00001110 00000000

11001000 11001000 00001111 00000000

此时这两个 C 类网络就构成了一个超网，其网络标识为前 23 位，网络地址为 200.200.14.0；第一个可用的 IP 地址为 200.200.14.1，最后一个可用的 IP 地址为 200.200.15.254；共有 510 个可用的 IP 地址，广播地址为 200.200.15.255。

任务 4.3　分配 IP 地址

【实训目的】

（1）掌握 IP 地址的分配方法。

（2）掌握静态分配 IP 地址的方法。

（3）掌握使用 DHCP 服务器动态分配 IP 地址的方法。

【实训条件】

正常联网的几台计算机，其中一台计算机安装 Windows 2000 Server 或 Windows Server 2003 网络操作系统（附带网络操作系统安装光盘），其余计算机安装 Windows XP 操作系统。

4.3.1　相关知识

在规划好 IP 地址之后，需要将 IP 地址分配给网络中的计算机和相关设备。目前 IP 地址的分配方法主要有以下几种。

1. 手动分配

也就是自己动手对每一台机器都进行 IP 地址、子网掩码、网关地址配置。

2. DHCP 分配

DHCP（动态主机配置协议），专门设计用于使客户机可以从网络服务器接收 IP 地址和其他 TCP/IP 配置信息。DHCP 允许服务器从一个地址池中为客户机动态地分配 IP 地址。使用 DHCP 自动分配 IP 地址的好处如下：

- 减轻了网络管理的工作，避免了 IP 地址冲突带来的麻烦。
- TCP/IP 的设置可以在服务器端集中设置更改，客户端不需要修改。
- 客户端计算机有较大的调整空间，用户更换网络时不需重新设置 TCP/IP。
- 如果路由器支持中继代理，可以在不同网络中运行 DHCP，可有效降低成本。

DHCP 采用客户机/服务器模式，网络中有一台 DHCP 服务器，每个客户机可以选择"自动获得 IP 地址"，这样就可以得到 DHCP 提供的 IP 地址。通常客户机与服务器要在同一个广播域中，网络结构如图 4-6 所示。要实现 DHCP 服务，必须分别完成 DHCP 服务器和客户机的设置。

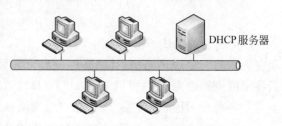

图 4-6　DHCP 服务的网络结构

3. 自动专用 IP 寻址

在 Windows 操作系统下，假如网络中没有 DHCP 服务器，但是客户机选择了"自动获得 IP 地址"，那么操作系统会代替 DHCP 服务器为机器分配一个 IP 地址，这个地址是网段 169.254.0.0～169.254.255.255 中的一个地址。

【注意】　如果 DHCP 客户机使用自动专用 IP 寻址配置了它的网络接口,客户机会在后台每隔 5 分钟查找一次 DHCP 服务器。如果后来找到了 DHCP 服务器,客户端会放弃它的自动配置信息,然后使用 DHCP 服务器提供的地址来更新 IP 配置。

4.3.2　实训内容

1. 手动分配 IP 地址

为计算机手动设置 IP 地址的方法,请参见任务 2.3 中所述,这里不再赘述。

2. 使用 DHCP 自动分配 IP 地址

(1) 设置 DHCP 服务器

DHCP 服务器的 IP 地址必须是手工设置的。由于在本实训中作为服务器的计算机只有一块内部网卡,所以其作为 DHCP 服务器时,服务器提供给客户机的 IP 地址必须和本机 IP 地址同网段。下面在安装有 Windows Server 2003 网络操作系统的计算机中完成 DHCP 服务器的安装。

① 安装 DHCP 服务

DHCP 并不是默认安装的服务,安装前应先确定有可用的操作系统安装文件。

- 单击"开始"→"控制面板"→"添加或删除程序"命令,在"添加或删除程序"窗口中,单击"添加/删除 Windows 组件"图标,打开"Windows 组件向导"对话框,如图 4-7 所示。
- 在"Windows 组件向导"对话框中,选择"网络服务"复选项,单击"详细信息"按钮,在弹出的对话框中选择"动态主机配置协议(DHCP)"复选项,如图 4-8 所示。

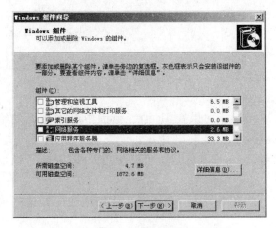

图 4-7　"Windows 组件向导"对话框

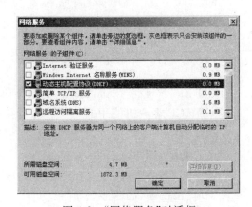

图 4-8　"网络服务"对话框

- 单击"下一步"按钮,完成 DHCP 服务的安装。
② 配置 DHCP 服务器
- 单击"开始"→"管理工具"→DHCP 命令,打开 DHCP 控制台,该控制台自动与当前计算机连接,如图 4-9 所示。
- 在 DHCP 控制台右侧的窗口中,右击相应的 DHCP 服务器,选择"新建作用域"命令,打开"欢迎使用新建作用域向导"对话框,如图 4-10 所示。

135

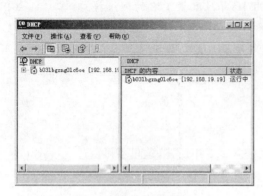

图 4-9　DHCP 控制台

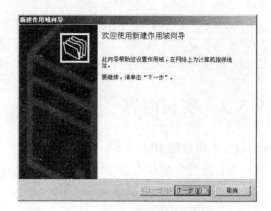

图 4-10　"欢迎使用新建作用域向导"对话框

- 单击"下一步"按钮,打开"作用域名"对话框,输入新建作用域的名称和描述,如图 4-11 所示。
- 单击"下一步"按钮,打开"IP 地址范围"对话框,输入 DHCP 服务器中可以分配给客户机的 IP 地址范围和相应的子网掩码,如图 4-12 所示。

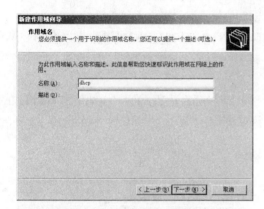

图 4-11　"作用域名"对话框

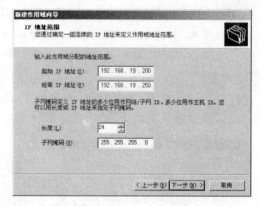

图 4-12　"IP 地址范围"对话框

- 单击"下一步"按钮,打开"添加排除"对话框,如果在 IP 地址范围中有不想提供给 DHCP 客户机使用的 IP 地址,可在此排除,如图 4-13 所示。
- 单击"下一步"按钮,打开"租约期限"对话框,设置客户机可以使用此作用域 IP 地址的期限,如图 4-14 所示。
- 单击"下一步"按钮,打开"配置 DHCP 选项"对话框,选择"是,我想现在配置这些选项"单选项,如图 4-15 所示。
- 单击"下一步"按钮,打开"路由器(默认网关)"对话框,输入分配给 DHCP 客户机的默认网关,如图 4-16 所示。
- 单击"下一步"按钮,打开"域名称和 DNS 服务器"对话框,输入 DHCP 客户机可以访问的 DNS 服务器的 IP 地址,如图 4-17 所示。
- 单击"下一步"按钮,打开"WINS 服务器"对话框,在此可不做设置;再单击"下一步"按钮,打开"激活作用域"对话框,选择"是,我想现在激活此作用域"单选项,如图 4-18 所示。

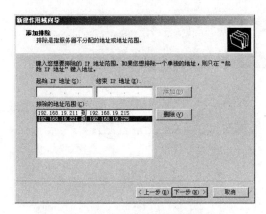

图 4-13　"添加排除"对话框

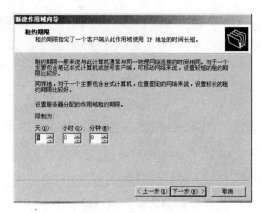

图 4-14　"租约期限"对话框

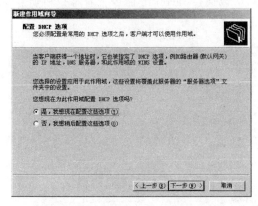

图 4-15　"配置 DHCP 选项"对话框

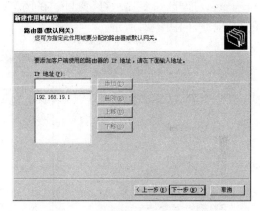

图 4-16　"路由器（默认网关）"对话框

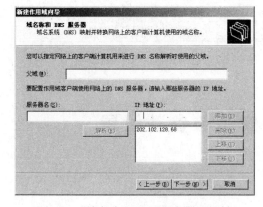

图 4-17　"域名称和 DNS 服务器"对话框

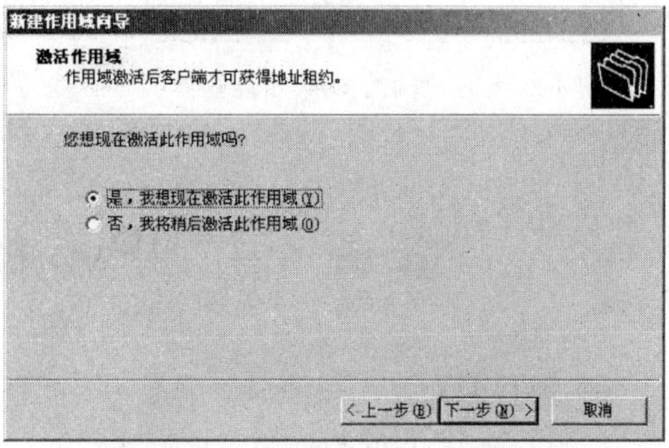

图 4-18　"激活作用域"对话框

- 单击"下一步"按钮，打开"正在完成新建作用域向导"对话框，再单击"完成"按钮，DHCP 作用域设置完成，如图 4-19 所示。

（2）设置 DHCP 客户机

① 客户端 DHCP 配置

在 TCP/IP 属性中将 IP 地址信息获取方式设置为"自动获得 IP 地址"和"自动获得

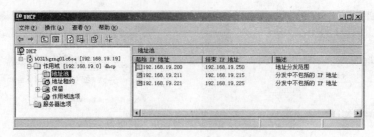

图 4-19　配置好的 DHCP 控制台

DNS 服务器地址",如图 4-20 所示。

② 查看自动获取的 IP 地址

如果要查看 DHCP 客户机从服务器自动获得的 IP 地址,应单击"开始"→"运行"命令,输入 cmd,打开"命令提示符"窗口。在该窗口中,可以通过 ipconfig 命令查看客户机所获得的 IP 地址,如图 4-21所示。

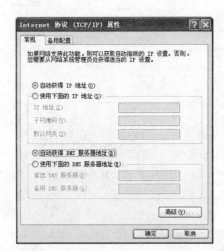

图 4-20　客户端的 DHCP 设置

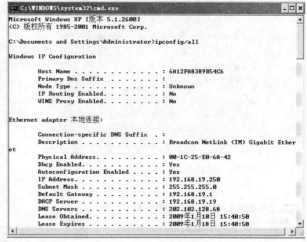

图 4-21　查看客户端 IP 地址信息

任务 4.4　IPv6 的安装与参数设置

【实训目的】

(1) 了解 IPv6 的特点和寻址方式。

(2) 掌握 IPv6 协议的安装方法。

(3) 熟悉 IPv6 网络参数的设置。

【实训条件】

(1) 正常联网的几台计算机。

(2) Windows XP 操作系统。

4.4.1　相关知识

目前我们使用的第二代互联网 IPv4 技术,核心技术属于美国所有。它的最大问题是网络地址资源有限,从理论上讲,IPv4 技术可使用的 IP 地址有 43 亿个,其中北美占有 3/4,约 30 亿个,而人口最多的亚洲只有不到 4 亿个,中国只有 3 千多万个,只相当于美国麻省理工学院拥有的地址数量。地址不足,严重地制约了我国及其他国家互联网的应用和发展。

随着电子技术及网络技术的发展,计算机网络将进入人们的日常生活,可能身边的每一样东西都需要联入全球互联网。在这样的环境下,IPv6 应运而生。单从数字上来说,IPv6 所拥有的地址容量是 IPv4 的约 8×10^{28} 倍,达到 $2^{128} - 1$ 个。这不但解决了网络地址资源数量的问题,同时也为除计算机外的设备联入互联网在数量限制上扫清了障碍。但是与 IPv4 一样,IPv6 一样会造成大量的 IP 地址浪费。首先,要实现 IP 地址的自动配置,局域网所使用的子网的前缀必须等于 64,但是很少有一个局域网能容纳 2^{64} 个网络终端;其次,由于 IPv6 的地址分配必须遵循聚类的原则,地址的浪费在所难免。

如果说 IPv4 实现的只是人机对话,那么 IPv6 则扩展到任意事物之间的对话,它不仅可以为人类服务,还将服务于众多硬件设备,如家用电器、传感器、远程照相机、汽车等,它将是无时不在、无处不在的深入社会每个角落的真正的宽带网,而且它所带来的经济效益将非常巨大。

1. IPv6 的优势

与 IPv4 相比,IPv6 具有以下几个优势:

- IPv6 具有更大的地址空间。IPv4 中规定 IP 地址长度为 32,即有 2^{32} 个地址;而 IPv6 中 IP 地址的长度为 128,即有 2^{128} 个地址。

- IPv6 使用更小的路由表。IPv6 的地址分配一开始就遵循聚类的原则,这使得路由器能在路由表中用一条记录表示一片子网,大大减小了路由器中路由表的长度,提高了路由器转发数据包的速度。

- IPv6 增加了增强的组播支持以及对流的支持。这使得网络上的多媒体应用有了长足发展的机会,为服务质量(QoS)控制提供了良好的网络平台。

- IPv6 加入了对自动配置的支持。这是对 DHCP 协议的改进和扩展,使得网络(尤其是局域网)的管理更加方便和快捷。

- IPv6 具有更高的安全性。在使用 IPv6 网络中用户可以对网络层的数据进行加密并对 IP 报文进行校验,极大地增强了网络的安全性。

2. IPv6 的寻址

在 IPv6 中,地址的长度是 128 位。地址空间如此大的一个原因是将可用地址细分为反映 Internet 的拓扑的路由域的层次结构,另一个原因是映射将设备连接到网络的网络适配器(或接口)的地址。IPv6 提供了内在的功能,可以在其最低层(在网络接口层)解析地址,并且还具有自动配置功能。

(1) 文本表示形式

以下是用来将 IPv6 地址表示为文本字符串的 3 种常规形式。

① 冒号十六进制形式

这是 IPv6 地址的首选形式,格式为 $n:n:n:n:n:n:n:n$。每个 n 都表示 8 个 16 位地址元素之一的十六进制值。例如:3FFE:FFFF:7654:FEDA:1245:BA98:3210:4562。

② 压缩形式

由于地址长度要求,地址包含由零组成的长字符串的情况十分常见。为了简化对这些地址的写入,可以使用压缩形式。在压缩形式中,多个 0 块的单个连续序列由双冒号符号(::)表示,但此符号只能在地址中出现一次。例如,多路广播地址 FFED:0:0:0:0:BA98:3210:4562 的压缩形式为 FFED::BA98:3210:4562。单播地址 3FFE:FFFF:0:0:8:800:20C4:0 的压缩形式为 3FFE:FFFF::8:800:20C4:0。环回地址 0:0:0:0:0:0:0:1 的压缩形式为::1。未指定的地址 0:0:0:0:0:0:0:0 的压缩形式为::。

③ 混合形式

此形式组合了 IPv4 和 IPv6 地址。在此情况下,地址格式为 $n:n:n:n:n:n:d.d.d.d$,其中每个 n 都表示 6 个 IPv6 高序位 16 位地址元素之一的十六进制值,每个 d 都表示 IPv4 地址的十进制值。

(2) 地址类型

地址中的前导位定义特定的 IPv6 地址类型,包含这些前导位的变长字段称作格式前缀。IPv6 单播地址被划分为两部分:第一部分包含地址前缀;第二部分包含接口标识符。表示 IPv6 地址/前缀组合的简明方式为:IPv6 地址/前缀长度。

以下是具有 64 位前缀的地址的示例:

```
3FFE:FFFF:0:CD30:0:0:0:0/64
```

此示例中的前缀是 3FFE:FFFF:0:CD30,以压缩形式写入为 3FFE:FFFF:0:CD30::/64。

IPv6 定义以下地址类型。

① 单播地址

用于单个接口的标识符。发送到此地址的数据包被传递给标识的接口。通过高序位 8 位字节的值来将单播地址与多路广播地址区分开来。多路广播地址的高序列 8 位字节具有十六进制值 FF,此 8 位字节的任何其他值都标识单播地址。

以下是不同类型的单播地址:

- 链路-本地地址:用于单个链路,格式为 FE80::InterfaceID。链路-本地地址用在链路上的各节点之间,用于自动地址配置、邻居发现或未提供路由器的情况。链路-本地地址主要用于启动时以及系统尚未获取较大范围的地址之时。
- 站点-本地地址:用于单个站点,格式为 FEC0::SubnetID:InterfaceID。站点-本地地址用于不需要全局前缀的站点内的寻址。
- 全局 IPv6 单播地址:这些地址可用在 Internet 上,格式为

```
010(FP,3 位)TLA ID(13 位)Reserved(8 位)NLA ID(24 位)
SLA ID(16 位)InterfaceID(64 位)
```

② 多路广播地址

一组接口的标识符(通常属于不同的节点)。发送到此地址的数据包被传递给该地址标

识的所有接口。多路广播地址类型代替 IPv4 广播地址。

③ 任一广播地址

一组接口的标识符(通常属于不同的节点)。发送到此地址的数据包被传递给该地址标识的唯一一个接口。这是按路由标准标识的最近的接口。任一广播地址取自单播地址空间,而且在语法上不能与其他地址区别开来。寻址的接口依据其配置确定单播和任一广播地址之间的差别。通常,节点始终具有链路-本地地址。

4.4.2　实训内容

1. 添加 IPv6 协议

不同的 Windows 操作系统对 IPv6 协议的支持是不同的,从产品的角度来讲,IPv6 协议有正式产品版和非产品版。Windows 95/98 和 Windows ME 不支持 IPv6 协议。Windows 2000(SP1~SP4)支持 IPv6 非产品版本,此版本提供的 IPv6 软件包含预发行代码,不用于商业目的,此软件仅用于研究、开发和测试,不得用于生产环境。Windows Server 2003、Windows XP、Vista 支持 IPv6 协议正式产品版,这些系统中 IPv6 协议的安装和卸载可以通过控制面板中的网络连接进行,如同安装 IPv4 协议一样。不同的版本在不同的系统中的安装方法是不一样的,就目前所有的 IPv6 版本来说,我们在使用 IPv6 的时候,对 IPv4 站点间的通信没有影响,互不干扰。并且 IPv6 工作的时候,在传输层使用的是和 IPv6 版本相对应的 TCP 和 UDP 协议。在 Windows XP 操作系统中添加 IPv6 协议的操作步骤如下:

(1) 右击"网上邻居",选择"属性"命令。在打开的"网络连接"窗口中,右击"本地连接"项,选择"属性"命令,打开"本地连接属性"对话框,如图 4-22 所示。

(2) 单击"安装"按钮,打开"选择网络组件类型"对话框,如图 4-23 所示。

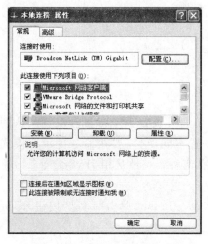

图 4-22　"本地连接属性"对话框

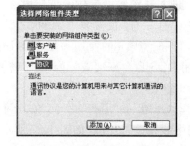

图 4-23　"选择网络组件类型"对话框

(3) 选择"协议"项,单击"添加"按钮,打开"选择网络协议"对话框,如图 4-24 所示。选择"Microsoft TCP/IP 版本 6"项,单击"确定"按钮,系统会自动安装 IPv6 协议,安装 IPv6 协议后的"本地连接属性"对话框,如图 4-25 所示。

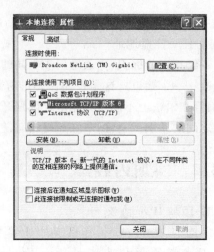

图 4-24　"选择网络协议"对话框　　　　图 4-25　安装 IPv6 协议的"本地连接
　　　　　　　　　　　　　　　　　　　　　　　　　属性"对话框

（4）安装完成后，可以单击"开始"→"运行"命令，在"运行"对话框中输入 cmd，进入命令提示符模式，可以用 ping::1 命令来验证 IPv6 是否正确安装。当 ping::1 命令返回正确，可以确定 IPv6 协议已经正确安装，如图 4-26 所示。

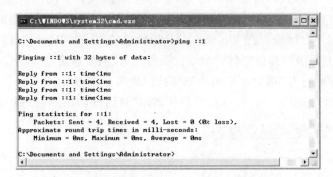

图 4-26　用 ping 命令确定 IPv6 协议已经正确安装

2. 进入系统网络参数设置环境

和 IPv4 一样，在安装了 IPv6 之后接下来就需要通过设置 IPv6 地址，设置默认网关等来使用 IPv6。IPv6 的使用和配置跟 IPv4 的窗口设置不同，它需要在命令提示符模式环境下，使用 DOS 命令来配置。配置 IPv6 的命令系统有两种：一种是用 IPv6 命令；另一种是用 netsh 命令。

单击"开始"→"运行"命令，在"运行"对话框中输入 netsh，单击"确定"按钮，即可进入系统网络参数设置环境，如图 4-27 所示。

图 4-27　系统网络参数设置环境

3. 设置 IPv6 地址及默认网关

假如网络管理员分配的给客户端的 IPv6 地址为 2001：da8：207：：9402，默认网关为 2001：da8：207：：9401，则在系统网络参数设置环境中输入"interface ipv6 add address "本地连接" 2001：da8：207：：9402"，按 Enter 键即可设置 IPv6 地址；输入"interface ipv6 add route ：：/0 "本地连接" 2001：da8：207：：9401 publish＝yes"，按 Enter 键即可设置 IPv6 默认网关，如图 4-28 所示。

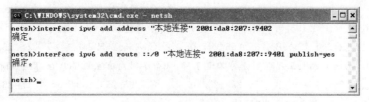

图 4-28　设置 IPv6 地址及默认网关

习　题　4

1. 判断题

(1) IP 地址 A、B、C 三类地址的任意一个地址都可以分配给一个主机。　　　　　　(　　)

(2) 一台计算机只能分配一个 IP 地址。　　　　　　　　　　　　　　　　　　　　(　　)

(3) 子网掩码的作用是将某个 IP 地址划分为网络地址和主机地址两部分。　　　　　(　　)

(4) 属于同一网络上的 IP 地址的掩码是一样的。　　　　　　　　　　　　　　　　(　　)

(5) 使用直接广播地址，一台主机可以向任何指定的网络直接广播它的数据包。　　　(　　)

(6) 组播地址主要用于电视会议、视频点播等应用。　　　　　　　　　　　　　　　(　　)

(7) 使用组播地址，服务器在发送数据时，只需要发送一个数据包，该数据包的目的地址为相应的组播地址。　　　　　　　　　　　　　　　　　　　　　　　　　　　　　　(　　)

(8) 特殊 IP 地址 0.0.0.0 代表本主机地址，网络上任何主机都可以用它来表示自己。　(　　)

(9) 当任何程序用回送地址(127.0.0.1)作为目的地址时，计算机上的协议软件会把该数据包向网络上发送。　　　　　　　　　　　　　　　　　　　　　　　　　　　　　　　(　　)

(10) 使用回送地址可以实现对本机网络协议的测试或实现本地进程间的通信。　　　(　　)

(11) DHCP 服务可以自动给主机分配 IP 地址，但必须保证 IP 地址个数与主机数量相同。(　　)

(12) 在应用 DHCP 服务时，只要客户端一关机，就会自动释放 IP 地址。　　　　　(　　)

(13) 在应用 DHCP 服务时，只有 IP 租约期满，才会自动释放 IP 地址。　　　　　(　　)

(14) DHCP 是基于对等模式的服务系统。　　　　　　　　　　　　　　　　　　　(　　)

(15) DHCP 最多只能分配 100 个 IP 地址。　　　　　　　　　　　　　　　　　　(　　)

2. 单项选择题

(1) IP 地址的长度为(　　)。

　　A. 8 位　　　　　　　　　B. 16 位　　　　　　　　　C. 24 位　　　　　　　　　D. 32 位

(2) IP 地址的第一个字节的最高位是 0，则表示其为(　　)。

　　A. A 类地址　　　　　　　B. B 类地址　　　　　　　C. C 类地址　　　　　　　D. D 类地址

(3) 如果 IP 地址的前三位是 110,则表示其为(　　)。

    A. A 类地址　　　　　　B. B 类地址　　　　　　C. C 类地址　　　　　　D. D 类地址

(4) IP 地址在 192.0.0.0～223.255.255.255 范围内的是(　　)。

    A. A 类地址　　　　　　B. B 类地址　　　　　　C. C 类地址　　　　　　D. D 类地址

(5) IP 地址为 192.168.1.1,对应的子网掩码为(　　)。

    A. 255.255.255.1　　　B. 255.255.255.0　　　C. 255.255.255.2　　　D. 255.255.255.255

(6) 一个主机号部分的所有位都为"0"的地址是代表该网络本身的,叫做(　　)。

    A. MAC 地址　　　　　B. IP 地址　　　　　　C. 网络地址　　　　　　D. 服务器地址

(7) 将 B 类 IP 地址 168.195.0.0 划分为 27 个子网,则子网掩码为(　　)。

    A. 255.255.246.0　　　B. 255.255.247.0　　　C. 255.255.248.0　　　D. 255.255.249.0

(8) 将 B 类 IP 地址 168.195.0.0 划分为若干子网,每个子网内有主机 700 台,则子网掩码为(　　)。

    A. 255.255.251.0　　　B. 255.255.252.0　　　C. 255.255.253.0　　　D. 255.255.254.0

(9) IP 地址中,所有主机号部分为"1"的地址是(　　)。

    A. 单播传送地址　　　B. 双播传送地址　　　C. 组播地址　　　　　　D. 广播地址

(10) 子网地址为 162.105.130.0,子网掩码为 255.255.255.0 的网络上,该网络的广播地址为(　　)。

    A. 162.105.131.255　　B. 162.105.130.254　　C. 162.105.130.253　　D. 162.105.130.255

(11) 以下网络地址中属于私网地址的是(　　)。

    A. 192.178.32.0　　　B. 128.168.32.0　　　C. 172.15.32.0　　　D. 192.168.32.0

(12) D 类 IP 地址是(　　)。

    A. 单播传送地址　　　B. 双播传送地址　　　C. 组播地址　　　　　　D. 广播地址

(13) 下列说法中不正确的是(　　)。

    A. 在同一台 PC 上可以安装多个操作系统

    B. 在同一台 PC 上可以安装多个网卡

    C. 在 PC 的一个网卡上可以同时绑定多个 IP 地址

    D. 在同一个局域网中,一个 IP 地址可以同时绑定到多个网卡上

(14) IP 地址中的网络号部分用来识别(　　)。

    A. 路由器　　　　　　B. 主机　　　　　　　C. 网卡　　　　　　　D. 网段

(15) 下面选项中不属于 IP 地址范围的是(　　)。

    A. 10.0.0.0～10.100.100.100　　　　　　B. 172.110.0.0～172.200.0.0

    C. 192.168.0.0～192.168.255.255　　　　D. 255.0.0.0～255.0.0.256

(16) 在 Windows 的网络属性配置中,"默认网关"应该设置为(　　)的地址。

    A. DNS 服务器　　　　B. Web 服务器　　　　C. 路由器　　　　　　D. 交换机

(17) 某客户机被设置为自动获取 TCP/IP 配置,并且,当前正使用 169.254.0.0 作为 IP 地址,子网掩码为 255.255.0.0,默认网关的 IP 地址没有提供。客户机是在缺少 DHCP 服务器的情况下生成这个 IP 地址的。当网络上的 DHCP 服务器可用时,(　　)。

    A. 该客户将会从 DHCP 服务器处取得 TCP/IP 配置

    B. 该客户将会从 DHCP 服务器处取得默认网关的 IP

    C. 当前地址将会被添加到该网段的 DHCP 作用域

    D. 当前 IP 地址将被作为客户机保留添加到 DHCP 作用域

(18) 一台主机的 IP 地址为 202.113.224.68,子网掩码为 255.255.255.240,那么这台主机的主机号为(　　)。

    A. 4　　　　　　　　B. 6　　　　　　　　C. 8　　　　　　　　D. 68

(19) 全球共有 A 类 IP 地址段(　　)。

A. 32 个　　　　　　　B. 126 个　　　　　　　C. 128 个　　　　　　　D. 256 个

(20) 任何一个以数字 127 开头的 IP 地址都叫做(　　)。

　　A. 单播传送地址　　　B. 回送地址　　　　　C. 组播地址　　　　　　D. 广播地址

3. 多项选择题

(1) 下面选项中属于有效 IP 地址范围的是(　　)。

A. 18.0.0.0～18.100.100.100　　　　　B. 178.110.0.0～178.200.0.0

C. 195.168.0.0～195.168.255.255　　　D. 256.0.0.0～256.0.0.256

(2) 在 Windows 的网络属性配置中,可以设置(　　)的地址。

A. DNS 服务器　　　B. 默认网关　　　　　C. 路由器　　　　　　D. 交换机

(3) 下列设置中,DHCP 服务器可以自动分配给客户机的是(　　)。

A. IP 地址　　　　　　　　　　　　　　B. 子网掩码

C. 默认网关　　　　　　　　　　　　　D. DNS 的 IP 地址

(4) 根据 TCP/IP 协议规定,IP 地址由 32 位组成,它由(　　)等部分组成。

A. 网址名字　　　　B. 地址长度　　　　　C. 网络号　　　　　　D. 主机号

(5) 某 B 类 IP 地址 168.195.0.0 划分为若干子网,子网掩码为 255.255.224.0,以下 IP 地址属于同一个子网的是(　　)。

A. 168.195.161.160　　B. 168.195.160.161　　C. 168.195.159.162　　D. 168.195.162.159

4. 问答题

(1) 简述 IP 地址和 MAC 地址的区别。

(2) IP 地址如何分类?

(3) IP 协议中规定的特殊 IP 地址有哪些? 各有什么用途?

(4) 网络中为什么会使用私有 IP 地址? 私有 IP 地址主要包括哪些地址段?

(5) 简述子网掩码的作用。

(6) 相对于 IPv4,IPv6 有哪些优势?

(7) IPv6 地址主要有哪几类? 其主要用途是什么?

5. 技能题

(1) 阅读说明后回答问题

【说明】 某一网络地址块 192.168.75.0 中有 5 台主机 A、B、C、D 和 E,它们的 IP 地址和子网掩码如表 4-5 所示。

表 4-5　主机的 IP 地址和子网掩码

主　机	IP 地　址	子网掩码
A	192.168.75.18	255.255.255.240
B	192.168.75.146	255.255.255.240
C	192.168.75.158	255.255.255.240
D	192.168.75.161	255.255.255.240
E	192.168.75.173	255.255.255.240

【问题 1】 5 台主机 A、B、C、D、E 分别属于哪几个网段? 哪些主机位于同一网段?

【问题 2】 主机 D 的网络地址是什么?

【问题 3】 若要加入第 6 台主机 F,使它与主机 A 属于同一网段,其 IP 地址范围是什么?

【问题 4】 若在网络中另加入一台主机,其 IP 地址设为 192.168.75.164,它的广播地址是什么? 哪些主机能够收到?

145

【问题5】 若在该网络地址块中采用 VLAN 技术划分子网,何种设备能实现 VLAN 之间的数据转发?

(2) 阅读说明后回答问题

【说明】 设有 A、B、C、D 共 4 台主机都处于同一个物理网络中,A 主机的 IP 地址是 192.155.12.112,B 主机的IP 地址是 192.155.12.120,C 主机的 IP 地址是 192.155.12.176,D 主机的 IP 地址是 192.155.12.222,子网掩码均为 255.255.255.224。

【问题1】 4 台主机 A、B、C、D 之间哪些可以直接通信? 哪些需要通过设置网关(或路由器)才能通信? 请画出网络连接示意图,并注明各个主机的子网地址和主机地址。

【问题2】 若要加入第 5 台主机 E,使它能与主机 D 直接通信,其 IP 地址的设定范围是什么?

【问题3】 不改变 A 主机的物理位置,将其 IP 地址改为 192.155.12.168,试问它的直接广播地址和本地广播地址各是什么? 若使用本地广播地址发送信息,请问哪些主机能够收到?

【问题4】 若要使主机 A、B、C、D 在这个网络上都能直接相互通信,可采取什么办法?

项目5　IP 路由与路由器配置

在 IP 互联网络中,路由选择是指选择一条发送 IP 数据包的路径,而进行这种路由选择的计算机就是路由器(Router)。随着计算机网络规模的不断扩大,路由技术已成为关键的网络技术,在目前的情况下,任何一个有一定规模的计算机网络,无论采用何种组网技术,都离不开路由器。本项目的主要目标是理解 IP 路由的概念,学会查看和阅读路由表,理解路由器的功能和作用,熟悉路由器及其基本配置。

任务 5.1　查看计算机路由表

【实训目的】
(1) 理解路由的基本原理。
(2) 理解路由表的作用。
(3) 学会查看和设置计算机路由表。

【实训条件】
(1) 正常联网并接入 Internet 的几台计算机。
(2) Windows XP 操作系统。

5.1.1　相关知识

在通常的术语中,路由就是在不同网段(广播域)之间转发数据包的过程。对于基于 TCP/IP 的网络,路由是网际协议(IP)与其他网络协议服务结合使用提供的在不同网段主机之间转发数据包的能力。TCP/IP 网段由 IP 路由器互相连接,这个基于 IP 协议传送数据包的过程叫做 IP 路由。路由选择是 TCP/IP 协议中非常重要的功能,它确定了到达目标主机的最佳路径,是 TCP/IP 协议得到广泛使用的主要原因。

1. 路由的基本原理

当一个网段中的主机发送 IP 数据包给同一网段的另一台主机时,它直接把 IP 数据包送到网络上,对方就能收到。但当要送给不同网段上的主机时,发送方要选择一个能够到达目的网段的路由器,把 IP 数据包发送给该路由器,由路由器负责完成数据包的转发。如果没有找到这样的路由器,主机就要把 IP 数据包送给一个被称为默认网关(Default Gateway)的路由上。默认网关是每台主机上的一个配置参数,它是与主机连接在同一网段上的某路由器端口的 IP 地址。

路由器转发 IP 数据包时,只根据 IP 数据包的目的 IP 地址的网络标识部分,选择合适的转发端口,将 IP 数据包送出去。同主机一样,路由器也要判断该转发端口所接的是否是目的网络,如果是,就直接把数据包通过端口送到网络上,否则,也要选择下一个路由器来转发数据包。路由器也有自己的默认网关,用来传送不知道该由哪个端口转发的 IP 数据包。这样,通过路由器把其知道如何传送的 IP 数据包正确转发,把不知道如何传送的 IP 数据包送给默认网关,这样一级一级地传送,IP 数据包最终将送到目的主机,送不到目的地的 IP 数据包将被网络丢弃。

在图 5-1 中,主机 A 和主机 B 连接在相同的物理网段中,它们之间可以直接通信。而如果主机 A 要与主机 C 通信的话,那么主机 A 就必须将 IP 数据包传送到最近的路由器或者主机 A 的默认网关上,然后该路由器再将 IP 数据包转发给另一台路由器,直到到达与主机 C 连接在同一个网络的路由器,最后由该路由器将 IP 数据包交给主机 C。

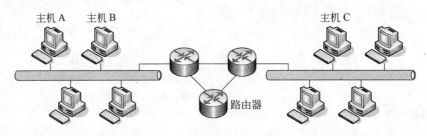

图 5-1　路由器连接的网络

需要注意的是,只需要为一个网段指定一个路由器,而不必为每个主机指定一个路由器,这是 IP 路由选择机制的另一个基本属性,这样做可以极大地缩小路由表的规模。

2. 路由表

在网络通过路由器传送数据的过程中,路由表(Routing Table)扮演着极其重要的角色。所谓路由表,指的是路由器或者其他互联网网络设备上存储的表,该表中存有到达特定网络终端的路径,在某些情况下,还有一些与这些路径相关的度量。

路由器的主要工作就是为经过路由器的每个数据包寻找一条最佳传输路径,并将该数据有效地传送到目的站点。由此可见,选择最佳路径的策略即路由算法是路由器的关键所在。为了完成这项工作,在路由器中保存着载有各种传输路径相关数据的路由表,供路由选择时使用,表中包含的信息决定了数据转发的策略。路由表可以是由系统管理员固定设置好的,也可以由系统动态修改;可以由路由器自动调整,也可以由主机控制。

路由表由多个路由表项组成,路由表中的每一项都被看作是一条路由,路由表项可以分为以下几种类型:

- 网络路由:提供到 IP 网络中特定网络(特定网络标识)的路由。
- 主路由:主路由提供到特定 IP 地址(包括网络标识和主机标识)的路由,通常用于将自定义路由创建到特定主机以控制或优化网络通信。
- 默认路由:如果在路由表中没有找到其他路由,则使用默认路由。例如,如果路由器或主机不能找到目标的网络路由或主路由,则使用默认路由,从而简化了主机的配置。

路由表中的每个路由表项通常由以下信息字段组成:

- 目的地址：目标网络的网络标识或目的主机的 IP 地址。
- 网络掩码：与目的地址相对应的网络掩码。
- 转发地址：数据包转发的地址，也称为下一跳 IP 地址，即数据包应传送的下一个路由器的 IP 地址。对于主机或路由器直接连接的网络，转发地址字段可能是本路由器连接到该网络的端口地址。
- 接口：当将数据包转发到目的地址时所使用的路由器端口，该字段可以是一个端口号或其他类型的逻辑标识符。
- 跃点数：路由首选项的度量。如果对于目的地址存在多个路由，路由器使用跃点数来决定存储在路由表中的路由，最小的跃点数是首选路由。

IP 路由选择主要完成以下功能：

- 搜索路由表，寻找能与目的 IP 完全匹配的表项，如果找到，则把 IP 数据包由该表项指定的接口转发，发送给指定的下一站路由器或直接连接的网络接口。
- 搜索路由表，寻找能与目的 IP 网络标识匹配的表项，如果找到，则把 IP 数据包由该表项指定的接口转发，发送给指定的下一站路由器或直接连接的网络接口。
- 按照路由表的默认路由转发数据。

如图 5-2 所示，路由器 R1、R2、R3 连接了三个不同的网段。路由器 R1 的端口 1（IP 地址为 192.168.1.1）与网段 1 直接相连；端口 2（IP 地址为 192.168.4.1）与路由器 R2 的端口（IP 地址为 192.168.4.2）相连；端口 3（IP 地址为 192.168.5.1）与路由器 R3 的端口（IP 地址为 192.168.5.2）相连。由路由器 R1 的路由表可知，当 IP 数据包的接收地址在网络标识为 192.168.1.0/24 的网段时，路由器 R1 将把该数据包从端口 1（IP 地址为 192.168.1.1）转发，而且该网段与路由器直接相连；当 IP 数据包的接收地址在网络标识为 192.168.2.0/24 的网段时，路由器 R1 将把该数据包从端口 2（IP 地址为 192.168.4.1）转发，发送给路由器 R2 的端口（IP 地址为 192.168.4.2），由路由器 R2 负责下一步的转发；当 IP 数据包的接收地址在网络标识为 192.168.3.0/24 的网段时，路由器 R1 将把该数据包从端口 3（IP 地址为 192.168.5.1）转发，发送给路由器 R3 的端口（IP 地址为192.168.5.2），由路由器 R3 负责下一步的转发。路由表中的最后一项为默认路由，当接收地址不在上述三个网段时，路由器 R1 将按该表项转发 IP 数据包。

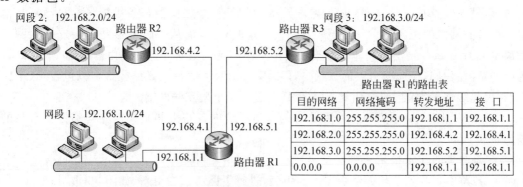

路由器 R1 的路由表

目的网络	网络掩码	转发地址	接　口
192.168.1.0	255.255.255.0	192.168.1.1	192.168.1.1
192.168.2.0	255.255.255.0	192.168.4.2	192.168.4.1
192.168.3.0	255.255.255.0	192.168.5.2	192.168.5.1
0.0.0.0	0.0.0.0	192.168.1.1	192.168.1.1

图 5-2　IP 路由选择示例

3. 路由类型

根据路由表的生成方式,路由表可以分为静态路由和动态路由两种。

（1）静态路由

静态路由不是由网络的状态或网络中路由器的可用性决定的,而是指由网络管理员手工配置的路由信息。当网络的拓扑结构或链路的状态发生变化时,网络管理员需要手工去修改路由表中相关的静态路由信息。静态路由信息在缺省情况下是私有的,不会传递给其他的路由器。当然,网络管理员也可以通过对路由器进行设置使之成为共享的信息。静态路由一般适用于比较简单的网络环境,在这样的环境中,网络管理员易于清楚地了解网络的拓扑结构,便于设置正确的路由信息。

使用静态路由的另一个好处是网络安全保密性高。动态路由因为需要路由器之间频繁地交换各自的路由表,而对路由表的分析可以揭示网络的拓扑结构和网络地址等信息。因此,网络出于安全方面的考虑也可以采用静态路由。

大型和复杂的网络环境通常不宜采用静态路由。一方面,网络管理员难以全面地了解整个网络的拓扑结构;另一方面,当网络的拓扑结构和链路状态发生变化时,路由器中的静态路由信息需要大范围地调整,这一工作的难度和复杂程度非常高。

（2）动态路由

动态路由是路由器根据网络系统的运行情况和路由选择协议提供的功能自动调整的路由表,在需要时自动计算数据传输的最佳路径。动态路由是通过相互连接的路由器之间交换彼此的信息,然后按照一定的算法优化出来的,而这些路由信息是在一定时间间隙里不断更新,以适应不断变化的网络,随时获得最优的路由效果。例如当网络拓扑结构发生变化,或网络某个节点或链路发生故障时,与之相邻的路由器会重新计算路由,并向外发送新的路由更新新息,这些信息会发送至其他的路由器,引发所有路由器重新计算路由,调整其路由表,以适应网络的变化。为了实现 IP 分组的高效路由,人们制定了多种路由协议,如路由信息协议（Routing Information Protocol,RIP）、内部网关路由协议（Interior Gateway Routing Protocol,IGRP）、开放最短路径优先协议（Open Shortest Path First,OSPF）等。

动态路由使路由器变得很智能,它可以重新配置路由,绕过不起作用的路由器,从而大大减轻大型网络的管理负担。但动态路由对路由器的性能要求较高,会占用网络的带宽,可能产生路由循环,也存在一定的安全隐患。

① RIP　RIP 是一种分布式的基于距离矢量的路由选择协议,是因特网的标准内部网关协议,最大优点是简单。RIP 协议要求网络中的每一个路由器都要维护从它自己到其他每一个目的网络的距离记录。对于距离,RIP 有如下定义:从一路由器到直接连接的网络距离定义为 1,从一路由器到非直接连接的网络距离定义为所经过的路由器数加 1。RIP 认为好的路由就是其经过路由器的数量少,即距离短。RIP 允许一条路径最多只包含 15 个路由器,因此距离最大值为 16,由此可见 RIP 只适合于小型互联网络。

图 5-3～图 5-5 展示了一个使用 RIP 的自治系统内各路由器是如何完善和更新自己的路由表的。

- 路由表的初始状况,如图 5-3 所示。
- 各路由器收到了相邻路由器的路由表,进行了路由表的更新,如图 5-4 所示。
- 通过相互连接的路由器之间交换信息,形成各路由器的最终路由表,如图 5-5 所示。

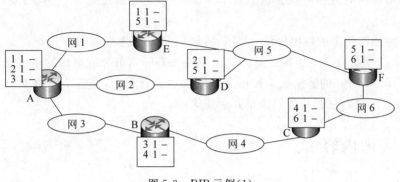

图 5-3　RIP 示例(1)

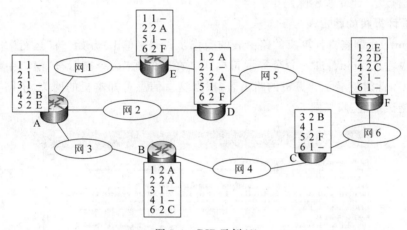

图 5-4　RIP 示例(2)

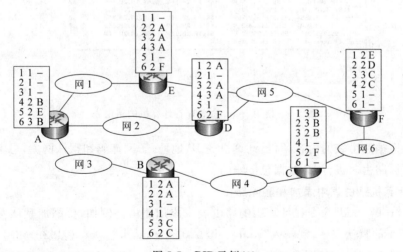

图 5-5　RIP 示例(3)

② OSPF　OSPF 路由协议是一种典型的链路状态路由协议,一般用于一个自治系统内。自治系统是指一组通过统一的路由政策或路由协议互相交换路由信息的网络。在自治系统内,所有的 OSPF 路由器都维护一个相同的描述自治系统结构的数据库,该数据库中存

放的是自治系统相应链路的状态信息,OSPF 路由器正是通过这个数据库计算出其 OSPF 路由表的。

作为一种链路状态的路由协议,OSPF 将链路状态广播数据包传送给在某一区域内的所有路由器,这一点与 RIP 不同。运行 RIP 的路由器是将部分或全部的路由表传递给与其相邻的路由器。OSPF 的链路状态数据库能较快地进行更新,使各个路由器能及时更新其路由表,OSPF 的更新过程收敛得快是其重要优点。

5.1.2 实训内容

计算机本身也存在着路由表,根据路由表进行 IP 数据包的传输。route 命令可以操作路由表,包括显示、建立和删除路由。

1. 查看计算机的路由表

使用 route 命令查看计算机的路由表的操作步骤是:单击"开始"→"运行"命令,在"运行"对话框中输入"cmd",进入命令提示符模式。在打开的"命令提示符"窗口中,输入命令"route print",此时将显示计算机的路由表,根据这些信息可知本机的网关、子网类型、广播地址、环回测试地址等,如图 5-6 所示。

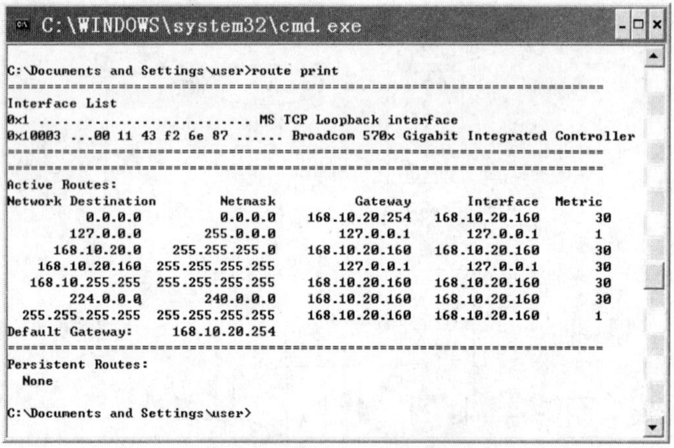

```
C:\WINDOWS\system32\cmd.exe

C:\Documents and Settings\user>route print
===========================================================================
Interface List
0x1 ........................... MS TCP Loopback interface
0x10003 ...00 11 43 f2 6e 87 ...... Broadcom 570x Gigabit Integrated Controller
===========================================================================
===========================================================================
Active Routes:
Network Destination        Netmask          Gateway       Interface  Metric
          0.0.0.0          0.0.0.0    168.10.20.254  168.10.20.160    30
        127.0.0.0        255.0.0.0        127.0.0.1      127.0.0.1     1
      168.10.20.0    255.255.255.0  168.10.20.160  168.10.20.160    30
    168.10.20.160  255.255.255.255        127.0.0.1      127.0.0.1    30
   168.10.255.255  255.255.255.255  168.10.20.160  168.10.20.160    30
        224.0.0.0        240.0.0.0  168.10.20.160  168.10.20.160    30
  255.255.255.255  255.255.255.255  168.10.20.160  168.10.20.160     1
Default Gateway:      168.10.20.254
===========================================================================
Persistent Routes:
  None

C:\Documents and Settings\user>
```

图 5-6　使用 route 命令查看计算机的路由表

请尝试根据路由表的内容,写出计算机的 IP 地址、子网掩码和默认网关,思考一下计算机是如何根据路由表进行 IP 数据包传输的。

2. 在计算机路由表中添加和删除路由

可以用"route add"命令在计算机的路由表中添加路由。例如,要添加默认网关地址为 192.168.12.1 的默认路由,需输入"route add 0.0.0.0 mask 0.0.0.0 192.168.12.1";要添加目标地址 10.41.0.0,网络掩码为 255.255.0.0,下一个跃点地址为 10.27.0.1 的路由,需输入"route add 10.41.0.0 mask 255.255.0.0 10.27.0.1";要添加目标地址为 192.168.1.0,网络掩码为 255.255.255.0,下一个跃点地址为 192.168.1.1 的永久路由,需输入"route-p add 192.168.1.0 mask 255.255.255.0 192.168.1.1"。

可以用"route delete"命令在计算机的路由表中删除路由。例如,要删除目标地址为 10.41.0.0,网络掩码为 255.255.0.0 的路由,可输入"route delete 10.41.0.0 mask 255.255.0.0";要删除 IP 路由表中以 10.开始的所有路由,可输入"route delete 10.＊"。

以上只列出了部分 route 命令的使用方法,更具体的 route 命令的使用请查阅系统帮助文件或其他相关资料。

3. 测试计算机之间经过的路由

可以用 tracert 命令测试计算机之间经过的路由,tracert 命令显示用于将数据包从计算机传递到目标位置的一组 IP 路由器,以及每个跃点所需的时间。如果数据包不能传递到目标,tracert 命令将显示成功转发数据包的最后一个路由器。

单击"开始"→"运行"命令,在"运行"对话框中输入"cmd",进入命令提示符模式。在打开的"命令提示符"窗口中,输入命令"tracert 目标 IP 地址或域名",图 5-7 显示了 tracert 命令的运行过程。

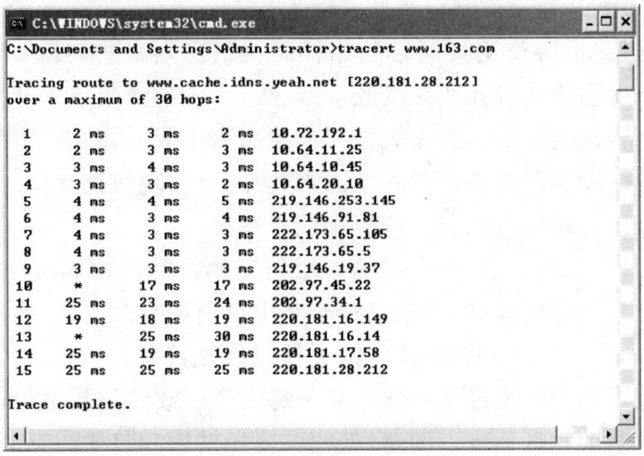

图 5-7　tracert 命令的运行过程

查看从你的本地计算机到局域网某计算机、学校主页所在主机以及外网某主机经过的路由,结合路由表思考数据的传输过程。

任务 5.2　认识与配置路由器

【实训目的】

(1) 理解路由器的工作原理和功能。

(2) 了解路由器物理接口的类型与功能。

(3) 了解路由器的开机启动过程。

(4) 了解路由器初始化配置的连接方式。

(5) 了解路由器基本命令的使用。

【实训条件】

(1) 交换机(本节以 Cisco 2600 系列路由器为例,也可选用其他品牌型号的路由器,没有条件的也可以采用 Boson Netsim 模拟软件)。

（2）双绞线、RJ-45 压线钳及 RJ-45 水晶头若干。

（3）安装 Windows XP 的 PC。

5.2.1　相关知识

路由器(Router)工作于网络层,是互联网的主要节点设备,具有判断网络地址和选择路径的功能,它能在多网络互联环境中,建立灵活的连接,可用完全不同的数据分组和介质访问方法连接各种子网。路由器系统构成了基于 TCP/IP 的 Internet 的主体脉络,因此,在局域网、城域网乃至整个 Internet 研究领域中,路由器技术始终处于核心地位。对于局域网来说,路由器主要用来实现与城域网或 Internet 的连接。

1. 路由器的作用

路由器内部可以划分为控制部分和数据通路部分。在控制部分,路由协议可以有不同的类型。路由器通过路由协议交换网络的拓扑结构信息,依照拓扑结构动态生成路由表。在数据通路部分,转发引擎从输入线路接收 IP 包后,分析与修改包头,使用转发表查找输出端口,把数据交换到输出线路上。转发表是根据路由表生成的,其表项和路由表项有直接对应关系,但转发表的格式和路由表的格式不同,它更适合实现快速查找。转发的主要流程包括线路输入、包头分析、数据存储、包头修改和线路输出。

从过滤网络流量的角度来看,路由器的作用与交换机和网桥非常相似。但是与工作在数据链路层、从物理上划分网段的交换机不同,路由器使用专门的软件协议从逻辑上对整个网络进行划分。例如,一台支持 IP 协议的路由器可以把网络划分成多个网段,只有指向特殊 IP 地址的网络流量才可以通过路由器。对于每一个接收到的数据包,路由器都会重新计算其校验值,并写入新的物理地址。因此,使用路由器转发和过滤数据的速度往往要比只查看数据包物理地址的交换机慢。但是,对于那些结构复杂的网络,使用路由器可以提高网络的整体效率。路由器的主要作用有以下几个方面。

① 网络的互联。路由器可以真正实现网络(广播域)互联,它不仅可以实现不同类型局域网的互联,而且可以实现局域网与广域网的互联以及广域网间的互联。一般异种网络互联与多个子网互联都应采用路由器来完成。

路由器在多网络互联环境中,路由器只接受源站或其他路由器的信息,不关心各网段使用的硬件设备,但要求运行与网络层协议一致的软件。

② 路径选择。路由器的主要工作就是为经过路由器的每个数据帧寻找一条最佳传输路径,并将该数据有效地传送到目的站点。由此可见,选择最佳路径的策略即路由算法是路由器的关键所在。为了完成这项工作,在路由器中保存着载有各种传输路径相关数据的路由表,供路由选择时使用。路由表可以是由管理员固定设置好的,也可以由系统动态修改,可以由路由器自动调整,也可以由主机控制。

③ 转发验证。路由器在转发数据包之前,路由器可以有选择地进行一些验证工作。当检测到不合法的 IP 源地址或目的地址时,这个数据包将被丢弃;非法的广播和组播数据包也将被丢弃;通过设置包过滤和访问列表功能,限制在某些方向上数据包的转发,这样可以提供一种安全措施,使得外部系统不能与内部系统在某种特定协议上进行通信,也可以限制只能是某些系统之间进行通信。这有助于消除一些安全隐患,如防止外部的主机伪装作内

部主机通过路由器建立对话。

④ 拆包/打包。路由器在转发报文的过程中,为了便于在网络间传送报文,按照预定的规则把大的数据包分解成适当大小的数据包,到达目的地后再把分解的数据包包装成原有形式。

⑤ 网络的隔离。路由器不仅可以根据局域网的地址和协议类型,而且可以根据网络标识、主机的网络地址、数据类型等来监控、拦截和过滤信息,因此路由器具有更强的网络隔离能力。这种隔离能力不仅可以避免广播风暴,提高整个网络的性能,更主要的是有利于提高网络的安全和保密性,克服了交换机作为互联设备的最大缺点。因为路由器连接的网络是彼此独立的网段,便于分割一个大网为若干独立子网以进行管理和维护。因此目前许多网络安全和管理工作是在路由器上实现的,如在路由器上实现的防火墙技术。

⑥ 流量控制。路由器有很强的流量控制能力,可以采用优化的路由算法来均衡网络负载,从而有效地控制拥塞,避免因拥塞而使网络性能下降。

2. 路由器的分类

（1）按功能分类

路由器从功能上可以分为通用路由器和专用路由器。通用路由器在网络系统中最为常见,以实现一般的路由和转发功能为主,通过选配相应的模块和软件,也可以实现专用路由器的功能。专用路由器为实现某些特定的功能而对其软件、硬件、接口等做了专门设计。其中较常用的如 VPN 路由器,它通过强化加密、隧道等特性,实现虚拟专用的功能;访问路由器是另一种专用路由器,用于通过 PSTN 或 ISDN 实现拨号接入,此类路由器会在 ISP 中使用;另外还有语音网关路由器,是专为 VoIP 而设计的。

（2）按结构分类

从结构上,路由器可以分为模块化路由器和固定配置路由器两类。模块化路由器的特点是功能强大、支持的模块多样、配置灵活,可以通过配置不同的模块满足不同规模的要求,此类产品价格较贵。模块化路由器又分为三种,第一种是处理器和网络接口均设计为模块化;第二种是处理器是固定配置(随机箱一起提供),网络接口为模块设计;第三种是处理器和部分常用接口为固定配置,其他接口为模块化。固定配置路由器常见于低端产品,其特点是体积小、性能一般、价格低、易于安装调试。

（3）按在网络中所处的位置分类

从路由器在网络中所处的位置上,可以把它分为接入路由器、企业级核心路由器和电信骨干路由器三种。

接入路由器是指处于分支机构处的路由器,用于连接家庭或 ISP 内的小型企业客户。接入路由器目前已不只是提供 SLIP 或 PPP 连接,还支持诸如 PPTP 和 IPSec 等虚拟专用网络协议。图 5-8 所示为一款 ADSL 接入路由器。

企业级核心路由器处于用户的网络中心位置,对外接入电信网络,对下连接各分支机构。其主要目标是以尽量便宜的方法实现尽可能多的端点互连,并且进一步要求支持不同的服务质量。企业级核心路由器能够提供大量的端口且配置容易,支持 QoS。另外企业级核心路由器能有效地支持广播和组播,支持 IP、IPX 等多种协议,还能支持防火墙、包过滤、VLAN 以及大量的管理和安全策略。图 5-9 所示为一款企业级核心路由器。

图 5-8　ADSL 接入路由器

图 5-9　企业级核心路由器

电信骨干路由器一般常见于城域网中，承担大吞吐量的网络服务。骨干路由器必须保证其速度和可靠性，支持热备份、双电源、双数据通路等技术。

3. 路由器的选择

在选择路由器的时候，除了确定路由器的类型外，还要从路由器的配置、路由协议支持以及路由器性能指标等方面综合考虑。

（1）路由器的配置

路由器配置包括接口种类、用户可用槽数、CPU、内存和端口密度 5 个方面。

① 接口种类。路由器能支持的接口种类，体现了路由器的通用性。常见的接口种类有通用串行接口（通过电缆转换成 RS 232 DTE/DCE 接口、V. 35 DTE/DCE 接口、X. 21 DTE/DCE 接口、RS 449 DTE/DCE 接口和 EIA 530 DTE 接口等）、快速以太网接口、010/100 自适应以太网接口、千兆以太网接口、ATM 接口（2M、25M、155M、633M 等）、POS 接口（155M、622M 等）、令牌环接口、FDDI 接口、E1/T1 接口、E3/T3 接口、ISDN 接口等。

② 用户可用槽数。指模块化路由器中除 CPU 板、时钟板等必要系统板，以及系统板专用槽位外用户可以使用的插槽数。根据该指标以及用户板端口密度可以计算出该路由器所支持的最大端口数。

③ CPU。路由器实际上是一台完成特殊功能的计算机，因此无论在中低端路由器还是在高端路由器中，CPU 都是路由器的心脏。通常在中低端路由器中，CPU 负责交换路由信息、路由表查找以及转发数据包，在这种路由器中，CPU 的性能将直接影响路由器的吞吐量（路由表的查找时间）和路由计算能力。在高端路由器中，通常路由表查找和转发数据包由 ASIC 芯片完成，CPU 只实现路由协议、计算路由以及分发路由表。由于技术的发展，路由器的很多工作都可以由硬件（专用芯片）实现，CPU 的性能并不能完全反映路由器性能。

④ 内存。路由器中可能有多种内存，例如 Flash、DRAM 等。内存用来存储路由器操作系统、路由协议软件、路由器配置等内容。在中低端路由器中，路由表可能存储在内存中。一般说来路由器的内存越大越好，但是与 CPU 性能类似，内存同样不能直接反映路由器的性能，因为高效的算法和优秀的软件可能大大节约内存。

⑤ 端口密度。该指标体现路由器制作的集成度。由于路由器体积不同，该指标应当折合成机架内每英寸端口数，但是由于直观和方便，通常可以使用路由器对每种端口支持的最大数量来替代。

（2）路由协议支持

不同的路由器可以支持的路由协议是不同的，常见的路由协议有路由信息协议（RIP）、路由信息协议版本 2（RIPv2）、开放的最短路径优先协议版本 2（OSPFv2）和边缘网关协议

(BGP4)等。路由协议决定了路由器的工作性能,例如如果路由器只支持路由信息协议(RIP),那么该路由器可能只适用于规模较小的网络。

(3) 路由器的主要参数

路由器的性能主要体现在其技术参数上,以下列出了路由器的部分主要参数。

① 全双工线速转发能力　路由器最基本且最重要的功能是数据包转发。在同样端口速率下转发小包是对路由器包转发能力最大的考验。全双工线速转发能力是指以最小包长(以太网 64 字节、POS 口 40 字节)和最小包间隔(符合协议规定)在路由器端口上双向传输的同时不引起丢包。该指标是路由器性能重要指标。

② 设备吞吐量　设备吞吐量指设备整机包转发能力,是设备性能的重要指标。路由器的工作在于根据 IP 包头或者 MPLS 标记选路,所以该性能指标表示为每秒钟转发包数量。设备吞吐量通常小于路由器所有端口吞吐量之和。

③ 端口吞吐量　端口吞吐量是指端口包转发能力,通常使用每秒钟转发包数量来衡量,它是路由器在某端口上的包转发能力。通常采用两个相同速率的接口测试,但是测试接口可能与接口位置及关系相关。例如同一插卡上端口间测试的吞吐量可能与不同插卡上端口间吞吐量值不同。

④ 背靠背帧数　背靠背帧数是指以最小帧间隔发送最多数据包不引起丢包时的数据包数量。该指标用于测试路由器缓存能力。有线速全双工转发能力的路由器的该指标值无限大。

⑤ 路由表能力　路由器通常依靠所建立及维护的路由表来决定如何转发。路由表能力是指路由表内所容纳路由表项数量的极限。由于 Internet 上执行 BGP 协议的路由器通常拥有数十万条路由表项,所以该项目也是路由器能力的重要体现。

⑥ 背板能力　背板能力是路由器的内部实现。背板能力能够体现在路由器吞吐量上,背板能力通常大于依据吞吐量和测试包场所计算的值。但是背板能力只能在设计中体现,一般无法测试。

⑦ 丢包率　丢包率是指测试中所丢失数据包数量占所发送数据包的比率,通常在吞吐量范围内测试。丢包率与数据包长度以及包发送频率相关。在一些环境下可以加上路由抖动、大量路由后测试。

⑧ 时延　时延是指数据包第一个比特进入路由器到最后一个比特从路由器输出的时间间隔。在测试中通常使用测试仪表发出测试包到收到数据包的时间间隔。时延与数据包长相关,通常在路由器端口吞吐量范围内测试,超过吞吐量测试该指标没有意义。

⑨ VPN 支持能力　通常路由器都能支持 VPN。其性能差别一般体现在所支持 VPN 数量上。专用路由器一般支持 VPN 数量较多。无故障工作时间指标按照统计方式指出设备无故障工作的时间。一般无法测试,可以通过主要器件的无故障工作时间计算或者大量相同设备的工作情况计算。

5.2.2　实训内容

1. 认识路由器的物理接口

路由器提供了支持不同网络技术的物理接口,如支持各种局域网技术的物理接口和支持各种广域网技术的接口。局域网接口包括以太网接口、快速以太网接口、千兆以太网接口、令牌环网接口、ATM 接口等。在广域网接口中，有支持广域网串行链路的串行口、支持 SDH 光纤连接的接口等，图 5-10 所示为 Cisco 2600 系列路由器的物理接口。请参考说明书或其他相关资料，识别所用路由器的各种物理接口。

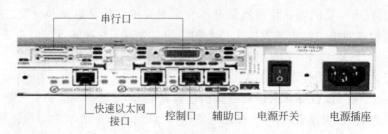

图 5-10　Cisco 2600 系列路由器的物理接口

2. 路由器的登录

　　和交换机一样，路由器的本质也是计算机，由硬件和软件组成，有自己的操作系统和配置文件，通常路由器必须经过配置后才能正常使用。由于路由器没有自己的输入输出设备，所以其配置也主要通过外部连接的计算机来进行。要通过计算机登录到路由器并对其进行配置可以有多种方式，如通过 Console 端口（控制口）、Telnet、Web 方式等，其中使用终端控制台通过 Console 端口查看和修改路由器的配置是最基本、最常用的方法，其他方式必须在通过 Console 端口进行基本配置后才可以实现。通过 Console 端口登录路由器的基本步骤与登录以太网交换机基本相同，这里不再赘述，请参考任务 3.3 或路由器说明书。

3. 路由器命令行工作模式的切换

　　Cisco 路由器与 Cisco 交换机采用相同的操作系统，因此 Cisco 路由器的配置命令也是分级的，不同级别的管理员可以使用不同的命令集，以下是各模式之间转换的过程。

```
Router>                              //用户模式提示符
Router> enable                       //进入特权模式
Router#                              //特权模式提示符
Router#  configure terminal          //进入全局配置模式
Router(config)#                      //全局配置模式提示符
Router(config)# line console 0       //进入控制线路模式
Router(config-line)#                 //控制线路模式提示符
Router(config-line)# exit            //回到上一级模式
Router(config)#                      //全局配置模式提示符
Router(config)# interface f0/0
                //进入接口配置模式(f0/0用于识别路由器的接口,其表示形式为：接口类型 模
                 块号/接口号,f表示接口为快速以太网接口。0/0表示0号模块的0接口)
Router(config-if)#                   //接口配置模式提示符
Router(config-if)#  exit             //返回到上一级模式
Router(config)#                      //全局配置模式提示符
Router(config)# router rip           //配置路由协议 RIP
Router(config-router)#               //路由配置模式
Router(config-router)#  end          //直接返回到特权模式
```

```
Router#                              //特权模式提示符
Router# disable                      //退出特权模式
Router>                              //用户模式提示符
```

4. 了解路由器的基本配置

了解路由器的基本配置,如配置路由器的主机名和密码、查看路由器的配置文件、路由器配置文件的备份恢复、路由器接口 IP 地址的设置、静态路由的配置和查看等。具体操作可参考路由器的说明书或其他相关文档,以下给出了通过 Console 端口配置路由器的主机名、密码和以太网 IP 地址的过程。

```
Router>                              //用户模式提示符
Router> enable                       //进入特权模式
Router#                              //特权模式提示符
Router# configure terminal           //进入全局配置模式
Router(config)# hostname router1234  //设置路由器的主机名为 router1234
router1234(config)#                  //全局配置模式提示符
router1234(config)# enable secret student  //设置 enable secret 密码为 net
router1234(config)# interface f0/0   //进入接口配置模式,对 f0/0 接口进行配置
router1234(config-if)# ip address 211.81.192.1 255.255.255.0
              //设置路由器的 f0/0 接口的 IP 地址为 211.81.192.1,子网掩码为 255.255.255.0
router1234(config-if)# no shutdown   //激活路由器的 f0/0 接口
```

习　题　5

1. 判断题

(1) 路由器的工作就是接收信息分组,根据当前网络的情况将其导向最有效的路径。　　　(　　)

(2) 路由器的路由选择表是固定不变的。　　　(　　)

(3) 路由器互联的是多个不同的逻辑网络,每个逻辑子网具有不同的网络地址。　　　(　　)

(4) 路由器连接的物理网络只能是异类网络。　　　(　　)

(5) 路由器接收信息分组并读取信息分组中的目的网络地址,若路由器没有直接连接到目的网络上,则停止数据发送。　　　(　　)

(6) 为了确保路由选择的正确无误,路由选择表必须及时更新,并准确地反映互联网中的当前情况。　　　(　　)

(7) 静态路由器需要手工将路由选择信息输入到路由选择表中,故很难维护。　　　(　　)

(8) 动态路由器能够在网络上自动配置,在没有管理员干预的情况下可创建并维护路由选择表。　　　(　　)

(9) 路由器比网桥以及其他网络互联设备有更强大的异种网络互联能力和更好的安全性。　　　(　　)

(10) 两台连在不同子网上的计算机需要通信时,不一定必须经过路由器转发。　　　(　　)

(11) 路由器接收信息分组并读取信息分组中的目的网络地址,如果它不知道下一跳路由器的地址,则将包丢弃。　　　(　　)

(12) 当数据包通过网络传送时,它的物理地址是变化的,但它的网络地址是不变的。　　　(　　)

(13) 基于路由器的互联网络的多台计算机可以共同分配同一个网络地址。　　　(　　)

(14) 路由器只能连接相同网络拓扑结构的子网。　　　(　　)

(15) 由于路由器不在子网之间转发广播信息,所以它具有很强的隔离广播信息的能力。　　　(　　)

(16) 路由器可以在广域网中使用,还可以在大型复杂的互联网中使用,但不能在局域网中使用。

(　　)

(17) 路由器工作在数据链路层。　　　(　　)

(18) 路由器的主要工作就是为经过路由器的每个数据包寻找一条最佳传输路径,并将该数据包有效地传送到目的站点。　　　(　　)

(19) "route"命令可以在本地 IP 路由表中显示和修改条目。　　　(　　)

(20) 路由器的第一次设置必须通过 Console 端口使用配置专用连线直接连接至计算机的串口,利用终端仿真程序进行路由器本地设置。　　　(　　)

2. 单项选择题

(1) 在(　　),路由器通过路由协议交换网络的拓扑结构,然后依照网络的拓扑结构动态地生成路由表。

    A. 存储部分　　　　　　B. 控制部分　　　　　　C. 电源部分　　　　　　D. 数据通路部分

(2) 路由器的(　　),从输入线路接收 IP 包,分析与修改包头,使用转发表查找输出端口,把数据交换到输出线路上。

    A. 存储部分　　　　　　B. 控制部分　　　　　　C. 电源部分　　　　　　D. 数据通路部分

(3) 能够对数据分组进行路由选择的设备是(　　)。

    A. 通信控制器　　　　　B. 交换机　　　　　　　C. 多路复用器　　　　　D. 路由器

(4) 使用 tracert 命令测试网络时,可以(　　)。

    A. 检验链路协议是否运行正常

    B. 检验目标网络是否在路由表中

    C. 检验应用程序是否正常

    D. 显示分组到达路径上经过的各路由器

(5) 交换机与路由器在用户模式下均可对(　　)进行查询。

    A. 服务器　　　　　　　B. 计算机　　　　　　　C. 配置信息　　　　　　D. 接口

(6) 在一个自治系统内部路由器使用的路由协议,称为(　　)。

    A. 网络控制协议　　　　B. 内部网关协议　　　　C. 外部网关协议　　　　D. 控制报文协议

(7) 跨越不同的管理域的路由器所使用的协议,称为(　　)。

    A. 网络控制协议　　　　B. 内部网关协议　　　　C. 外部网关协议　　　　D. 控制报文协议

(8) (　　)负责路由信息的交换。

    A. DNS　　　　　　　　B. SNMP　　　　　　　C. RIP/OSPF　　　　　D. TELNET

3. 多项选择题

(1) 路由器内部,可以划分为(　　)。

    A. 存储部分　　　　　　B. 控制部分　　　　　　C. 电源部分　　　　　　D. 数据通路部分

(2) 路由器最基本的功能是(　　)。

    A. 路由选择　　　　　　B. 缓存数据　　　　　　C. 数据转发　　　　　　D. 防止病毒

(3) 路由器必须具备的两个基本功能是(　　)。

    A. 防病毒功能　　　　　　　　　　　　　　　　B. 确定通过互联网到达目的网络的最佳路径
    C. 视频信号传输　　　　　　　　　　　　　　　　D. 完成信息分组的传送

(4) 路由选择表有(　　)两种维护方式。

    A. 静态　　　　　　　　B. 动态　　　　　　　　C. 选择　　　　　　　　D. 非选择

(5) 目前,广泛使用的路由选择算法有(　　)。

    A. 链路状态路由选择算法　　　　　　　　　　　　B. 空间距离路由选择算法

C. 距离矢量路由选择算法　　　　　　D. 路由数量路由选择算法

(6) 下列属于路由器的主要特点的是(　　)。

A. 较强的异种网络互联能力　　　　　B. 较强流量控制

C. 较好的安全性和可管理维护性　　　D. 隔离能力较强

4. 问答题

(1) 简述路由器和二层交换机的区别。

(2) 简述路由表的结构和作用。

(3) 简述静态路由与动态路由的区别。

(4) 默认路由有什么作用?

(5) 简述路由器的主要作用。

5. 技能题

(1) 阅读说明后回答问题

【说明】　假设有主机 A(IP 地址为"202.208.2.4"),通过路由器 R1 向主机 B(IP 地址为"202.208.32.8")发送信息,从 A 到 B 要经过多个路由器,根据路由表,已知最佳路径为 R1→R2→R5。

【问题】　试根据路由器的工作原理,说明信息从主机 A 发送到主机 B 的数据传输过程。

(2) 查看计算机路由表及两台计算机之间路由

【内容及操作要求】

• 查看本地计算机路由表,根据路由表写出计算机的 IP 地址、子网掩码和默认网关。

• 查看本地计算机到局域网另一台计算机之间的路由,结合路由表说明数据的传输过程。

• 查看本地计算机到学校网站所在主机的路由,结合路由表说明数据的传输过程。

• 查看本地计算机到 Internet 某主机的路由,结合路由表说明数据的传输过程。

【准备工作】

安装 Windows XP Professional 或以上版本操作系统的计算机若干台;局域网所需的其他设备。

【考核时限】　25min。

项目 6　接入 Internet

广域网通常使用电信运营商建立和经营的网络,它的地理范围大,可以跨越国界到达世界上任何地方。电信运营商将其网络分次(拨号线路)或分块(租用专线)出租给用户以收取服务费用。个人计算机或局域网接入 Internet 时,必须通过广域网的转接。采用何种接入技术,很大程度上决定了局域网与外部网络进行通信的速度。本项目的主要目标是了解常见的接入技术;能够利用 ADSL、Cable Modem、光纤以太网等技术,实现家庭用户或小型局域网与 Internet 的连接。

任务 6.1　选择接入技术

【实训目的】

(1) 了解广域网的设备和常用标准。

(2) 了解接入网的基本知识。

(3) 能够合理地选择接入技术。

【实训条件】

(1) 正常联网并接入 Internet 的 PC。

(2) 本地区各 ISP 提供的接入服务的相关资料。

6.1.1　相关知识

广域网主要是为了实现大范围内的远距离数据通信,因此广域网在网络特性和技术实现上与局域网存在明显的差异。广域网的设备主要是交换机和路由器,设备之间采用点到点线路连接。

1. 广域网设备

广域网中的设备多种多样。通常把放置在用户端的设备称为客户端设备(Customer Premise Equipment,CPE),又称为数据终端设备(Data Terminal Equipment,DTE)。DTE 是广域网中进行通信的终端系统,如路由器、终端或 PC。大多数 DTE 的数据传输能力有限,两个距离较远的 DTE 不能直接连接起来进行通信。所以,DTE 首先应使用铜缆或者光纤连接到最近服务提供商的中心局(Central Office,CO)设备,再接入广域网。从 DTE 到 CO 的这段线路称为本地环路。在 DTE 和 WAN 网络之间提供接口的设备称为数据电路终端设备(Data Circuit-terminal Equipment,DCE),如 WAN 交换机或调制解调器

（Modem）。DCE 将来自 DTE 的用户数据转变为广域网设备可接受的形式，提供网络内的同步服务和交换服务。DTE 和 DCE 之间的接口要遵循物理层协议即物理层的接口标准，如 RS-232、X. 21、V. 24、V. 35 和 HSSI 等。当通信线路为数字线路时，设备还需要一个信道服务单元（Channel Service Unit，CSU）和一个数据服务单元（Data Service Unit，DSU），这两个单元往往合并为同一个设备，内建于路由器的接口卡中。而当通信线路为模拟线路时，则需要使用调制解调器。图 6-1 所示的例子说明了 DTE 和 DCE 之间的关系。

终端 /PC　　调制解调器　　　　　　WAN 交换机　　路由器
DTE　　　　　DCE　　　　　　　　　DCE　　　　　DTE

图 6-1　DTE 和 DCE 示例

常用的广域网设备包括：

- 路由器：提供诸如局域网互联、广域网接口等多种服务，包括局域网和广域网的设备连接端口。
- WAN 交换机：连接到广域网带宽上，进行语音、数据资料及视频通信。WAN 交换机是多端口的网络设备，通常进行帧中继、X. 25 及交换百万位数据服务（SMDS）等流量的交换。WAN 交换机通常工作于 OSI 参考模型的数据链路层。
- 调制解调器：包括针对各种语音级服务的不同接口，负责数字信号和模拟信号的转换。计算机在发送数据时，先由 Modem 把数字信号转换为相应的模拟信号，这个过程称为"调制"。经过调制的信号通过模拟通信线路传送到另一台计算机之前，也要经由接收方的 Modem 负责把模拟信号还原为计算机能识别的数字信号，这个过程称为"解调"。
- 通信服务器：汇聚拨入和拨出的用户通信。

2. 广域网技术

广域网能够提供路由器、交换机以及它们所支持的局域网之间的数据分组/帧交换。而且目前大部分广域网都采用存储转发方式进行数据交换，也就是说，广域网是基于报文交换或分组交换技术的（传统的公用电话交换网除外）。OSI 参考模型的 7 层协议同样适用于广域网，但广域网只涉及低三层，即物理层、数据链路层和网络层。

- 物理层：物理层协议描述了如何为广域网的电气、机械、操作和功能的连接到通信服务提供商所提供的服务。广域网物理层描述了数据终端设备和数据电路终端设备之间的接口。广域网的物理层描述了连接方式，分为专用或专线连接、电路交换连接、包交换连接三种类型。广域网之间的连接无论采用何种连接方式，都是用同步或异步串行连接。还有许多物理层标准定义了 DTE 和 DCE 之间接口的控制规则，例如 RS-232、RS-449、X. 21、V. 24、V. 35 等。
- 数据链路层：在每个广域网连接上，数据在通过广域网链路前都被封装到帧中。为了确保验证协议的使用，必须配置恰当的第二层封装类型。协议的选择主要取决于广域网的拓扑结构和通信设备。广域网数据链路层定义了传输到远程站点的数据的封装格式，并描述了在单一数据路径上各系统间的帧传送方式。

163

- 网络层：网络层的主要任务是设法将源节点发出的数据包传送到目的节点，从而向传输层提供最基本的端到端的数据传送服务。常见的广域网网络层协议有 CCITT 的 X.25 协议和 TCP/IP 协议中的 IP 协议等。

(1) 电路交换广域网

电路交换是广域网的一种交换方式，在每次会话过程中都需要建立、维持和终止一条专用的物理电路。公共电话交换网和综合业务数字网(ISDN)都属于典型的电路交换广域网。

① 公共电话交换网

公共电话交换网(Public Switched Telephone Network，PSTN)是以电路交换技术为基础的用于传输话音的网络。PSTN 概括起来主要由三部分组成：本地环路、干线和交换机。其中干线和交换机一般采用数字传输和交换技术，而本地环路(也称用户环路)即用户到最近的交换局或中心局这段线路，基本上采用模拟线路。由于 PSTN 的本地回路是模拟的，因此当两台计算机想通过 PSTN 传输数据时，中间必须经双方 Modem 实现计算机数字信号与模拟信号的相互转换。

② 综合业务数字网

综合业务数字网(Integrated Services Digital Network，ISDN)是一个数字电话网络国际标准，是一种典型的电路交换网络系统。它通过普通的铜缆以更高的速率和质量传输话音和数据。ISDN 具有以下特点：

- 利用一对用户线可以提供电话、传真、可视图文用数据通信等多种业务。若用户需要更高速率的信息，可以使用一次群用户接口，连接用户交换机、可视电话、会议电视或计算机局域网。此外 ISDN 用户在每一次呼叫时，都可以根据需要选择信息速率、交换方式等。

- 能够提供端到端的数字连接，即终端到终端之间的通道已完全数字化，具有优良的传输性能，而且信息传送速度快。

- ISDN 使用标准化的用户接口，该接口有基本速率接口和一次群速率接口。基本速率接口有两条 64kbps 的信息通路和一条 16kbps 的信令通路，简称 2B+D；一次群接口有 30 条 64kbps 的信息通路和一条 64kbps 的信令通路，简称 30B+D。标准化的接口能够保证终端间的互通。一个 ISDN 的基本速率用户接口最多可以连接 8 个终端，而且使用标准化的插座，易于各种终端的接入。

- 用户可以根据需要，在一对用户线上任意组合不同类型的终端，例如可以将电话机、传真机和 PC 连接在一起，可以同时打电话、发传真或传送数据。

- ISDN 的终端可以在通信过程中暂停正在进行的通信，然后在需要时再恢复通信。用户可以在通信暂停后将终端移至其他的房间，插入插座后再恢复通信，同时还可以设置恢复通信的身份密码。

- ISDN 是通过电话网的数字化发展而成的，因此只需在已有的通信网中增添或更改部分设备即可以构成 ISDN 通信网。ISDN 能够将各种业务综合在一个网内，提高了通信网的利用率，此外 ISDN 节省了用户线的投资，可以在经济上获得较大的利益。

(2) 分组交换广域网

与电路交换相比，分组交换是针对计算机网络设计的交换技术，可以最大限度地利用带宽,目前大多数广域网是基于分组交换技术的。

①　X.25 网络　X.25 网络是第一个公共数据网络,是一种比较容易实现的分组交换服务,其数据分组包含 3 字节头部和 128 字节数据部分。X.25 网络运行 10 年后,在 20 世纪 80 年代被帧中继网络所取代。

②　帧中继　帧中继(FrameRelay)是一种用于连接计算机系统的面向分组的通信方法,主要用于公共或专用网上的局域网互联以及广域网连接。大多数公共电信局都提供帧中继服务,把它作为建立高性能的虚拟广域连接的一种途径。

帧中继的主要特点是:使用光纤作为传输介质,因此误码率极低,能实现近似无差错传输,减少了进行差错校验的开销,提高了网络的吞吐量;帧中继是一种宽带分组交换,使用复用技术时,其传输速率可高达 44.6Mbps。但是帧中继不适合于传输诸如话音、电视等实时信息,仅限于传输数据。

③　ATM　异步传输模式(Asynchronous Transfer Mode,ATM)又叫信元中继,是在分组交换基础上发展起来的一种传输模式。ATM 是一种采用具有固定长度的分组(信元)的交换技术,每个信元长 53 字节,其中报头占 5 字节,主要完成寻址的功能。之所以称其为异步,是因为来自某一用户的、含有信息的各个信元不需要周期性出现,也就是不需要对发送方的信号按一定的步调(同步)进行发送,这是 ATM 区别于其他传输模式的一个基本特征。ATM 是一种面向连接的技术,信元通过特定的虚拟电路进行传输,虚拟电路是 ATM 网络的基本交换单元和逻辑通道。当发送端想要和接收端通信时,首先要向接收端发送要求建立连接的控制信号,接收端通过网络收到该控制信号并同意建立连接后,一个虚拟电路就会被建立,当数据传输完毕后还需要释放该连接。

ATM 技术的主要特点如下:

* ATM 是一种面向连接的技术,采用小的、固定长度的数据传输单元,时延小,实时性较好。
* 各类信息均采用信元为单位进行传送,能够支持多媒体通信。
* 采用时分多路复用方式动态地分配网络,网络传输时延小,适应实时通信的要求。
* 没有链路对链路的纠错与流量控制,协议简单,数据交换率高。
* ATM 的数据传输率为 155Mbps~2.4Gbps。

④　MPLS　多协议标签交换(Multi-Protocol Label Switching,MPLS)是一种用于快速数据包交换和路由的体系,它为网络数据流量提供了目标、路由、转发和交换等能力。MPLS 独立于第二层和第三层协议,它提供了另一种方式,将 IP 地址映射为简单的具有固定长度的标签,用于不同的包转发和包交换技术。MPLS 是现有路由和交换协议的接口,如 IP、ATM、帧中继、资源预留协议(RSVP)、开放最短路径优先(OSPF)等。

(3) DDN

数字数据网(Digital Data Network,DDN)是一种利用数字信道提供数据通信的传输网,它主要提供点到点及点到多点的数字专线或专网。DDN 由数字通道、DDN 节点、网管系统和用户环路组成。DDN 的传输介质主要有光纤、数字微波、卫星信道等。DDN 采用了计算机管理的数字交叉连接技术,为用户提供半永久性连接电路,即 DDN 提供的信道是非交换、用户独占的永久虚电路。一旦用户提出申请,网络管理员便可以通过软件命令改变用户专线的路由或专网结构,而无须经过物理线路的改造扩建工程,因此 DDN

极易根据用户的需要,在约定的时间内接通所需带宽的线路。DDN 为用户提供的基本业务是点到点的专线。从用户角度来看,租用一条点到点的专线就是租用了一条高质量、高带宽的数字信道。

DDN 专线与电话专线的区别在于:电话专线是固定的物理连接,而且电话专线是模拟信道,带宽窄、质量差、数据传输率低;而 DDN 专线是半固定连接,其数据传输率和路由可随时根据需要申请改变,另外,DDN 专线是数字信道,其质量高、带宽宽,并且采用热冗余技术,具有路由故障自动迁回功能。

DDN 与分组交换网的区别在于:DDN 是一个全透明的网络,采用同步时分复用技术,不具备交换功能,利用 DDN 的主要方式是定期或不定期地租用专线,适合于需要频繁通信的 LAN 之间或主机之间的数据通信。DDN 网提供的数据传输率一般为 2Mbps,最高可达45Mbps 甚至更高。

(4) SDH

SDH(Synchronous Digital Hierarchy,同步数字系列)是一种将复接、线路传输及交换功能融为一体、并由统一网管系统操作的综合信息传送网络。它建立在 SONET(同步光网络)协议基础上,可实现网络有效管理、实时业务监控、动态网络维护、不同厂商设备间的互通等多项功能,能大大提高网络资源利用率、降低管理及维护费用、实现灵活可靠和高效的网络运行与维护。

SDH 传输系统在国际上有统一的帧结构、数字传输标准速率和标准的光路接口,使网管系统互通,因此有很好的横向兼容性,形成了全球统一的数字传输体制标准,提高了网络的可靠性。SDH 有多种网络拓扑结构,有传输和交换的性能,它的系列设备的构成能通过功能块的自由组合,实现不同层次和各种拓扑结构的网络,十分灵活。SDH 属于 OSI 模型的物理层,并未对高层有严格的限制,因此可在 SDH 上采用各种网络技术,支持 ATM 或IP 传输。

由于以上所述的众多特性,SDH 在广域网和专用网领域得到了巨大的发展。各大电信运营商都已经大规模建设了基于 SDH 的骨干光传输网络,一些大型的专用网络也采用了SDH 技术,架设系统内部的 SDH 光环路,以承载各种业务。

3. Internet 与 Internet 接入网

(1) Internet

Internet,中文正式译名为因特网,又叫做国际互联网。它是由那些使用公用语言互相通信的计算机连接而成的全球网络。1995 年 10 月 24 日,联合网络委员会(FNC)通过了一项关于"Internet"的决议,联合网络委员会认为,下述语言反映了对"Internet"这个词的定义。

- Internet 指的是全球性的信息系统。
- 通过全球性的唯一的地址逻辑地链接在一起。这个地址是建立在"Internet 协议"(IP)或今后其他协议基础之上的。
- 可以通过"传输控制协议"和"Internet 协议"(TCP/IP),或者今后其他接替的协议或与"Internet 协议"(IP)兼容的协议来进行通信。
- 让公共用户或者私人用户使用高水平的服务。这种服务是建立在上述通信及相关的基础设施之上的。

联合网络委员会是从技术的角度来定义 Internet 的,这个定义至少揭示了三个方面的内容:首先,Internet 是全球性的;其次,Internet 上的每一台主机都需要有"地址";最后,这些主机必须按照共同的规则(协议)连接在一起。

(2) Internet 接入网

作为承载 Internet 应用的通信网,宏观上可划分为接入网和核心网两大部分。接入网(Access Network,AN)主要用来完成用户接入核心网的任务。在 ITU-T 建议 G.963 中接入网被定义为:本地交换机(即端局)与用户端设备之间的连接部分,通常包括用户线传输系统、复用设备、数字交叉连接设备和用户/网络接口设备。

在当今核心网已逐步形成以光纤线路为基础的高速信道情况下,国际权威专家把宽带综合信息接入网比作信息高速公路的"最后一英里",并认为它是信息高速公路中难度最高、耗资最大的一部分,是信息基础建设的瓶颈。

Internet 接入网分为主干系统、配线系统和引入线三部分。其中主干系统为传统电缆和光缆;配线系统也可能是电缆或光缆,长度一般为几百米;而引入线通常为几米到几十米,多采用铜线。接入网的物理参考模型如图 6-2 所示。

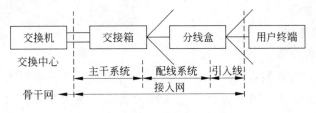

图 6-2　接入网的物理参考模型

(3) ISP

ISP 是用户接入 Internet 的服务代理和用户访问 Internet 的入口点。ISP(Internet Service Provider)就是 Internet 服务提供者,具体是指为用户提供 Internet 接入服务、为用户制定基于 Internet 的信息发布平台以及提供基于物理层技术支持的服务商,包括一般意义上所说的网络接入服务商(IAP)、网络平台服务商(IPP)和目录服务提供商(IDP)。ISP 是用户和 Internet 之间的桥梁,它位于 Internet 的边缘,用户通过某种通信线路连接到 ISP,借助 ISP 与 Internet 的连接通道便可以接入 Internet,如图 6-3 所示。

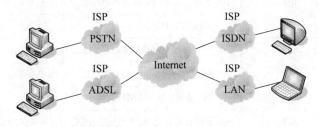

图 6-3　通过 ISP 接入 Internet

各国和各地区都有自己的 ISP,在我国具有国际出口线路的四大 Internet 运营机构(CHINANET、CHINAGBN、CERNET、CASNET)在全国各地都设置了自己的 ISP 机构,如 CHINANET 的 16900 服务等。CHINANET 是我国电信部门经营管理的基于 Internet 网络技术的中国公用 Internet 网,通过 CHINANET 的灵活接入方式和遍布全国各城市的接入点,可以方便地接入国际 Internet,享用 Internet 上的丰富资源和各种服务。CHINANET 由核心层、区域层和接入层组成,核心层主要提供国内高速中继通道和连接接入层,同时负责与国际 Internet 的互联;接入层主要负责提供用户端口以及各种资源服务器。

ICP(Internet Content Provider),中文翻译为 Internet 内容提供商,指利用 ISP 线路,通过设立的网站向广大用户综合提供信息业务和增值业务,允许用户在其域名范围内进行信息发布和信息查询,像新浪、搜狐、163、21CN 等都是国内知名的 ICP。

IDC(Internet Data Center),中文翻译为 Internet 数据中心,是电信部门利用已有的 Internet 通信线路、带宽资源,建立标准化的电信专业级机房环境,为企业、政府提供服务器托管、租用以及相关增值等方面的全方位服务。通过使用电信的 IDC 服务器托管业务,企业或政府单位无须再建立自己的专门机房、铺设昂贵的通信线路,也无须高薪聘请网络工程师,即可自己解决使用 Internet 的许多专业需求。IDC 主机托管主要应用范围是网站发布、虚拟主机和电子商务等。

4. 接入技术的选择

(1) 接入技术的分类

针对不同的用户需求和不同的网络环境,目前有多种接入技术可供选择。按照网络传输介质的不同,可以将接入网分为有线接入和无线接入两大类型。具体的分类如表 6-1 所示。

表 6-1　接入网类型

有线接入	铜缆	PSTN 拨号:56kbps
		ISDN:单通道 64kbps,双通道 128kbps
		ADSL:下行 256kbps～8Mbps,上行 1Mbps
		VDSL:下行 12～52Mbps,上行 1～16Mbps
	光纤	Ethernet:10/100/1000Mbps,10Gbps
		APON:对称 155Mbps,非对称 622Mbps
		EPON:1Gbps
	混合	HFC(混合光纤同轴电缆):下行 36Mbps,上行 10Mbps
		PLC(电力线通信网络):2～100Mbps
无线接入	固定	WLAN:2～56Mbps
	激光	FSO(自由空间光通信):155Mbps～10Gbps
	移动	GPRS(无线分组数据系统):171.2kbps

从上表可以看出,不同的接入技术需要不同的设备,能提供不同的传输速度,用户应根据实际需求选择合适的接入技术。另外需要注意的是,电信运营商现有的宽带接入策略是

在新建小区大力推行综合布线,采用以太网接入;而对旧住宅区及商业楼宇中的分散用户可利用已有的铜缆电话线,提供 ADSL 或其他合适的 DSL 接入手段;对于用户集中的商业大楼,则采用综合数据接入设备或直接采用光纤传输设备。

(2) ISP 的选择

用户能否有效地访问 Internet 与所选择的 ISP 直接相关,在选择 ISP 时应注意以下几个方面。

① ISP 所在的位置

在选择 ISP 时,首先应考虑本地的 ISP,这样可以减少通信线路的费用,得到更可靠的通信线路。例如通过电话线路接入 Internet,如果选择的是本地 ISP,费用按照本地话费计算,否则按长途计算。

② ISP 的性能

- 可靠性:ISP 能否保证用户与 Internet 的顺利连接,在连接建立后能否保证连接不中断,能否提供可靠的域名服务器、电子邮件等服务。
- 传输速率:ISP 能否与国家或国际 Internet 主干连接。
- 出口带宽:ISP 的所有用户将分享 ISP 的 Internet 连接通道,如果 ISP 的出口带宽比较窄,可能成为用户访问 Internet 的瓶颈。

③ ISP 的服务质量

对 ISP 服务质量的衡量是多方面的,如所能提供的增值服务、技术支撑、服务经验和收费标准等。增值服务是为指用户提供上网以外的一些服务,如根据用户的需求定制安全策略、提供域名注册服务等。技术支持除了保证一天 24 小时的连续运行外,还涉及到能否为客户提供咨询或软件升级等服务。ISP 的服务经验与其经营理念、服务历史及客户情况等有关。目前 ISP 常见的收费标准包括按传输的信息量收费、按与 ISP 建立连接的时间收费或按照包月、包年等形式收费。

6.1.2 实训内容

1. 了解本地 ISP 提供的接入业务

了解本地区主要 ISP 的基本情况,通过 Internet 登录其网站或走访其业务厅,了解该 ISP 能提供哪些宽带业务,了解这些宽带业务的主要技术特点和资费标准,思考这些宽带业务分别适合于什么样的用户群。

2. 了解本地家庭用户使用的接入业务

走访本地区采用不同接入技术接入 Internet 的家庭用户,了解其所使用的接入设备及相关费用,了解使用相应接入技术访问 Internet 时的速度和质量。

3. 了解本地局域网用户使用的接入业务

走访本地区采用不同接入技术接入 Internet 的局域网用户,了解其所使用的接入设备及相关费用,了解使用相应接入技术访问 Internet 时的速度和质量。

任务 6.2　ADSL 用户虚拟拨号接入 Internet

【实训目的】

(1) 了解 ADSL 技术的基本知识。

(2) 熟悉常见的 ADSL 接入方式。

(3) 掌握使用外置 ADSL Modem 虚拟拨号接入 Internet 的方法。

【实训条件】

(1) 已经申请的 ADSL 服务。

(2) ADSL Modem 及相关设备。

(3) 安装有 Windows XP 操作系统的计算机。

6.2.1　相关知识

1. DSL 技术

数字用户线路(Digital Subscriber Line,DSL)技术是基于普通电话线的宽带接入技术。它可以在一根铜线(电话线)上分别传送数据和语音信号,其中数据信号并不通过电话交换设备。DSL 有许多模式,如 ADSL、RADSL、HDSL 和 VDSL 等,一般称之为 xDSL。它们主要的区别体现在信号传输速度和距离的不同以及上行速率和下行速率对称性的不同这两个方面。

HDSL 与 SDSL 支持对称的 T1/E1 传输。其中 HDSL 的有效传输距离为 3～4km,且需要 2 至 4 对铜质双绞电话线;SDSL 最大有效传输距离为 3km,只需一对铜线。相比较而言,对称 DSL 更适用于企业点对点连接应用,如文件传输、视频会议等收发数据量大致相等的工作。

VDSL、ADSL 和 RADSL 属于非对称式传输。其中 VDSL 技术是 xDSL 技术中最快的一种,但其传输距离只在几百米以内;ADSL 在一对铜线上支持上行速率 640kbps～1Mbps,下行速率 256kbps～8Mbps,有效传输距离在 3～5km 范围以内;RADSL 能够提供的速度范围与 ADSL 基本相同,但它可以根据双绞铜线质量的优劣和传输距离的远近动态地调整用户的访问速度。

2. ADSL 技术的特点

ADSL(Asymmetric Digital Subscriber Line,非对称数字用户线路)是一种非对称的 DSL 技术,所谓非对称是指用户线的上行速率与下行速率不同。ADSL 上行速率低,下行速率高,特别适合传输多媒体信息业务,如视频点播(VOD)、多媒体信息检索和其他交互式业务。

传统的电话线系统使用的是铜线的低频部分(4kHz 以下频段)。而 ADSL 采用 DMT(离散多音频)技术,将原来电话线路中从 0kHz 到 1.1MHz 的频段划分成 256 个频宽为 4.3kHz 的子频带。其中,4kHz 以下频段用于传送传统电话业务,20～138kHz 的频段用来传送上行信号,138kHz～1.1MHz 的频段用来传送下行信号。DMT 技术可以根据线路的情况调整在每个信道上所调制的比特数,以便充分地利用线路。由上可以看到,对于原先的电话信号而言,仍使用原先的频带,而基于 ADSL 的业务,使用的是话音以外的频带。所以原先的电话业务不受任何影响。

ADSL 技术具有以下特点：

- 可直接利用现有用户电话线，节省投资。
- 可享受高速的网络服务，为用户提供上、下行不对称的传输带宽。
- 上网的同时可以打电话，互不影响，ADSL 传输的数据并不通过电话交换机，所以上网时不需要另交电话费。
- 安装简单，不需要另外申请增长线路，只需要在普通电话线上加装 ADSL Modem，在电脑上装上网卡即可。
- ADSL 的数据传输速率是根据线路的情况自动调整的，它以"尽力而为"的方式进行数据传输。

3. ADSL 技术与其他常见接入技术的对比

（1）ADSL 与普通拨号 Modem 的比较

比起普通拨号 Modem 的最高速率 56kbps，ADSL 的速率优势是不言而喻的。而且它在同一铜线上分别传送数据和语音信号，数据信号并不通过电话交换机设备，所以在线并不需要拨号，这意味着上网无须缴纳额外的话费。

（2）ADSL 与 ISDN 的比较

二者的相同点是都能够进行语音、数据、图像的综合通信，但 ADSL 的速率是 ISDN 的 60 倍左右。ISDN 提供的是 2B＋D 的数据通道，其速率最高可达到 128kbps，接入网络是窄带的 ISDN 交换网络；而 ADSL 的下行速率可达 8Mbps，它的语音部分走的是传统的 PSTN 网，数据部分则接入宽带 ATM 平台。

（3）ADSL 与 DDN 的比较

相对 DDN 对称性的数据传输，ADSL 的不对称传输更适合普通网络用户的需求。同时 ADSL 费用较之 DDN 要低廉得多，接入方式也较灵活。

（4）ADSL 和 Cable Modem 的比较

ADSL 在网络拓扑的选择上采用星型拓扑结构，为每个用户提供固定、独占的保证宽带，而且可以保证用户发送数据的安全性，而 Cable Modem 的线路为总线型，一旦用户数增多，每个用户所分配的带宽就会急剧下降，而且共享型网络拓扑致命的缺陷就是它的安全性差，数据传送基于广播机制，同一个信道的每个用户都可以接收到该信道中的数据包。

4. ADSL 通信协议

利用 ADSL 接入的方式主要有 PPPoA、PPPoE 虚拟拨号方式、专线方式和路由方式 4 种，每种方式支持的协议是不一样的。一般用户多采用 PPPoA、PPPoE 虚拟拨号方式，用户没有固定的 IP 地址，使用 ISP 分配的用户账户进行身份验证。而企业用户更多的选择静态 IP 地址的专线方式和路由方式。

（1）PPPoE 协议

PPPoE(Point to Point Protocol over Ethernet)的中文名称为以太网的点到点连接协议。这个协议是为了满足越来越多的宽带上网设备和越来越快的网络之间的通信而最新制定开发的标准，它基于两个广泛接受的标准，即：局域网 Ethernet 和 PPP 点对点拨号协议。对于最终用户来说，不需要用户了解比较深的局域网技术，只需要当作普通拨号上网就可以了，对于服务商来说，在现有局域网基础上不需要花费巨资来做大面积改造、设置 IP 地址绑定用户等来支持专线方式。这就使得 PPPoE 在宽带接入服务中比其他协议更具有优势,因此逐渐成为宽带上网的最佳选择。

PPPoE 的实质是以太网和拨号网络之间的一个中继协议,继承了以太网的快速和 PPP 拨号的简单、用户验证、IP 分配等优势。在实际应用上,PPPoE 利用以太网的工作机理,将 ADSL Modem 的 10Base-T 接口与内部以太网络互联,在 ADSL Modem 中采用 RFC 1483 的桥接封装方式对终端发出的 PPP 包进行 LLC/SNAP 封装后,通过连接两端的 PVC 在 ADSL Modem 与网络侧的宽带接入服务器之间建立连接,实现 PPP 的动态接入。PPPoE 接入利用在网络侧和 ADSL Modem 之间的一条 PVC 就可以完成以太网络上多用户的共同接入,实用方便,实际组网方式也很简单,大大降低了网络的复杂程度。PPPoE 具备了以上这些特点,所以成为当前 ADSL 宽带接入的主流接入协议。

(2) PPPoA 协议

PPPoA(Point to Point Protocol over ATM)的中文名称为异步传输点到点连接协议,适用于与 ATM(异步传输模式)网络连接。PPPoA 方式类似于专线接入方式,用户连接和配制好 ADSL Modem 后,在自己的计算机网络里设置好相应的 TCP/IP 协议以及网络参数,开机后,用户端和局端会自动建立一条链路,无须任何拨号软件,但需要输入相应的用户账户。目前普通用户基本上不采用 PPPoA 方式,该方式主要用于电信、邮政等通信领域。

5. ADSL 接入方式

从客户端设备和用户数量来看,ADSL 接入可以分为以下 4 种接入情况。

(1) 单用户 ADSL Modem 直接连接

此方式多为家庭用户使用,连接时用电话线将滤波器一端接于电话机上,一端接于 ADSL Modem,再用双绞线交叉跳线将 ADSL Modem 和计算机网卡连接即可(如果使用 USB 接口的 ADSL Modem 则不必使用网线),如图 6-4 所示。

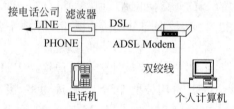

图 6-4　单用户 ADSL Modem 直接连接

(2) 多用户 ADSL Modem 直接连接

若有多台计算机,首先应用集线器或交换机组成局域网,设其中一台为服务器,并配置两块网卡,一块连接 ADSL Modem,一块接入局域网,滤波器的连接与单用户 ADSL Modem 直接连接相同,其他计算机可通过服务器接入 Internet,如图 6-5 所示。

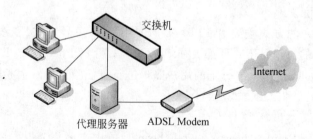

图 6-5　多用户 ADSL Modem 直接连接

(3) 小型网络用户 ADSL 路由器直接连接

除了使用 ADSL Modem 接入外还可以使用 ADSL 路由器。ADSL 路由器兼有路由功能和 Modem 功能,可与计算机直接相连,不过由于 ADSL 路由器提供的以太网端口数量有限,因而只适合于用户数量不多的小型网络。

（4）大量用户通过 ADSL 路由器连接

当网络用户数量较大时,可以先将所有计算机组成局域网,再将 ADSL 路由器与交换机和集线器相连,如图 6-6 所示。

图 6-6　大量用户通过 ADSL 路由器连接

图 6-7　外置 ADSL Modem

6.2.2　实训内容

1. 认识 ADSL Modem 和滤波分离器

（1）认识 ADSL Modem

在用户端,ADSL 接入方式的核心设备是 ADSL Modem。ADSL Modem 和原来的 Modem 一样有内置和外置之分。内置 ADSL Modem 是一块内置板卡,受性能影响现在很少使用。外置 ADSL Modem 根据其提供的计算机接口可以分为以太网 RJ-45 接口类型和 USB 接口类型,目前常用的是以太网 RJ-45 接口类型,如图 6-7 所示。

在外置 ADSL Modem 上,我们可以看到一些接口,这些接口主要实现硬件的连接,常见外置 ADSL Modem 上的接口如图 6-8 所示。

图 6-8　外置 ADSL Modem 的接口

- DC-IN：电源接口,连接电源适配器。
- CONSOLE：调试端口,可以连接计算机。
- ETHERNET：以太网接口,可以连接计算机的网卡。
- LINE：ADSL 接口,连接电话线。

在外置 ADSL Modem 上,我们还可以看到一些状态指示灯,通过状态指示灯可以判断设备的工作情况,常见外置 ADSL Modem 上的状态指示灯如图 6-9 所示。

- PWR：此灯常亮表明设备通电。
- LAN：此灯常亮表明以太网链路正常;闪烁时表示有数据传输,绿色表示当前数据传输速率为 10Mbps;橙色表示当前数据传输速率为 100Mbps。

173

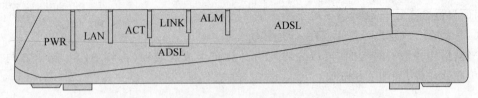

图 6-9　外置 ADSL Modem 的状态指示灯

- ACT：此灯闪烁表明 ADSL 链路有数据流量。
- LINK：此灯常亮表明 ADSL 链路正常。
- ALM：此灯常亮表明 ADSL 设备故障。

（2）认识 ADSL 滤波分离器

如果希望上网的同时能通电话，而且两者相互不影响的话，那就需要在安装电话和 ADSL Modem 前使用滤波分离器。滤波分离器的作用是将 ADSL 电话线路中的高频信号和低频信号分离，使 ADSL 数据和语音能够同时传输，如图 6-10 所示。

通常在滤波分离器上会有三个电话线接口，一般都会有英文标注，在连接前请看清每个接口的作用和位置，以免连接错误，这三个电话线接口的作用如图 6-11 所示。

图 6-10　ADSL 滤波分离器

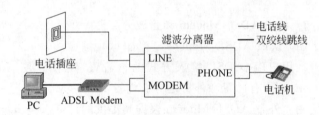

图 6-11　ADSL 滤波分离器接口的连接

2. 硬件设备的安装和连接

（1）检查相应硬件，制作双绞线跳线

在进行 ADSL 硬件安装前，应检查是否准备好以下材料：一块 10M 或 10M/100M 自适应网卡、一个 ADSL 调制解调器，一个滤波器，另外还有两根两端做好 RJ-11 头的电话线和一根两端做好 RJ-45 头的 5 类或超 5 类双绞线跳线（交叉线）。

（2）安装 ADSL 滤波分离器

安装时先将来自电信局端的电话线接入滤波器的输入端（LINE），然后再用准备好的两端做好 RJ-11 头的电话线一头连接滤波器的语音信号输出口（PHONE），另一端连接电话机。需要注意的是，在采用 G. Lite 标准的系统中由于降低了对输入信号的要求，就不需要安装滤波器了，这使得该 ADSL Modem 的安装更加简单和方便。

（3）安装 ADSL Modem

用准备好的另一根两端做好 RJ-11 头的电话线将滤波器的 Modem 口和 ADSL Modem 的 ADSL 插孔连接起来，再用 5 类或超 5 类双绞线跳线（交叉线），一头连接 ADSL Modem 的 Ethernet 插孔，另一头连接计算机网卡中的 RJ-45 插孔。这时候打开计算机和 ADSL Modem 的电源，如果两边连接网线的插孔所对应的 LED 都亮了，那么硬件连接成功。

ADSL Modem 的硬件连接如图 6-12 所示。

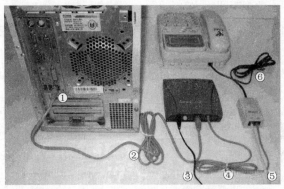

① 网卡接口　　　　　④ 电话线 (连接 Modem 和分离器)
② 双绞线跳线　　　　⑤ 电话线 (连接电话插座)
③ Modem 电源线　　　⑥ 电话线 (连接电话机与分离器)

图 6-12　ADSL Modem 的硬件连接

3. 软件设置

(1) 驱动程序的安装与网卡设置

正确地安装网卡驱动程序和协议,网卡的安装协议里一定要有 TCP/IP,一般使用 TCP/IP 的默认配置,不要自作主张地设置固定的 IP 地址。

(2) 安装 PPPoE 虚拟拨号软件

ADSL 的使用有虚拟拨号和专线接入两种方式。采用专线接入的用户只要开机即可接入 Internet。所谓虚拟拨号是指用 ADSL 接入 Internet 时同样需要输入用户名与密码(与原有的 Modem 和 ISDN 接入相同),虚拟拨号在使用习惯上与原来的方式没什么不同,但需要安装虚拟拨号软件。

在 Windows XP 系统中建立 ADSL 拨号连接的方法与建立一个电话拨号连接一样,基本操作步骤如下:

① 单击"开始"→"程序"→"附件"→"通信"→ "新建连接向导"命令,进入连接向导后,单击"下一步"按钮,进入如图 6-13 所示"网络连接类型"选择对话框,选择"连接到 Internet",单击"下一步"按钮。

② 在图 6-14 所示的对话框中选择"手动设置我的连接",单击"下一步"按钮。

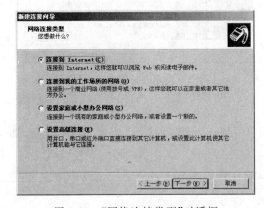

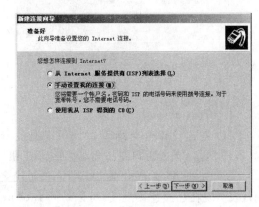

图 6-13　"网络连接类型"对话框　　　　　图 6-14　"准备好"对话框

175

③ 在图 6-15 所示的对话框中选择"用要求用户名和密码的宽带连接来连接"(基于 PPPoE 协议),单击"下一步"按钮。

④ 在图 6-16 所示的对话框中输入一个连接的名称,这里填入"adsl",单击"下一步"按钮。

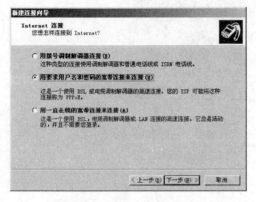 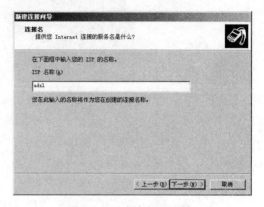

图 6-15 "Internet 连接"对话框   图 6-16 "连接名"对话框

⑤ 在图 6-17 所示的对话框中的"用户名"处填入申请 ADSL 时的账户名,在"密码"与"确认密码"处填入用户密码。用户名、密码是区分大、小写字母的,这里输入的资料必须正确,否则将不能成功登录。接着的选项可以按照需要自行选择是否勾选,再单击"下一步"按钮。

⑥ 在图 6-18 所示的对话框中把"在我的桌面上添加一个到此连接的快捷方式"打钩,这样在计算机桌面上就会有一个叫"adsl"的拨号连接图标,单击"完成"按钮以结束本次安装。

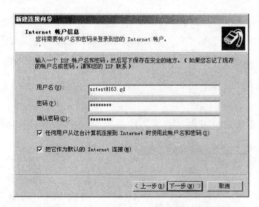 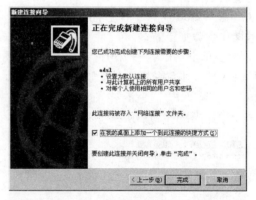

图 6-17 "Internet 账户信息"对话框   图 6-18 "正在完成新建连接向导"对话框

4. 访问 Internet

(1) 双击计算机桌面上的"adsl"的拨号连接图标,系统会打开"连接 adsl"界面,如图 6-19 所示,单击窗口左下角的"连接"按钮。

(2) 如果"连接 adsl"窗口消失,取而代之的是计算机桌面右下角的显示,如图 6-20 所示,表明现在已经连接上线,可以访问 Internet 了。

(3) 打开浏览器访问 Internet。

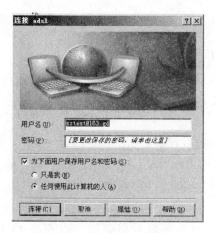

图 6-19　"连接 adsl"对话框

图 6-20　"adsl 现在已连接"对话框

任务 6.3　Cable Modem 家庭用户方式
接入 Internet

【实训目的】

（1）了解光纤同轴电缆混合网的基本结构。

（2）熟悉 Cable Modem。

（3）掌握家庭用户使用 Cable Modem 接入 Internet 的方法。

【实训条件】

（1）Cable Modem 及相关设备。

（2）安装有 Windows XP 操作系统的计算机。

6.3.1　相关知识

为了提高用户接入 Internet 的速度，人们一方面通过 xDSL 技术提高使用电话线接入 Internet 的传输带宽；另一方面也在利用覆盖范围广、具有极高带宽的 CATV（有线电视）网络。HFC 接入技术就是以原有的 CATV 网络为基础，综合应用模拟和数字传输技术、射频技术和计算机技术所产生的一种宽带接入技术。

1. HFC 技术

HFC（Hybrid Fiber Coaxial）是光纤和同轴电缆相结合的混合网络。HFC 通常由光纤干线、同轴电缆支线和用户配线网络三部分组成，从有线电视台出来的节目信号先变成光信号在干线上传输；到用户区域后把光信号转换成电信号，经分配器分配后通过同轴电缆送到用户。它与早期 CATV 同轴电缆网络的不同之处是其干线上使用光纤传输光信号，因此在前端需完成电光转换，进入用户区后要完成光电转换。

（1）HFC 的主要特点

HFC 的主要特点有以下几个方面：

- 传输容量大,易实现双向传输,从理论上讲,一对光纤可同时传送 150 万路电话或 2000 套电视节目。
- 频率特性好,在有线电视传输带宽内无须均衡。
- 传输损耗小,可延长有线电视的传输距离,25km 内无须中继放大;光纤间不会有串音现象,不怕电磁干扰,能确保信号的传输质量。

(2) HFC 的网络结构

同传统的 CATV 网络相比,HFC 的网络拓扑结构也有所不同:

- 光纤干线采用星型或环状结构。
- 支线和配线网络的同轴电缆部分采用树状或总线式结构。
- 整个网络按照光节点划分成一个服务区。

HFC 采用上述网络结构可满足为用户提供多种业务服务的要求。图 6-21 给出了 HFC 双向网典型方框图。

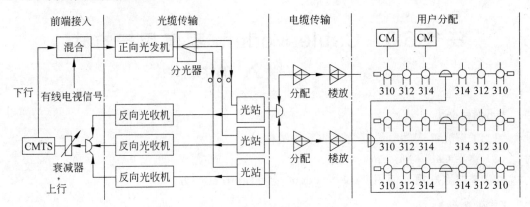

图 6-21　HFC 双向网典型方框图

(3) HFC 宽带接入系统的组成

HFC 宽带接入系统构建在现有的 HFC 网络上,借助 HFC 网络的双向传输能力为集团和个人用户提供各类速率的数据传输服务,同时不影响原有的有线电视传送。通常 HFC 宽带接入系统的设备主要有两类,位于前端的设备是 HFC 网关,包括 CMTS(Cable Modem Termination Systems,线缆调制解调器终端系统)、上变频器和以太网交换机等,用来将用户端设备和前端的服务器或者是访问 Internet 的路由器连接起来,完成上、下行数据的转发,并对所有用户端设备进行控制和管理;位于用户端的设备是 CM(Cable Modem,线缆调制解调器),用来接收数据,并将其转换为以太网数据格式通过以太网接口传送给用户 PC,或将用户发送的以太网格式的数据转换并调制发送到 HFC 网络上。

2. Cable Modem

Cable Modem 即线缆调制解调器,是一种通过有线电视 HFC 网络实现高速 Internet 接入的设备。Cable Modem 主要面向计算机用户的终端,是连接有线电视同轴电缆与用户计算机的中间设备。

(1) Cable Modem 技术原理

Cable Modem 不单纯是调制解调器,它集 Modem、调谐器、加/解密设备、桥接器、网络接口卡、虚拟专网代理和以太网集线器等功能于一身。它无须拨号上网,不占用电话线,可提供随时在线的永久连接。服务商的设备同用户的 Modem 之间建立了一个虚拟专网连接,Cable Modem 提供一个标准的以太网接口同用户的 PC 或网络设备相连。

Cable Modem 的技术实现一般是从 42～750MHz 电视频道中分离出一条 6MHz 的信道用于下行传送数据。通常下行数据采用 64QAM(正交调幅)调制方式,最高速率可达 27Mbps,如果采用 256QAM,最高速率可达 36Mbps。上行数据一般通过 5～42MHz 之间的一段频谱进行传送,为了有效抑制上行噪音积累,一般选用 QPSK 调制,QPSK 比 64QAM 更适合噪音环境,但速率较低。CMTS(线缆调制解调器终端系统)从外界网络接收的数据帧封装在 MPGE-TS 帧中,通过下行数字调制和 RF(Radio Frequency,射频)输出到用户端,同时接收上行出来的数据转换成以太网帧。用户端 Cable Modem 的基本功能就是将上行数字信号调制成 RF 信号,将下行的 RF 信号解调为数字信号,从 MPEG-TS 帧中解出数据,形成以太网的数据,通过以太网接口输出。

(2) Cable Modem 的分类

随着 Cable Modem 技术的发展,出现了不少 Cable Modem 类型,主要有以下几种分类方法。

- 根据传输方式的不同可分为双向对称式传输 Cable Modem 和非对称式传输 Cable Modem。对称式传输速率为 2～4Mbps、最高能达到 10Mbps;非对称式传输下行速率为 30Mbps,上行速率为 500kbps～2.56Mbps。
- 根据数据传输方向可分为单向 Cable Modem 和双向 Cable Modem。
- 从网络通信角度,Cable Modem 可分为同步(共享)和异步(交换)两种方式。在同步方式中,网络用户共享同样的带宽,当用户增加到一定数量时,其速率急剧下降,碰撞增加。异步的 ATM 技术与非对称传输已经成为 Cable Modem 技术的发展主流。
- 根据所支持的用户不同可分为个人 Cable Modem 和宽带 Cable Modem(多用户),宽带 Cable Modem 具有网桥的功能,可以将一个计算机局域网接入。
- 根据 Cable Modem 与计算机的接口可分为外置式、内置式和交互式机顶盒。外置 Cable Modem 的外形像一个小盒子,通过网卡连接电脑;内置 Cable Modem 是一块 PCI 插卡,可以安装在台式计算机主板上;交互式机顶盒是 Cable Modem 的伪装,通过使用数字电视编码(DVB),交互式机顶盒提供一个回路,使用户可以直接在电视屏幕上访问网络,完成收发 E-mail 和浏览网页等操作。

6.3.2　实训内容

1. 认识 Cable Modem

Cable Modem 的外形和 ADSL Modem 基本一样,只是接口不同,Cable Modem 一般有两个接口,一个用来连接室内的有线电视接口,另一个与计算机相连。图 6-22 所示为一款外置 Cable Modem。

在外置 Cable Modem 上,我们可以看到一些接口,这些接口主要实现硬件的连接;还可以看到一些状态指示灯,通过状态指示灯可以判断设备的工作情况,常见外置 Cable Modem 上的接口和状态指示灯如图 6-23 所示。

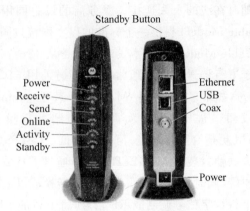

图 6-22　外置 Cable Modem

图 6-23　外置 Cable Modem 上的
接口和状态指示灯

由图可见,外置 Cable Modem 主要有以下接口:
- Power:电源接口,连接电源适配器。
- Coax:有线电视接口,连接有线电视同轴电缆。
- Ethernet:以太网接口,可以连接计算机的网卡。
- USB:USB 接口,连接计算机 USB 接口。

外置 Cable Modem 主要有以下指示灯:
- Power:此灯常亮表明设备通电。
- Receive:此灯闪烁表明有数据接收。
- Send:此灯闪烁表明有数据发送。
- Online:此灯常亮表明网络链路正常。
- Activity:此灯闪烁表明链路有数据流量。
- Standby:此灯闪烁表明处于等待状态。

2. 硬件设备的安装和连接

(1) 检查相应硬件,制作双绞线跳线

在进行 Cable Modem 硬件安装前,应检查是否准备好以下材料:10M 或 10M/100M 自适应网卡、有线电视分线器、Cable Modem、一根两端做好同轴电缆连接器的有线电视同轴电缆和一根两端做好 RJ-45 水晶头的 5 类或超 5 类双绞线跳线。

(2) 硬件连接

图 6-24 所示为 Cable Modem 的连接示意图。有线电视外线经过同轴电缆分线器分线后连接电视机和 Cable Modem,Cable Modem 通过双绞线跳线连接用户计算机。

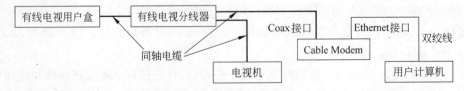

图 6-24　Cable Modem 的连接示意图

3. 软件设置

Cable Modem 的软件设置比较简单，不需要安装任何另外的软件，也不需要创建另外的网络连接项，只需要安装 Cable Modem 的驱动程序，并对 TCP/IP 协议及 IE 浏览器进行配置即可。

（1）安装 Cable Modem 的驱动程序

Cable Modem 驱动程序的安装比较简单，在这里不再赘述。

（2）TCP/IP 协议配置

对于普通家庭用户来说，由于不是专线连接，所以应采用自动获取 IP 地址方式，因此应在 TCP/IP 协议属性设置中，分别选择"自动获得 IP 地址"单选按钮和"自动获得 DNS 服务器地址"单选按钮。

（3）用户端 IE 浏览器的设置

在 IE 浏览器中，单击"工具"→"Internet 选项"命令，打开"Internet 选项"对话框，切换到"连接"选项卡；再单击"局域网设置"按钮，打开"局域网(LAN)设置"对话框，该对话框中的所有选项都不被选中即可，如图 6-25 所示。

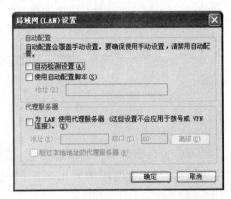

图 6-25　"局域网(LAN)设置"对话框

任务 6.4　利用光纤以太网接入 Internet

【实训目的】

（1）了解光纤接入的主要方式。

（2）熟悉光纤以太网接入 Internet 的基本方法。

【实训条件】

（1）已有的光纤以太网接入服务。

（2）安装有 Windows XP 操作系统的计算机。

6.4.1　相关知识

光纤由于具有大容量、保密性好、不怕干扰和雷击、重量轻等诸多优点，正在得到迅速发展和应用。主干网线路迅速光纤化，光纤在接入网中的广泛应用也是一种必然趋势。光纤接入技术实际就是在接入网中全部或部分采用光纤传输介质，构成光纤用户环路（或称光纤接入网 OAN），实现用户高性能宽带接入的一种方案。

1. FTTx 概述

光纤接入分为多种情况，可以表示为 FTTx，如图 6-26 所示。图中，OLT（Optical Line Terminal）称为光线路终端，ONU（Optical Network Unit）称为光网络单元。根据 ONU 位置不同，目前有三种主要的光纤接入网，即 FTTH（Fiber To The Home，光纤到户)、FTTB(Fiber To The Building,光纤到楼)和 FTTC(Fiber To The Curb,光纤到路边/小区)。

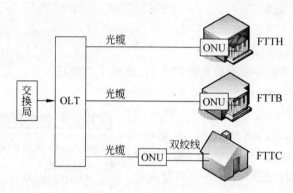

图 6-26   光纤接入方式

(1) FTTC

FTTC 为目前最主要的服务形式,主要是为住宅区的用户服务,将光网络单元设备放置于路边机箱,利用光网络单元出来的同轴电缆传送 CATV 信号或双绞线传送电话及接入 Internet 服务。

(2) FTTB

FTTB 可以按服务对象分为两种,一种是公寓大厦,另一种是商业大楼,两种皆将光网络单元设置在大楼的地下室配线箱处,只是公寓大厦的光网络单元是 FTTC 的延伸,而商业大楼是为大中型企业单位提供服务,因此必须提高传输的速率,以提供高速的数据、电子商务、视频会议等宽带服务。

(3) FTTH

对于 FTTH,ITU(国际电信联盟)认为从光纤端头的光电转换器(或称为媒体转换器)到用户桌面不超过 100m 的情况才是 FTTH。FTTH 将光纤的距离延伸到终端用户家里,使得家庭内能提供各种不同的宽带服务,如 VOD、在家购物、在家上课等。从发展趋势来看,从本地交换机一直到用户全部为光纤连接,没有任何铜缆,也没有有源设备,是接入网发展的长远目标。

2. FTTx+LAN

因 FTTx 接入方式成本较高,就我国目前普通人群的经济承受能力和网络应用水平而言,并不适合。而将 FTTx 与 LAN 结合,大大降低了接入成本,同时可以提供高速的用户端接入带宽,是目前比较理想的用户接入方式,国内有多家公司提供此类宽带接入方式。

基于光纤的 LAN 接入方式是一种利用光纤加双绞线方式实现宽带接入的方案,与其他接入方式相比,具有以下技术特点:

① 网络可靠、稳定。实现千兆光纤到小区(大楼)中心交换机,楼道交换机和小区中心交换机、小区中心交换机和局端交换机之间通过光纤相连。网络稳定性高、可靠性强。

② 用户投资少、价格便宜。用户不需要购买其他接入设备,只需一台带有网络接口卡(NIC)的 PC 即可上网。

③ 安装方便。FTTx+LAN 方式采用星型网络拓扑,小区、大厦、写字楼内采用综合布

线,用户端采用双绞线方式接入,即插即用,用户上网速率可达 10/100Mbps。根据用户群体对不同速率的需求,用户的接入速率可以方便地扩展到 1Gbps,从而实现企业局域网间的高速互联。

④ 可支持各种多媒体网络应用。通过 FTTx＋LAN 方式可以实现高速上网、远程办公、远程教学、远程医疗、VOD 点播、视频会议、VPN 等多种业务。

6.4.2 实训内容

1. 硬件设备的安装和连接

对于采用 FTTx＋LAN 方式接入 Internet 的用户,不需要购买其他接入设备,只需要将进入房间的双绞线接入计算机网卡即可,与局域网的连接方式完全相同。

2. 软件设置

FTTx＋LAN 的接入方式分为虚拟拨号(PPPoE)方式和固定 IP 方式。

虚拟拨号(PPPoE)方式大多面向个人用户开放,费用相对较低。用户无固定 IP 地址,必须到指定的开户部门开户并获得用户名和密码,使用专门的宽带拨号软件接入互联网。目前大部分用户都采用这种方式,PPPoE 虚拟拨号软件的设置与 ADSL 接入的设置方式相同,用户只需要将 LAN 的双绞线接入网卡后,按照任务 6.2 所述的方法设置虚拟拨号软件,输入用户名和密码后就可以连入网络。

固定 IP 方式多面向个人用户企事业单位等拥有局域网的客户提供,用户有固定 IP 地址,费用可根据实际情况按点或按光纤带宽费用计收。用户在将 LAN 的双绞线接入网卡后,需要设置分配相应的 IP 地址信息,不需要拨号就可以联入网络。

任务 6.5　实现 Internet 共享

【实训目的】

(1) 了解实现 Internet 共享的主要方式。

(2) 熟悉使用 Windows XP 系统自带工具实现 Internet 共享的方法。

(3) 熟悉使用代理服务器软件实现 Internet 共享的方法。

【实训条件】

(1) 几台联网的安装 Windows XP 操作系统的 PC,其中一台已接入 Internet。

(2) CCProxy 代理服务器软件。

6.5.1 相关知识

1. Internet 共享概述

如果一个单位局域网中的多台计算机需要同时接入 Internet,一般可以采取两种方式。一种方式是为每一台要接入 Internet 的计算机申请一个公有 IP 地址,并通过路由器将局域网与 Internet 相连,路由器与 ISP 通过专线(如 DDN)连接,这种方式的缺点是浪费 IP 地址资源、运行费用高,所以一般不采用。另一种方式是共享 Internet,即只申请一个共有 IP 地址,局域网中的一台计算机与 Internet 相连,其余的计算机共享这个 IP 地址接入 Internet。共享 Internet 可以通过硬件和软件两种方式。

（1）硬件方式

硬件方式是指通过路由器、宽带路由器、内置路由功能的 ADSL Modem 等实现共享 Internet。使用硬件方式不但可以实现 Internet,而且目前的宽带路由器都带有防火墙和路由功能,因此设置方便、操作简单、使用效果好,但硬件方式需要购买专门的接入设备,投资费用稍高。

（2）软件方式

软件方式主要通过代理服务器类和网关类软件实现共享 Internet。常用的软件有 SyGate、WinGate、CCProxy、HomeShare、WinProxy、SinforNAT、ISA 等,Windows 操作系统中也内置了共享 Internet 工具"Internet 连接共享"。采用软件方式虽然方便性上不如硬件方式,而且对服务器的配置要求较高,但由于很多软件是免费的或系统自带的,并且可以对网络进行有效的管理和控制,因此目前也得到了广泛的应用。

2. 代理服务器

代理服务器(Proxy)处于客户机与服务器之间,对于服务器来说,Proxy 是客户机,对于客户机来说,Proxy 是服务器。它的作用很像现实生活中的代理服务商。

在一般情况下,使用网络浏览器直接去连接 Internet 站点取得网络信息时,是直接联系到目的站点服务器,然后由目的站点服务器把信息传送回来。代理服务器是介于客户端和 Web 服务器之间的另一台服务器,有了它之后,浏览器不是直接到 Web 服务器去取回网页,而是向代理服务器发出请求,信号会先送到代理服务器,由代理服务器来取回浏览器所需要的信息并传送给浏览器。代理服务器主要有以下功能:

① 代理 Internet 的多种服务。代理服务器可以代理 Internet 的多种服务,如 WWW、FTP、E-mail、Telnet、DNS 等。但需要注意的是对于一些新出现的网络协议或网络服务代理服务器可能无法代理,此时需要更新代理服务器软件。

② 提高访问速度。通常代理服务器都具有缓冲的功能,就好像一个大的 Cache,它有很大的存储空间,它不断将新取得的数据储存到它本机的存储器上,如果浏览器所请求的数据在它本机的存储器上已经存在而且是最新的,那么它就不重新从 Web 服务器取数据,而直接将存储器上的数据传送给用户的浏览器,这样就能显著提高浏览速度和效率。

③ 起到防火墙的作用。代理服务器是 Internet 链路级网关所提供的一种重要的安全功能,它主要工作在 OSI 参考模型的对话层,从而起到防火墙的作用。在代理服务器中可以设置相应限制,以过滤或屏蔽某些信息。这是局域网网管对局域网用户访问范围限制最常用的办法。

④ 访问一些不能直接访问的网站。客户访问权限受到限制时,而某代理服务器的访问权限不受限制,刚好在客户的访问范围之内,那么客户可通过代理服务器访问目标网站。

⑤ 安全性高。目的网站只知道访问来自于代理服务器,而对于真实访问端的信息无法测知,因此使用代理服务器可以隐藏局域网内部的网络信息,从而提高局域网的安全性。

6.5.2　实训内容

1. 使用 Internet 连接共享

Internet 连接共享是 Windows 98 之后，Windows 操作系统内置的一个多机共享接入 Internet 的工具，该工具设置简单，使用方便。

（1）局域网网络环境配置要求

多台计算机通过 Windows 系统自带工具共享接入 Internet 的网络结构如图 6-27 所示。

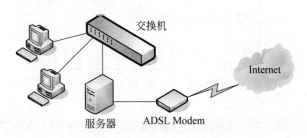

图 6-27　共享接入 Internet 的网络结构

图 6-27 所示网络结构中，所有的计算机安装 Windows XP 操作系统。服务器安装两块网卡，一块网卡连接 Internet，另一块网卡连接局域网交换机，每块网卡的属性应按照局域网或 Internet 接入方式的要求进行配置。客户机的网卡直接连接局域网交换机。网络结构搭建好后，只要在服务器上设置"允许其他网络用户通过此计算机的 Internet 连接来连接"，在客户机上运行 Internet 连接向导，选择"通过局域网连接方式"即可。

（2）服务器端设置

① 右击 Windows XP 桌面上的"网上邻居"图标，从快捷菜单中选择"属性"命令，打开"网络连接"窗口，如图 6-28 所示。

图 6-28　"网络连接"窗口

② 右击创建的 Internet 连接图标，从快捷菜单中选择"属性"命令，打开其"属性"对话框，选择"高级"选项卡。选中"Internet 连接共享"选项组中的"允许其他网络用户通过此计算机的 Internet 连接来连接"复选框，如图 6-29 所示。

③ 单击"确定"按钮，弹出"网络连接"提示对话框，如图 6-30 所示。

④ 单击"是"按钮，关闭对话框，此时已经在服务器上启用了 Internet 连接共享功能。

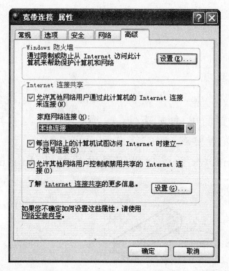

图 6-29 "宽带连接 属性"对话框"高级"选项卡

图 6-30 "网络连接"提示对话框

(3) 客户机端设置

① 单击"开始"→"程序"→"附件"→"通信"→"网络安装向导"命令,打开"欢迎使用网络安装向导"对话框,如图 6-31 所示。

② 单击"下一步"按钮,打开"继续之前"对话框,如图 6-32 所示。

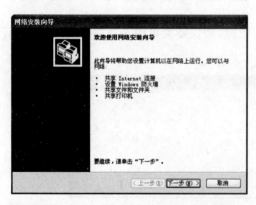

图 6-31 "欢迎使用网络安装向导"对话框

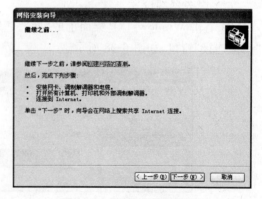

图 6-32 "继续之前"对话框

③ 单击"下一步"按钮,打开"要使用共享连接吗?"对话框,此时客户机会自动发现服务器已有的共享 Internet 连接。选择"是,将现有共享连接用于这台计算机的 Internet 访问",如图 6-33 所示。

④ 单击"下一步"按钮,打开"给这台计算机提供描述和名称"对话框,输入本计算机的计算机描述和计算机名,如图 6-34 所示。

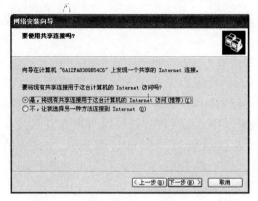 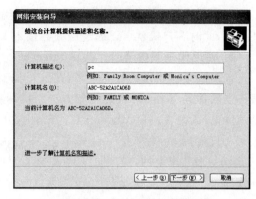

图 6-33　"要使用共享连接吗?"对话框　　　　图 6-34　"给这台计算机提供描述和名称"对话框

⑤ 单击"下一步"按钮,打开"命名您的网络"对话框,输入工作组名,注意网络中所有的计算机需要使用相同的工作组名,如图 6-35 所示。

⑥ 单击"下一步"按钮,打开"文件和打印机共享"对话框,确定在局域网内部是否启用文件和打印机共享,如图 6-36 所示。

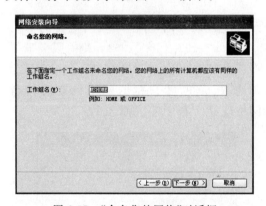 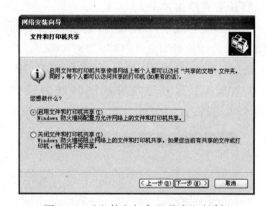

图 6-35　"命名您的网络"对话框　　　　　　图 6-36　"文件和打印机共享"对话框

⑦ 单击"下一步"按钮,打开"准备应用网络设置"对话框,如图 6-37 所示。

⑧ 单击"下一步"按钮,此时系统会应用网络设置,这个过程需要几分钟的时间,而且不能打断,之后将出现"快完成了"对话框,选择"完成该向导。我不需要在其他计算机上运行该向导",如图 6-38 所示。

 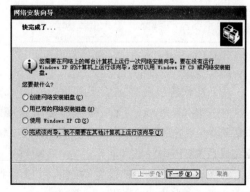

图 6-37　"准备应用网络设置"对话框　　　　图 6-38　"快完成了"对话框

⑨ 单击"下一步"按钮,打开"正在完成网络安装向导"对话框,单击"完成",完成网络安装向导,此时客户机就可以通过服务器接入 Internet 了。

2. 使用代理服务器软件共享 Internet

代理服务器软件的种类很多,在这里以 CCProxy 代理服务器软件为例,介绍使用代理服务器软件共享 Internet 的设置方法。代理服务器软件 CCProxy 可以应用于局域网内,共享 ADSL、宽带、Cable Modem、双网卡、内部电话拨号和二级代理等任何网络接入方式共享上网。只要局域网内有一台机器能够上网,其他机器就可以通过这台机器上安装的 CCProxy 来共享上网,最大限度地减少了硬件投入和上网费用,并能进行强大的客户端服务管理。

(1) 局域网网络环境配置要求

多台计算机通过代理服务器软件 CCProxy 共享 Internet 的网络结构与使用 Windows 自带工具共享 Internet 的网络结构相同。安装 CCProxy 之前必须确认局域网的连通性,如果服务器安装了两块或者多块网卡,在网卡 IP 设置上需要注意,不要将网卡的 IP 设置在一个网段内,服务器的网卡一般不要设置网关,尤其是连接局域网的网卡,不要设置网关,否则很容易造成路由冲突。

如果没有配置好局域网,建议按照下面的方法配置局域网,分配局域网机器的 IP。IP 一般为 192.168.0.1、192.168.0.2、192.168.0.3、…、192.168.0.254,其中服务器是192.168.0.1,其他 IP 地址为客户端的 IP 地址。子网掩码为 255.255.255.0,DNS 为192.168.0.1。服务器的局域网侧网络设置可参考图 6-39,客户机的网络设置可参考图 6-40,假设 IP 为 192.168.0.2,其他客户端的网络设置只是 IP 不同而已。

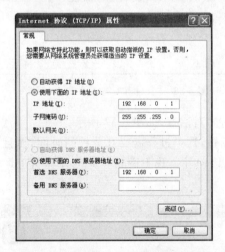

图 6-39　服务器的局域网侧网络设置

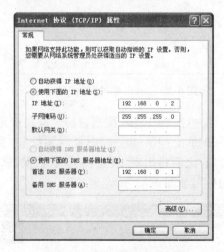

图 6-40　客户机的网络设置

(2) 在代理服务器上安装和运行 CCProxy

在安装 CCProxy 之前,服务器必须连接好硬件并建立 Internet 连接。CCProxy 的安装非常简单,双击 CCProxy 安装文件,启用 CCProxy 安装向导,按照向导提示操作即可。安装完成后 CCProxy 将自动运行,并启动默认服务和默认服务端口,如图 6-41 所示。

在图 6-41 中,单击"设置"按钮,可以看到 CCProxy 启动的默认服务和默认服务端口,如图 6-42 所示。

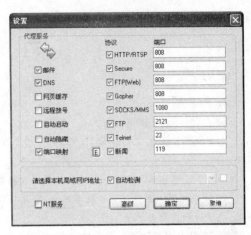

图 6-41　CCProxy 的运行界面　　　　图 6-42　CCProxy 启动的默认服务和默认服务端口

　　如果在启动时没有出现任何错误信息,那么安装成功,就可以直接设置客户端实现共享接入 Internet。当然如果想对客户端进行相应的控制和管理功能,可以对 CCProxy 进行相关的设置,具体设置方法请参考《CCProxy 使用手册》。

　　(3) 客户端的设置

　　在确认客户端与服务器能够互相访问的前提下,可以对客户端相应网络软件进行设置,这里以 IE 浏览器为例介绍客户端网络软件的设置方法。

　　打开 IE 浏览器,单击"工具"→"Internet 选项"命令。在"Internet 选项"对话框中切换到"连接"选项卡,单击"局域网设置"按钮,打开"局域网(LAN)设置"对话框,在"代理服务器"中选中"为 LAN 使用代理服务器(这些设置不会应用于拨号或 VPN 连接)"复选框,如图 6-43 所示。

　　单击"高级"按钮,打开"代理服务器设置"对话框,在该对话框中输入各服务要使用的代理服务器地址和端口,应按照所设服务器的 IP 地址及相应服务对应的端口进行设置,如图 6-44 所示。

　　客户端其他软件的设置可参考《CCProxy 客户端设置说明书》,这里不再赘述。

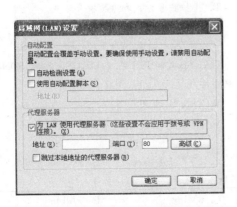

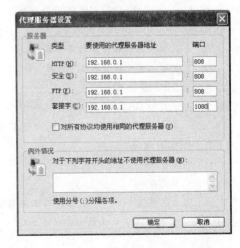

图 6-43　"局域网(LAN)设置"对话框　　　　图 6-44　"代理服务器设置"对话框

习　题　6

1. 判断题

(1) ATM 采用同步传输模式。　　　　　　　　　　　　　　　　　　　　　　　　　　　（　　）

(2) ATM 信元是固定长度的分组,所有的数字信息都要经过切割,封装成统一格式的信元在网络中传递。　　　　　　　　　　　　　　　　　　　　　　　　　　　　　　　　　　　　　　　（　　）

(3) ATM 网络采用了一些有效的业务流量监控机制,将网络拥塞发生的可能性降到最小。　（　　）

(4) 帧中继是一种分组交换技术网络,它是将信息数据以帧的形式进行封装,并以帧为基础进行交换、传输、处理的数据业务。　　　　　　　　　　　　　　　　　　　　　　　　　　　　　　　　（　　）

(5) SDH 传送网称为同步光网络。　　　　　　　　　　　　　　　　　　　　　　　　　（　　）

(6) CATV 是指有线电视网。　　　　　　　　　　　　　　　　　　　　　　　　　　　（　　）

(7) CATV 是以电缆、光纤为主要传输媒介,向用户传送本地、远地及自办节目的电视广播系统。　　　（　　）

(8) 要通过 CATV 接入 Internet,需要使用 Cable Modem。　　　　　　　　　　　　　（　　）

(9) CHINANET 是邮电部门经营的中国公用因特网,是中国的因特网骨干网,向国内所有用户提供因特网接入服务。　　　　　　　　　　　　　　　　　　　　　　　　　　　　　　　　　　（　　）

(10) 使用公用电话交换网接入网络,为了实现数据传输就必须进行模/数、数/模转换。　　（　　）

(11) 调制解调器(Modem)只能将数字信号转换为模拟信号。　　　　　　　　　　　　　（　　）

(12) 使用 ISDN,可以通过普通电话线支持语音、数据、图形、视频等多种业务的通信。　（　　）

(13) ADSL 利用普通电话线进行高速数据传输。　　　　　　　　　　　　　　　　　　（　　）

(14) DDN 是指公共数字数据网,实际上也就是人们常说的租用专线。　　　　　　　　　（　　）

(15) 我国各大电信运营商的基础光纤骨干网络大多都采用 SDH 传输系统。　　　　　　（　　）

2. 单项选择题

(1) (　　)是指不对称数字用户线路,是现在的一种主流宽带网接入技术。

    A. ADSL　　　　　　　B. HDSL　　　　　　　C. DSKL　　　　　　　D. VDSL

(2) 异步传输模式(ATM)使用的传输介质是(　　)。

    A. UTP 双绞线　　　　B. STP 双绞线　　　　C. 同轴电缆　　　　　　D. 光纤

(3) ADSL 接入互联网的方式主要有(　　)。

    A. 专线接入方式和虚拟拨号方式　　　　　　B. 虚拟拨号方式和模拟拨号方式

    C. 专线接入方式和模拟拨号方式　　　　　　D. 模拟拨号方式和数字方式

(4) ADSL Modem 分为(　　)。

    A. 网卡式和 USB 式　B. 网卡式和 PCI 式　C. USB 式和 PCI 式　D. USB 式和 ISDN 式

(5) ADSL 接入互联网采用专线方式,必须由 ISP 分配给用户(　　)。

    A. 动态 IP 地址　　　　　　　　　　　　　B. 静态 IP 地址

    C. 动态 IP 和静态 IP 地址都可以　　　　　D. 动态 IP 和静态 IP 地址都不可以

(6) ISP 的意思是(　　)。

    A. 域名服务器　　　　B. 互联网服务提供商　C. FTP 服务协议　　　D. Web 服务器

(7) ADSL 技术在普通电话线上提供高达(　　)的高速下行速率。

    A. 2Mbps　　　　　　　B. 4Mbps　　　　　　　C. 6Mbps　　　　　　　D. 8Mbps

(8) 数字数据网 DDN 采用(　　)技术,不具备交换功能。

　　　A. 同步时分复用　　　B. 异步时分复用　　　C. 差分时分复用　　　D. 频分复用

(9) "PPPoE"的意思是(　　)。

　　　A. Point to Point Pad out Ethernet　　　　　　B. Pulsed Pinch Plasma over Electromagnetic

　　　C. Point to Point Protocol over Ethernet　　　D. Precision Plan Position over Ethernet

3. 多项选择题

(1) 下列属于帧中继应用的有(　　)。

　　　A. 局域网的互联　　　　　　　　　　　　　　B. 远程医疗

　　　C. 多媒体业务　　　　　　　　　　　　　　　D. HDTV 视频图像传送

(2) 下列属于帧中继特点的有(　　)。

　　　A. 传输速率高　　　B. 传输速率低　　　C. 网络时延低　　　D. 线路利用率高

(3) 有线电视系统由(　　)三部分组成。

　　　A. 前端　　　　　　B. 干线传输　　　　C. 路由器　　　　　D. 用户分配

(4) CHINANET 网络的拓扑采用分层结构,按功能不同,可分为(　　)。

　　　A. 核心层　　　　　B. 区域层　　　　　C. 接入层　　　　　D. 使用层

(5) 在公共电话网中,通常采用(　　)的分级结构。

　　　A. 本地电话网　　　B. 国内长途电话网　　C. 国际长途电话网　　D. 洲际长途电话网

(6) ISDN 的主要特点有(　　)。

　　　A. 23B+D 标准的传输速率为 1.544Mbps　　B. 信道传输数字信号抗干扰能力强,误码率低

　　　C. 可传输语音、多媒体、视频等信息　　　　D. 30B+D 标准的传输速率为 2.04Mbps

(7) xDSL 是数字用户线 DSL 的统称,包括(　　)。

　　　A. ADSL　　　　　　B. HDSL　　　　　　C. DSKL　　　　　　D. VASL

(8) ADSL 技术特点有(　　)。

　　　A. 工作频率 4.4kHz~1MHz　　　　　　　　B. 可传输声音、视频数据等信息

　　　C. 使用双绞线作为传输介质　　　　　　　　D. 在一根电话线上可以同时传输数据和语音

(9) DDN 的特点包括(　　)。

　　　A. 可为用户提供不同速率的数字专线　　　　B. 是永久的传输信道且传输的是数字信号

　　　C. 不具备交换能力,仅提供点到点的专用链路　D. 传输距离远,适合高速远距离的网络互联

(10) 目前,调制解调器主要有(　　)。

　　　A. 普通 Modem　　B. ISDN Modem　　C. 光纤 Modem　　D. ADSL Modem

(11) 下列方法可以实现北京和上海的两个网络之间的通信的是(　　)。

　　　A. 帧中继　　　　　B. Hub　　　　　　C. X.25　　　　　　D. 拨号连接

(12) DDN 专线向用户提供的是(　　)的数字连接。

　　　A. 容量大　　　　　B. 速率高　　　　　C. 永久性　　　　　D. 半永久性

(13) 数字数据网 DDN 由(　　)组成。

　　　A. 数字通道　　　　B. DDN 节点　　　　C. 网管控制　　　　D. 用户环路

(14) ISDN 基本速率接口为 BRI 提供(　　)。

　　　A. 两个端口　　　　B. 两个 B 通道　　　C. 一个 D 通道　　　D. 一个 PCI 插槽

4. 问答题

(1) 常见的广域网技术有哪些? 各有什么特点?

(2) 接入网由哪几部分组成? 各部分采用什么传输介质?

(3) 选择 ISP 时应注意哪些方面的问题?

(4) ADSL 技术具有哪些特点?

(5) 什么是 PPPoE? 简述其特点和作用。

（6）从客户端设备和用户数量来看，ADSL 接入有哪些方式？分别如何实现？

（7）简述 HFC 宽带接入系统的组成及其特点。

（8）FTTx 通常包括哪些类型？

（9）什么是代理服务器？代理服务器可以实现哪些功能？

5. 技能题

（1）安装与配置 ADSL Modem

【内容及操作要求】 使一台计算机能通过 ADSL Modem 成功接入 Internet，同时能接听电话，即以虚拟拨号方式接入 Internet。

【准备工作】 安装 Windows XP Professional 或以上版本操作系统的计算机一台，一个外置 ADSL Modem 及其驱动程序的安装盘，一个分离器，一部电话机，一块网卡，一把十字旋具。

【考核时限】 30min。

（2）阅读说明后回答问题

【说明】 某单位已经完成了主干网络的建设任务，现在需要对其职工住宅区的用户接入主干网的技术方案作选型设计。职工住宅已有的通信条件是：电话线和有线电视电缆。在不重新布线的前提下，以下5 种技术方案可供选择：异步拨号、ISDN、ADSL、Cable Modem 和无线扩频技术。

【问题1】 若使用电话线方式上网，并按要求在计算机连入网络的同时能通电话，联网速率高于500kbps，可以选用哪种技术方案？其最高通信速率是多少？

【问题2】 若采用有线电视电缆接入 Internet，用户端需要增添什么设备？采用这种技术方案，网络通信速率是多少？

【问题3】 依据 ISO/OSI 参考模型对无线扩频网络设备进行分类，可以分为哪几种类型？使用无线扩频设备实现网络互连需要何种配套设备？

项目7　网 络 应 用

在前面的项目中,我们已经基本实现了局域网的搭建,并使得局域网连入了 Internet,现在用户已经可以使用网络,实现相应的功能。当然要通过网络实现数据通信、资源共享等功能,用户必须掌握相关的网络工具的使用和设置方法。本项目的主要目标是理解常见网络应用所遵循的协议和相关知识,掌握网络客户端软件 Internet Explorer 和 Outlook Express 的使用,掌握在局域网内使用 Telnet 登录其他计算机的设置方法,掌握在局域网内实现文件共享和打印机共享的设置方法。

任务 7.1　网络客户端软件 Internet Explorer 的使用

【实训目的】

(1) 了解 WWW 服务的基本原理。

(2) 熟悉统一资源定位符(URL)的格式和使用。

(3) 了解 DNS 的相关知识。

(4) 掌握网络客户端软件 Internet Explorer 的使用方法。

【实训条件】

(1) 连入 Internet 的 PC。

(2) 安装有 Windows XP、Internet Explorer 6.0 等软件的 PC。

7.1.1　相关知识

WWW(World Wide Web,万维网)常被当成 Internet 的同义词,但实际上 WWW 是靠 Internet 运行的一项服务。WWW 是一个资料空间,在这个空间中每一个有用的事物被称为一个资源,并且由一个"统一资源标识符"(Uniform Resource Locator,URL)标识。这些资源通过超文本传输协议(HyperText Transfer Protocol,HTTP)传送给使用者,而后者通过单击链接来获得资源。

1. WWW 的工作原理

WWW 服务采用客户/服务器模式,客户机即浏览器,服务器即 Web 服务器,各种资源将以 Web 页面的形式存储在 Web 服务器上(也称为 Web 站点),这些页面采用超文本方式对信息进行组织,页面之间通过超链接连接起来,超链接采用 URL 的形式。这些使用超链接连接在一起的页面信息可以放置在同一主机上,也可以放置在不同的主机上。

当用户要访问 WWW 上的一个网页,或者其他网络资源的时候,通常要首先在浏览器上输入要访问网页的统一资源定位符,或者通过超链接方式链接到该网页或网络资源。URL 中将包含 Web 服务器的 IP 地址或域名,如果是域名的话,需要将该域名传送给被称为域名系统(Domain Name System,DNS)的分布于全球的 Internet 数据库解析为其对应的 IP 地址。此后客户机将向该 IP 地址对应的 Web 服务器发送一个 HTTP 请求,在通常情况下 Web 服务器会将对应的 HTML(HyperText Mark-up Language,超文本标记语言)文本、图片和构成该网页的一切其他文件逐一发送回用户。客户机浏览器接下来的工作是把 HTML 和其他接收到的文件所描述的内容,加上图像、链接和其他必需的资源,显示给用户,这些就构成了用户所看到的网页。

2. URL

统一资源定位符(URL)也称为网页地址,是 Internet 上标准的资源地址,是用于完整地描述 Internet 上网页和其他资源的地址的一种标识方法。在实际应用中,URL 可以是本地磁盘,也可以是局域网上的某一台计算机,当然更多的是 Internet 上的站点。

URL 是统一的,因为无论寻址哪种特定类型的资源(网页、新闻组)或描述通过哪种机制获取该资源,都会采用相同的基本语法。URL 的一般格式为(带方括号[]的为可选项):

```
protocol://hostname[:port]/path/[;parameters][?query]#fragment
```

对 URL 的格式说明如下:

(1) protocol(协议):指定使用的传输协议,表 7-1 列出 protocol 属性的部分有效方案名称,其中最常用的是 HTTP 协议,它也是目前 WWW 中应用最广的协议。

表 7-1　protocol 属性的部分有效方案名称

协　　议	说　　　明	格　　式
file	资源是本地计算机上的文件	file://
ftp	通过 FTP 访问资源	ftp://
http	通过 HTTP 访问该资源	http://
https	通过安全的 HTTPS 访问该资源	https://
mms	通过支持 MMS(流媒体)协议的播放软件(如 Windows Media Player)播放该资源	mms://
ed2k	通过支持 ed2k(专用下载链接)协议的 P2P 软件(如 emule)访问该资源	ed2k://
thunder	通过支持 thunder(专用下载链接)协议的 P2P 软件(如迅雷)访问该资源	thunder://
news	通过 NNTP 访问该资源	news://

(2) hostname(主机名):是指存放资源的服务器的域名或 IP 地址。有时,在主机名前也可以包含连接到服务器所需的用户名和密码(格式:username@password)。

(3) :port(端口号):整数,可选,省略时使用方案的默认端口。各种传输协议都有默认的端口号,如 http 的默认端口为 80。如果输入时省略,则使用默认端口号。有时候出于安全或其他方面考虑,可以在服务器上对端口进行重定义,即采用非标准端口号,此时,URL 中就不能省略端口号这一项。

(4) path(路径):由零或多个"/"符号隔开的字符串,一般用来表示主机上的一个目录或文件地址。

(5) ;parameters(参数):这是用于指定特殊参数的可选项。

（6）?query（查询）：用于给动态网页（如使用 CGI、ISAPI、PHP/JSP/ASP/ASP. NET 等技术制作的网页）传递参数，可有多个参数，用"&"符号隔开，每个参数的名和值用"＝"符号隔开。

（7）fragment（信息片断）：用于指定网络资源中的片断，例如一个网页中有多个名词解释，可使用 fragment 直接定位到某一名词解释。

【注意】　Windows 主机不区分 URL 大小写，但 UNIX/Linux 主机区分大小写。另外由于超文本传输协议允许服务器将浏览器重定向到另一个 URL，因此许多服务器允许用户省略网页地址中的部分，比如 www。从技术上来说这样省略后的 URL 实际上是一个不同的 URL，服务器必须完成重定向的任务。

3. DNS

域名是与 IP 地址相对应的一串容易记忆的字符，由若干个 a～z 的 26 个拉丁字母及 0～9 的 10 个阿拉伯数字及"-"、"."等符号构成并按一定的层次和逻辑排列。目前也有一些国家在开发其他语言的域名，如中文域名。域名不仅便于记忆，而且即使在 IP 地址发生变化的情况下，通过改变其对应关系，域名仍可保持不变。

TCP/IP 的域名系统（DNS）提供了一整套域名管理的方法。在 DNS 中采用了树型结构，树的顶层被分成几个主要的组，由顶层往下的分支继续扩展，每一分支被认为是一个域，每一级的名字和前面几级的名字一起构成它的域名，如图 7-1 所示。

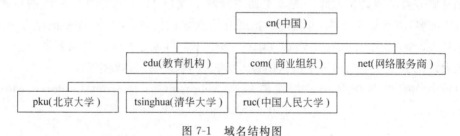

图 7-1　域名结构图

这样，就构成了如下域名：

www. pku. edu. cn（北京大学的主机域名），www. tsinghua. edu. cn（清华大学的主机域名），www. ruc. edu. cn（中国人民大学的主机域名）。

其中 cn 表示中国，edu 表示教育机构，pku 表示北京大学，www 表示这台主机是一台 WWW 服务器。由后向前，所表示的范围越来越小。

域名的定义很简单，只要保证同层的名字不冲突就可以了。任何组织均可构造本组织内部的域名，当然这些域名的使用也仅限于组织内部。例如，域名后缀为 ruc. edu. cn 的名字空间都可以由人民大学管理，可直接在前面加一个名字表示主机，如用 www. ijfo. ruc. edu. cn 表示信息系统的 WWW 服务器。

为保证域名系统的通用性，Internet 规定了一组正式的通用标准标号，如表 7-2 所示。

域名归中央管理机构（NIC）管辖，假如一个国家的主机要想按地理模式登记进入域名系统，需要首先向 NIC 申请登记本国的第一级域名（一般采用该国国际标准的二字符标识符）。NIC 将第一级域的管理特权分派给指定管理机构，各管理机构再对其管辖范围内的域名空间继续划分，并将各子部分管理特权授予子管理机构。如此下去，便形成层次型域名。例如，以 .cn 结尾的域名全部由中国的域名管理机构管理。

表 7-2　Internet 规定的一组正式的通用标准标号

名称	含　义	名称	含　义
com	商业机构	mil	军事网点
edu	教育机构	net	网络机构
gov	政府部门	org	其他不符合以上分类规定的机构
int	国际机构（主要指北约组织）		

域名系统的另一项主要工作就是把主机的域名转换成相应的 IP 地址，即域名和 IP 地址之间的映射，一般称为域名解析。它包括正向解析（从域名到 IP 地址）和逆向解析（从 IP 地址到域名）。这种映射是由一组域名服务器完成的。域名服务器实际上是一个服务器软件，运行在指定的计算机上，完成域名解析。与域名系统相同，域名服务也是层次型的。一个域名服务器一般只包括本网络内的名字和下一层的域名服务器，而其他网络的域名则交由上一层服务器处理。

4. 浏览器

浏览器是指可以显示网页服务器或者文件系统的 HTML 文件内容，并让用户与这些文件交互的一种软件。网页浏览器主要通过 HTTP 协议与网页服务器交互并获取网页，这些网页由 URL 指定，文件格式通常为 HTML，一个网页中可以包括多个文档，每个文档都是分别从服务器获取的。大部分的浏览器本身除了支持 HTML 之外的广泛的格式，例如 JPEG、PNG、GIF 等图像格式，并且能够扩展支持众多的插件。另外，许多浏览器还支持其他的 URL 类型及其相应的协议，如 FTP、Gopher、HTTPS 等。HTTP 内容类型和 URL 协议规范允许网页设计者在网页中嵌入图像、动画、视频、声音、流媒体等。

目前个人计算机中常用的浏览器包括 Microsoft 的 Internet Explorer、Mozilla 的 Firefox、Apple 的 Safari、Opera、HotBrowser、Google 的 Chrome 等。

7.1.2　实训内容

Internet Explorer 简称 IE，是 Microsoft 开发的专用浏览器软件，它的版本在不断升级中，目前国内常用的有 Internet Explorer 5.0、Internet Explorer 6.0 和 Internet Explorer 7.0 等，一般说来使用 IE 5.0 以上的版本就可以实现目前国内网络上支持的大部分功能，下面以 Windows XP 中自带的 IE 6.0 为例完成 Internet Explorer 的相关操作。

1. 熟悉 IE 6.0 浏览器界面

单击"开始"菜单的 Internet Explorer 或双击桌面上的 Internet Explorer 图标，即可打开 IE 浏览器，如图 7-2 所示。

IE 6.0 浏览器界面主要包括：标题栏、菜单栏、工具栏、主窗口和状态栏。

（1）标题栏

IE 6.0 浏览器的最上一行是标题栏，显示了当前浏览的网页的名称或者是 IE 6.0 所显示的超文本文件的名称。右上方是常用的"最小化"、"还原"和"关闭"按钮。

（2）菜单栏

菜单栏位于标题栏下方，其上有"文件"、"编辑"、"查看"等 6 项，包括了 IE 6.0 的所有

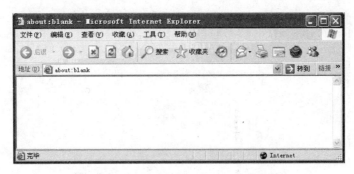

图 7-2　Internet Explorer 6.0 运行界面

命令。

（3）工具栏

工具栏即"查看"菜单中的"工具栏"中的三个选项：标准按钮、地址栏和链接。

从"查看"菜单中，选择"工具栏"中的"标准按钮"（在其前面有"√"），就出现了工具栏。标准按钮中包括了最常用菜单项的快捷键。

从"查看"菜单中，选择"工具栏"中的"地址栏"和"链接"（在其前面有"√"），就出现了地址栏和链接。地址栏用于输入和显示当前浏览器正在浏览的网页地址。用户只要输入要访问的网站的 URL，就可以访问该网站了。单击"链接"右边的"＞＞"按钮，出现的链接栏中包含了常用的几个站点，包括 HotMail 站点和 Microsoft 的站点，直接单击这些按钮，就可以访问这些网站。

（4）主窗口

主窗口是 IE 6.0 浏览器的主要部分，用来显示网页信息，包括文本信息、图像、链接等。

（5）状态栏

状态栏位于 IE 6.0 浏览器的最下方，自左向右，一般分为三个部分。最左边的方框用来显示各种提示信息，如正在浏览的网页地址、IP 地址、链接文件的名称以及已经链接或正在链接等状态信息。左边第二个框，用来显示工作的方式，即当前浏览是脱机浏览还是上网浏览。最右边的框用来显示当前主页所在的工作区域。

2．使用 IE 6.0 浏览网页

使用 IE 6.0 浏览网页的最简单也是最直接的方法就是直接在地址栏中输入要浏览网页的 URL。如在地址栏中输入 http://www.baidu.com，然后按 Enter 键，就可以浏览百度网站的主页了，如图 7-3 所示。

3．访问历史记录

（1）访问刚刚访问过的网页

若想访问刚刚浏览过的网页时，可以使用标准工具栏中的"后退"按钮。如果向后退几页，可单击"后退"按钮旁边的小箭头，从出现的列表中选择某个网页即可。

如果要转到下一页，可单击标准工具栏中的"前进"按钮。如果要向前跳过几页，可单击"前进"按钮右侧的小箭头，从出现的列表中选择某个网页即可。

当浏览某一个网页时，浏览器端很长时间内没有信息传输，则可以单击标准工具栏中的"停止"按钮，暂时停止访问该网页。

图 7-3　使用 IE 6.0 浏览百度网站的主页界面

在浏览的过程中,由于线路或其他故障,传输过程被突然中断时,可以使用标准工具栏中的"刷新"按钮,再次下载该网页。

（2）访问最近查看过的网页

在标准工具栏上,单击"历史"按钮,在浏览器的主窗口中将出现近期访问过的网页在主机中存放的文件夹列表。该文件夹列表包含最近几天或几周访问过的网页的链接,保存时间的长短由"网页保存在历史记录中的天数"决定。选择历史文件夹中的某个网址就可以脱机浏览该网页,这样既提高了查找速度又节约了费用。

可以单击"工具"菜单,选择"Internet 选项",打开"Internet 选项"对话框,打开"常规"选项卡,在"历史记录"中设置"网页保存在历史记录中的天数",也可以单击"清除历史记录"按钮将已有的历史记录清除,如图 7-4 所示。

4. 使用收藏夹浏览经常访问的网站

对于用户需要经常访问的 Internet 站点,IE 6.0 提供了"收藏夹"的功能。所谓"收藏夹"就是一个类似于资源管理器的管理工具。有了它,用户就不必记忆一长串字符的 URL了。收藏夹为用户提供了两个功能：保存 URL 和管理 URL。

（1）添加到收藏夹

用户可以将常用的网站 URL 添加到收藏

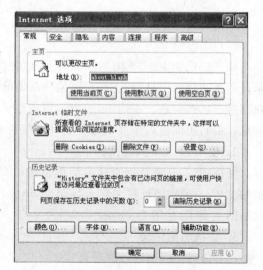

图 7-4　"Internet 选项"对话框

夹中,日后打开收藏夹,单击该页面的链接,就可以浏览或脱机浏览该站点了。将一个 URL添加到收藏夹的方法有两种：第一种是当进入某个主页后,单击菜单栏中的"收藏"菜单,单击"收藏"下拉菜单中的"添加到收藏夹"；第二种是在主页的空白处,单击鼠标右键,在出现的对话框中,单击"添加到收藏夹",也可以将其添加到收藏夹中。

（2）整理收藏夹

当收藏夹中的内容太多时，要在收藏夹中寻找某一网页的 URL 是一件比较麻烦的事情，这时可以使用"整理收藏夹"功能，将不同分类的网页地址分放在不同的子收藏夹中。

单击菜单栏中的"收藏"菜单，在出现的下拉菜单中，单击"整理收藏夹"，就可以对收藏夹进行整理，包括创建多个文件夹，将不同类型的 URL 添加到不同的文件夹中，还可以实现文件的重命名、同一文件夹中的删除和不同文件夹之间的移动等，如图 7-5 所示。

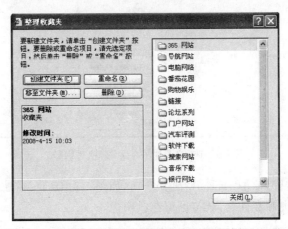

图 7-5　"整理收藏夹"对话框

5．打印和保存网页

打印网页和其他的常用软件类似，使用"文件"菜单下的"打印"命令，直接使用系统默认的页面设置打印网页。

保存网页是将网页保存到本地计算机，以便日后查阅或者与其他用户共享。保存一个完整的网页一般包括三部分：文本信息、图片和背景图像。根据具体情况有以下几种保存方法可供选择。

（1）只保存相关文字信息

如果浏览的网页上只有一部分文字信息是需要保存下来的，那么可以用鼠标将该部分选中，然后单击菜单栏中的"编辑"菜单，在出现的下拉菜单中，单击"复制"命令（也可右击鼠标，在弹出的菜单中选择"复制"命令，或使用快捷键 Ctrl＋C）。再建立一个文字处理文件，如 Word 或记事本文件，选择"粘贴"命令把刚才复制的文字部分粘贴在新文件中，保存新文件即可。

如果选取时使用的是快捷键 Ctrl＋A，然后进行复制和粘贴操作，那么整个页面的所有文字信息都会被保存下来。

（2）只保存图片

要保存网页中一幅图片，只需将鼠标移至该图片上，单击鼠标右键，选择"图片另存为"选项，如图 7-6 所示。在弹出的"保存"对话框中，设定存放图片的文件夹和文件名就可以保存该图片。

（3）只保存背景图像

网页中，除了文本信息和图片外，有的还有背景图像，如果要保存背景图像，则可在网页

图 7-6 选择"图片另存为"选项对话框

的空白处，单击鼠标右键，单击"背景另存为"选项，如图 7-7 所示。在随即出现的对话框中，给出存放图像的文件夹和文件名，就可以保存该图像。

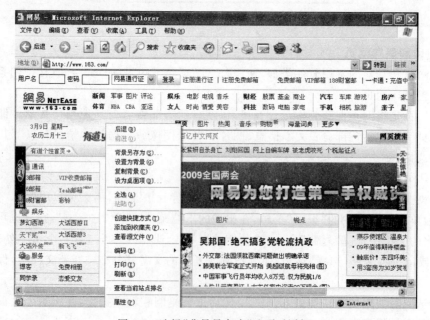

图 7-7 选择"背景另存为"选项对话框

（4）保存整个页面

如果要保存整个页面，则单击菜单栏里的"文件"菜单，选择"另存为"命令，在弹出的"保存网页"对话框中需要选择页面的保存类型，选择存放页面的文件夹和文件名，如图 7-8 所示。使用这种方法可以把网页所有的内容都保存下来。

需要注意的是，在保存类型里 IE 6.0 提供了 4 个选项。如果选择默认的"网页，全部

图 7-8　"保存网页"对话框

（＊.htm，＊.html）"就会把本页面保存为一个 htm 或 html 文件，并把所有的相关内容（如图片、脚本程序等）都保存在一个和文件同名的目录下面。如果选择的是"Web 档案，单一文件（＊.mht）"就会把本页面保存为一个 mht 文件，这个文件是用 IE 浏览器打开的，页面的所有相关内容（如图片、脚本程序等）都会集成到这个单一文件中。如果选择"网页，仅HTML（＊.htm，＊.html）"，那么保存下来的虽然还是一个 htm 或 html 文件，但是所有的其他相关内容都没有保存。如果选择"文本文件（＊.txt）"，那么这个页面就保存成了一个文本文件，当然保存的只有页面上的文字内容。

　　当然如果对要保存的页面非常熟悉，也可以不打开网页直接保存，方法是将鼠标移至要保存页面对应的超链接，单击鼠标右键，在弹出的菜单中选择"目标另存为"命令就可以保存了，如图 7-9 所示。

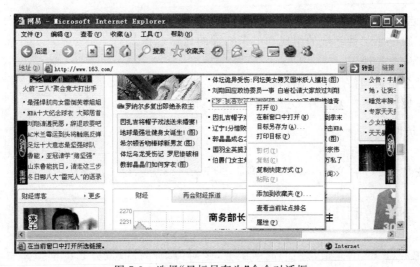

图 7-9　选择"目标另存为"命令对话框

6. IE 6.0 的配置

一般情况下,可以直接使用 IE 6.0 浏览相关信息,但是浏览器的默认配置并非适用于每一个用户,此时就需要对浏览器进行手工配置。

(1) 更改 IE 浏览器起始主页

所谓 IE 浏览器主页就是指 IE 浏览器的起始页,是用户打开浏览器后浏览器自动访问的页面。IE 浏览器默认的主页是 Microsoft 公司的页面,用户可以把自己访问最频繁的一个站点设置为主页。如此则每次启动 IE 时,该站点就会自动被打开。其具体操作如下:打开 IE 浏览器,在菜单栏中选择"工具"中的"Internet 选项",打开如图 7-4 所示的"Internet 选项"对话框。根据需要在其"主页"项的地址栏中填入主页 URL,然后单击"确定"按钮完成操作,当然如果要以当前页面为主页,可直接单击"使用当前页"按钮。

(2) 为不同区域的 Web 内容指定安全设置

在图 7-4 所示的"Internet 选项"对话框中,打开"安全"选项卡,如图 7-10 所示。可在 4 个不同区域中,单击要设置的区域。在"该区域的安全级别"栏里,调节滑块所在位置,根据需要将该 Internet 区域的安全级别设为高、中、低。单击"确定"按钮完成设置。

图 7-10 "安全"选项卡

对于 IE 6.0 还可以进行其他的设置,可参考相关的帮助和说明文件,这里不再赘述。

任务 7.2 网络客户端软件 Outlook Express 的使用

【实训目的】

(1) 了解电子邮件系统的组成和电子邮件的传输过程。

(2) 了解邮件协议。

(3) 学会申请和使用电子邮箱。

(4) 掌握网络客户端软件 Outlook Express 的使用方法。

【实训条件】

(1) 连入 Internet 的 PC。

(2) 安装到 PC 的 Windows XP、Outlook Express 等软件。

7.2.1 相关知识

电子邮件(E-mail)是最常用的网络服务,是对传统邮件收发方式的模拟。由于电子邮件具有使用简易、投递迅速、收费低廉、易于保存等优点,使得电子邮件被广泛地应用,极大地改变了人们的交流方式。

1. 电子邮件的格式

电子邮件有自己规范的格式。电子邮件有信封和内容两大部分,即邮件头(Header)和邮件主体(Body)两部分。邮件头包括收信人 E-mail 地址、发信人 E-mail 地址、发送日期、标题和发送优先级等,其中前两部分是必须具有的。邮件主体才是发信人和收信人要处理的内容。早期的电子邮件系统使用简单邮件传输协议(Simple Mail Transfer Protocol, SMTP),只能传输文本信息,目前的电子邮件系统通过使用多用途因特网邮件扩展 (Multipurpose Internet Mail Extensions,MIME)协议,还可以发送语音、图像和视频等信息。传送邮件时对于邮件主体不存在格式上的统一要求,但对邮件头有严格的格式要求,尤其是 E-mail 地址部分。

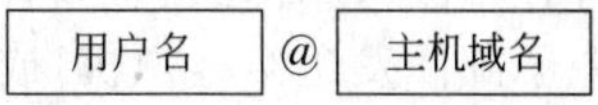

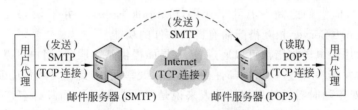

图 7-11　E-mail 地址的标准格式

E-mail 地址的标准格式如图 7-11 所示。

- 用户名指用户在某个邮件服务器上注册的用户标识,相当于是该用户的一个私人邮箱。
- "@"为分隔符,一般将其读为英文的"at"。
- 主机域名是指邮箱所在邮件服务器的域名。

例如,zhangsan@sohu.com 表示在搜狐的邮件服务器上的用户名为 zhangsan 的用户私人邮箱。

2. 电子邮件系统的组成

除了标准的电子邮件格式之外,电子邮件的发送和接收还要依托由用户代理、邮件服务器和邮件协议组成的电子邮件系统,图 7-12 给出了电子邮件系统的组成。

图 7-12　电子邮件系统的组成

(1) 用户代理

用户代理是用户与电子邮件系统的接口,在大多数情况下就是用户计算机中运行的程序。用户代理使用户能够通过一个提供命令行方式、菜单方式或图形方式的界面来与电子邮件系统交互,目前主要是通过视窗界面,使用户读取和发送电子邮件。常用的用户代理包括 Outlook Express、Hotmail、Foxmail 等客户端软件以及基于 Web 界面的用户代理程序,用户代理应当具有撰写、显示、处理等基本功能。

(2) 邮件服务器

邮件服务器是电子邮件系统的核心。邮件服务器按照客户/服务器模式工作,包括邮件发送服务器和邮件接收服务器。邮件发送服务器是指为用户提供邮件发送功能的邮件服务器,如图 7-12 所示的 SMTP 服务器。邮件接收服务器是指为用户提供邮件接收功能的邮件服务器,如图 7-12 所示的 POP3 服务器。

(3) 邮件协议

当用户在发送邮件(包括用户代理向电子邮件发送服务器或电子邮件发送服务器向电

子邮件接收服务器发送邮件)时,要使用邮件发送协议。常见的邮件发送协议有简单邮件传输协议(SMTP)和 MIME 协议,前者只能传输文本信息,后者可以传输包括文本、声音、图像在内的多媒体信息。配置了 SMTP 协议的电子邮件服务器称为 SMTP 服务器,SMTP服务器只能接收客户机发送的电子邮件,或者向别的服务器发送电子邮件。SMTP 协议默认使用 TCP 端口 25。

用户从邮件接收服务器接收邮件时,需要使用邮件接收协议,常见的邮件接收协议包括POP3(Post Office Protocol,邮件协议)和 IMAP(Interactive Mail Access Protocol,交互式邮件存取协议)。配置 POP3 协议的电子邮件服务器称为 POP3 服务器,POP3 服务器只能将电子邮件发送给客户机,或者从别的服务器接收电子邮件。POP3 协议默认使用 TCP 端口 110。IMAP 是 POP3 的一种替代协议,提供了邮件检索和邮件处理的新功能,用户可以不下载邮件正文就可以看到邮件的标题摘要,从邮件客户端软件就可以对服务器上的邮件和文件夹目录等进行操作。IMAP 协议增强了电子邮件的灵活性,同时也减少了垃圾邮件对本地系统的直接危害。除此之外,IMAP 协议可以记忆用户在脱机状态下对邮件的操作(例如移动邮件、删除邮件等),在下一次打开网络连接的时候会自动执行。

7.2.2 实训内容

Outlook Express 是 Windows 操作系统自带的电子邮件客户端软件,Microsoft 将该软件与操作系统以及 Internet Explorer 浏览器捆绑在一起。需要注意的是,Microsoft Office软件内的 Outlook 与 Outlook Express 是两个完全不同的软件平台,虽然这两个软件的设计理念是共通的,但它们之间没有共享代码,Outlook Express 并不像 Outlook 那样可与Microsoft Exchange Server 相互搭配而有群组软件的功能。

虽然目前常用的电子邮箱都可以通过 Web 界面提供基本服务,用户可以通过浏览器登录到服务器上收发邮件,但这样管理邮件的速度慢、效率低,受到网络条件的制约,而且不能保证随时在线,对于随时需要处理邮件的人来说是很不方便的。而邮件客户端软件具有许多 Web 不可替代的优势,用户可以使用客户端软件把邮件接收到本地随时阅读,可以设置时间间隔,定期查看接收邮件,客户端软件在新邮件到达的时候提醒用户,同时提供了强大的邮件管理功能。

1. 申请电子邮箱

在使用 Outlook Express 之前,必须先申请电子邮箱。申请电子邮箱可以有很多种方式,目前有很多 Web 站点都提供免费的电子邮箱服务,普通用户可以登录相应站点,通过填写一张个人资料表格就可以得到免费邮箱。申请电子邮箱的步骤在这里不再赘述。

2. 添加邮件账户

(1)单击"开始"→"程序"→"Outlook Express"命令,或者直接单击工具栏中的"Outlook Express"图标,启动 Outlook Express,如图 7-13 所示。如果是初次运行该软件,则系统会自动提示添加邮件账户,请直接参考步骤(3)。

(2)单击 Outlook Express 菜单栏的"工具"菜单,单击"账户"命令,打开"Internet 账户"对话框,如图 7-14 所示。

(3)单击"Internet 账户"对话框右侧的"添加"按钮,单击"邮件",打开"Internet 连接向导"对话框,输入将出现在外发邮件发信人字段的显示名,如图 7-15 所示。

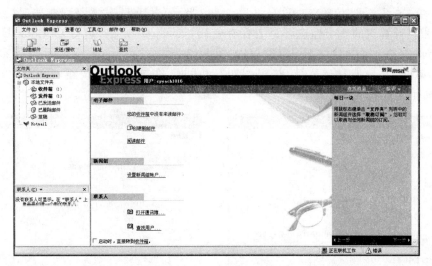

图 7-13　Outlook Express

图 7-14　"Internet 账户"对话框

图 7-15　"Internet 连接向导"对话框

　　(4) 单击"下一步"按钮,打开"Internet 电子邮件地址"对话框,输入所申请的电子邮箱地址,如图 7-16 所示。

　　(5) 单击"下一步"按钮,打开"电子邮件服务器名"对话框,选择邮件接收服务器的类型,输入接收邮件服务器和发送邮件服务器的域名或 IP 地址,如图 7-17 所示。

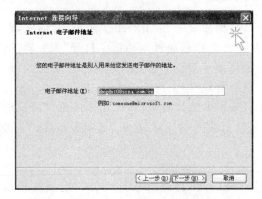

图 7-16　"Internet 电子邮件地址"对话框

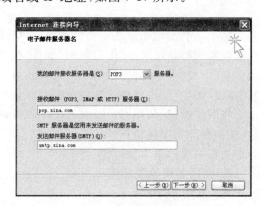

图 7-17　"电子邮件服务器名"对话框

（6）单击"下一步"按钮，打开"Internet Mail 登录"对话框，输入登录邮箱时的用户名和密码，可根据计算机的安全性选择是否保存密码，如果记住密码，运行 Outlook Express 时将自动登录邮箱。通常建议不保存密码，如图 7-18 所示。

（7）单击"下一步"按钮，打开"祝贺您"对话框，单击"完成"按钮，保存相应设置，如图 7-19 所示。

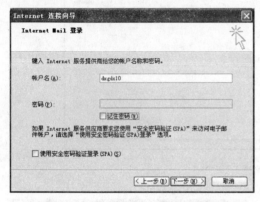

图 7-18 "Internet Mail 登录"对话框

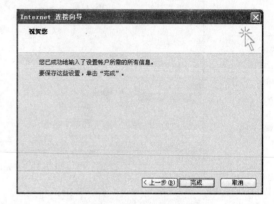

图 7-19 "祝贺您"对话框

此时在 Outlook Express 的"Internet 账户"对话框中已经添加了刚才的邮件账户。

如果有其他的邮箱账户，用户可以重复上述添加操作，并设置默认账户。单击 Outlook Express 菜单栏的"工具"菜单，单击"账户"命令，打开"Internet 账户"对话框，选择要设为默认账户的邮箱账户，单击右侧的"设为默认值"按钮，如图 7-20 所示。

图 7-20 设置默认邮箱账户

对于某些邮箱账户还需要设置 SMTP 服务器身份验证。在"Internet 账户"对话框，选择要设置的邮箱账户，单击右侧的"属性"按钮，弹出此账户的属性对话框。打开"服务器"选项卡，在下端"发送邮件服务器"处，选中"我的服务器要求身份验证"选项，并单击右边的"设置"按钮，选中"使用与接收邮件服务器相同的设置"，如图 7-21 所示。

在默认情况下，当 Outlook Express 将邮件下载到本地计算机后，邮箱内的邮件将被删除，如需在邮箱中保留邮件备份，可在邮箱账户属性对话框中打开"高级"选项卡，勾选"在服务器上保留邮件副本"复选项，如图 7-22 所示。

3. 使用邮箱收发邮件

（1）启动 Outlook Express，如果默认邮箱账户没有保存密码，则会出现"登录邮箱账户"对话框，此时需输入邮箱账户密码，登录邮件服务器，如图 7-23 所示。

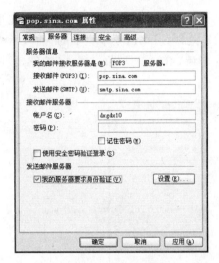

图 7-21 "服务器"选项卡

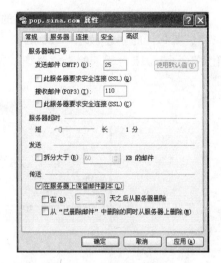

图 7-22 "高级"选项卡

图 7-23 "登录邮箱账户"对话框

（2）登录之后，Outlook Express 会自动检查邮箱中的新邮件，将新邮件下载到本地计算机；也可单击工具栏中的"发送/接收"右侧的下拉箭头按钮，选择"接收全部邮件"，完成即时邮件的接收，如图 7-24 所示。

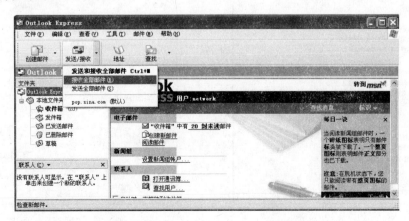

图 7-24 使用 Outlook Express 接收邮件

(3) 单击 Outlook Express 工具栏的"创建邮件"按钮,打开"新邮件"编辑窗口,在这里可以完成新邮件的创建,如图 7-25 所示。如需要粘贴附件,可单击菜单栏中的"插入"→"文件附件"命令,输入需插入的文件路径。邮件编辑完毕后,单击工具栏的"发送"按钮,即可发送邮件。

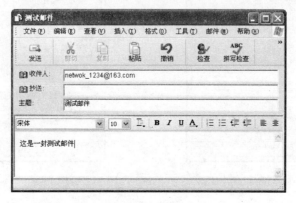

图 7-25　"新邮件"编辑窗口

4. Outlook Express 软件设置

(1) 设置新邮件检查

单击 Outlook Express 菜单栏的"工具"→"选项"命令,打开"选项"对话框的"常规"选项卡,如图 7-26 所示。在"发送/接收邮件"部分,可以设置 Outlook Express 自动搜索新邮件的间隔时间(默认值为 30 分钟),也可以设置当新邮件到达时发出声音提示。

(2) 在新邮件中要求对方发送回执

单击 Outlook Express 菜单栏的"工具"→"选项"命令,打开"选项"对话框的"回执"选项卡,在请求阅读回执部分勾选"所有发送的邮件都要求提供阅读回执",在返回阅读回执部分勾选"对于每个阅读回执请求都通知我",如图 7-27 所示。这样在发送邮件时,会自动请求对方提供阅读回执,而在接收邮件时也将显示对方的阅读回执请求,从而确保邮件的成功传输。

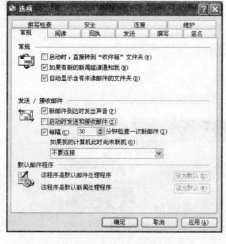

图 7-26　"常规"选项卡

图 7-27　"回执"选项卡

（3）设置签名

单击 Outlook Express 菜单栏的"工具"→"选项"命令，打开"选项"对话框的"签名"选项卡，在签名设置部分勾选"在所有待发邮件中添加签名"，在签名部分单击"新建"按钮创建默认签名，在编辑签名部分可对该签名进行编辑，如图 7-28 所示。签名的编辑可以根据实际需要进行，所设置的签名将添加到所有的代发邮件中。

（4）安全设置

单击 Outlook Express 菜单栏的"工具"→"选项"命令，打开"选项"对话框的"安全"选项卡，在这里可以对病毒防护、下载图像和安全邮件等部分进行设置，各选项的功能可根据实际情况和需求进行设置，如图 7-29 所示。

图 7-28　"签名"选项卡　　　　　　　　图 7-29　"安全"选项卡

5. 使用通讯簿

Outlook Express 提供了通讯簿功能，利用地址簿可以保存联系人的 E-mail 地址等信息，以后发送邮件时直接从通讯簿中取出即可。

（1）在通讯簿中添加联系人

可以手工输入联系人的信息，具体步骤如下：

① 单击 Outlook Express 菜单栏的"工具"→"通讯簿"命令，打开"通讯簿"对话框，如图 7-30 所示。

图 7-30　"通讯簿"对话框

② 单击"新建"按钮,选择"新建联系人",打开"联系人属性"对话框,在"姓名"标签中,分别输入"姓"和"名",在"显示"栏中会自动将两者结合起来作为该联系人在通讯簿中的显示名称。在"电子邮件地址"文本框中输入联系人的 E-mail 地址,然后单击右侧的"添加"按钮,如图 7-31 所示。

图 7-31 "联系人属性"对话框

③ 根据需要可以打开其他选项卡输入相应的信息,输入完成后,单击"确定"按钮。

用户还可以将所接收邮件的发信人直接添加到通讯簿中,具体操作为:打开所接收的邮件,单击菜单栏中的"工具"→"添加到通讯簿"→"发件人"命令,如图 7-32 所示。此时会弹出新联系人属性对话框,其中发信人的姓名的 E-mail 地址栏将被自动填写,添加其他相关信息后单击"确定"按钮即可。

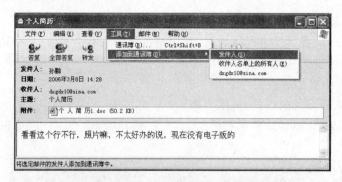

图 7-32 将所接收邮件的发信人直接添加到通讯簿

(2) 从通讯簿中取用联系人的 E-mail 地址

打开"通讯簿"对话框,在联系人列表框中选取指定用户名称,选中该联系人后,单击工具栏中的"操作"按钮,选择"发送邮件"项,此时会弹出"新邮件"编辑窗口,其中"收件人"一栏已经自动填写了相应的邮件地址,用户只需要填写其他内容即可。

(3) 修改通讯簿中联系人的信息

打开"通讯簿"对话框,在联系人列表框中选取指定用户名称,双击该联系人,弹出该联系人的属性对话框,在该对话框中修改联系人的相应信息即可。

6. 管理 Outlook Express 数据文件

（1）导出 Outlook Express 数据文件

如果重装系统或者处于文件安全的考虑，需要备份 Outlook Express 中的邮件和地址簿。具体操作为：单击 Outlook Express 菜单栏的"文件"→"导出"命令，此时可选择要导出"邮件"还是"通讯簿"，如图 7-33 所示。选择之后，按照系统提示操作即可完成数据文件的导出。

图 7-33 导出 Outlook Express 数据文件

（2）导入 Outlook Express 数据文件

如果要导入已有的通讯簿或其他 Outlook Express 数据文件，可单击 Outlook Express 菜单栏的"文件"→"导入"命令，此时可选择要导入 Outlook Express 数据文件的类型，如图 7-34 所示。选择之后，按照系统提示进行操作即可完成数据文件的导入。

图 7-34 导入 Outlook Express 数据文件

任务 7.3 使用 Telnet

【实训目的】

（1）了解 Telnet 的基本原理。

（2）能够实现 Telnet 远程登录。

【实训条件】

（1）几台已经联网并能正常运行的计算机。

（2）每台计算机安装 Windows XP 操作系统。

7.3.1　相关知识

Telnet 是常用的远程控制服务器的方法，为用户提供了在本地计算机上完成远程主机工作的能力。在终端使用者的计算机上使用 Telnet 程序，用它连接到服务器。终端使用者可以在 Telnet 程序中输入命令，这些命令会在服务器上运行，就像直接在服务器的控制台上输入一样。

1. Telnet 协议

Telnet 协议是 TCP/IP 协议族中的一员，是 Internet 远程登录服务的标准协议。它提供了三种基本服务：

- Telnet 定义一个网络虚拟终端为远地系统提供一个标准接口，客户机程序不必详细了解远地系统，它们只需构造使用标准接口的程序。
- Telnet 包括一个允许客户机和服务器协商选项的机制，而且它还提供一组标准选项。
- Telnet 对称处理连接的两端，即 Telnet 不强迫客户机从键盘输入，也不强迫客户机在屏幕上显示输出。

另外为了适应异构环境，Telnet 协议定义了数据和命令在 Internet 上的传输方式，此定义被称作网络虚拟终端 NVT(Net Virtual Terminal)，它的应用过程如下：

- 对于发送的数据：客户机软件把来自用户终端的按键和命令序列转换为 NVT 格式，并发送到服务器，服务器软件将收到的数据和命令从 NVT 格式转换为远地系统需要的格式。
- 对于返回的数据：远地服务器将数据从远地机器的格式转换为 NVT 格式，而本地客户机将接收到的 NVT 格式数据再转换为本地的格式。

2. Telnet 的工作过程

使用 Telnet 协议进行远程登录时需要满足以下条件：在本地计算机上必须装有包含 Telnet 协议的客户程序；必须知道远程主机的 IP 地址或域名；必须知道登录标识与口令。

Telnet 远程登录服务分为以下 4 个过程：

① 本地与远程主机建立连接。该过程实际上是建立一个 TCP 连接，用户必须知道远程主机的 IP 地址或域名，远程主机必须开启相应的服务和端口，Telnet 默认为 TCP 端口 23。

② 将本地终端上输入的用户名和口令及以后输入的任何命令或字符以 NVT 格式传送到远程主机。该过程实际上是从本地主机向远程主机发送一个 IP 数据包。

③ 将远程主机输出的 NVT 格式的数据转化为本地所接收的格式送回本地终端，包括输入命令回显和命令执行结果。

④ 最后，本地终端对远程主机进行撤销连接。该过程是撤销一个 TCP 连接。

7.3.2 实训内容

Telnet 采用客户/服务器模式,因此其设置包括服务器设置和客户机设置。在 Windows 系统中提供了 Telnet 实用程序,使用该程序远程登录另一台计算机的具体操作过程如下。

1. Telnet 服务器端的设置

在默认情况下,Windows 系统中的 Telnet 服务是禁止的,因此如果想使用 Telnet 远程登录到另一台计算机,必须首先在服务器端启动 Telnet 服务。

(1)单击"开始"→"程序"→"管理工具"→"服务"命令,打开"服务"控制台,在服务控制台中,可以看到 Telnet 服务,如图 7-35 所示。在默认情况下,该服务是禁用的。

图 7-35 "服务"控制台

(2)右击 Telnet 服务,选择"属性"命令,在弹出的"属性"对话框中,选择"启动类型"为"手动",单击"应用"按钮,在服务状态中单击"启动"按钮,启动 Telnet 服务,如图 7-36 所示。

2. Telnet 客户机端的设置

(1)单击"开始"→"运行"命令,在"运行"对话框中输入"cmd",进入命令行模式,在命令行模式中输入"telnet 目标计算机的 IP 或域名",如图 7-37 所示。

(2)按 Enter 键会进入如图 7-38 所示画面,系统提示用户将把密码发送到 Internet 区内的另一台远程计算机上,用户需选择是否继续。

(3)输入"y",系统会提示输入远程计算机的登录口令;若无口令,可直接登录。登录后会进入如图 7-39 所示画面,此时已完成 Telnet 远程登录,用户可以在窗口中输入相应的命令实现对目标计算机的操作和控制。

图 7-36 "Telnet 的属性"对话框

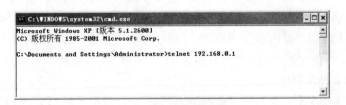

图 7-37 远程登录目标计算机

213

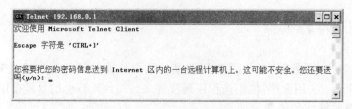

图 7-38　远程登录系统提示信息

图 7-39　欢迎使用 Microsoft Telnet 服务器

任务 7.4　配置简单的文件共享

【实训目的】

（1）了解文件共享的工作过程。

（2）掌握对等网中配置文件共享的方法。

【实训条件】

（1）几台已经联网并能正常运行的计算机。

（2）每台计算机安装 Windows XP 操作系统。

7.4.1　相关知识

对等网最大的使用价值就是其文件共享功能，这个功能可以使同一网络上的计算机之间互传数据，从而实现资源共享。文件共享是一个典型的客户/服务器工作模式，对于Windows 操作系统来说，在实现文件共享之前，必须在"网络连接"属性中添加网络组件"Microsoft 网络的文件和打印共享"以及"Microsoft 网络客户端"，其中网络组件"Microsoft网络的文件和打印共享"提供服务器功能，"Microsoft 网络客户端"提供客户机功能。

在 Windows 网络中主要通过"网上邻居"实现文件共享，其基本工作过程如下。

（1）取得网络资源列表

要实现文件共享，首先要知道当前网络上可以访问的服务器列表。如果是在一个有域的 Windows 网络环境下，可以通过活动目录服务来取得这个列表；而在工作组环境中则主要依靠 Windows 的浏览服务。浏览服务为各客户机提供的资源列表并不是实时的,也不一定是全局一致的,它依靠每 12 分钟一次的轮询来刷新和同步这个列表,因此,这个列表经常与实际情况不一致。

(2) 名称解析

当访问工作组中的某台服务器时,首先会发生一个名称解析过程。网上邻居的名称解析是可以使用 DNS 系统的。不过前提是要架设局域网 DNS 服务器对局域网的各计算机名进行解析。如果没有安装局域网 DNS,可以使用 NetBIOS 的名字服务对计算机名进行解析。NetBT(TCP/IP 上的 NetBIOS)协议可以将 NetBIOS 计算机名解析为 IP 地址,可以用 "nbtstat -c" 命令查看本机缓存的 NetBIOS 名称和 IP 地址的映射表,也可以使用 "nbtstat -r" 命令来利用 NetBT 广播来将指定的 NetBIOS 名称解析为 IP 地址。由于广播方式是无法跨子网的,所以当 NetBIOS 要求解析跨子网的名称时,必须要正确设置 WINS 服务器来进行跨网络的 NetBIOS 名称解析。除以上方式外,网上邻居还允许通过 Lmhost 文件来进行名字解析。

除了基于 TCP/IP 的 NetBT 和 DNS,由于网上邻居也允许运行在 NetBEUI 和 IPX/SPX 等其他协议上,因此对计算机名的解析不一定非局限为解析成 IP 地址,比如 NetBEUI 协议数据包仅包含数据链路层地址,因此不可路由也无法跨越子网,但在小型网络中使用 NetBEUI 协议不但可以提高效率,而且它的工作不受防火墙设置的影响,免去了设置防火墙的麻烦。

(3) 访问服务器

在对服务器进行了正确的名称解析后,可登录共享服务器。登录前客户机首先要确定目标服务器上的协议、端口、组件等是否齐备,服务是否启动。在一切都合乎要求后,开始用户的身份验证过程,如果顺利通过身份验证,服务器会检查本地的安全策略与授权,看本次访问是否允许,如果允许,会进一步检查用户希望访问的共享资源的权限设置,是否允许用户进行想要的操作,在通过这一系列检查后,客户机才能最终访问到目标资源。

7.4.2　实训内容

在设置文件共享之前,必须保证计算机的正确连接和相互之间能够访问,必须保证与文件共享相关的网络组件和服务的安装和启动。

1. 设置共享文件夹

在 Windows XP 系统中设置共享文件夹的步骤如下:

(1) 双击 Windows XP 桌面上的 "我的电脑" 图标,在打开的 "我的电脑" 窗口中,单击菜单栏中的 "工具"→"文件夹选项" 命令,在弹出的 "文件夹选项" 对话框中单击 "查看" 选项卡,在 "高级设置" 中不勾选 "使用简单文件共享",如图 7-40 所示。单击 "确定" 按钮退出。

(2) 右击要共享的文件夹,选择 "属性" 命令,打开 "共享" 选项卡,出现如图 7-41 所示的对话框。

(3) 填写共享名,设置用户数量限制,单击 "权限" 按钮,设置用户通过网络访问共享文件夹的权限,设置完毕后单击 "确定" 按钮。该文件夹已经设为共享文件夹,网络中的其他计算机可以通过网上邻居访问该文件夹。

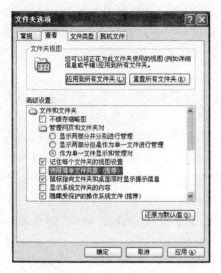

图 7-40 "查看"选项卡

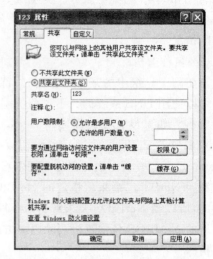

图 7-41 文件夹属性中的"共享"选项卡

2. 启用 Guset 账户

在 Windows XP 系统安装后,系统会自动创建两个内置账户 Administrator(系统管理员)和 Guest(客户),默认情况下,Guest 账户是禁用的。通常我们希望客户机使用 Guest 账户访问共享文件夹,因此首先应启用 Guest 账户。

① 右击"我的电脑",在弹出菜单中选择"管理"命令,打开"计算机管理"控制台。单击控制台左侧列表中的"本地用户和组"→"用户"项,如图 7-42 所示。

图 7-42 "计算机管理"控制台

② 右击"Guest",在弹出菜单中选择"属性"命令,打开"Guest 属性"对话框,取消勾选"账户已停用",如图 7-43 所示。单击"确定"按钮,启用 Guest 账户。

3. 设置共享文件夹访问权限

为了保证访问的安全,可以在共享文件夹上设置访问权限。在图 7-41 所示对话框中单击"权限"按钮,可以打开"共享权限"设置对话框,如图 7-44 所示。

共享文件夹的访问权限设置应注意以下问题:

• 共享文件夹权限只能应用于整个共享文件夹,而不能应用于单个文件或文件夹内的子文件夹。

• 对于使用存储有文件夹的计算机的用户,共享文件夹权限不限制他们的访问。共享文件夹权限只适用于通过网络连接到文件夹的用户。

图 7-43　"Guest 属性"对话框

图 7-44　"共享权限"设置对话框

- 默认的共享文件夹权限被分配给 Everyone 组。若要限制对共享文件夹的访问，就必须修改或撤销授予 Everyone 组的权限。

4. 访问共享文件夹

（1）通过"网上邻居"访问

在网络上，如果用户欲使用其他计算机上的共享资源，必须首先连接到该计算机上。其具体方法如下：

① 双击桌面上的"网上邻居"图标，出现如图 7-45 所示窗口。

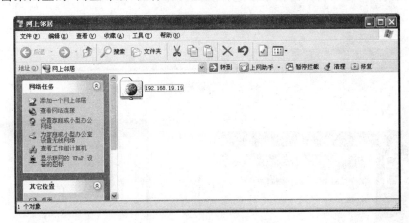

图 7-45　"网上邻居"浏览窗口

② 单击左侧"网络任务"中的"查看工作组计算机"，打开图 7-46 所示窗口。

③ 双击要访问文件夹所在计算机的图标，可以看到该计算机的所有共享文件夹，如图 7-47 所示。双击打开要访问的文件夹，就可以进行相应的操作。

（2）映射网络驱动器

为了使用上的方便，可以将网络驱动器号映射到计算机或文件夹上，其具体方法如下：

① 右击"我的电脑"，选择"映射网络驱动器"，打开如图 7-48 所示对话框。

② 指定驱动器的盘符，单击"浏览"按钮，打开如图 7-49 所示对话框。打开整个网络，选择相应的工作组，打开相应的计算机，选择相应的文件夹。

图 7-46 "查看工作组计算机"浏览窗口

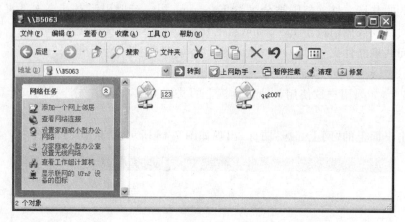

图 7-47 "共享资源"浏览窗口

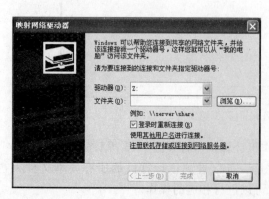

图 7-48 "映射网络驱动器"对话框

图 7-49 "浏览文件夹"对话框

③ 单击"确定"按钮,出现图 7-50 所示对话框,单击"完成"按钮。

④ 再访问该共享文件夹,只需要打开"我的电脑"窗口,如图 7-51 所示,在网络驱动器中直接双击所建盘符即可打开共享文件夹。

图 7-50　"映射网络驱动器"对话框

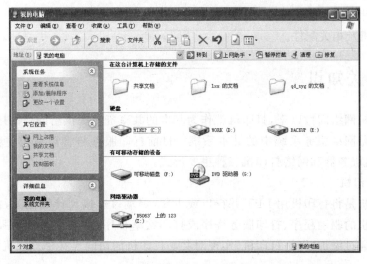

图 7-51　"我的电脑"窗口

（3）通过 IP 地址直接访问

如果知道要访问计算机的 IP 地址，可以通过其 IP 地址直接访问。

① 单击"开始"→"运行"命令，在"打开"后的文本框中输入"\\IP 地址"，如图 7-52 所示。

② 单击"确定"按钮，可以看到该计算机的所有共享文件夹，如图 7-53 所示。双击打开要访问的文件夹，就可以进行相应的操作。

图 7-52　"运行"对话框

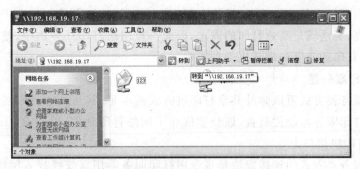

图 7-53　计算机的"共享资源"浏览窗口

任务 7.5　设置共享打印机

【实训目的】

（1）了解打印系统的各种类型。

（2）掌握共享打印机的设置方法。

【实训条件】

（1）几台已经联网并能正常运行的计算机。

（2）每台计算机安装 Windows XP 操作系统。

（3）打印机及相关配件。

7.5.1　相关知识

自从计算机网络问世以来，打印机就作为基本的共享资源提供给网络的用户使用，因此打印服务系统是网络服务系统中的基本系统。目前打印服务与管理系统主要有共享打印机、专用打印机服务器和网络打印机三种主要形式。

1. 共享打印机

共享打印机是将打印机用 LPT 并行口或 USB 等端口连接到计算机上，在该计算机上安装本地打印机的驱动程序、打印服务程序或打印共享程序，使之成为打印服务器；网络中的其他计算机通过添加"网络打印机"实现对共享打印机的访问。共享打印机的拓扑结构如图 7-54 所示。

图 7-54　共享打印机的拓扑结构

共享打印机的优点是连接简单，操作方便，成本低廉；其缺点是对于充当打印服务器的计算机要求较高，无法满足高效打印的需求，因此一旦网络打印任务集中，就会造成打印服务器性能下降，打印的速度和质量也受到影响。

2. 专用打印服务器

专用打印服务器方式可以弥补共享打印机方式的不足，其与共享打印机不同之处在于使用了专用的打印服务器硬件装置，该装置固化了网络打印软件，以及 RJ-45 以太网接口、LPT 或 USB 打印机接口。

专用打印服务器方式的连接方法是将专用打印服务器用双绞线接入网络，并将打印机通过 LPT 或 USB 等端口连接到专用服务器上。在每台计算机上通过添加"网络打印机"实现对共享打印机的访问。专用打印服务器方式的拓扑结构如图 7-55 所示。

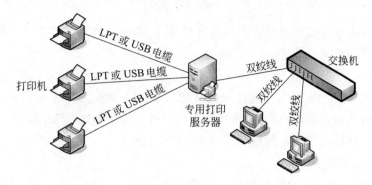

图 7-55　专用打印服务器方式的拓扑结构

专用打印服务器方式的优点是连接和设置简单,容易实现多台打印机的并行操作和管理,不会影响计算机的性能,性价比较高;其缺点是需要购买专用设备,维护管理的费用高。另外和共享打印机相似,发往打印机的数据使用 LPT 或 USB 接口,与目前局域网的吞吐能力相比,传输速率是该种网络打印方式的瓶颈。专用打印服务器方式适用于具有多台打印机的中小型办公网络。

3. 网络打印机

就硬件角度而言,网络打印机是指具有网卡的打印机。网络打印机方式的连接方法是将网络打印机用双绞线直接接入网络,并通过网络打印服务器对网络中的各台网络打印机进行管理。在每台打印客户机上通过添加"网络打印机"实现对共享打印机的访问。网络打印机方式的拓扑结构如图 7-56 所示。

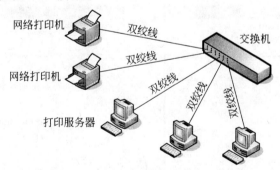

图 7-56　网络打印机方式的拓扑结构

网络打印机方式是真正意义上的网络打印。网络打印机直接连接网络,因此可以以网络本身的速度处理和传输打印任务,使得单台网络打印机的性能发挥到了极限。网络打印机方式的优点是连接和设置简单,容易实现多台打印机的并行操作和管理,不会影响计算机的性能,性价比较高,较好地突破了网络打印的瓶颈;其缺点是需要购置网络打印机,维护管理的费用高。网络打印机方式非常适合大中型公司的办公网络,可以较快地处理高密度的打印业务。

7.5.2　实训内容

不同的打印服务与管理系统有不同的设置方式,本次实训主要实现在 Windows XP 操作系统下共享打印机的设置。

1. 连接网络

Windows XP 操作系统下共享打印机网络的连接请参考图 7-54 所示的拓扑结构。在设置共享打印机之前,必须保证打印服务器与打印机之间以及整个网络的正确连接和互访,必须保证与共享打印机相关的网络组件和服务的安装和启动。

2. 安装和共享本地打印机

本地打印机就是直接与计算机连接的打印机。打印机除了与计算机进行硬件连接外,还需要进行软件安装,只有这样打印机才能使用。本地打印机安装也就是在本地计算机上安装打印机软件,实现本地计算机对本地打印机的管理,这是实现网络打印的前提。

(1) 打开"控制面板",单击"打印机与传真",右击选择"添加打印机"命令,启动"添加打印机向导"。在"添加打印机向导"的提示和帮助下,用户一般可以正确地安装打印机。启动"添加打印机向导"之后,系统会打开"添加打印机向导"的第一个对话框,提示用户开始安装打印机,如图 7-57 所示。

(2) 单击"下一步"按钮,进入"本地或网络打印机"对话框。在此对话框中,用户可选择添加本地打印机或者是网络打印机。在此选择"连接到此计算机的本地打印机"单选按钮,即可开始添加本地打印机,如图 7-58 所示。

图 7-57　欢迎使用添加打印机向导

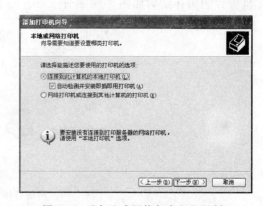

图 7-58　"本地或网络打印机"对话框

(3) 如果在图 7-58 所示对话框中,不选择"自动检测并安装即插即用打印机",单击"下一步"按钮,弹出"选择打印机端口"对话框,选择要添加的打印机所在的端口。如果要使用计算机原有的端口,可以选择"使用以下端口"单选项。一般情况下,用户的打印机都安装在计算机的 LPT1 打印机端口上,如图 7-59 所示。

(4) 单击"下一步"按钮,弹出"安装打印机软件"对话框,选择打印机的生产厂商和型号,也可选择"从磁盘安装",如图 7-60 所示。

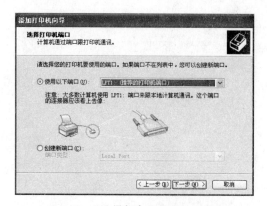

图 7-59　"选择打印机端口"对话框

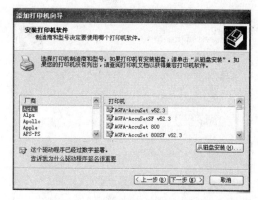

图 7-60　"安装打印机软件"对话框

　　(5) 单击"下一步"按钮,弹出"命名打印机"对话框。在该对话框中可为打印机输入名称,也可以选择默认设置,如图 7-61 所示。

　　(6) 单击"下一步"按钮,弹出"打印机共享"对话框。这里需要设置其他计算机可以共享该打印机,如图 7-62 所示。

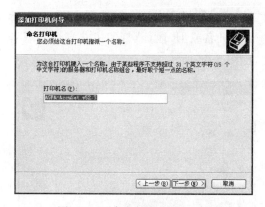

图 7-61　"命名打印机"对话框

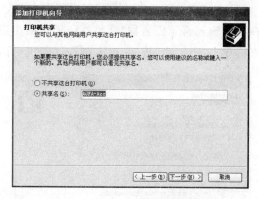

图 7-62　"打印机共享"对话框

　　(7) 单击"下一步"按钮,在弹出的窗口中要求用户提供打印机的位置和描述信息。可以在"位置"文本框中输入打印机所在的位置,让其他用户方便查看,如图 7-63 所示。

　　(8) 单击"下一步"按钮,在弹出的对话框中用户可以选择是否对打印机进行测试,检测是否已经正确安装了打印机,如图 7-64 所示。

　　(9) 单击"下一步"按钮,在弹出"正在完成添加打印机向导"对话框中,显示了前几步设置的所有信息。如果有需要修改的内容,单击"上一步"按钮可以回到相应的位置修改;如果确认设置无误,单击"完成"按钮,安装完毕。

　　3. 客户机的设置

　　在连有打印机的计算机上安装好本地打印机后,接下来需要在没有连接打印机的计算机上安装网络打印机,以便没有连接打印机的计算机能够把要打印的文件传输给连有打印机的计算机,并由该计算机统一管理打印,实现网络打印。具体安装步骤如下(在没有连接打印机的计算机上安装):

223

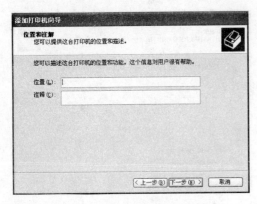

图 7-63 "位置和注解"对话框

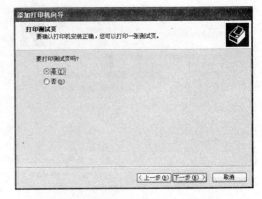

图 7-64 "打印测试页"对话框

（1）打开"控制面板"中的"打印机"文件夹，单击"添加打印机"项，启动"添加打印机"向导。

（2）单击"下一步"按钮，进入"本地或网络打印机"对话框。在此对话框中，选择添加"网络打印机或连接到其他计算机的打印机"，如图 7-65 所示。

（3）单击"下一步"按钮，用户可以在此处设置指定打印机。由于在局域网内部，可以选择直接输入打印机名称"\\与打印机直接相连的计算机名或 IP 地址\打印机共享名"，或者直接单击"下一步"按钮，进入浏览打印机对话框，如图 7-66 所示。

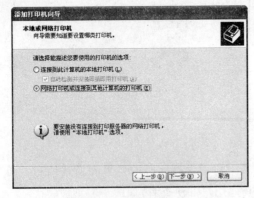

图 7-65 "本地或网络打印机"对话框

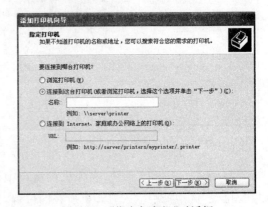

图 7-66 "指定打印机"对话框

（4）用户可以输入打印机名称，也可以不输入打印机名称直接单击"下一步"按钮，弹出"浏览打印机"对话框。在这里列出了域或工作组中的所有共享打印机以及与打印机连接的计算机。如果局域网中有多台打印机，用户可以在这里找到适合自己的打印机，如图 7-67 所示。

（5）单击"下一步"按钮，在弹出的对话框中，用户可以设置是否将打印机设置为默认打印机。

（6）单击"下一步"按钮，在弹出的对话框中，将显示用户设置的网络打印机的相关信息。单击"完成"按钮后，就可以像使用本地打印机一样使用网络打印机了。

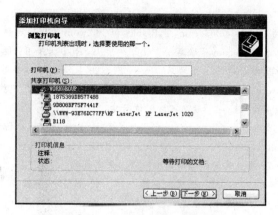

图 7-67　"浏览打印机"对话框

习　题　7

1. 判断题

(1) 网页浏览工具只能用于网页浏览。　　　　　　　　　　　　　　　　　　（　　）

(2) IE 的下载功能不支持断点续传功能。　　　　　　　　　　　　　　　　　（　　）

(3) WWW(World Wide Web),是一种基于 HTTP 协议的网络信息检索工具。　　（　　）

(4) HTTP 协议传输文件的速度和稳定性都优于 FTP。　　　　　　　　　　　（　　）

(5) 可以使用 Outlook 2003 来收发电子邮件、管理联系人信息、记日记等。　　　（　　）

(6) Web 工具主要用于从服务器上下载数据,是十分方便的下载工具。　　　　（　　）

(7) FTP 传输工具可以从服务器下载数据,也可以将数据传送到服务器上。　　（　　）

(8) Outlook 2003 是微软公司的网页制作套装软件的组件之一。　　　　　　　（　　）

(9) WWW 是 Internet 上集文本、声音、图像、视频等多种媒体信息于一身的信息服务系统。（　　）

(10) WWW 的应用是对等网模式的服务系统。　　　　　　　　　　　　　　（　　）

(11) 浏览器只能浏览 Web 服务器站点上的各种数据信息,不能向服务器发送数据信息。（　　）

(12) WWW 中的信息资源主要由一个个的网页为基本元素构成。　　　　　　（　　）

(13) E-mail 服务器用来存放所发送和接收的电子邮件。　　　　　　　　　　（　　）

(14) 域名与 IP 地址之间是一对四的关系。　　　　　　　　　　　　　　　（　　）

(15) 在 Windows XP 系统中没有内置的 Telnet 客户端程序,必须安装。　　　　（　　）

2. 单项选择题

(1) 下述软件中属于电子邮件软件的是(　　)。

　　A. Outlook Express　　　　B. Photoshop　　　　C. PageMaker　　　　D. CorelDRAW

(2) 下述软件中属于浏览器的是(　　)。

　　A. 微软的 IE 和网景的 Netscape　　　　　　　B. 微软的 IE 和 Outlook Express

　　C. 微软的 IE 和 BBS　　　　　　　　　　　D. 微软的 IE 和 Web

(3) SMTP 使用的传输层协议为(　　)。

　　A. HTTP　　　　　　　　B. IP　　　　　　　　C. TCP　　　　　　　D. UDP

(4) 在 WWW 服务器与客户机之间发送和接收 HTML 文档时,使用的协议是(　　)。

A. FTP   B. Gopher   C. HTTP   D. NNTP

(5) 某人的电子邮箱为 Rjspks@263.com，对 Rjspks 和 263.com 的正确理解为（　　　）。

    A. Rjspks 是用户名，263.com 是域名   B. Rjspks 是用户名，263.com 是计算机名

    C. Rjspks 是服务器名，263.com 是域名   D. Rjspks 是服务器名，263.com 是计算机名

(6) 若 Web 站点的 Internet 域名是 www.lwh.com，IP 为 192.168.1.21，现将 TCP 端口改成 8080，则用户在 IE 浏览器的地址栏中输入（　　　）后就可访问该网站。

    A. http://192.168.1.21   B. http://www.lwh.com

    C. http://192.168.1.21:8080   D. http://www.lwh.com/8080

(7) Internet 中域名与 IP 地址之间的翻译是由（　　　）来完成的。

    A. 域名服务器   B. 代理服务器   C. FTP 服务器   D. Web 服务器

(8) 关于 WWW 服务，以下错误的说法是（　　　）。

    A. WWW 服务采用的主要传输协议是 HTTP

    B. WWW 服务以超文本方式组织网络多媒体信息

    C. 用户访问 Web 服务器可以使用统一的图形用户界面

    D. 用户访问 Web 服务器不需要知道服务器的 URL 地址

(9) DNS 服务器最重要的功能就是查找匹配特定主机域名的（　　　）。

    A. 物理地址   B. 网络地址   C. IP 地址   D. MAC 地址

(10) 主机完整的域名是通过把自己的主机名和它与根域之间的每一个域名连接起来构成的，中间用（　　　）进行分隔。

    A. "；"   B. "."   C. "，"   D. "？"

(11) DNS 通常使用（　　　）。

    A. 分布式数据库   B. 文件数据库   C. 通信数据库   D. 地址数据库

(12) 查找对应于域名的 IP 地址的过程称为（　　　）。

    A. 浏览   B. 扫描   C. 解析域名查询   D. 登录

(13) POP3 是 Internet 电子邮件的一个（　　　）协议标准。

    A. 下载   B. 离线   C. 上传   D. 发送

(14) WWW 网页显示方式通过（　　　）来指定。

    A. HTML   B. TXT   C. DOC   D. WPS

(15) 顶级域名用（　　　）的缩写形式来完全地表达某个国家或地区。

    A. 四个字母   B. 三个字母   C. 二个字母   D. 一个字母

3. 多项选择题

(1) 下列属于 IE 浏览器功能特点的有（　　　）。

    A. 可保存网页素材   B. 可下载网络资源

    C. 对网站地址进行分类   D. 改变网页显示方式

(2) 下列属于网络应用的有（　　　）。

    A. 远程教育   B. 电子政务   C. 网上邮件   D. 电子商务

(3) 下列属于搜索引擎的有（　　　）。

    A. Google   B. 百度   C. SOHU   D. 雅虎

(4) 下列属于网络聊天工具的有（　　　）。

    A. ICQ   B. OICQ   C. MSN   D. Outlook

(5) 邮件服务工具有（　　　）。

    A. Outlook   B. FrontPage   C. Foxmail   D. Dreamweaver

(6) 浏览器支持（　　　）。

    A. 文字   B. 图像   C. 声音   D. 动画、视频

(7) 常用的网络服务有(　　)。

    A. WWW 服务   B. FTP 服务   C. GPS 服务   D. DHCP 服务

(8) Outlook 可以(　　)。

    A. 收发邮件   B. 创建邮件   C. 管理联系人   D. 群发邮件

(9) WWW 的整个系统由(　　)三部分组成。

    A. Web 服务器   B. 浏览器   C. 通信协议   D. 超文本文件

(10) 传送电子邮件一般使用的协议有(　　)。

    A. SMTP 协议   B. UDP 协议   C. MIME 协议   D. POP 协议

4. 问答题

(1) 简述用户诵讨浏览器访问 WWW 上某网页的工作过程。

(2) 电子邮件系统由哪几部分组成？各部分的作用是什么？

(3) 在电子邮件传输过程中使用了哪些协议？这些协议的作用是什么？

(4) 简述 Telnet 的工作过程。

(5) 简述在 Windows 网络中通过"网上邻居"访问共享文件的工作过程。

(6) 目前局域网中的打印服务与管理系统有哪些形式？分别如何实现？

5. 技能题

(1) 对等网配置及网络资源共享

【内容及操作要求】

- 查看网络中计算机的主机名称和网络参数，了解网络基本配置中包含的协议、服务和基本参数。
- 网络组件的安装和卸载。
- 设置和取消目录的共享并设置映射网络驱动器。

【准备工作】 安装 Windows XP Professional 或以上版本操作系统的计算机若干台，局域网所需的其他设备。

【考核时限】 45min。

(2) 共享打印机

【内容及操作要求】 在局域网中实现打印机共享，要求局域网中的所有计算机都可以使用一台打印机直接打印文件。

【准备工作】 安装 Windows XP Professional 或以上版本操作系统的计算机若干台，局域网所需的其他设备，打印机及其附件(驱动程序、连接电缆等)。

【考核时限】 45min。

项目 8 网络管理与安全

随着计算机网络应用的不断普及,网络资源和网络应用服务日益丰富,计算机网络管理和安全问题已经成为网络建设和发展中的热门话题。在实际网络运行中,采取合理的安全措施和手段,提升网络管理水平,是确保网络稳定、可靠和安全运行的重要方法。因此对于网络管理人员来说,掌握必要的网络管理和安全方面的技能非常重要。本项目的主要目标是了解基于 SNMP 的网络管理的实现;了解常见的网络安全技术措施;掌握 Windows XP系统下的用户安全管理、文件备份还原以及内置防火墙的设置方法;掌握网络防病毒软件的安装和使用方法。

任务 8.1 SNMP 服务的安装与测试

【实训目的】

(1) 了解网络管理的基本功能。

(2) 了解网络管理的基本模型和组成。

(3) 了解 SNMP 服务的安装和配置方法。

【实训条件】

(1) 已经安装并能运行的局域网。

(2) 安装 Windows XP 的计算机。

(3) Windows XP 系统光盘及相关的 MIB 查询工具。

8.1.1 相关知识

最早的网络管理是局域网管理,主要保证局域网能够顺利传递和共享文件,早期的局域网管理系统与网络操作系统密不可分。目前的网络管理打破了网络的地域限制,不再局限于保证文件的传输,而是保障网络的正常运转,维护各类网络应用和数据的有效和安全地使用、存储以及传递,同时监测网络的运行性能,优化网络的拓扑结构。

在网络管理技术的研究、发展和标准化方面,国际标准化组织(ISO)和 Internet 体系结构委员会(IAB)都做出了很大的贡献。IAB 于 1988 年推出的简单网络管理协议(Simple Network Management Protocol,SNMP)已经成为事实上的计算机网络管理工业标准,是TCP/IP 协议的一部分,也可以应用于 IPX/SPX 网络。

1. 网络管理的基本功能

在实际网络管理过程中,网络管理应具有的功能非常广泛,包括了很多方面。在 OSI 网络管理标准中定义了网络管理的 5 大功能:配置管理、性能管理、故障管理、安全管理和计费管理。

(1) 配置管理

计算机网络由各种物理结构和逻辑结构组成,这些结构中有许多参数、状态等信息需要设置并协调。另外,网络运行在多变的环境中,系统本身也经常要随着用户的增、减或设备的维修而调整配置。网络管理系统必须具有足够的手段支持这些调整的变化,使网络更有效地工作。这些手段构成了网络管理的配置管理功能。配置管理功能至少应包括识别被管理网络的拓扑结构、标识网络中的各种现象、自动修改指定设备的配置、动态维护网络配置数据库等内容。

(2) 性能管理

性能管理的目的是在使用最少的网络资源和具有最小延迟的前提下,确保网络能提供可靠连接的通信能力,并使网络资源的使用达到最优化的程度。网络的性能管理有监测和控制两大功能,监测能实现对网络中的活动进行跟踪,控制功能实施相应调整来提高网络性能。性能管理的具体内容包括:从被管对象中收集与网络性能有关的数据,分析和统计历史数据,建立性能分析的模型,预测网络性能的长期趋势,并根据分析和预测的结果,对网络拓扑结构、某些对象的配置和参数做出调整,逐步达到最佳运行状态。如果需要做出调整,必要时还要考虑扩充或重建网络。

(3) 故障管理

故障管理是网络管理最基本的功能,指系统出现异常情况时的管理操作。网络管理系统必须具备快速和可靠故障检测、诊断和恢复功能。当网络发生故障时,必须尽可能快地找出故障发生的确切位置;将网络其他部分与故障部分隔离,以确保网络其他部分能不受干扰继续运行;重新配置或重组网络,尽可能降低由于隔离故障后对网络带来的影响;修复或替换故障部分,将网络恢复为初始状态。

(4) 安全管理

安全管理的目的是确保网络资源不被非法使用,防止网络资源由于入侵者攻击而遭受破坏。其主要内容包括:与安全措施有关的信息分发(如密钥的分发和访问权设置等);与安全有关的通知(如网络有非法侵入、无权用户对特定信息的访问企图等);安全服务措施的创建、控制和删除;与安全有关的网络操作事件的记录、维护和查询日志管理工作等。完善的网络管理系统必须制定网络管理的安全策略,以保证网络不被侵害,并保证重要信息不被未授权的用户访问。

(5) 计费管理

在有偿使用的网络上,计费管理功能将统计哪些用户、使用何信道、传输多少数据、访问什么资源等信息,并制定一种用户可接受的计费方法;另一方面,计费管理功能还可以统计不同线路和各类资源的利用情况。商业性网络中的计费系统还要包含诸如每次通信的开始时间和结束时间、通信中使用的服务等级以及通信中的另一方等更详细的计费信息,并能够随时查询这些信息。

2. 网络管理的基本模型

在网络管理中,网络管理人员通过网络管理系统对整个网络中的设备和设施(如交换机、路由器、服务器等)进行管理,包括查阅网络中设备或设施的当前工作状态和工作参数,对设备或设施的工作状态进行控制,对工作参数进行修改等。网络管理系统通过特定的传输线路和控制协议对远程的网络设备或设施进行具体的操作。为了实现上述目标,目前的网络管理系统普遍采用的是管理者(Manager)-代理者(Agent)的网络管理模型,如图 8-1 所示。

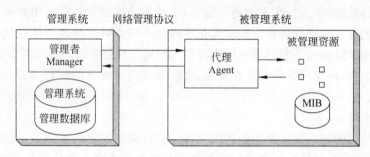

图 8-1　网络管理基本模型示意图

由图 8-1 可见网络管理模型由 4 个要素组成,分别为网络管理者、管理代理、网络管理协议和 MIB(Management Information Base,管理信息库)。

（1）网络管理者

网络管理者是实施网络管理的实体,驻留在管理工作站上,实际就是运行于管理工作站上的网络管理程序(进程)。管理进程负责对网络中的设备和设施进行全面的管理和控制,根据网络上各个管理对象的变化来决定对不同的管理对象所采取的操作。管理工作站是一台安装了网络管理软件的 PC 或小型机,一般位于网络系统的主干或接近于主干的位置。

（2）管理代理

管理代理是一个软件模块,驻留在被管设备上。被管设备的种类繁多,包括交换机、路由器、防火墙、服务器以及网络打印机等。管理代理的功能是把来自网络管理者的命令或信息转换为本设备特有的指令,完成网络管理者的指示或把所在设备的信息返回给网络管理者。管理代理通过控制本设备管理信息库中的信息实现管理设备的功能。

（3）网络管理协议

网络管理协议给出了管理进程和管理代理之间通信的规则,并为它们定义了交换所需管理信息的方法。它负责在管理进程和管理代理之间传递操作命令,负责解释管理操作命令或者说是提供解释管理操作命令的依据。目前在计算机网络管理中主要使用的网络管理协议是 SNMP,而 ISO 开发的 CMIP(Common Management Information Protocol,公共管理信息协议)主要用于 TMN(电信管理网)。

（4）管理信息库

管理信息库中存放的是被管设备的所有信息,比方说被管设备的名称、运行时间、接口速度、接口进来/发出的报文等,当前的管理信息库版本为 MIB-Ⅱ。管理信息库是一个概念上的数据库,可以将其所存放的信息理解为网络管理中的被管理资源。在 SNMP 网络管理中这些资源是用对象来表示的,每一个管理对象表示被管理资源某一方面的属性,这些对象的集合就形成了管理信息库。每个管理代理管理 MIB 中属于本地的管理对象,各管理代理控制的管理对象共同构成全网的管理信息库。

3. SNMP 网络管理定义的报文操作

管理进程与管理代理间的操作可以分成两种情况：

- 管理进程可向管理代理请求状态信息。
- 当重要事件发生时，管理代理可向管理进程主动发送状态信息。

SNMP 网络管理定义了 5 种报文操作：

- GetRequest 操作：用于管理进程从管理代理上面提取一个或者多个 MIB 参数值，这些参数都是在管理信息库中被定义的。
- GetNextRequest 操作：从管理代理上面提取一个或多个参数的下一个参数值。
- SetRequest 操作：设置管理代理的一个或多个 MIB 参数值。
- GetResponse 操作：管理代理返回一个或多个 MIB 参数值，它是前面三种操作中的响应操作。
- Trap 操作：这是管理代理主动向管理进程发出的报文，它标记出一个可能需要特殊注意的事件的发生，例如重新启动可能就会触发一个 Trap 陷阱。

前面三个操作是管理进程向管理代理发出的，后面两个操作则是管理代理发给管理进程的，其中除了 Trap 操作使用 UDP162 端口外，其他 4 个操作均使用 UDP161 端口。通过这 5 种报文操作，管理进程和管理代理之间就能够进行相互之间的通信了。

4. SNMP 团体

团体（Community）也叫做共同体，利用 SNMP 团体可以将管理进程和管理代理分组，同一团体内的管理进程和管理代理才能互相通信，管理代理不接受团体之外的管理进程的请求。在 Windows 操作系统中，一般默认团体名为"public"，一个 SNMP 管理代理可以是多个团体的成员。在图 8-2 所示 SNMP 网络管理系统中管理 1、代理 2、代理 3 和代理 4 属于同一个 SNMP 团体，管理 2 和代理 1 属于另一个 SNMP 团体，因此管理 1 中的管理进程可以和代理 2、代理 3 及代理 4 中的管理代理进行通信，管理 2 的管理进程只能和代理 1 的管理代理进行通信。

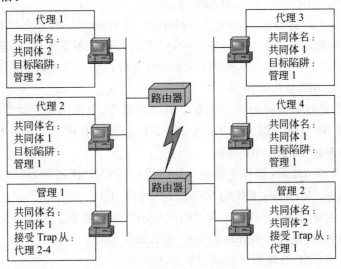

图 8-2　SNMP 团体

5. 管理信息库的结构

管理信息库是一个概念上的数据库,存放的是网络管理可以访问的信息。SNMP 环境中的所有被管理对象都按层次性的结构或树型结构来排列,如图 8-3 所示。树型结构端节点对象就是实际的被管理对象,每一个对象都代表一些资源、活动或其他要管理的相关信息。树型结构本身定义了如何把对象组合成逻辑相关的集合。层次树型结构有以下三个作用:

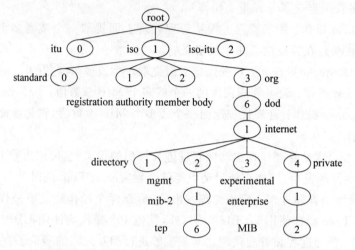

图 8-3　管理信息库的结构

- 表示管理和控制关系。
- 提供了结构化的信息组织技术。
- 提供了对象命名机制。

MIB 树的根节点 root 并没有名字或编号,但是它有下面三个子树:

- iso(1):由 ISO 管理,是最常用的子树。
- itu(0):由 ITU 管理。
- iso/itu(3):由 ISO 和 ITU 共同管理。

在 iso(1)子树下面有 org(3)、dod(6)、internet(1)、mgmt(2)和 mib-2(1)5 级子树,可以用 1.3.6.1.2.1 来表示对 mib-2 的访问。mib-2 内部又包含多棵子树,同理,我们也可以用 1.3.6.1.2.1.1 来表示对 mib-2 下面的 system(1)进行访问。这里的 1.3.6.1.2.1 和 1.3.6.1.2.1.1 被称为 OID,也叫对象 ID。

mib-2 定义的是基本故障分析和配置分析用对象,其中使用最为频繁的是 system 组、interfaces 组、at 组和 ip 组。图 8-4 所示为 mib-2 节点处 MIB 树结构示意图。

6. Windows 系统中的 SNMP 服务

如果要对安装 Windows 操作系统的计算机进行 SNMP 网络管理,则在该计算机上必须安装 SNMP 服务,Windows 系统的 SNMP 的功能如下:

- 工作在任何运行 Windows、TCP/IP、IPX/SPX 的计算机上。
- 用主机名和 IP 地址识别管理工作站(报告和接收)。
- 处理来自 SNMP 管理系统的状态信息请求。
- 在发生陷阱的时候,将陷阱报告给一个或者多个管理工作站。

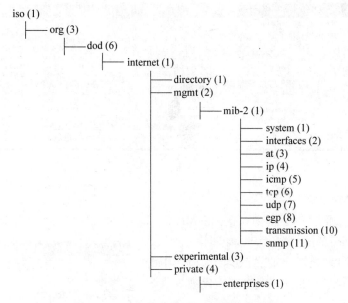

图 8-4 mib-2 节点处 MIB 树结构示意图

8.1.2 实训内容

1. 安装 SNMP 服务

SNMP 并不是 Windows 系统默认的安装组件，在 Windows XP 系统中安装 SNMP 服务的步骤如下：打开"控制面板"中的"添加/删除程序"窗口，单击"添加/删除 Windows 组件"按钮；接着在随后弹出的"Windows 组件"中选择"管理和监视工具"，单击下面的"详细信息"按钮；在弹出的"管理和监视工具"的对话框中选择"简单网络管理协议"，如图 8-5 所示，确定后单击"下一步"按钮就可以安装 SNMP 服务了。

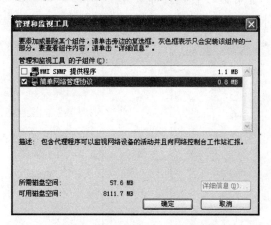

图 8-5 "管理和监视工具"对话框

安装完成后，可以单击"开始"→"管理工具"→"服务"命令，可以看到 SNMP Service 和 SNMP Trap Service 两个服务都已经安装并启动，如图 8-6 所示。

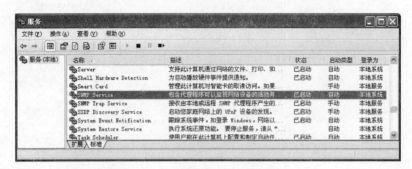

图 8-6 "服务"控制台

2. 配置 SNMP 代理

（1）在图 8-6"服务"对话框中，右击 SNMP Service，在弹出的快捷菜单中选择"属性"命令，打开"SNMP Service 的属性"对话框，如图 8-7 所示。

（2）打开"代理"选项卡，在"代理"选项卡中配置"联系人"和"位置"中的内容，并选择代理提供的服务，如图 8-8 所示。

（3）单击"陷阱"选项卡，如图 8-9 所示。在陷阱选项卡中，填入团体名称如"public"，单击"添加到列表"按钮，此时陷阱目标中"添加"按钮显亮。单击"添加"按钮，弹出 SNMP 服务配置窗口，如图 8-10 所示。填入陷阱目标 IP 地址，即管理工作站的 IP 地址。

（4）单击"安全"选项卡，如图 8-11 所示。选中"发送身份验证陷阱"复选框，实现当接到非法的状态信息请求，主动发送信息给管理工作站。可以添加或删除其所在的团体，并可以设置该团体管理工

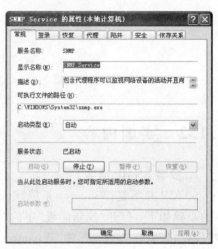

图 8-7 "SNMP Service 的属性"对话框

作站的对 MIB 的权利，同时可以设置能接受哪些主机传来的 SNMP 数据包。

图 8-8 "代理"选项卡   图 8-9 "陷阱"选项卡

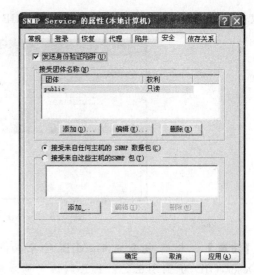

图 8-10　SNMP 服务配置窗口　　　　　　　　图 8-11　"安全"选项卡

3. 测试 SNMP 服务

当安装 SNMP 服务后,可以在网络的另一台计算机上创建网络管理员工作站,实现 SNMP 网络管理。基于 SNMP 的网络管理软件很多,要测试 SNMP 服务是否实现并查看 MIB 对象的值,最简单的方法是使用 MIB Browser。MIB Browser 以树型结构浏览 SNMP MIB 变量的层次并且可以浏览关于每个节点的额外信息。可以编译标准的和私人的 MIB 文件,并且浏览多个在 SNMP 代理中可以使用的数据。该软件可以执行 SNMP GET 以及 Get_Next 要求,允许检测指定的 SNMP 代理的适当且正确的计数值。操作步骤如下:

(1) 从 Internet 下载 MIB Browser 工具包。

(2) 双击 MIB Browser.exe 运行 MIB Browser,在 MIB 树型结构中选择要查看的 MIB 对象值。右击所选中的 MIB 对象,选择要进行的操作如"Get Value",如图 8-12 所示。

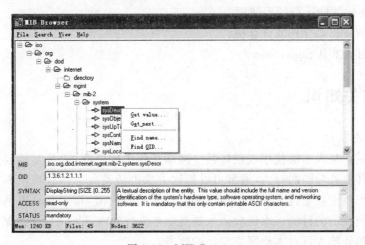

图 8-12　MIB Browser

(3) 在弹出的 SNMP GET 对话框中,在 Agent(addr)文本框中输入要查看的管理代理 所在设备的 IP 地址,在 Community 文本框中输入管理代理所在的团体名,单击 Get 按钮,可以在 Value 文本框中看到要查看的相应 MIB 对象的值,如图 8-13 所示。

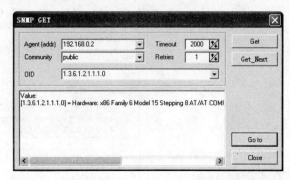

图 8-13　SNMP GET 对话框

【注意】　本例中查看的 MIB 对象为 iso/org/dod/internet/mgmt/mib-2/system/sysDescr,OID 为 1.3.6.1.2.1.1.1.1,该变量为只读的显示串,它包含所用硬件、操作系统和网络软件的名称和版本等完整信息。在实训中可以查看其他的 MIB 对象,要了解其他 MIB 对象的具体含义请查看相关资料。

任务 8.2　网络扫描工具的使用

【实训目的】

(1) 了解网络攻击的常用手段。

(2) 了解常见的系统漏洞及其安全防范措施。

(3) 掌握网络扫描工具 SuperScan 的使用方法。

【实训条件】

(1) 已经安装并能运行的局域网。

(2) 安装 Windows XP 的计算机。

(3) 网络扫描工具 SuperScan。

8.2.1　相关知识

1. 网络攻击

网络攻击是指某人非法使用或破坏某一网络系统中的资源,以及非授权使得网络系统丧失部分或全部服务功能的行为,通常可以把这类攻击活动分为远程攻击和本地攻击。远程攻击一般是指攻击者通过 Internet 对目标主机发动的攻击,其主要利用网络协议或网络服务的漏洞达到攻击的目的。本地攻击主要是指本单位的内部人员或通过某种手段已经入侵到本地网络的外部人员对本地网络发动的攻击。

目前网络攻击通常采用以下手段。

(1) 扫描攻击

扫描是网络攻击的第一步,主要是利用专门工具对目标系统进行扫描,以获得操作系统种类或版本、IP 地址、域名或主机名等有关信息,然后分析目标系统可能存在的漏洞,找到开放端口后进行入侵。

扫描应包括主机扫描和端口扫描,一个端口就是一个潜在的通信通道,主机扫描可以通过 ping、tracert、nmap 等方式实现。常用的扫描方法有手工扫描和工具扫描,常见的扫描软件有 SuperScan、PortScanner、Xscan 等。

(2) 安全漏洞攻击

主要利用操作系统或应用软件自身具有的 Bug 进行攻击。例如可以利用目标操作系统收到超过它所能接收到的信息量时产生的缓冲区溢出进行攻击,利用 HTTP 协议漏洞进行攻击等。

(3) 口令入侵

通常要攻击目标时,必须破译用户的口令,只要攻击者能猜测用户口令,就能获得机器访问权。要破解用户的口令通常可以采用以下方式:

- 通过网络监听,使用 Sniffer 工具捕获主机间通信来获取口令。
- 暴力破解,利用 John the Ripper、LOpht Crack5 等工具破解用户口令。
- 利用管理员失误。网络安全中人是薄弱的一环,因此应提高用户、特别是网络管理员的安全意识。

(4) 木马程序

木马是一个通过端口进行通信的网络客户机/服务器程序,可以通过某种方式使木马程序的客户端驻留在目标计算机里,可以随计算机启动而启动,从而实现对目标计算机远程操作。常见的木马包括 BO(Back Oriffice)、冰河、灰鸽子等。

(5) DoS 攻击

DoS(Denial of Service,拒绝服务攻击)的主要目标是使目标主机耗尽系统资源(带宽、内存、队列、CPU 等),从而阻止授权用户的正常访问(慢、不能连接、没有响应),最终导致目标主机死机。DoS 攻击包含了多种攻击手段,如表 8-1 所示。

表 8-1　常见的 DoS 攻击

DoS 攻击名称	说　　明
SYN Flood	使目标系统为 TCP 连接分配大量内存,从而使其他功能不能得到足够的内存。TCP 连接需进行三次握手,攻击时只进行其中的前两次(SYN)(SYN/ACK),不进行第三次握手(ACK),连接队列处于等待状态,大量的这样的等待,占满全部队列空间,系统挂起。60s 系统自动 RST,但系统已经崩溃
Ping of Death	IP 应用的分段使大包不得不重新装配,从而导致系统崩溃。偏移量+段长度>65535,系统崩溃,重新启动,内核转储等
Teardrop	分段攻击。利用重装配错误,通过将各个分段重叠来使目标系统崩溃或挂起
Smurf	网络上广播通信量泛滥,从而导致网络堵塞。攻击者向广播地址发送大量欺骗性的 ICMP ECHO 请求,这些包被放大,并发送到被欺骗的地址,大量的计算机向一台计算机回应 ECHO 包,目标系统将会崩溃

2. 网络安全措施

网络安全是指网络系统的硬件、软件及其系统中的数据受到保护,不因偶然的或者恶意的原因而遭受到破坏、更改、泄露,系统连续可靠正常地运行,网络服务不中断。网络安全从

其本质上来讲就是网络上的信息安全。为了保证网络安全,通常可采取以下措施:

(1) 访问控制

对用户访问网络资源的权限进行严格的认证和控制。例如,进行用户身份认证,对口令加密、更新和鉴别,设置用户访问目录和文件的权限,控制网络设备配置的权限等。

(2) 数据加密

加密是保护数据安全的重要手段。加密的作用是保障信息被人截获后不能读懂其含义。

(3) 数字签名

简单地说,所谓数字签名就是附加在数据单元上的一些数据,或是对数据单元所作的密码变换。这种数据或变换允许数据单元的接收者用以确认数据单元的来源和数据单元的完整性并保护数据,防止被人伪造、篡改和否认。

(4) 数据备份

数据备份是容灾的基础,是指为防止系统出现操作失误或系统故障导致数据丢失,而将全部或部分数据集合从应用主机的硬盘或阵列复制到其他的存储介质的过程。

(5) 部署防火墙

防火墙系统决定了哪些内部服务可以被外界访问,外界的哪些人可以访问内部的哪些服务,以及哪些外部服务可以被内部人员访问。要使一个防火墙有效,所有来自和去往Internet 的信息都必须经过防火墙,接受防火墙的检查。防火墙只允许授权的数据通过,并且防火墙本身也必须能够免于渗透。

(6) 部署 IDS

IDS(Intrusion Detection Systems,入侵检测系统)是依照一定的安全策略,对网络、系统的运行状况进行监视,尽可能发现各种攻击企图、攻击行为或者攻击结果,以保证网络系统资源的机密性、完整性和可用性的系统。我们做一个形象的比喻:假如防火墙是一幢大楼的门卫,那么 IDS 就是这幢大楼里的监视系统。一旦小偷爬窗进入大楼,或内部人员有越界行为,只有实时监视系统才能发现情况并发出警告。

入侵检测系统根据信息来源可分为基于主机的 IDS 和基于网络的 IDS,根据检测方法又可分为异常入侵检测和滥用入侵检测。不同于防火墙,IDS 入侵检测系统是一个监听设备,没有跨接在任何链路上,无须网络流量流经它便可以工作。因此,对 IDS 的部署,唯一的要求是 IDS 应当挂接在所有被关注流量都必须流经的链路上。

8.2.2 实训内容

SuperScan 能够实现主机名查找、扫描一段 IP 范围的地址和端口、通过 ping 来检验 IP是否在线、检验目标计算机提供的服务类别等功能。由于 SuperScan 有可能引起网络包溢出,因此某些杀毒软件可能识别 SuperScan 是一款 DoS(拒绝服务攻击)的代理。

1. 对网络中的计算机进行扫描

打开 SuperScan 主界面,其默认为扫描菜单,允许输入一个或多个主机名或 IP 地址;也可以选择"从文件读取 IP 地址"项。输入主机名或 IP 地址后,单击"开始"按钮,SuperScan开始扫描,如图 8-14 所示。

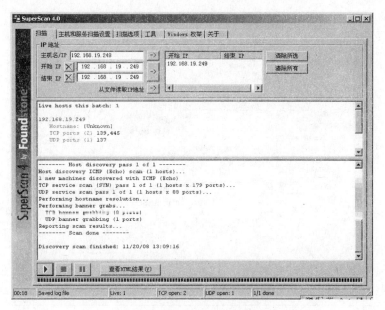

图 8-14　SuperScan 开始扫描

　　扫描进程结束后,SuperScan 将提供一个主机列表,列出关于每台扫描过的主机被发现的开放端口信息。SuperScan 还可以提供以 HTML 格式显示扫描信息的功能,如图 8-15 所示。

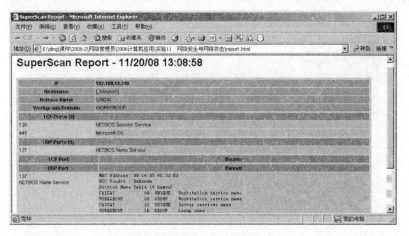

图 8-15　以 HTML 格式显示扫描信息

2. 关于主机和服务器扫描设置

　　通过"主机和服务扫描设置"选项可以在扫描的时候看到更多的信息,如图 8-16 所示。

　　在菜单顶部是"查找主机"项。在默认情况下发现主机的方法是通过"回显请求",也能够通过利用"时间戳请求"、"地址掩码请求"和"信息请求"来查找主机。通常选择的选项越多,那么扫描用的时间就越长。如果试图尽量多地收集一个明确的主机的信息,建议首先执行一次常规的扫描以发现主机,然后再利用可选的请求选项来扫描。

　　在菜单的下部,包括"UDP 端口扫描"和"TCP 端口扫描"项。实际上 SuperScan 最初开始扫描的仅仅是那些最普通的常用端口。原因是有超过 65000 个的 TCP 和 UDP 端口,若对每个可能开放端口的 IP 地址,进行超过 130000 次的端口扫描,需要很长的时间。

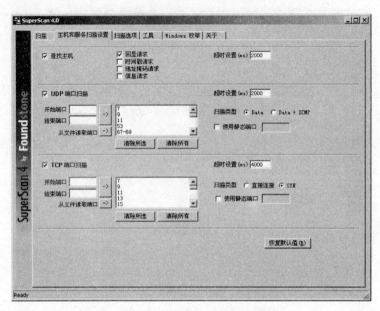

图 8-16 "主机和服务扫描设置"选项

3．"扫描选项"选项卡设置

通过"扫描选项"选项卡的设置可以进一步控制扫描进程，如图 8-17 所示。

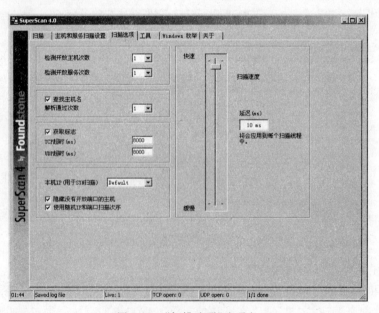

图 8-17 "扫描选项"选项卡

其中检测开放主机次数、检测开放服务次数以及查找主机名中的解析通过次数，默认设置值为 1，一般来说足够了，除非连接不太可靠。

获取标志是根据显示一些信息尝试得到远程主机的回应，默认的延迟是 8000ms。如果你所连接的主机较慢，这个时间就显得不够长。

旁边的滚动条是扫描速度调节选项，能够利用它来调节 SuperScan 在发送每个包所要等待的时间。当扫描速度设置为最快时,有包溢出的潜在可能,所以一般不应将扫描速度设为最快。

4. "工具"选项

"工具"选项允许很快地得到一个明确的主机信息。正确输入主机名或者 IP 地址和默认的连接服务器,然后单击要得到相关信息的按钮,如图 8-18 所示。通过"工具"选项可以 ping 或 traceroute 一台服务器,也可以发送一个 HTTP 请求。

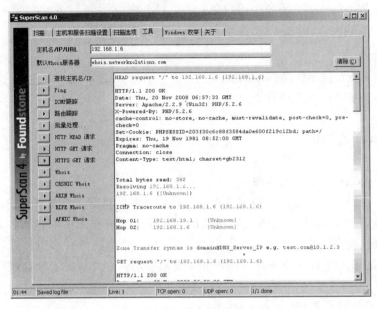

图 8-18 "工具"选项

5. "Windows 枚举"选项

"Windows 枚举"选项能够提供从单个主机到用户群组,再到协议策略的所有信息,如图 8-19 所示。

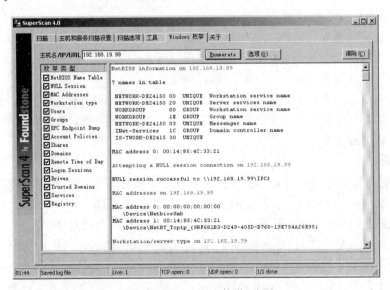

图 8-19 "Windows 枚举"选项

241

任务 8.3　Windows XP 的本地用户管理

【实训目的】

（1）掌握 Windows XP 系统中用户账户的安全设置技巧。

（2）掌握 Windows XP 系统中用户账户的设置方法。

（3）掌握 Windows XP 系统中本地安全策略的设置方法。

【实训条件】

（1）已经安装并能运行的局域网。

（2）安装 Windows XP 的计算机。

8.3.1　相关知识

1. Windows XP 的本地用户账户

本地用户账户只能使用户登录到账户所在计算机并获得对该机资源的访问。当创建本地用户账户后，Windows 操作系统将在该机的本地安全性数据库中创建该账户。计算机使用其本地安全性数据库验证本地用户账户，以便让用户登录到该计算机。计算机上有两种类型的可用用户账户：计算机管理员账户和受限制账户。在计算机上没有账户的用户可以使用来宾账户。

（1）计算机管理员账户（Administrator）

在 Windows XP 安装期间将自动创建名为 Administrator 的账户，该账户拥有计算机管理员特权，并使用在安装期间输入的管理员密码。计算机管理员账户是专门为可以对计算机进行全系统更改、安装程序和访问计算机上所有文件的人而设置的。只有拥有计算机管理员账户的人才拥有对计算机上其他用户账户的完全访问权。

该用户账户的权限包括如下内容：

- 可以创建和删除计算机上的用户账户。
- 可以为计算机上其他用户账户创建账户密码。
- 可以更改其他人的账户名、图片、密码和账户类型。
- 无法将自己的账户类型更改为受限制账户类型，除非至少有一个其他用户在该计算机上拥有计算机管理员账户类型。这样可以确保计算机上总是至少有一个人拥有计算机管理员账户。

（2）受限制账户

在计算机的使用过程中需要禁止某些人更改大多数计算机设置和删除重要文件，受限制账户就是为这些人设计的。使用受限制账户的用户的权限如下：

- 无法安装软件或硬件，但可以访问已经安装在计算机上的程序。
- 可以更改其账户图片，还可以创建、更改或删除其密码。
- 无法更改其账户名或者账户类型。

对于使用受限制账户的用户，某些程序可能无法正常工作。如果发生这种情况，需将用户的账户类型临时或者永久地更改为计算机管理员。

（3）来宾账户（Guest）

来宾账户由在这台计算机上没有实际账户的人使用。账户被禁用（不是删除）的用户也可以使用来宾账户。来宾账户不需要密码，所以他们可以快速登录，以检查电子邮件或者浏览 Internet。来宾账户默认是禁用的，但也可以启用。

登录到来宾账户的用户的权限如下：

- 无法安装软件或硬件，但可以访问已经安装在计算机上的程序。
- 无法更改来宾账户类型。
- 可以更改来宾账户图片。

2. Windows XP 的本地组

组是用户账户的集合，如果一个用户属于某个组，用户就具有该组在计算机上执行各种任务的权利和能力。在安装 Windows XP 时，系统将自动创建内置组，主要有以下方面：

- Administrators（管理员组）：管理员组的成员具有更改自己的权限的最大限度默认权限和能力。
- Backup Operators（备份操作员组）：该组成员可以备份和还原计算机上的文件，而不管保护这些文件的权限如何。他们还可以登录到计算机和关闭计算机，但不能更改安全性设置。
- Power Users（超级用户组）：超级用户组的成员可以创建用户账户，但只能修改和删除他们所创建的账户。他们可以创建本地组和从他们已创建的本地组中删除用户。还可以从超级用户组、用户组和来宾组中删除用户。超级用户组的成员不能修改管理员组或备份操作员组，也不能拥有文件的所有权、备份或还原目录、加载或卸载设备驱动程序或管理安全日志和审核日志。
- Users（用户组）：用户组的成员可以执行大部分常见任务，如运行应用程序、使用本地打印机和网络打印机以及关闭和锁定工作站。用户可以创建本地组，但只能修改自己创建的本地组。用户不能共享目录或创建本地打印机。
- Guests（来宾组）：来宾组允许偶尔或临时用户登录工作站的内置来宾账户，并授予有限的能力。来宾组的成员也可以关闭工作站上的系统。

3. Windows XP 的本地安全策略

安全策略是影响计算机上安全性的安全设置的组合。可以利用 Windows XP 的"本地安全策略"编辑本地计算机上的账户策略和本地策略。通过"本地安全策略"可以控制以下方面内容：

- 访问计算机的用户。
- 授权用户使用计算机上的什么资源。
- 是否在事件日志中记录用户或组的操作。

4. 用户账户安全设置技巧

由于不同的账户具有不同的权限，如果直接以管理员身份运行 Windows XP，很容易使系统受到木马和其他安全性威胁的侵害。访问 Internet 站点的简单操作也可能对系统产生非常大的破坏。不熟悉的 Internet 站点可能有木马代码，这些代码可以下载到该系统并执行。如果以管理员特权登录，木马可能会重新格式化硬盘、删除所有文件、新建具有管理访

问权限的用户账户等。所以为了保障系统安全,可以采用以下设置技巧:

- 一般应禁用 Guest 账户,为了保险起见,最好给 Guest 加一个复杂的密码。
- 限制不必要的用户,设置相应权限;经常检查系统的用户,删除已经不再使用的用户。
- 一般应创建两个用户账户,一个为一般权限用户用来处理日常事物;另一个拥有 Administrator 权限的用户只在需要的时候使用。
- 把系统 Administrator 账户改名,尽量把它伪装成普通用户。
- 创建一个名为 Administrator 的本地用户,把它的权限设置成最低,并且加上一个超过 10 位的超级复杂密码。

8.3.2 实训内容

1. 本地用户账户的查看

右击"我的电脑",在弹出的菜单中选择"管理"命令,在计算机管理控制台中选择"本地用户和组"→"用户"项,此时在右边的窗格中会显示当前计算机的所有本地用户账户,如图 8-20 所示。

图 8-20 本地用户账户的查看

2. 用户账户的创建

在图 8-20 所示对话框中,右击"用户",选择"新用户"命令,打开如图 8-21 所示的"新用户"对话框。输入用户名和密码等相关信息后,单击"创建"按钮,此时在计算机管理控制台中可以看到刚才创建的新账户。

3. 账户的启用与禁止

在图 8-20 所示对话框中,右击"账户名称",选择"属性"命令,打开如图 8-22 所示的"用户属性"对话框。在该对话框中选中"账户已停用"复选框,单击"确定"按钮,则该账户将被禁止使用。如果要重新启用该账户,只要在"用户属性"对话框中不选择"账户已停用"复选框就可以了。

4. 账户权限的分配

账户基本权限的分配是通过用户组来实现的,组是用户账户的集合,通过使用组,可以一次为多个用户分配权利和权限,从而达到简化用户账户管理的目的。

（1）组的查看

右击"我的电脑",在弹出的菜单中选择"管理"命令,在计算机管理控制台中选择"本地用户和组"→"组"项,此时在右边的窗格中会显示当前计算机的所有组,如图 8-23 所示。

图 8-21　"新用户"对话框　　　　　图 8-22　"用户属性"对话框

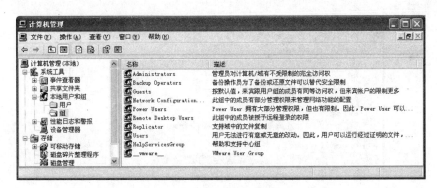

图 8-23　组的查看

（2）将用户加入组

在默认情况下，新建的用户账户将属于 Users 组，具有 Users 组的相应权限。如果要将用户加入其他的组，获得其他组的权限，可以在图 8-20 所示对话框中，右击账户名称，选择"属性"命令，在弹出的"属性"对话框中，打开"隶属于"选项卡，如图 8-24 所示。单击"添加"按钮，在弹出的"选择组"对话框中，输入所要加入的组的名称，如图 8-25 所示，单击"确定"按钮即可将用户加入到新的组中。

【注意】　在 Windows XP 系统中允许用户账户同时属于多个组，当用户账户属于多个组时，会同时具有多个组的权限，因此在设置时需要注意用户所隶属的组，必要时应在图 8-24 所示对话框中将用户原来所隶属的组删除后，再将其添加到新的组中。

5. 强制用户使用复杂密码登录

在很多情况下，只鼓励用户养成良好的使用密码登录习惯是不够的，为了保证用户账户的安全，需要设置密码策略，从而使用户账户的密码不易丢失，确保用户登录的安全。在 Windows XP 系统中复杂密码通常使用 8 个以上的字符，密码中要包括大小写字母、数字和非字母数字的字符。强制用户使用复杂密码登录的设置方法如下：

图 8-24 "隶属于"选项卡

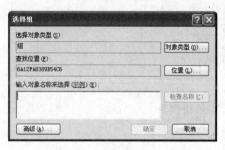

图 8-25 "选择组"对话框

单击"开始"→"设置"→"控制面板"→"管理工具"→"本地安全策略"命令,打开"本地安全设置"控制台。在"本地安全设置"控制台左侧窗口中,选择"账户策略"中的"密码策略",如图 8-26 所示。

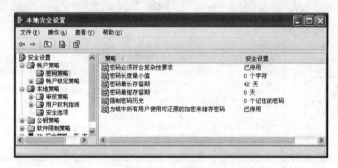

图 8-26 密码策略

在默认情况下"密码必须符合复杂性要求"策略是停用的,可右击该策略,选择"属性"命令,打开如图 8-27 所示的对话框,选择"已启用"单选项,单击"确定"按钮,启用该策略,此时用户修改密码必须符合复杂性要求。

在密码策略中除了可以强制用户使用复杂密码外,还可以限制用户密码的最小长度,限制密码的最长和最短存留期等,这里不再赘述。

6. 限制用户登录尝试失败的次数

账户锁定是指在某些情况下(例如账户受到采用密码词典或暴力猜解方式的在线自动登录攻击),为保护该账户的安全而将此账户进行锁定。使其在一定的时间内不能再次使用,从而挫败连续的猜解尝试。Windows XP 系统在默认情况下,为方便用户起见,对这种锁定策略并没有进行设定,

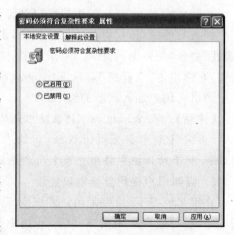

图 8-27 "密码必须符合复杂性
要求属性"对话框

此时只要有耐心,通过自动登录工具和密码猜解字典进行攻击,甚至进行暴力模式的攻击,那么破解密码只是一个时间和运气上的问题。

　　账户锁定策略设定的第一步就是指定账户锁定的阈值,即锁定该账户无效登录的次数。一般来说,由于操作失误造成的登录失败的次数是有限的。通常可以锁定阈值为 3 次,这样只允许 3 次登录尝试。如果 3 次登录全部失败,就会锁定该账户。操作步骤为:"开始"→"设置"→"控制面板"→"管理工具"→"本地安全策略"命令,打开"本地安全设置"控制台。在"本地安全设置"控制台左侧窗口中,选择"账户策略"中的"账户锁定策略",如图 8-28 所示。

图 8-28　账户锁定策略

　　在默认情况下"账户锁定阈值"为"0 次无效登录",即对用户登录尝试失败的次数没有限制。可右击该策略,选择"属性"命令,打开如图 8-29 所示的对话框,设置当 3 次无效登录后锁定账户。

　　一旦该账户被锁定后,即使是合法用户也无法使用,只有管理员才可以重新启用该账户,这会造成许多不便。为方便用户起见,可以同时设定锁定的时间和复位计数器的时间。

7. 拒绝用户从网络登录计算机

　　用户的一些基本系统权限,可以利用用户权利指派进行设置。如果要拒绝某用户远程登录计算机,可以单击"开始"→"设置"→"控制面板"→"管理工具"→"本地安全策略"命令,打开"本地安全设置"控制台。在"本地安全设置"控制台左侧窗口中,选择"本地策略"中的"用户权利指派",如图 8-30 所示。

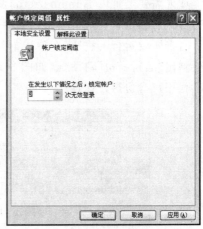

图 8-29　"账户锁定阈值属性"对话框

图 8-30　用户权利指派

用户权利指派中设置了很多的策略,选择"拒绝从网络访问这台计算机",右击该策略,选择"属性"命令,打开如图 8-31 所示的对话框。单击"添加用户或组"按钮,选择要拒绝从网络访问计算机的用户,此时所添加的用户将不能通过网络访问该计算机。

在用户权利指派中可以为用户或组指派其系统权限以及网络权限,请参考 Windows XP 提供的帮助文件对用户权利指派中的其他权限进行设置,限于篇幅,这里不再赘述。

图 8-31 "拒绝从网络访问这台计算机属性"对话框

8. 利用运行方式打开程序

以管理员或管理员组成员之一身份运行系统会使网络非常脆弱,对于多数的计算机活动,都应将用户对象添加到 Users 组或 Power Users 组,也就是说用 Users 组或 Power Users 组用户身份登录 Windows XP。如果需要执行管理性任务,再以管理员身份登录或运行程序、执行任务、然后注销。

如果需要经常以 Administrator 身份登录,可在以普通用户身份登录的同时,通过使用运行方式启动带有管理员权限的程序来执行特定管理性任务,操作方法如下:

右击所要运行的程序,在弹出的快捷菜单中选择"运行方式"命令,如图 8-32 所示。此时会弹出"运行身份"对话框,如图 8-33 所示。输入相应的用户名和密码,就可以以管理员或其他用户身份打开该程序。

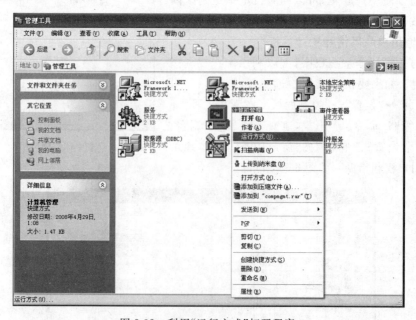

图 8-32 利用"运行方式"打开程序

图 8-33　"运行身份"对话框

任务 8.4　Windows XP 下的文件备份与还原

【实训目的】

（1）理解文件备份与还原在网络管理中的重要性。

（2）掌握文件备份的基本方法。

（3）掌握 Windows XP 系统中文件备份与还原的操作方法。

【实训条件】

（1）已经安装并能运行的局域网。

（2）安装 Windows XP 的计算机。

8.4.1　相关知识

1. 网络文件备份与还原的重要性

在实际的网络运行环境中，数据备份与还原功能是非常重要的。硬件与系统软件都可以用钱买来，而数据是多年积累的结果，可能价值连城，是一家公司、企业的"生命"，它是用钱买不来的。因此，数据一旦丢失，可能会给用户造成不可挽回的损失。在国内外都已经出现过在某个公司网络系统遭到破坏时，由于网络系统没有足够的备份数据，无法恢复系统，造成公司破产的实例。因此，一个实用的局域网应用系统设计中必须有网络数据备份、还原手段和灾难恢复计划。

网络数据可以进行归档与备份。归档是指在一种特殊介质上进行永久性存储，归档的数据可能包括服务器不再需要的数据，但由于某种原因需要保存一段时间。数据备份是一项基本的网络维护工作，备份的数据主要是系统正常运行所需要的数据。对于网络管理员来说，备份数据除了可以防备任何对网络系统的破坏之外，还可以解决以下问题：

- 一个用户删除了网络中某个目录下的所有文件，但他又发现这些文件仍然需要，希望能恢复这些文件。

- 一个用户无意中用一份新的报告覆盖了上一份报告,而后来又希望恢复已经被覆盖的报告。
- 由于个别用户不熟悉系统的使用,无意中删除了几个有用的文件,导致系统已无法正常工作。

2. 网络文件备份的基本方法

对于网络管理员来说,如果需要恢复丢失或被修改了的文件,那么他必须有最近网络文件副本。备份网络文件就是将所需要的文件拷贝到光盘、磁带或磁盘等存储介质上,并将它们保存在远离服务器的安全的地方。要完成日常网络备份工作,需要解决以下四个问题:

- 选择备份设备。
- 选择备份程序。
- 建立备份制度。
- 确定备份工作执行者。

选择备份设备应根据网络文件系统的规模、文件的重要性来决定。一般的网络操作系统都支持光盘、活动硬盘、磁带与软盘等多种存储介质与相应的备份设备。在大中型应用系统及重要数据备份上,一般应选择光盘或活动硬盘作为备份的存储介质。

备份程序可以由网络操作系统提供,也可以使用第三方开发的软件。在选择第三方开发的软件时应注意以下几个问题:

- 支持哪种网络操作系统。
- 支持何种备份设备。
- 备份设备是安装在服务器上,还是安装在工作站上。
- 如果网络中有多个文件服务器,能否从单个文件服务器的备份设备上完成多个服务器的备份。

在建立好备份系统后,需要为文件备份制订一张计划表,规定多长时间做一次网络备份以及是否每一次都要备份所有文件。建立备份制度计划表的第一件事是选择需要备份的文件和备份的时间。例如,可以选择每月备份一次网络用户、打印服务程序和打印队列的地址、口令与属性信息;每周进行一次所有网络文件的全部备份,每天做一次仅从上次备份以来修改过的文件的备份。在制订备份计划时,还应考虑采用多少个备份版本,以及备份的介质存放在什么地方。

在考虑备份方法时,用户一定要注意,备份的目的是为了能够恢复系统,所以用户一定要知道,一旦系统遭到破坏,你需要用多长时间恢复系统,怎样备份才可能在恢复系统时数据损失最少。

3. Windows 备份工具

如果 Windows 系统遭受硬件或存储媒体故障,则 Windows 备份工具可以帮助用户保护数据免受意外的损失。使用 Windows 备份工具可以进行以下操作:

- 在硬盘上存档选择的文件和文件夹。
- 将存档文件和文件夹还原到硬盘或其他任何可以访问的磁盘上。
- 使用"自动系统恢复"可保存和还原从完全系统故障中恢复所需的所有系统文件和配置设置。
- 复制所有远程存储数据和所有存储在已装入驱动器中的数据。

- 备份计算机的系统状态副本,它包含系统文件、注册表、组件服务、Active Directory 数据库,和"证书服务"数据库。
- 备份计算机在此计算机或网络发生故障时启动系统所需的系统分区、启动分区和文件。
- 计划并定期备份以保证存档数据是最新的。

在使用 Windows 备份工具备份数据时,需注意以下问题:

- 将数据备份到文件时,必须指定文件要保存的名称和位置。备份文件的扩展名通常为.bkf,可以将该扩展名更改为任意扩展名。
- 只有管理员或备份操作员才可以备份所有文件和文件夹。如果是 Power Users 组或 Users 组的成员,则必须是要备份文件和文件夹的所有者,或者对要执行备份的文件和文件夹具有下列一个或多个权限:读取、读取和执行、修改,或者完全控制。
- 注册表、目录服务以及其他关键的系统组件均包含在系统状态数据中。要备份这些组件,必须备份"系统状态"数据。
- 只能备份本地计算机中的"系统状态"数据,不能备份远程计算机中的"系统状态"数据。
- 可以计划备份,以便在特定的时间或以特定的频率在无人参与的情况下运行。
- 如果正在使用"可移动存储"来管理媒体,或者使用远程存储来存储数据,则应定期备份"Systemroot\System32\Ntmsdata"和"Systemroot\System32\Remotestorage"中的文件。

8.4.2　实训内容

1. 备份文件或文件夹

在 Windows XP 系统中备份文件和文件夹的基本操作步骤如下:

(1) 单击"开始"→"程序"→"附件"→"系统工具"→"备份"命令,打开"备份工具"控制台,如图 8-34 所示。

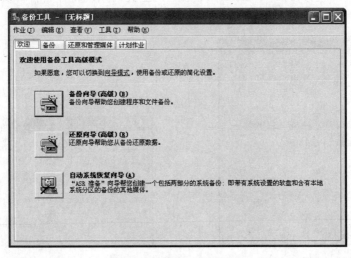

图 8-34　"备份工具"控制台

（2）打开"备份"选项卡，如图 8-35 所示，然后单击"作业"菜单中的"新建"命令。

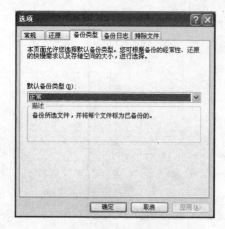

图 8-35 "备份"选项卡

·（3）通过选中在"单击复选框，选择要备份的驱动器、文件夹和文件"中的文件或文件夹左边的复选框，指定要备份的文件或文件夹。

（4）在"备份目的地"中，默认情况下"文件"将被选中，如果连接有磁带设备，可单击某个磁带设备。

（5）在"备份媒体或文件名"中，执行以下操作之一。

· 如果正在备份文件和文件夹到文件，请输入备份文件（.bkf）的路径和文件名，或者单击"浏览"按钮寻找文件。

· 如果要将文件和文件夹备份到磁带，请单击要使用的磁带。

（6）通过单击"工具"→"选项"命令，打开"选项"对话框，如图 8-36 所示。可以指定所需的备份选项，例如备份类型和日志文件类型。当完成指定备份选项后，单击"确定"按钮。

（7）单击"备份"选项卡中的"开始备份"按钮，会弹出"备份作业信息"对话框，如图 8-37 所示，进行相应修改后，单击"开始备份"按钮，此时系统将开始备份所选择的文件或文件夹，在弹出的"备份进度"对话框中将显示备份的进度情况。

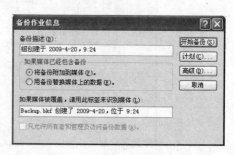

图 8-36 "选项"对话框　　　　　　图 8-37 "备份作业信息"对话框

2. 备份系统状态数据

备份系统状态数据的操作方法与备份文件与文件夹基本相同。

(1) 单击"开始"→"程序"→"附件"→"系统工具"→"备份"命令,打开"备份工具"窗口。

(2) 打开"备份"选项卡,然后在"单击复选框,选择要备份的驱动器、文件夹和文件"中选中"系统状态(System State)"复选框,如图 8-38 所示。这将把系统状态数据同当前备份操作选择的所有其他数据一起备份。

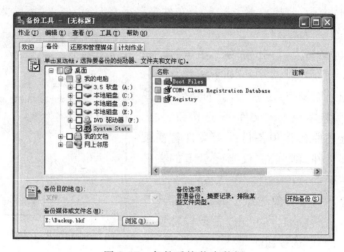

图 8-38　备份系统状态数据

(3) 设定"备份目的地"和"备份媒体或文件名",单击"开始备份"按钮进行备份,这些步骤与备份文件与文件夹相同,这里不再赘述。

3. 还原文件

(1) 单击"开始"→"程序"→"附件"→"系统工具"→"备份"命令,打开"备份工具"窗口。

(2) 打开"还原和管理媒体"选项卡,在"扩展所需的媒体项目,选择要还原的项目…"中,通过单击文件或文件夹左边的复选框,选中要还原的文件或文件夹,如图 8-39 所示。

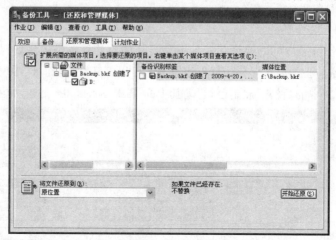

图 8-39　"还原和管理媒体"选项卡

（3）在"将文件还原到"中，执行以下操作之一。

- 如果要将备份的文件或文件夹还原到备份时它们所在的文件夹，请单击"原位置"，然后跳到第（5）步。

- 如果要将备份的文件或文件夹还原到指派位置，并保留备份数据的文件夹结构，请单击"替换位置"。所有文件夹和子文件夹将出现在指派的替换文件夹中。

- 如果要将备份的文件或文件夹还原到指派位置，不保留已备份数据的文件夹结构，请单击"单个文件夹"。

（4）如果已选中了"替换位置"或"单个文件夹"，需在"备用位置"下输入文件夹的路径，或者单击"浏览"按钮寻找文件夹。

（5）在"工具"菜单上，单击"选项"，单击"还原"选项卡，如图 8-40 所示。然后执行如下操作之一。

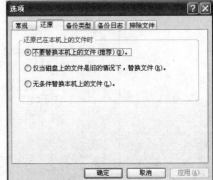

- 如果不想还原操作覆盖硬盘上的文件，则单击"不要替换本机上的文件"单选按钮。

- 如果想让还原操作用备份的新文件替换硬盘上的旧文件，则单击"仅当磁盘上的文件是旧的情况下，替换文件"单选按钮。

- 如果想还原操作替换磁盘上的文件，而不管备份文件是新或旧，则单击"无条件替换本机上的文件"单选按钮。

图 8-40 "还原"选项卡

（6）单击"确定"按钮接受已设置的还原选项。

（7）单击"开始还原"按钮，会弹出"确认还原"对话框。如果想更改高级还原选项，例如还原安全机制设置、可移动存储数据库、交接点数据，则单击"高级"按钮，完成设置高级还原选项后，单击"确定"按钮。若不想更改高级还原选项，则直接单击"确定"按钮启动还原操作。

【注意】 如果要还原系统状态数据，并且没有为还原数据指派备用位置，"备份"将清除当前计算机上的系统状态数据，并用还原的系统状态数据替换它。同时，如果将系统状态数据还原到备用位置，那么只有注册表文件、SYSVOL 目录文件、群集数据库信息文件和系统引导文件被还原到备用位置。

4. 计划备份

计划并定期备份文件可以保证存档数据是最新的。计划备份的主要操作步骤如下：

（1）计划备份前必须运行任务计划程序服务。可以打开"控制面板"中"性能与维护"下的"管理工具"，打开其中的"服务"控制台，启动其中的 Task Scheduler 服务，如图 8-41 所示。

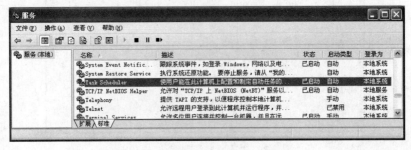

图 8-41 启动 Task Scheduler 服务

（2）单击"开始"→"程序"→"附件"→"系统工具"→"备份"命令，打开"备份工具"窗口。

（3）打开"备份"选项卡，通过单击"单击复选框，选择要备份的驱动器、文件夹和文件"下的文件或文件夹左边的复选框，选择要备份的文件和文件夹。

（4）在"备份目的地"中选择"文件"或磁带设备，然后通过单击"作业"菜单，再单击"保存选项"，保存文件和文件夹选项。

（5）在"备份媒体或文件名"中输入备份文件的路径和文件名，或选择磁带。

（6）通过单击"工具"菜单，然后单击"选项"，选择所有需要的备份选项，例如备份类型和日志文件类型。当完成选择备份选项后，请单击"确定"按钮。

（7）单击"开始备份"并对"备份作业信息"对话框进行所有必要的更改。

（8）单击"备份作业信息"对话框中的"计划"按钮。

（9）在弹出的"设置账户信息"对话框中，输入要在其下运行的计划备份的用户名和密码，如图 8-42 所示。

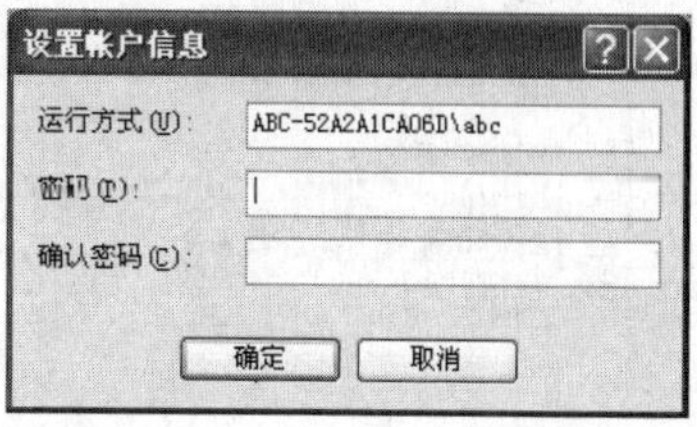

图 8-42　"设置账户信息"对话框

（10）在"计划的作业选项"对话框的"作业名"中，输入计划备份作业的名称和开始时间，如图 8-43 所示。

（11）单击"属性"按钮，在弹出的"计划作业"对话框中设置日期、时间和计划备份的频率等参数，如图 8-44 所示。当完成时，单击"确定"按钮，然后再次单击"确定"按钮，完成计划备份的设置。

图 8-43　"计划的作业选项"对话框

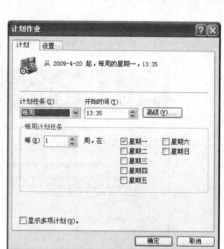

图 8-44　"计划作业"对话框

5. 使用 Windows XP 系统还原

Windows XP 系统提供了完善的备份与恢复工具，除了可以手动备份外，系统本身还可以自动备份，不过这个备份功能要牺牲很多空间。

（1）开启"系统还原"功能

由于系统还原要占用一定的空间，很多人会把它关闭，所以首先要确定"系统还原"功能是否已启用。右击"我的电脑"，选择"属性"，在"系统属性"对话框中，打开"系统还原"选项卡，如图 8-45 所示。在该选项卡中不勾选"在所有驱动器上关闭系统还原"复选框，单击"确定"按钮，启动系统还原。

　　系统还原启动后,在该选项卡下可以设置系统还原功能占用的磁盘空间的大小。选中相应驱动器,单击"设置"按钮,打开如图 8-46 所示对话框,可以看到下面有一个拉动条,下面有占用空间的总数,默认设置为驱动器空间的 12%。

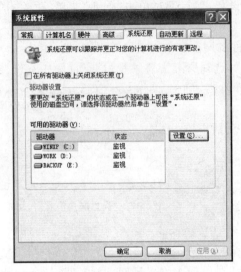

图 8-45　"系统还原"选项卡

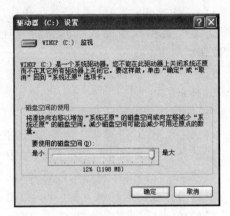

图 8-46　"驱动器设置"对话框

（2）进行系统备份

　　以管理员或 Administrators 组成员身份登录系统,依次选择"开始"→"程序"→"附件"→"系统工具"→"系统还原"命令,打开如图 8-47 所示对话框。

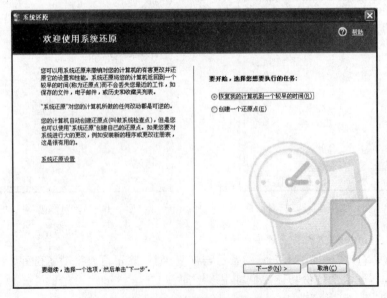

图 8-47　"系统还原"对话框

　　选取"创建一个还原点",单击"下一步"按钮,在"还原点描绘"中输入一些说明文字,然后单击"创建",等待一会儿,还原点就创建了。以后在系统出现问题时就可以用这个还原点还原系统到备份时的状态。

（3）进行系统还原

如果要将系统恢复到以前备份时的状态,则仍然打开图 8-47 所示"系统还原"对话框,选择"恢复我的计算机到一个较早的时间",单击"下一步"按钮,此时可以看到一个日历,用粗黑体显示的日期就是有还原点可用的日期,如图 8-48 所示。在日历里选取一个具体的日期,然后单击"下一步"按钮。系统会在很短的时间后重新启动,计算机将返回所选日期的状态。要注意的是还原操作是不可逆的,所以还原之前最好也要做一下备份。

图 8-48　"选择一个还原点"对话框

任务 8.5　认识和设置防火墙

【实训目的】

（1）了解防火墙的功能和类型。

（2）理解防火墙组网的常见形式。

（3）掌握 Windows XP 内置防火墙的启动和设置方法。

【实训条件】

（1）已经安装并能运行的局域网。

（2）安装 Windows XP 的计算机。

8.5.1　相关知识

防火墙原指古代人们在房屋之间修建的一道防止火灾发生时火势蔓延的砖墙。在网络世界,防火墙作为一种网络安全技术,最初被定义为一个实施某些安全策略保护一个安全区域（局域网）,用以防止来自一个风险区域（Internet 或有一定风险的网络）的攻击的装置。

随着网络技术的发展,人们逐渐意识到网络风险不仅来自于网络外部,还有可能来自于网络内部,并且在技术上也有可能实施更多的解决方案,所以现在通常将防火墙定义为"在两个网络之间实施安全策略要求的访问控制系统"。从技术上看,防火墙已经成为包过滤技术、代理服务技术、可信信息系统技术、计算机病毒检测防护技术和密码技术的综合体。

1. 防火墙的功能

本地用户账户只能使用用户登录到账户所在计算机并获得对该机资源的访问。当创建本地用户账户后,Windows 操作系统将在该机的本地安全性数据库中创建该账户,计算机使用其本地安全性数据库验证本地用户账户,以便让用户登录到该计算机。计算机上有两种类型的可用用户账户:计算机管理员账户和受限制账户。在计算机上没有账户的用户可以使用来宾账户。

一般来说,防火墙可以实现以下功能:

* 防火墙能防止非法用户进入内部网络,禁止安全性低的服务进出网络,并抗击来自各方面的攻击。
* 能够利用 NAT(网络地址变换)技术。既实现了私有地址与共有地址的转换,又隐藏了内部网络的各种细节,提高了内部网络的安全性。
* 能够通过仅允许"认可的"和符合规则的请求通过的方式来强化安全策略,实现计划的确认和授权。
* 所有经过防火墙的流量都可以被记录下来,可以方便地监视网络的安全性,并产生日志和报警。
* 由于内部和外部网络的所有通信都必须通过防火墙,所以防火墙是审计和记录 Internet 使用费用的一个最佳地点,也是网络中的安全检查点。
* 防火墙允许 Internet 访问 WWW 和 FTP 等提供公共服务的服务器,而禁止外部对内部网络上的其他系统或服务的访问。

虽然防火墙能够在很大程度上阻止非法入侵,但它也有一些防范不到的地方,例如:

* 防火墙不能防范不经过防火墙的攻击。
* 目前,防火墙还不能有效地防止感染了病毒的软件和文件的传输,有效地防止病毒的办法仍然是在每台主机上安装杀毒软件。
* 防火墙不能防御数据驱动式攻击。当有些表面无害的数据被邮寄或复制到主机上并被执行而发起攻击时,就会发生数据驱动攻击。

因此,防火墙只是整体安全制度的一部分,这种安全制度必须包括用户安全准则、职员培训计划以及与网络访问、安全检测、用户认证、磁盘和数据加密以及病毒防护等有关政策。

2. 防火墙的类型

目前大多数防火墙都采用几种技术相结合的形式来保护网络不受恶意的攻击,其基本技术通常分为包过滤和应用层代理两大类。

(1)包过滤型防火墙

数据包过滤技术是在网络层对数据包进行分析、选择,选择的依据是系统内设置的过滤逻辑,称为访问控制表。通过检查数据流中每一个数据包的源地址、目的地址、所用端口号、协议状态等因素,或它们的组合来确定是否允许该数据包通过。如果检查数据包所有的条件都符合规则,则允许进行路由;如果检查到数据包的条件不符合规则,则阻止通过并将其

丢弃。数据包检查是对 IP 层的首部和传输层的首部进行过滤,一般要检查下面几项:

- 源 IP 地址。
- 目的 IP 地址。
- TCP/UDP 源端口。
- TCP/UDP 目的端口。
- 协议类型(TCP 包、UDP 包、ICMP 包)。
- TCP 报头中的 ACK 位。
- ICMP 消息类型。

图 8-49 给出了一种包过滤型防火墙的工作机制。

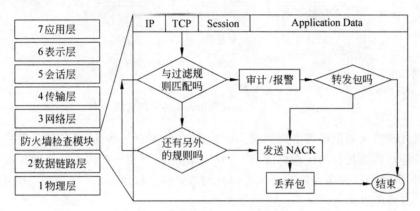

图 8-49　包过滤型防火墙的工作机制

例如 FTP 使用 TCP 的 20 端口和 21 端口,如果包过滤型防火墙要禁止所有的数据包,只允许特殊的数据包通过,则可设置防火墙规则如表 8-2 所示。

表 8-2　包过滤型防火墙规则示例

规则号	功能	源 IP 地址	目标 IP 地址	源端口	目标端口	协议
1	Allow	192.168.1.0	*	*	*	TCP
2	Allow	*	192.168.1.0	20	*	TCP

第一条规则是允许地址在 192.168.1.0 网段内,而其源端口和目的端口为任意的主机进行 TCP 的会话。

第二条规则是允许端口为 20 的任何远程 IP 地址都可以连接到 192.168.10.0 的任意端口上。本条规则不能限制目标端口是因为主动的 FTP 客户端是不使用 20 端口的。当一个主动的 FTP 客户端发起一个 FTP 会话时,客户端是使用动态分配的端口号。而远程的 FTP 服务器只检查 192.168.1.0 这个网络内端口为 20 的设备。有经验的黑客可以利用这些规则非法访问内部网络中的任何资源。

(2)应用层代理防火墙

应用层代理防火墙技术是在网络的应用层实现协议过滤和转发功能。它针对特定的网络应用服务协议使用指定的数据过滤逻辑,并在过滤的同时,对数据包进行必要的分析、记录和统计,形成报告。这种防火墙能很容易运用适当的策略区分一些应用程序命令,像

HTTP 中的 put 和 get 等。应用层代理防火墙打破了传统的客户机/服务器模式,每个客户机/服务器的通信需要两个连接:一个是从客户端到防火墙;另一个是从防火墙到服务器。这样就将内部和外部系统隔离开来,从系统外部对防火墙内部系统进行探测将变得非常困难。图 8-50 给出了应用层代理防火墙的工作机制。

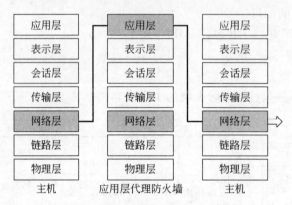

图 8-50 应用层代理防火墙的工作机制

应用层代理防火墙能够理解应用层上的协议,进行复杂一些的访问控制,但其最大的缺点是每一种协议需要相应的代理软件,使用时工作量大,当用户对内外网络网关的吞吐量要求比较高时,应用层代理防火墙就会成为内外网络之间的瓶颈。

(3)状态检测防火墙

状态检测防火墙和包过滤型防火墙一样是在 IP 层实现的,它基于操作系统内核中的状态表的内容转发或拒绝数据包的传送,比静态的包过滤型防火墙有更好的网络性能和安全性。静态包过滤型防火墙使用的过滤规则集是静态的,而采用状态检测技术的防火墙在运行过程中一直维护着一张动态状态表,这张表记录着 TCP 连接的建立到终止的整个过程中进行安全决策所需的状态相关信息,这些信息将作为评价后续连接安全性的依据。

(4)自适应代理防火墙

自适应代理防火墙的基本安全检测在安全应用层进行,但一旦通过安全检测,后续包则将直接通过网络层,因此自适应代理防火墙比应用层代理防火墙具有更高的效率。

3. 防火墙组网

根据网络规模和安全程度要求不同,防火墙组网有多种形式,下面给出常见的几种防火墙组网形式。

(1)屏蔽路由器系统

屏蔽路由器实际上是一个包过滤防火墙,可以由厂家专门生产的路由器实现,也可以用主机来实现。采用这种技术的防火墙的优点是速度快、实现方便,但该技术的安全性能差,一旦被攻陷后很难发现,而且不能识别不同的用户。

(2)双宿主机(堡垒主机)网关系统

双宿主机网关属于应用层代理防火墙。双宿主机又称堡垒主机,一般装有两块网卡,分别与内外网相连,如图 8-51 所示。双宿主机内外的网络都可以和双宿主机通信,但内外网络之间不可直接通信。在双宿主机网关系统中,双宿主机是隔开内外网的唯一屏障,一旦入侵者攻入堡垒主机并使其只具有路由功能,这时任何网上用户都可随意访问内网,所以为了保证内网的安全,双宿主机首先应禁止网络层的路由功能,还应具有强大的身份认证系统,尽量减少防火墙上用户账户的数量。目前可以将屏蔽路由器和堡垒主机在一台主机上实现。

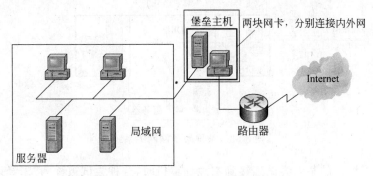

图 8-51　双宿主机(堡垒主机)网关系统

(3) 三宿主机(堡垒主机)网关系统

三宿主机一般装有三块网卡,分别与内外网及 DMZ 区相连,如图 8-52 所示。DMZ (Demilitarized Zone)称作隔离区或非军事化区,是为了解决安装防火墙后外部网络不能访问内部网络服务器的问题而设立的一个非安全系统与安全系统之间的缓冲区。这个缓冲区位于企业内部网络和外部网络之间的小网络区域内,在这个小网络区域内可以放置一些必须公开的服务器设施,如企业 Web 服务器、FTP 服务器和论坛等。比起一般的防火墙方案,通过这样一个 DMZ 区域,对攻击者来说又多了一道关卡,更加有效地保护了内部网络。

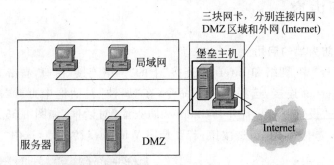

图 8-52　三宿主机(堡垒主机)网关系统

(4) 被屏蔽子网网关系统

这种方法是在网络中包含两个屏蔽路由器和壁垒主机,形成内部防火墙和外部防火墙,在两个防火墙之间建立一个被隔离的子网,子网内构成一个 DMZ 区,如图 8-53 所示。如果攻击者试图攻击,必须破坏两个防火墙,必须重新配置连接三个网的路由器,既不切断连接又不要把自己锁在外面,同时又不使自己被发现,难度很大。所以被屏蔽子网网关系统的安全性很好,但成本也很昂贵。

4. Windows 防火墙

Windows 防火墙将限制从其他计算机发送到本地计算机的信息,使用户可以更好地控制计算机上的数据,并针对那些未经邀请而尝试连接到本地计算机的用户或程序(包括病毒和蠕虫)提供了一条防御线。

Windows 防火墙通过阻止未授权用户通过网络或 Internet 访问来帮助和保护计算机。

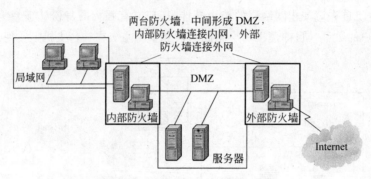

图 8-53　被屏蔽子网网关系统

当 Internet 或网络上的某人尝试连接到本地计算机时,这种尝试被称为"未经请求的请求"。当本地计算机收到未经请求的请求时,Windows 防火墙会阻止该连接。如果用户所运行的程序(如即时消息程序或多人网络游戏)需要从 Internet 或网络接收信息,那么防火墙会询问用户阻止连接还是取消阻止(允许)连接。如果用户选择取消阻止连接,Windows 防火墙将创建一个"例外",这样当该程序日后需要接收信息时,防火墙将允许该连接。由此可见在默认情况下,Windows 防火墙只阻截所有传入的未经请求的流量,对主动请求传出的流量不做理会,而第三方防火墙一般都会对两个方向的访问进行监控和审核,这一点是它们之间最大的区别。

8.5.2　实训内容

1. Windows 防火墙的启用

打开"控制面板"中"网络和 Internet 连接"下的"网络连接"窗口,右击要保护的拨号、本地连接或其他 Internet 连接,选择"属性"命令,在"属性"对话框中打开"高级"选项卡,如图 8-54 所示。单击"设置"按钮,打开"Windows 防火墙"对话框,如图 8-55 所示。若要启用Windows 防火墙,选中"启用"单选按钮;若要禁用 Windows 防火墙,选中"关闭"单选按钮。

图 8-54　本地连接属性"高级"选项卡

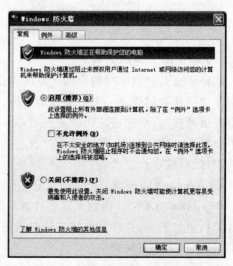

图 8-55　"Windows 防火墙"对话框

在开启 Windows 防火墙后，我们经常可以看到类似于图 8-56 所示的画面。

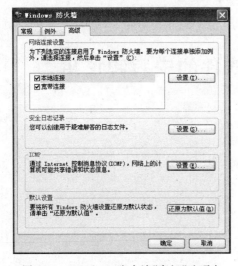

图 8-56　Windows 安全警报

从图 8-56 可以看出，Windows 防火墙对主动访问的请求不做任何处理，就好像没有防火墙一样。输入账户信息后登录到游戏平台，QQGame 实际上已经完成了对外网络访问。这时需要将游戏信息下载到本地（就是有外部访问请求），防火墙就弹出了"Windows 安全警报"。

2. 设置 Windows 防火墙允许 ping 命令运行

在 Windows 防火墙的默认设置中是不允许 ping 命令运行的，也就是说当本地计算机开启 Windows 防火墙时，在网络中的其他计算机运行 ping 命令，向本地计算机发送数据包，本地计算机将不会应答，其他计算机上会出现 ping 命令的超时错误。如果要让 Windows 防火墙允许 ping 命令运行，设置步骤如下：

在图 8-55 所示的"Windows 防火墙"对话框中单击"高级"选项卡，如图 8-57 所示。单击"ICMP"中"设置"按钮，打开如图8-58所示的"ICMP设置"对话框，选中"允许传入回显

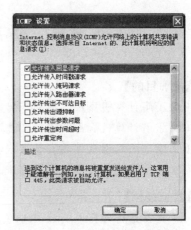

图 8-57　Windows 防火墙"高级"选项卡　　　图 8-58　"ICMP 设置"对话框

263

请求"复选框,单击"确定"按钮,这样 Windows 防火墙将允许 ping 命令运行。

3. 设置 Windows 防火墙允许 QQ 程序运行

在默认情况下 Windows 防火墙将阻止 QQ 程序的正常运行,如果要设置 Windows 防火墙允许 QQ 程序运行,设置步骤如下:

在图 8-55 所示的"Windows 防火墙"对话框中打开"例外"选项卡,如图 8-59 所示,"例外"选项卡中列出了 Windows 防火墙允许进行传入网络连接的程序和服务。单击"添加程序"按钮,在图 8-60 所示的程序列表中,选择允许运行的程序,单击"确定"按钮,此时该程序已经填入"例外"选项卡,可以正常运行了。

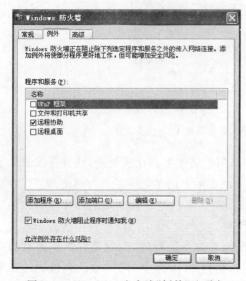

图 8-59　Windows 防火墙"例外"选项卡

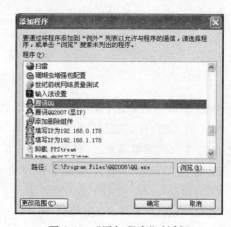

图 8-60　"添加程序"对话框

4. 认识网络防火墙

Windows 防火墙并不是真正的网络防火墙,根据实际情况,参观校园网或企业网,了解该网络所使用的网络防火墙产品,了解该网络防火墙产品的特点以及在实际网络中的部署情况,体会网络防火墙的功能和部署方法。

任务 8.6　防病毒软件的安装和使用

【实训目的】

(1) 了解计算机病毒的特征和传播方式。

(2) 了解计算机病毒的防御方法。

(3) 掌握防病毒软件的安装方法。

(4) 掌握防病毒软件的配置方法。

【实训条件】

(1) 正常运行并接入 Internet 的局域网。

(2) 安装 Windows XP 的计算机。

（3）防病毒软件及其相关文件。

8.6.1 相关知识

计算机病毒的防御对网络管理员来说是一个望而生畏的任务。目前各种各样的病毒不时对计算机和网络的安全构成严重威胁,因此了解和控制病毒威胁显得格外重要,任何有关网络数据完整性和安全性的讨论都应考虑到病毒。计算机网络的主要功能是资源共享,一旦共享资源感染病毒,病毒将迅速传播到整个网络。特别对于金融等系统的敏感数据,一旦遭到破坏,后果将不堪设想,因此计算机网络环境下的病毒防治显得尤为重要。

1. 计算机病毒及其特征

一般认为,计算机病毒是指编制或者在计算机程序中插入的破坏计算机功能或者破坏数据,影响计算机使用并且能够自我复制的一组计算机指令或者程序代码。由此可知,计算机病毒与生物病毒一样具有传染性和破坏性;但是计算机病毒不是天然存在的,而是一段比较精巧严谨的代码,按照严格的秩序组织起来,与所在的系统或网络环境相适应并与之配合,是人为特制的具有一定长度的程序。计算机病毒主要有以下特征。

（1）隐蔽性

计算机病毒是一段可执行的程序。它可以直接或间接地运行,不经过代码分析,病毒程序和正常程序是很难区别开来的。计算机病毒代码一般只有几百到几千个字节,非常便于隐藏到可执行程序、数据文件中或磁盘的某一特定区域内。随着病毒编写技巧的提高,病毒代码本身还可以进行加密或变形,使得计算机病毒的查找和分析更加困难。

另外一般正常程序运行时都是由用户调用,再由系统分配资源,完成用户交给的任务,其运行过程和结果对用户是可见的。计算机病毒具有正常程序的一切特性,但它隐藏在正常程序中,当用户调用正常程序时会先于正常程序运行,先行窃取系统的控制权,其运行过程用户是未知的,是未经用户许可的。

（2）传染性

传染性是病毒的基本特征。生物病毒通过传染从一个生物体扩散到另一个生物体。同样,计算机病毒也会通过各种渠道从已被感染的计算机扩散到未被感染的计算机,在某些情况下可造成被感染的计算机工作失常甚至瘫痪。计算机病毒是一段人为编制的计算机程序代码,这段程序代码一旦进入计算机并得以执行,它就会搜寻其他符合其传染条件的程序或存储介质,确定目标后通过修改磁盘扇区信息或文件内容将自身代码插入其中,达到自我繁殖的目的。而被感染的文件又成了新的传染源,再与其他机器进行数据交换或通过网络接触,病毒会继续进行传染。是否具有传染性是判别一个程序是否为计算机病毒的最重要条件。

（3）潜伏性

一个编制精巧的计算机病毒程序,进入系统之后一般不会马上发作,可以长时间地隐藏在合法文件中,对其他系统进行传染,而不被人发现,潜伏性愈好,其在系统中的存在时间就会愈长,病毒的传染范围就会愈大。通常在计算机病毒内部会有一种触发机制,使病毒发作的触发条件主要有以下几种:

- 利用系统时钟提供的时间作为触发器。

- 利用病毒体自带的计数器作为触发器。病毒可以利用计数器记录某种事件发生的次数,一旦计数器达到设定值,就执行破坏操作。这些事件可以是计算机的开机次数、病毒程序的运行次数,也可以是开机后被运行过的程序数量。
- 利用计算机内执行的某些特定操作作为触发器。特定操作可以是用户按下某种特定的组合键,可以是执行某个命令,也可以是对磁盘的读写操作等。

(4) 破坏性

任何病毒只要侵入系统,都会对系统及应用程序产生程度不同的影响。轻者会降低计算机工作效率,占用系统资源,重者会导致正常的程序无法运行、破坏数据、删除文件、加密磁盘、格式化磁盘,最终可导致系统崩溃。

(5) 衍生性

由于计算机病毒本身是一段程序,这种程序的设计思想以及程序模块本身很容易被病毒自己或其他模仿者所修改,使之成为一种不同于源病毒的衍生病毒,从而使得计算机病毒的查找和分析更加困难。

2. 计算机病毒的传播方式

计算机病毒的传播主要有以下几种方式:

- 通过不可移动的计算机硬件设备进行传播,即利用专用的 ASIC 芯片和硬盘进行传播。这种病毒虽然很少,但破坏力极强,目前还没有很好的检测手段。
- 通过移动存储设备进行传播,即利用 U 盘、移动硬盘、软盘等进行传播。
- 通过计算机网络进行传播。随着 Internet 的发展,计算机病毒也走上了高速传播之路,通过网络传播已经成为计算机病毒传播的第一途径。计算机病毒通过网络传播的方式主要有通过共享资源传播、通过网页恶意脚本传播、通过电子邮件传播等。
- 通过点对点通信系统和无线通道传播。

3. 计算机病毒的分类

不同的计算机病毒有不同的特征,计算机病毒可以根据下面的属性进行分类。

(1) 按照程序运行平台分类

计算机病毒的本质是程序,因此和其他应用软件一样,计算机病毒也需要相应的运行平台。病毒按程序运行平台可分为 DOS 病毒、Windows 病毒、Windows NT 病毒等。

(2) 按照病毒存在的媒体分类

根据病毒存在的媒体,病毒可以划分为网络病毒、文件型病毒和引导型病毒等。网络病毒通过计算机网络传播感染网络中的可执行文件。文件型病毒的特点是将自身粘贴到或者替换掉.COM 和.EXE 文件,当用户调用染毒的可执行文件时,病毒会首先运行并将自己隐藏在内存中,伺机感染其他文件。引导型病毒主要感染磁盘分区的引导扇区(Boot)和硬盘的系统引导扇区(MBR),当用户使用染毒的磁盘启动计算机时,病毒会首先取得系统的控制权,驻留内存后再引导系统,并伺机感染其他磁盘分区的引导扇区。另外,还有兼有以上病毒特点的混合型病毒,这样的病毒通常都具有复杂的算法,它们使用非常规的办法侵入系统,同时使用了加密和变形算法。

(3) 按照病毒的传染方式分类

根据病毒传染的方式,病毒可分为驻留型病毒和非驻留型病毒。驻留型病毒感染计算机后,把自身的内存驻留部分放在内存中,这一部分程序挂接系统调用并合并到操作系统中去,处于激活状态,一直到关机或重新启动。非驻留型病毒在得到机会激活时并不感染计算机内存,一些病毒在内存中留有小部分,但是并不通过这一部分进行传染,这类病毒也被划分为非驻留型病毒。

（4）按链接方式分类

根据病毒的链接方式,病毒可分为源码型病毒、入侵型病毒、操作系统型病毒和外壳型病毒。其中源码型病毒主要攻击高级语言编写的源程序,通过将自己插入到系统的源程序中,并随着源程序一起编译、链接成可执行文件,从而导致刚刚生成的可执行文件直接带毒。这种病毒较难编写,比较少见。入侵型病毒主要用自身代替正常程序中的部分模块,只攻击特定程序,针对性强。操作系统型病毒则是用其自身加入或替代操作系统的部分功能,危害性较大。外壳型病毒主要将自身附在正常程序的开头或结尾,相当于给正常程序加了个外壳,大部分的文件型病毒都属于这一类。

（5）特殊病毒

① 宏病毒

宏病毒主要是使用某个应用软件程序自带的宏编程语言编写的病毒,如感染 Word 软件的 Word 宏病毒、感染 Excel 软件的 Excel 宏病毒和感染 Lotus Ami Pro 软件的宏病毒等。宏病毒是以人们容易阅读的源代码形式出现的,编写和修改比较容易,它可以感染数据文件,具有容易传播、隐蔽性强、危害大等特点。

② 蠕虫程序

蠕虫程序和病毒一样复制自身,但与病毒在文件之间进行传播不同,蠕虫程序是通过计算网络地址,将自身副本通过网络发送,利用网络从一台计算机的内存传播到其他计算机的内存,而不改变文件和资料信息。一般情况下,蠕虫程序只占用内存资源并阻塞网络。

③ 黑客软件

黑客软件(如木马程序)本身不是病毒,其实质是一种通信软件,而不少别有用心的人利用其独特特点通过网络非法侵入他人计算机,直接威胁了广大网络用户的数据安全。因此各大防病毒软件厂商纷纷将黑客软件纳入病毒范围,利用杀毒软件将黑客软件从用户计算机中驱除,保护用户的网络安全。

4. 用户计算机中毒的症状

不同的计算机病毒有不同的破坏行为,所以当用户计算机遭受不同的病毒攻击时,症状并不相同。通常当用户计算机出现以下症状时,应检查该计算机是否已中毒。

- 计算机系统运行速度减慢。
- 计算机系统经常无故出现错误或发生死机。
- 计算机系统中的文件长度发生变化。
- 计算机存储的容量异常减少。
- 系统引导速度减慢。
- 丢失文件或文件损坏。
- 计算机屏幕上出现异常显示。
- 计算机系统的蜂鸣器出现异常声响。

267

- 磁盘卷标发生变化。
- 系统不识别硬盘。
- 对存储系统异常访问。
- 键盘输入异常。
- 文件的日期、时间、属性等发生变化。
- 文件无法正确读取、复制或打开。
- 命令执行出现错误。
- 虚假报警。
- 时钟倒转,有些病毒会命名系统时间倒转,逆向计时。
- 系统异常重新启动。
- 一些外部设备工作异常。
- 异常要求用户输入密码。
- Word 或 Excel 提示执行"宏"。
- 不应驻留内存的程序驻留内存。

5. 计算机病毒的防御

(1) 防御计算机病毒的原则

为了使用户计算机不受病毒侵害,或是最大限度地降低损失,通常在使用计算机时应遵循以下原则,做到防患于未然。

- 建立正确的防毒观念,学习有关病毒与防病毒知识。
- 不要随便下载网络上的软件,尤其是不要下载那些来自无名网站的免费软件,因为这些软件无法保证没有被病毒感染。
- 使用防病毒软件。及时升级防病毒软件的病毒库,开启病毒实时监控。
- 不要使用盗版软件。
- 不要随便使用他人的 U 盘或光盘,尽量做到专机专盘专用。
- 不要随便访问不安全的网络站点。
- 使用新设备和新软件之前要检查病毒,未经检查的外来文件不能复制到硬盘,更不能使用。
- 养成备份重要文件的习惯,有计划地备份重要数据和系统文件,用户数据不应存储到系统盘上。
- 按照反病毒软件的要求制作应急盘/急救盘/恢复盘,以便恢复系统急用。在应急盘/急救盘/恢复盘上存储有关系统的重要信息数据,如硬盘主引导区信息、引导区信息、CMOS 的设备信息等。
- 随时注意计算机的各种异常现象,一旦发现应立即使用防病毒软件进行检查。

(2) 病毒的解决办法

不同类型的病毒有不同的解决办法。对于普通用户来说,一旦发现计算机中毒,应主要依靠防病毒软件对病毒进行查杀。

① 在查杀病毒之前,应备份重要的数据文件。

② 启动防病毒软件,对系统内存及磁盘系统等进行扫描。

③ 发现病毒后,一般应使用防病毒软件清除文件中的病毒,如果可执行文件中的病毒

不能被清除,一般应将该文件删除,然后重新安装相应的应用程序。

④ 某些病毒在 Windows 系统正常模式下可能无法完全清除,此时可能需要通过重新启动计算机、进入安全模式或使用急救盘等方式运行防病毒软件进行清除。

8.6.2　实训内容

1. 选择局域网防病毒方案

由于局域网计算机之间需要共享信息和文件,这就给计算机病毒在网络中的传播带来了可乘之机,因此网络管理员必须为网络构建一个安全的防病毒方案。目前局域网防病毒方案可以有两种选择。

(1) 传统的分布式防病毒方案

传统的单机防病毒方案如图 8-61 所示。

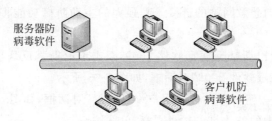

图 8-61　分布式防病毒方案

在这种方案中,局域网的服务器和客户机上分别安装了单机版的防病毒软件,这些防病毒软件之间没有任何联系,甚至可能是不同厂家的产品。这种方案的优点是用户对客户机进行分布式管理,客户机之间互不影响,而且单机版的杀毒软件价格比较便宜。

这种方案的缺点是没有充分利用网络,客户机和服务器在病毒防护上各自为战,防病毒软件之间无法共享病毒库。每当病毒库升级时,每个服务器和客户机都需要不停地下载新的病毒库,对于有上百台或更多计算机的局域网来说,这一方面会增加局域网对 Internet 的数据流量;另一方面也会给网络管理员带来巨大的工作量。

(2) 集中式防病毒方案

基于局域网的集中式防病毒方案如图 8-62 所示。

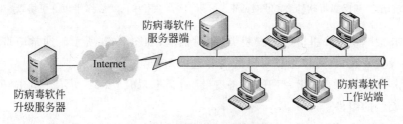

图 8-62　集中式防病毒方案

集中式防病毒方案通常由防病毒软件的服务器端和工作站端组成,通常可以利用网络中的任意一台主机构建防病毒服务器,其他计算机安装防病毒软件的工作站端并接受防病毒服务器的管理。在集中式防病毒方案中,防病毒服务器自动连接 Internet 的防病毒软件升级服务器下载最新的病毒库升级文件,防病毒工作站自动从局域网的防病毒服务器上下载并更新自己的病毒库文件,这样网络管理员不需要对每台客户机进行维护和升级,也能够保证网络内所有计算机的病毒库的一致和自动更新。目前各大防病毒软件厂商都提供集中式的防病毒方案。

一般情况下对于大中型局域网应该采用集中式防病毒方案;而对于采用对等模式组建的小型局域网,考虑到成本等因素,一般应采用分布式防病毒方案。

2. 安装防病毒软件

在对等网中主要采用分布式防病毒方案,在网络的计算机上分别安装单机版的防病毒软件。在本次实训中以卡巴斯基反病毒软件 2009 为例,完成防病毒软件单机版的安装和设置。卡巴斯基反病毒软件 2009 可以保护计算机免受病毒、蠕虫、木马和其他恶意程序的危害,它将实时监控文件、网页、邮件及 ICQ/MSN 协议中的恶意对象等,扫描操作系统和已安装程序的漏洞,阻止指向恶意网站的链接。其强大的主动防御功能将阻止未知威胁。该软件的安装步骤如下:

(1) 购买或下载卡巴斯基反病毒软件 2009,双击卡巴斯基反病毒软件 2009 的安装图标,弹出"卡巴斯基反病毒软件 2009"对话框,如图 8-63 所示。

(2) 单击"下一步"按钮,打开"最终用户许可协议"对话框,如图 8-64 所示,阅读许可协议文本,如果接受协议中的条款,单击"我同意"单选按钮。

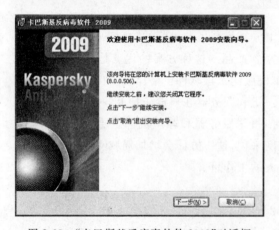

图 8-63 "卡巴斯基反病毒软件 2009"对话框

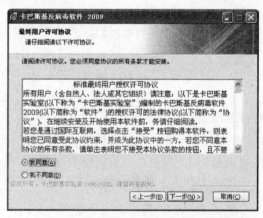

图 8-64 "最终用户许可协议"对话框

(3) 单击"下一步"按钮,打开"安装类型"对话框,如图 8-65 所示。通常应选择"快速安装",按默认设置安装;也可以根据自己的需要选择"自定义安装"。

(4) 单击"快速安装"按钮,打开"准备安装"对话框,如图 8-66 所示。单击"安装"按钮,安装所选择安装的组件。

(5) 安装完毕后,单击"下一步"按钮,打开"欢迎使用卡巴斯基反病毒软件配置向导"对话框,如图 8-67 所示。

(6) 单击"下一步"按钮,开始激活程序,打开"激活应用程序"对话框,如图 8-68 所示。可选择"在线激活",也可使用已有的授权文件激活应用程序。

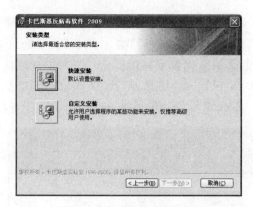

图 8-65　"安装类型"对话框

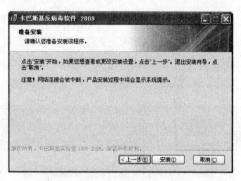

图 8-66　"准备安装"对话框

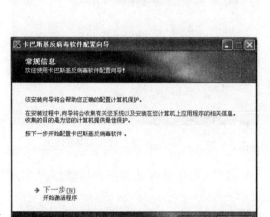

图 8-67　"欢迎使用卡巴斯基反病毒
软件配置向导"对话框

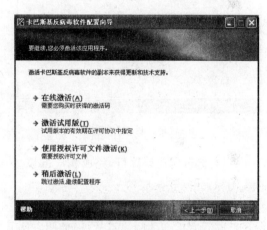

图 8-68　"激活应用程序"对话框

　　(7) 选择"在线激活",单击"下一步"按钮,打开"在线激活"对话框,输入激活码,如果有用户 ID 和密码则在此输入,单击"下一步"按钮,开始激活应用程序,如图 8-69 所示。

　　(8) 完成激活后,出现"激活程序"对话框,如图 8-70 所示。

图 8-69　正在激活应用程序

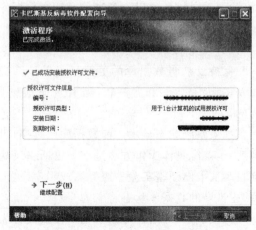

图 8-70　"激活程序"对话框

(9) 单击"下一步"按钮,打开"反馈"对话框,如图 8-71 所示。根据需要勾选"我同意加入卡巴斯基安全网络"和"我同意发送卡巴斯基安全网络体系内的扩展统计信息"复选框。

(10) 单击"下一步"按钮,如果选择"自动向卡巴斯基实验室发送信息",则需再次确认"您同意向卡巴斯基安全网络体系中提交信息吗?",单击"是"按钮,打开"完成应用程序配置"对话框,如图 8-72 所示。勾选"重新启动计算机"复选框,单击"完成"按钮。

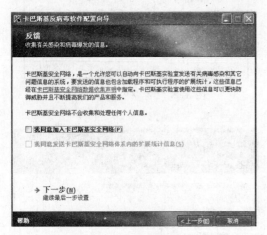

图 8-71 "反馈"对话框

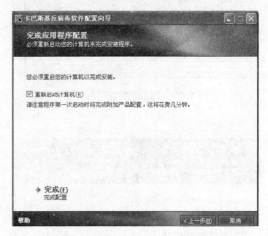

图 8-72 "完成应用程序配置"对话框

(11) 重新启动计算机,完成相应的设置。重新启动后,在系统托盘中会出现红黑相间的 图标,此时安装成功。

3. 防病毒软件的设置和使用

不同厂商生产的防病毒软件,使用方法有所不同,下面以卡巴斯基反病毒软件 2009 为例完成其设置和基本操作。

(1) 查看当前的保护状态

单击系统托盘中的卡巴斯基反病毒软件 2009 图标,打开卡巴斯基反病毒软件 2009 的主窗口,如图 8-73 所示。

从卡巴斯基反病毒软件 2009 的主窗口,用户可以看到当前计算机被保护的情况和当前程序运行的情况,可以看到当前反病毒数据库状态以及检测到的威胁和已隔离对象数量的统计。

(2) 更新反病毒数据库

保持反病毒数据库的更新是确保计算机得到可靠保护的前提条件。因为每天都会出现新的病毒、木马和恶意软件,有规律地更新应用程序对持续保护计算机的信息是很重要的。

如果系统状态显示当前数据库已过期,可以在任意时间启动卡巴斯基反病毒软件的更新运行,系统具体操作方法是在卡巴斯基反病毒软件 2009 的主窗口单击"更新",此时系统会自动从卡巴斯基实验室服务器或用户设置的更新源进行更新,如图 8-74 所示。更新成功后,主窗口的数据库状态将变为"最新"。

除手动更新外,还可以将更新模式设置为"自动",并可以设置自动更新的时间间隔以及更新源。具体操作方法是:在卡巴斯基反病毒软件 2009 的主窗口单击"设置"按钮,打开

图 8-73　卡巴斯基反病毒软件 2009 的主窗口

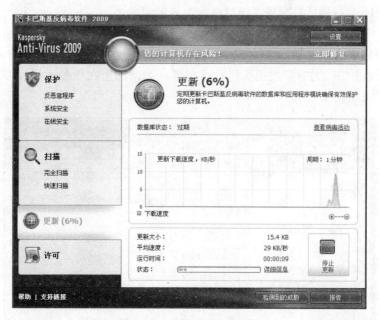

图 8-74　更新反病毒数据库

"设置"对话框,单击"更新",在运行模式中可以选择"自动",如图 8-75 所示。也可单击"设置"按钮,打开"更新设置"对话框,设置更新源和具体运行模式等,如图 8-76 所示。

(3) 在计算机上扫描病毒

扫描病毒是防病毒软件最重要的功能之一,可以防止由于一些原因反恶意程序没有检测到的恶意代码蔓延。卡巴斯基实验室提供以下几种扫描病毒方式:

- 扫描病毒:扫描用户选择的计算机文件系统里的任何对象。

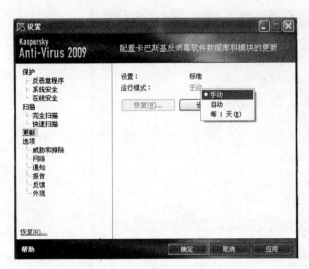

图 8-75 "设置"对话框

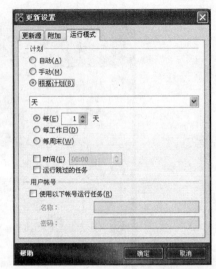

图 8-76 "更新设置"对话框

- 完全扫描：彻底扫描整个系统，默认时将扫描系统内存、启动时加载的程序、系统备份、电子邮件数据库、硬件驱动程序、移动存储介质和网络驱动器。
- 快速扫描：扫描所有操作系统启动时加载的对象。

① 启动/停止扫描病毒任务

打开主程序窗口。在窗口左边选择"扫描"（可选择"完全扫描"或"快速扫描"），如图 8-77 所示。单击"开始扫描"按钮执行扫描任务。如果您想在任务运行时停止扫描，可单击"停止扫描"按钮。

图 8-77 完全扫描

② 设置运行模式

可以在扫描窗口中单击"运行模式"的链接，选择"设置"，打开"运行模式"对话框，如图 8-78 所示。可以设置扫描计划，定期对计算机文件系统进行自动扫描。

③ 当检测到危险时执行的操作

一旦检测到一个威胁，应用程序会给它指定一种确定的状态，在状态被确定后，应用程序将会对检测到的威胁执行指定的操作。默认情况下，应用程序会在扫描结束时提示用户选择对恶意程序要进行的操作。

图 8-78 "运行模式"对话框

- 清除：清除被感染的目标。处理之前这个目标将被备份。

- 删除：删除危险目标。处理之前这个目标将被备份。

- 跳过：对危险对象不采取动作，在报告中简单地标明关于它的信息。如果选择该操作，这个文件还可以继续使用。

如果是在自动模式下使用程序，当检测到一个危险对象时会自动应用卡巴斯基实验室专家推荐的操作。即对恶意对象执行的操作是"清除"。如果无法清除则进行"删除"，"跳过"可疑的对象。

如果想更改对检测到的对象执行的操作，可在扫描窗口中选择"检测后处理方式"的链接，从下拉菜单中选择需要的操作。

（4）创建应急磁盘

卡巴斯基反病毒软件 2009 有创建应急磁盘的功能。在病毒攻击破坏了操作系统文件之后，应急磁盘可以恢复程序功能。该磁盘包括以下内容：

- Microsoft Windows XP Service Pack 2 系统文件。
- 一套操作系统诊断工具。
- 程序文件。
- 程序数据库文件。

创建应急磁盘的操作步骤如下：

① 在卡巴斯基反病毒软件 2009 主窗口选择"反恶意程序"，如图 8-79 所示。

② 单击"应急磁盘"按钮，打开"常规信息"对话框，如图 8-80 所示，可以通过两种方法创建应急磁盘，一种方法是从网络下载应急光盘镜像；另一种方法是自己制作光盘镜像文件。但自己制作时需要有 PE Builder 3.1.3 或以上版本，以及 Microsoft Windows XP Service Pack 2 安装光盘。

③ 如果选择"创建磁盘"，单击"下一步"按钮后，会打开"准备烧录"对话框，此时需要输入 PE Builder 的路径、输出文件夹的路径以及 Microsoft Windows XP Service Pack 2 安装盘的路径，如图 8-81 所示。

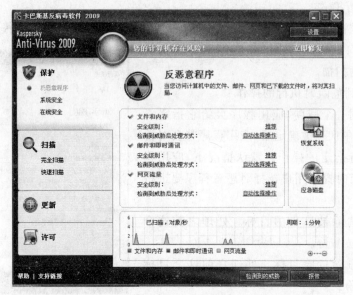

图 8-79　反恶意程序

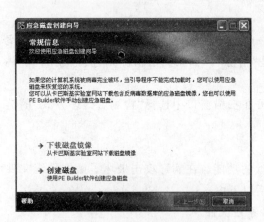

图 8-80　"常规信息"对话框

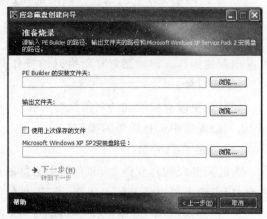

图 8-81　"准备烧录"对话框

如果出现病毒攻击导致操作系统不能加载,此时可执行如下操作:

① 使用一台没有被感染的计算机中的应用程序创建一个应急恢复磁盘。

② 把应急恢复磁盘插入被感染的计算机的驱动并重新启动。Microsoft Windows XP Service Pack 2 将会和 Bart PE 一起启动。Bart PE 拥有内置的网络支持来使用局域网。

③ 启动计算机后可以启动卡巴斯基反病毒软件主窗口。在系统援救模式下,用户可以从局域网更新应用程序数据库并进行病毒扫描。

以上只是卡巴斯基反病毒软件 2009 最基本的设置和操作,更具体的内容请参考其自带的帮助文件。有条件的话,可安装并设置其他厂商的防病毒软件,思考不同防病毒软件在设置和操作上的异同点。

习 题 8

1. 判断题

(1) 安装在计算机上的防病毒软件不具备在线升级功能。 （ ）

(2) 防病毒软件的特性扫描就是将病毒信息都保存在病毒库中,当发现带有病毒特性的文件时,便对其进行清除、删除或隔离。 （ ）

(3) 网络管理就是通过某种方式对网络状态进行调整,使其可靠、高效地运行,并使网络资源得到可靠有效的应用。 （ ）

(4) 计算机病毒就是一种附加到计算机内部的重要区域的恶意代码。 （ ）

(5) 计算机病毒可以大量地自我"繁殖"。 （ ）

(6) 病毒在取得系统控制权后,不会马上进行破坏,而是大量繁殖自己。 （ ）

(7) 引导型病毒是将其指令插入到磁盘的引导扇区内的病毒。 （ ）

(8) 宏病毒是破坏计算机宏观控制的病毒,如 CPU 的运算和处理速度。 （ ）

(9) 宏病毒并不会感染程序文件,它的目标是文档文件。 （ ）

(10) 安装了杀毒软件就不用安装实时监控软件或网络防火墙,也可有效防范病毒入侵计算机。
（ ）

(11) 不论哪一种病毒在侵入计算机后,都会对系统及程序造成不可挽回的后果。 （ ）

(12) 具有远程管理能力的 SNMP 使管理人员可以对整个子网进行管理。 （ ）

(13) SNMP 采用 C/S 服务管理模式。 （ ）

(14) MIB 是用于定义通过网络管理协议可访问的对象的规则。 （ ）

(15) SNMP 支持对管理对象值的检索和修改等操作。 （ ）

2. 单项选择题

(1) （ ）可以完成网络管理软件布置的采集设备参数的任务,是网络管理系统与被管理设备的信息中介。

    A. 管理软件   B. 管理代理   C. 管理信息库   D. 代理设备

(2) （ ）是标准网络协议软件和非标准协议软件之间的桥梁。

    A. 管理软件   B. 管理代理   C. 管理信息库   D. 代理设备

(3) 在 OSI 网络管理框架模型中,（ ）的任务是自动检测和记录网络的故障,并及时通知网络管理员,使网络有效正常地运行。

    A. 网络故障管理   B. 网络配置管理   C. 安全管理   D. 性能管理

(4) （ ）的功能是掌握和控制互联网络的状态,包括网络设备的状态及其连接关系。

    A. 网络故障管理   B. 网络配置管理   C. 安全管理   D. 性能管理

(5) （ ）可以测量网络中的硬件、软件和媒体的性能。

    A. 网络故障管理   B. 网络配置管理   C. 安全管理   D. 性能管理

(6) 性能管理最大的作用是（ ）。

    A. 可以增强网络管理员对网络配置的控制

    B. 帮助网络管理员减少网络中过于拥挤和不可通行的现象

    C. 提供快速检查问题并启动恢复过程的工具,增强网络的可靠性

    D. 控制对计算机网络中信息的访问

(7) 按实现原理的不同将防火墙分为（ ）三类。

A. 包过滤防火墙、应用层网关防火墙和状态检测防火墙

B. 包过滤防火墙、应用层网关防火墙和代理防火墙

C. 包过滤防火墙、代理防火墙和软件防火墙

D. 状态检测防火墙、代理防火墙和动态包过滤防火墙

(8) 按照检测数据的来源可将入侵检测系统(IDS)分为(　　)。

A. 基于主机的 IDS 和基于网络的 IDS

B. 基于主机的 IDS 和基于域控制器的 IDS

C. 基于服务器的 IDS 和基于域控制器的 IDS

D. 基于浏览器的 IDS 和基于网络的 IDS

(9) 如果使用大量的连接请求攻击计算机,使所有可用的系统资源都被消耗殆尽,最终计算机无法再处理合法用户的请求,这种手段属于(　　)攻击。

A. 拒绝服务　　　　B. 口令入侵　　　　C. 网络监听　　　　D. IP 欺骗

(10) 病毒是一种(　　)。

A. 程序　　　　　　　　　　　　B. 计算机自动产生的恶性程序

C. 操作系统的必备程序　　　　　D. 环境不良引起的恶性程序

(11) 从软、硬件形式来分的话,防火墙分为(　　)。

A. 软件防火墙和硬件防火墙　　　B. 网关防火墙和硬件防火墙

C. 路由防火墙和软件防火墙　　　D. 个人防火墙和路由防火墙

(12) 下面不属于非法攻击防火墙的基本方法的是(　　)。

A. 从相关的子网进行攻击　　　　B. 攻击与干扰相结合

C. 从内部进行攻击　　　　　　　D. 解密

(13) 以下是宏病毒特点的是(　　)。

A. 将其指令插入到磁盘的引导扇区内

B. 将病毒代码附加到可执行文件中

C. 将病毒代码附加到扩展名为.com 的文件中

D. 将病毒代码附加到文档文件中

(14) SNMP 协议是 TCP/IP 协议集中(　　)协议。

A. 网络接口层　　B. 网络层　　　　C. 传输层　　　　D. 应用层

(15) 网络防火墙是外部网络与内部网络之间服务访问的(　　)。

A. 管理技术　　　B. 控制系统　　　C. 数据加密技术　　D. 验证技术

3. 多项选择题

(1) 下列属于防病毒软件的有(　　)。

A. 瑞星　　　　　B. Microsoft Word　　C. Norton　　　　D. 金山毒霸

(2) 防病毒软件查找病毒的基本方法有(　　)。

A. 特征扫描　　　B. 实时防护　　　C. 文件备份　　　D. 文件校验

(3) 网络管理系统由(　　)组成。

A. 管理代理　　　　　　　　　　B. 网络管理工作站

C. 网络管理协议　　　　　　　　D. 管理信息库

(4) 网络管理系统的模型包括(　　)等基本的逻辑部分。

A. 管理对象　　　B. 管理进程　　　C. 管理信息库　　D. 管理协议

(5) 下列属于 OSI 网络管理框架模型中网络管理基本功能的是(　　)。

A. 网络故障管理　　B. 网络配置管理　　C. 安全管理　　　D. 性能管理

(6) 下列属于网络故障管理功能的有(　　)。

A. 检测或接受管理对象发生的故障及其产生的故障报警

B. 使用冗余网络对象代替故障对象来提供临时的网络服务

C. 自动创建和维护故障日志的信息记录库，并对故障日志进行分析

D. 进行故障诊断并追踪故障，确定故障性质及故障解决方案

(7) 故障管理包括(　　)三个步骤。

A. 发现故障　　　　　　　　　　　　B. 分离故障并找出原因

C. 隔离故障　　　　　　　　　　　　D. 修复故障

(8) 配置管理包括(　　)三个方面内容。

A. 获得关于当前网络配置的信息

B. 提供远程修改设备配置的手段

C. 储存数据，维护一个最新的设备清单并根据数据产生报告

D. 修复网络问题

(9) 安全管理包括(　　)。

A. 验证网络用户的访问权限

B. 验证网络用户的优先级

C. 检测和记录未授权用户企图进行的不应有的操作

D. 防止病毒

(10) 性能管理测量的项目一般包括(　　)。

A. 整体吞吐量　　B. 利用率　　　　C. 错误率　　　　　D. 响应时间

(11) 下列属于网络管理任务的有(　　)。

A. 制订网络建设计划　　　　　　　　B. 网络维护

C. 网络扩展　　　　　　　　　　　　D. 对计算机网络进行优化

(12) 当计算机被感染病毒后，一般可能会出现的症状有(　　)。

A. 计算机反应较平常迟钝　　　　　　B. 出现一些不寻常的错误信息

C. 硬盘指示灯无故闪烁　　　　　　　D. 磁盘容量忽然大量减少

(13) 按照病毒感染的内容和逃避检测的方式，它们可分为(　　)。

A. 运行型病毒　　B. 引导型病毒　　C. 程序型病毒　　　D. 宏病毒

(14) 病毒侵入计算机的途径主要有(　　)。

A. 通过外设　　　　　　　　　　　　B. 通过移动硬盘等存储设备

C. 通过广播电视等媒体　　　　　　　D. 利用网络

(15) 有效防止病毒入侵计算机的方法有(　　)。

A. 不要轻易打开来路不明的电子邮件

B. 不浏览一些不正规或非法的网站

C. 安装病毒实时监控软件或网络防火墙

D. 定期使用杀毒软件对计算机进行全面清查

4. 问答题

(1) 简述在 OSI 网络管理标准中定义的网络管理的基本功能。

(2) 目前的网络管理系统主要由哪几部分组成？各部分的作用是什么？

(3) Windows 操作系统中的 SNMP 服务具有哪些功能？

(4) 目前网络攻击通常采用哪些手段？

(5) 为了保证网络安全，目前局域网主要采用哪些安全措施？

(6) 为了保障 Windows 系统安全，可以采用哪些技巧设置用户账户？

(7) 什么是防火墙？防火墙可以实现哪些功能？

(8) 防火墙有哪些类型? 各有什么特点?

(9) 根据网络规模和安全程度要求不同,防火墙组网有哪些形式?

(10) 简述计算机病毒的特征。

(11) 根据病毒存在的媒体,病毒可以分为哪些类型? 各有什么特点?

(12) 目前局域网防病毒方案可以有哪两种选择? 各有什么特点?

5. 技能题

(1) 阅读说明后回答问题

【说明】 在一台计算机上安装完成 Windows XP Professional 及相应的服务组件。

【问题 1】 安装 Windows XP Professional 时,将分区格式化为 NTFS 格式,写出 NTFS 格式的主要优点。

【问题 2】 Windows XP Professional 默认的管理员账户的用户名是什么?

【问题 3】 在发现操作系统存在安全漏洞时,应采取什么措施?

【问题 4】 为什么要关闭那些不需要的服务和不用的端口?

【问题 5】 局域网的 IP 地址范围限定在 192.168.10.17～192.168.10.31 之间,子网掩码应设置成什么?

(2) Windows XP Professional 系统备份

【内容及操作要求】 备份硬盘 C:\下的系统文件,分别进行普通备份和计划备份,备份文件保存到网络中的另一台计算机上。

【准备工作】 安装 Windows XP Professional 或以上版本操作系统的计算机若干台,局域网所需的其他设备。

【考核时限】 40min。

项目 9 网络运行维护

在计算机网络的使用过程中,如果对网络管理或维护不当,就会出现网络传输速度的下降等问题,根本不能发挥网络应有的作用。为了保证网络的安全畅通,网络管理员必须掌握计算机网络维护的知识。网络维护的主要任务是探求网络故障产生的原因,从根本上消除故障,并防止故障的再次发生。本项目的主要目标是了解网络通信线路与网络设备的日常维护方法,了解网络服务器与网络终端设备的日常维护方法,能够使用网络实用程序监视网络运行状况,能够使用系统监视工具监视网络服务。

任务 9.1 网络通信线路与网络设备的日常维护

【实训目的】

(1) 了解网络维护的方法。

(2) 了解网络通信线路的常见故障和排除方法。

(3) 了解网络设备的常见故障和排除方法。

【实训条件】

(1) 已经安装并能运行的局域网。

(2) 设置相应的故障现象。

(3) 相应的诊断工具。

9.1.1 相关知识

1. 网络维护的步骤

(1) 网络维护前的准备工作

进行网络维护之前,需要完成以下准备工作:

- 了解网络的物理结构和逻辑结构。
- 了解网络中所使用的协议以及协议的相关配置。
- 了解网络操作系统的配置情况。

(2) 网络维护的基本步骤

为了保证网络能提供稳定、高效的服务,必须制定一套有效的维护方法,从而能够快速地从根本上解决问题。虽然网络故障的形式很多,但大部分网络在维护的时候都可以遵守一定的步骤进行,而具体采用什么样的措施来排除故障,就要根据网络故障的实际情况而定。网络维护的基本步骤如下。

① 识别故障现象

在准备排除故障之前,必须清楚地知道网络上到底出现了什么样的异常现象,这是成功排除故障的基本步骤。为了与故障现象进行对比,必须知道系统在正常情况下是如何工作的;否则是无法正确地对问题和故障进行定位的。

在识别故障现象时,应该思考以下几个问题:

- 当被记录的故障现象发生时,正在运行什么进程。
- 这个进程以前有没有运行过。
- 以前这个进程的运行是不是可以成功。
- 这个进程最后一次成功运行是在什么时候。
- 从最后一次成功运行起,哪些进程发生了改变。

② 对故障现象进行描述

在处理由用户报告的问题时,其对故障现象的详细描述显得尤为重要。通常仅凭用户对故障表面的描述,并不能得出结论。这时就需要管理员亲自操作,并注意相关的出错信息。此时可参考以下建议:

- 收集相关故障现象的信息内容并对故障现象进行详细描述,在这个过程中要注意细节,因为问题一般出在小的细节方面。
- 把所有的问题都记录下来。
- 不要急于下结论。

③ 列举可能导致故障的原因

应当考虑导致故障的所有可能原因,是网卡硬件故障,还是网络连接故障;是网络设备故障,还是 TCP/IP 协议设置不当等。

④ 缩小故障原因的范围

应根据出错的可能性将各种原因按优先级别进行排序,一个个先后排除,要把所列出的所有可能原因全部检查一遍。另外,应注意不要只根据一次测试,就断定某一区域的网络运行是否正常。

⑤ 制订并实施排除故障的计划

当确定了导致问题产生的最有可能的原因后,要制订一个详细的故障排除操作计划。在确定操作步骤时,应尽量做到详细,计划越详细,按照计划执行的可能性就越大。

⑥ 排除故障结果的评估

故障排除计划实施后,应测试是否实现了预期目标。当排错行动没有产生预期的效果时,应首先撤销在试图解决问题过程中对系统做过的修改;否则会导致出现另外的人为故障。

2. 网络维护的方法

在解决网络故障的过程中,可以采用多种方法,如硬件替换法、参考实例法、错误测试法等。

(1)硬件替换法

硬件替换法是一种常用的网络维护方法,其前提条件是知道可能导致故障产生的设备,并且有能够正常工作的其他设备可供替换。

采用硬件替换法的步骤相对比较简单。在对故障进行定位后,用正常工作的设备替换可能有故障的设备,如果可以通过测试,则故障也就解决了。当然由于需要更换故障设备,必然会浪费大量的人力和物力,因此在对设备进行更换之前必须仔细分析故障的原因。

在采用硬件替换法的时候,需遵循以下原则:

- 故障定位所涉及的设备数量不能太多。
- 确保可以找到能够正常工作的同类设备。
- 每次只可以替换一个设备,在替换第二个设备之前,必须确保前一个设备的替换已经解决了相应的问题。

（2）参考实例法

参考实例法是一种能够快速解决网络故障的方法,采用这种方法的前提条件是可以找到与发生故障的设备相同或类似的其他设备。

目前很多企业在购买计算机时,往往考虑到计算机系统的稳定性以及维护的方便性,从而选择相同型号的计算机,并设置相同或类似的参数。在这种情况下,当设备发生故障时,可以通过参考相同设备的配置来解决问题。

在采用参考实例法的时候,应注意遵守以下原则:

- 只有在可以找到与发生故障的设备相同或类似的其他设备的条件下,才可以使用参考实例法。
- 在对网络配置进行修改之前,要确保现用配置文件的可恢复性。
- 在对网络配置进行修改之前,要确保本次修改产生的结果不会造成网络中其他设备的冲突。

（3）错误测试法

错误测试法是一种通过测试而得出故障原因的方法。与其他方法相比,错误测试法可以节约更多时间,耗费更少的人力和物力。在下列情况下可以选择采用错误测试法:

- 凭借实际经验,能够对故障部位做出正确的推测,找出产生故障的可能原因,并能够提出相应的解决方法。
- 有相应的测试和维修工具,并能够确保所做的修改具有可恢复性。
- 没有其他可供选择的更好解决方案。

在采用错误测试法时,需要遵守以下原则:

- 在更改设备配置之前,应该对原来的配置做好记录,以确保可以将设备配置恢复到初始状态。
- 如果需要对用户的数据进行修改,必须事先备份用户数据。
- 确保不会影响其他网络用户的正常工作。
- 每次测试仅做一项修改,以便知道该次修改是否能够有效解决问题。

3. 网络通信线路的维护

在日常的网络维护中,网络通信线路的故障所占的比例较大,一个使用正常的网络忽然发生不能上网的故障,通常是网络通信线路故障引起的。

（1）双绞线网络故障排除

在目前常用的 100Base-TX 网络中最常见的问题是电缆终端是否合适,以及电缆的安装是否符合设备安装标准。100Base-TX 采用星型拓扑结构,这种结构的有利方面是一个连接器或一段电缆出现问题只会影响一个工作站；不利的一面是对中心节点（交换机或集线器）的依赖性过高。下面主要讨论个别网段上可能出现的问题。

① 断线故障

因为双绞线断线（100Base-TX 中主要是双绞线电缆中的橙色对和绿色对）引起的故障只会影响到用户自身的正常工作，这种故障很容易查找。在以太网中，集线器或交换机的每个端口都对应一个标志着"连接"的发光二极管，如果用户电缆连接和工作正常，连接指示灯点亮；反之就不亮，此时应检查电缆的连接。通常在连接电缆时有两种倾向：太小心或太用力。因此在检查断线故障时应注意 RJ-45 连接器与 RJ-45 端口的接触情况。

② 电缆过分弯曲故障

由于双绞线电缆相当灵活，所以可以随意将其弯曲以适应屋顶的角落或障碍物处布线的需要，但这可能会导致不满足电缆最小曲率半径的要求。双绞线电缆过大弯曲所引起的主要问题是电缆对噪声非常敏感，会造成电缆传输性能变差或传输错误增多，而且通常为循环冗余校验错误。电缆生产商通常会提供保证电缆最小曲率半径的电缆线槽或线管，在布线时应注意选用。

③ 双绞线种类错误引起的故障

双绞线电缆有多种类型，在过去的一些电缆安装过程中出现过使用低级别电缆或电缆类型不一致的情况，从而使网络不能达到预期的传输性能要求。在 100Base-TX 的网络中通常应选择 5 类以上的双绞线电缆，在布线施工过程中应进行相应的测试。

④ 电缆过长引起的故障

双绞线电缆的最远传输距离是 100m，如果超出该距离则会产生过大的衰减，从而影响传输性能。目前的双绞线电缆上一般每隔 50cm 都会有一个标记，所以很容易确定已经使用了多长的电缆。需要注意的是，在目前的结构化网络布线中，计算机和交换机并不是直接相连的，在 EIA/TIA 568A 标准中规定从信息插座到配线架之间的双绞线电缆最大长度为 90m，而从信息插座到计算机的跳线以及从配线架到交换机的跳线应不超过 5m。

⑤ 连接错误引起的故障

双绞线电缆与 RJ-45 连接器或 RJ-45 信息模块端接时可以选择两种标准 EIA/TIA 568A 和 EIA/TIA 568B，如果在同一网络中选择不同的连接标准可能会导致网络的连接断开。比如如果信息插座使用 568A 标准，配线架使用 568B 标准，此时计算机与交换机之间会出现连接故障。当然如果出现了此类故障，可以通过调整跳线的线序来解决，但这会使其他的技术人员感到困惑，对今后的管理和维护造成不便，因此在同一网络中必须采用相同的标准进行布线。

⑥ 操作不当引起的故障

一些技术员在端接线缆的时候可能会剥除几厘米甚至更长的电缆外皮，解开双绞线线对的缠绕，虽然这样可以使得电缆终端的制作快速而简单，但这会导致很大的串扰以及对电磁干扰和射频干扰的敏感。因此在端接线缆过程中，严格遵守操作规程是非常重要的。

另外，在制作双绞线跳线时，有时会遇到有质量问题的 RJ-45 连接器，而且一些便宜的压线工具操作起来比较难以掌握。因此为了更好地保证网络的传输性能，建议使用正规厂家生产的机压跳线。

（2）影响以太网性能的常见问题

① 过度冲突

共享以太网采用的是一种先监听后发送的争用型的介质访问控制方法（CSMA/CD），因而网络上不可避免地将发生一些冲突，但如果冲突发生得过于频繁，则是不正常的。造成过度冲突的原因可能是电缆的连接距离超过了网络设计范围，也可能是违反了以太网的5-4-3规则或 3-2-1 规则，当然也可能是网络中连接了过多的节点。解决过度冲突的办法是，使用交换机来隔离冲突域，将共享以太网转换为交换以太网。

② 严重噪声干扰

EIA/TIA 568 标准中规定，通信电缆和荧光灯或超过 2kV·A 的电源线必须保持最少5in(约 12.7cm)的距离，超过 5kV·A 的电源线必须保持至少 24in(约 61cm) 的距离，不要在荧光灯上方布置数据电缆，并且要将数据电缆和电源电缆分开布放。另外，要避免将电缆安装在任何功率电源或无线电频率源附近（如加热器、电动机、发电机、雷达和 X 光设备等）。一般来说，当以太网的冲突率在合理范围内，而在接收端出现了 CRC 校验错误急剧增加的现象，应该考虑可能是噪声的影响。解决的办法是，将电缆远离干扰源或使用屏蔽双绞线替代非屏蔽双绞线来提高抗干扰的能力。

4. 网卡的维护

在以太网中，网卡用于连接访问介质并控制对介质的存取，以太网采用的 CSMA/CD 的工作机制就是在网卡内实现的。同时网卡还负责将上层协议形成的协议数据单元组成以太网数据帧发送到网络上，并负责接收处理网络中传来的以太网帧。

（1）影响网卡工作的因素

网卡能否正常工作取决于网卡及与其连接的交换设备的设置，以及网卡工作环境所产生的干扰，如信号干扰、接地干扰、电源干扰、辐射干扰等。

计算机电源故障会导致网卡工作不正常。电源发生故障时产生的放电干扰信号可能会从网卡的输出端口进入网络，占用大量的网络带宽，破坏其他工作站的正常数据包，形成众多的 FCS 帧校验错误数据包，造成大量的重发帧和无效帧，严重地影响网络系统的运行。接地干扰也会影响网卡的工作，接地不好时，静电因无处释放而在机箱上不断积累，从而使网卡的接地端电压不正常，这种情况严重时可能会击穿网卡上的控制芯片造成网卡的损坏。这种由网卡工作环境所产生的干扰时常存在，当干扰不严重时，网卡能勉强工作，数据通信量不大时用户往往感觉不到，但在进行大数据量通信时，在 Windows 系统中就可能出现"网络资源不足"的提示，造成机器死机现象。

网卡的设置也将直接影响其能否正常工作。网卡的工作方式可以分为全双工方式和半双工方式，如果服务器、交换机、客户机的工作状态不匹配，就会出现大量的碰撞帧和一些 FCS 校验错误帧，访问速度将变得非常缓慢。这方面的错误往往是由于网络维护人员的疏忽造成的，大多数情况下他们都使用网卡的默认设置，而并不验证实际的工作状态。

一般来讲，网卡的协议设置多数时候不容易出错，但有时会出现设置了多余协议以及网络工作协议不一致的情况。多协议的存在必然会耗用网络带宽，并不可避免地产生冲突。实际上协议的无缝互联和相互操作仍然是软件开发过程中的难点，很多网络应用软件产品的品质并不是那么乐观。因此，为了使网络工作效率达到最佳，网络维护人员需要经常监测网络协议的数量及其工作状态，对于无用的非工作协议要及时清理。

（2）网卡的故障诊断

一般来说，网卡损坏以后有多种表现形式，常见的一种是网卡不向网络发送任何数据，机器无法上网，对整体网络运行基本没有破坏性，这种故障容易判断，也容易排除。另一种现象是网卡发生故障后向网络发送不受限制的数据包，这些数据包可能是正常格式的，也可能是非法帧或错误帧，这些数据包都可能对网络性能造成严重影响。

我们知道广播帧是网络设备进行网络联络的一种手段，可以穿过网段中的网桥和交换机，到达整个网络，但过量的广播帧将占用不必要的带宽，使网络运行速度明显变慢。网络中的站点会因接收大量的广播帧而导致网卡向主机的 CPU 频繁地申请中断，CPU 的资源利用率迅速上升，使主机处理本地应用程序的速度大受影响。这种现象与病毒的发作非常类似，经常被当作病毒处理，但实际上问题并不在本机。此时如果将网络测试仪接入网络进行测试，可以发现网络的平均流量偏高，广播帧、错误帧占据了大量的网络带宽，通过进一步的分析定位可以查出发送广播帧的机器，更换网卡故障即可消除。

5．交换机的维护

（1）交换机硬件故障

交换机的故障一般可以分为硬件故障和软件故障。硬件故障主要指交换机电源、背板、模块和端口等部件的故障。

① 电源故障。电源故障主要指由于外部供电不稳定、电源线路老化或者雷击等原因，导致交换机电源损坏或风扇停止或其部件损坏。通常这类问题很容易发现，如果交换机面板上的 Power 指示灯是绿色的，表明其在正常工作；如果该指示灯不亮，则说明交换机没有正常供电。

针对这类故障，首先应该做好外部电源的设计，一般应引入独立的电力线来提供独立的电源，并添加稳压器来避免瞬时高压或低压现象，如果条件允许，则应使用 UPS（不间断电源）来保证交换机的正常供电。在机房内应设置专业的避雷措施，来避免雷电对交换机的伤害。

② 端口故障。端口故障是交换机最常见的硬件故障，无论是光纤端口还是双绞线的 RJ-45 端口，在插拔接头时一定要非常小心。如果不小心将光纤插头弄脏，可能导致光纤端口污染而不能正常通信。很多人喜欢带电插拔插头，这在理论上是可以的，但这样也增加了端口的故障发生率。如果购买的 RJ-45 连接器尺寸偏大，在插入端口时也容易破坏端口。此外如果接在某端口的双绞线有一段暴露在室外而被雷电击中，就会导致该端口被损坏，或造成更加不可预料的故障。

一般情况下，端口故障是某一个或者某几个端口损坏，所以在排除了端口所连接的计算机的故障后，可以通过更换所连端口来判断其是否损坏。

③ 模块故障。交换机是由很多模块组成的，比如堆叠模块、管理模块、扩展模块等，一般这些模块发生故障的几率很小，不过一旦出现问题就会造成巨大的损失。通常如果插拔模块时不小心，交换机搬运过程中出现受到碰撞或者电源不稳定等情况，都可能导致此类故障的发生。

在排除此类故障时，首先确保交换机及模块的电源正常工作，然后检查各个模块是否安装在正确的位置上，最后检查连接模块的线缆是否正常。在连接管理模块时，还要考虑它是否采用规定的连接速率，是否有奇偶校验，是否有数据流量控制等因素。连接扩展模块时,需要检查是否匹配通信模式等问题。如果确认模块有故障,应当联系供应商进行更换。

④ 背板故障。交换机的各个模块是接插在背板上的。如果环境潮湿,电路板受潮短路,或者元器件因高温、雷击等因素而受损都会造成电路板不能正常工作。

在外部电源正常供电的情况下,如果交换机的各个内部模块都不能正常工作,则很有可能是背板出现的故障。如果确认背板有故障,则应联系供应商进行更换。

从上面的几种硬件故障来看,机房环境不佳极易导致交换机各种硬件故障的发生,所以在建设机房时,必须首先做好供电电源、放雷接地、防静电、室内温度、室内湿度等机房环境的建设,为网络设备的正常工作提供良好的保障。

(2) 交换机的软件故障

交换机的软件故障是指系统及其配置上的故障。

① 系统错误。交换机系统是硬件和软件的结合体。在交换机中有一个可刷新的只读存储器,保存着交换机必需的软件系统。和常见的 Windows、Linux 等系统一样,交换机的软件系统也存在着设计缺陷,存在着一些漏洞,可能会导致交换机出现满载、丢包或错包等情况。

对于网络维护人员来说应养成经常浏览设备厂商网站的习惯,如果推出新的系统或者新的补丁要及时更新。

② 配置不当。由于不同类型交换机的配置不同,所以在配置交换机时很可能会出现配置错误,例如虚拟局域网划分不正确导致网络不通,端口被错误关闭,交换机与网卡的模式配置不匹配等。这类故障有时很难发现,需要一定的经验积累。如果不能确定,可以先恢复出厂的默认配置,然后再一步一步重新进行配置。每台交换机都有详细的用户手册,在配置之前认真阅读用户手册是网络维护人员必须养成的工作习惯。

③ 密码丢失。密码丢失一般在人为遗忘或交换机发生故障导致数据丢失后发生,通常需要通过一定的操作步骤来恢复或者重置系统密码,不同型号的交换机的操作步骤不同,可认真阅读交换机的用户手册。

④ 外部因素。由于病毒或者黑客攻击等情况的存在,有可能网络中的某台主机会发出大量的不符合封装规则的数据包,从而造成交换机的过于繁忙,致使正常的数据包来不及转发,进而导致交换机缓冲区溢出产生丢包现象。另外,交换机只能分割冲突域,而不能分割广播域,因此交换机上有可能发生广播风暴。广播风暴不仅会占用大量的网络带宽,而且还将占用大量的 CPU 处理时间,一般当广播包的数量占到通信总量的 30% 时,网络的传输效率就会明显下降。

总的来说,软件故障比硬件故障更难查找,更需要经验的积累,因此网络维护人员应在平时工作中养成记录日志的习惯,每当发生故障时,及时做好故障现象、故障分析过程、故障解决方案等情况的记录,以积累相关的经验。

(3) 交换机故障的排除

交换机的故障多种多样,不同的故障有不同的表现形式。故障分析时要通过各种现象灵活地运用各种方法。表 9-1 列出了常见交换机故障诊断与解决的方法。

表 9-1　常见交换机故障诊断与解决的方法

故 障 现 象	故 障 原 因	解 决 方 法
加电时所有指示灯不亮	电源连接错误或供电不正常	检查电源线和供电插座
LINK 指示灯不亮	网络线缆损坏或连接不牢；网络线缆过长或类型错误	更换网络线缆
LINK 指示灯闪烁	网络线缆制作不符合标准，网络线缆过长	更换或重做网络线缆
ACTIVE 指示灯快速闪烁，网络不通	网络线缆制作不符合标准	更换或重做网络线缆
网络能通，但传输速度变慢，有丢包现象	交换机与网络终端以太网接口工作模式不匹配	设置以太网接口工作模式使其匹配或将其设置为自适应工作模式
连接到交换机某一端口时工作正常，但换到其他端口暂时不通	当交换机的某一端口连接了新的设备，而该设备没有发送数据，交换机将学不到新的地址，因此该端口会暂时不通	一段时间后交换机的地址表会自动更新，该现象将自动消失。另外，从该端口发送数据也会使交换机更新其地址表
所有 ACTIVE 指示灯闪烁，网络速率变慢	广播风暴	检查网络连接是否形成环路，检查是否有站点发送大量的广播包
正常工作一段时间后停止工作	电源不正常，设备过热	检查电源是否有接触不良、电压过高或过低现象；检查周围环境；如果交换机配置了风扇，检查风扇是否正常工作

9.1.2　实训内容

网络通信线路与网络设备的维护比较复杂，网络维护人员需要根据网络中的异常情况，采用合适的分析方法，找出故障的原因，这需要经验的积累。在本次实训中我们将给出一些网络通信线路与网络设备故障处理的实例。

1. 网络通信线路导致计算机运行变慢

（1）故障现象

某用户的计算机最近出现了运行速度慢的故障，具体表现为：每移动一下鼠标，都要等待一段时间后才能在屏幕上显示运行轨迹。经过现场检查发现，网卡指示灯闪烁，网卡安装正确，网络协议安装与配置也没有问题，而且能够 ping 到网络中的其他计算机，也能够进行 Web 浏览和收发 E-mail。从干净的系统软盘引导后，没有发现任何病毒。操作系统重新安装的时间也不长（只有两个月左右），只安装了几款常用的软件。

（2）故障分析

能够与其他计算机进行正常通信，说明网卡和网络协议的安装没有问题。没有发现病毒，即运行速度慢跟病毒没有关系。操作系统所安装的时间并不长，安装的软件不多，因此运行速度跟碎片文件过多或注册表文件太多等原因也是毫无关系的。于是怀疑是否是因为该计算机接收并且处理的数据包太多，从而占用了太多的 CPU 时间，导致计算机处理速度变慢。试着将网络线缆从计算机上拔掉，计算机的运行果然恢复了正常，看来问题就是出在网络通信线路上。

（3）故障解决

使用双绞线电缆测试仪对该段线缆进行测试，结果发现该段线缆确实存在制作问题。1～8 线使用的分别是白橙、橙、白绿、绿、白蓝、蓝、白棕、棕。可见，3、6 线使用的是白绿和蓝，不是来自一个线对，而是来自两个线对，从而导致线缆中的串扰太大。数据包在传输过程中不断被破坏，接收双方反复发送和校验数据，从而导致 CPU 负荷过重，最终导致计算机的系统性能下降而使系统运行速度变慢。将网线两端的水晶头剪掉，按照局域网中统一采用的 T568 B 标准重新压制网线。再次将计算机连接到网络上，一切恢复正常。

2．计算机与集线设备的连接

（1）故障现象

某单位的综合布线系统已经完成，并且实现了计算机之间的互联。后来又新增加了几台计算机，一些工作人员自己用跳线将计算机连接至信息插座，却发现无法与网络连接，系统仍然提示"网络电缆没有插好"。

（2）故障分析

作为综合布线系统，只是实现了水平链路和垂直链路的铺设。若想实现计算机与网络设备的连接，除了需要用跳线连接计算机与信息插座外，还必须用跳线连接配线架与网络设备。配线架上的每个端口都对应一个信息插座，只有使用跳线将该端口连接至集线设备（交换机或集线器）的相应端口，才能将计算机连接至网络。

（3）故障解决

使用直通线将集线设备与配线架连接起来，并确认所有的集线设备都已经加电，均能正常工作。再次在客户端计算机上使用 ping 命令，这次无论是自己还是网络中其他计算机都能 ping 通，故障排除。

3．水晶头应压住外层绝缘皮

（1）故障现象

由于经常拔插的原因，双绞线插头的线对被拽松了，导致接触不良，需要拔插几次才能实现网络连接。而且在网络使用过程中，经常出现偶尔的中断。

（2）故障分析

导致线对被拽松的原因，是在压制水晶头时没有将双绞线的外层绝缘皮压住。制作双绞线跳线时应保留去掉外层绝缘皮在 13mm 左右，这个长度正好将双绞线的外层绝缘皮一同压制到 RJ-45 水晶头中，从而保证网线不从水晶头中脱落。如果该段长度留的太长，一来会由于线对不再互绞而增加串扰；二来会由于水晶头不能压住护套而可能导致电缆从水晶头中脱出，造成线路的接触不良，甚至中断。

（3）故障解决

可以在使用压线钳对水晶头再次进行压制，使其金属片与双绞线的接触良好。如果想要彻底解决该故障就需要更换水晶头并按照要求重新进行压制，具体压制过程这里不再赘述。

4．提示"网络资源不足"错误

（1）故障现象

一台计算机接入局域网，当传输几十兆字节的数据时没有任何问题，但传输上百兆字节的数据时，就会出现"网络资源不足"的提示，紧接着就再也找不到"网络邻居"了。

（2）故障分析

按常规，网络故障一般不外乎以下几点：网卡有问题，水晶头做得不规范，线缆有问题，网卡驱动或网络协议有问题等。但是根据故障现象来看,以上猜测都可以排除,因为任何一个地方存在问题,都不可能在计算机之间进行数据传输,从而可以判断问题应该出在环境因素上。由于大量的数据传输需要频繁的数据读取,这就要有一个相对平稳的传输环境,而当网卡附近有干扰时,这种平稳的环境就会被破坏。

(3)故障解决

计算机中的独立网卡一般不应插在离显卡很近的插槽上。因为现在的显卡一般都带有风扇,而显卡风扇将影响网卡的工作。把网卡移到离显卡较远的插槽上,即可解决大量数据传输时出现的问题。

5. 开绞太多导致测试失败

(1)故障现象

实施 6 类非屏蔽双绞线布线系统,验收测试时,连通性测试全部通过,但有少量信息点的串扰和回波损耗两项指标未能通过。

(2)故障分析

既然有大量信息点已经通过测试,说明布线材料应该没有什么问题。而且未通过的信息点的连通性也没有问题,只是电气性能没有达标。因此怀疑是这些信息点在施工时没有按照技术规范实施。

将故障信息点的面板拆下,发现双绞线外层护套剥开得较长,双绞线开绞的距离也过长,这无疑将影响水平布线的电气性能。

(3)故障解决

将双绞线从模块上拔下,剪掉一端网线后重新打制模块,尽量减少双绞线剥开的部分和开绞的长度,以充分保证其电气性能。重新测试时,连通性和电气性能全部通过。

6. 更换交换机后个别计算机变慢

(1)故障现象

某局域网中使用的都是 Windows XP 操作系统,在更换了交换机后,个别计算机在"网上邻居"中可以看到共享文件,并可以打开共享文件夹,但是当把其中的共享文件复制到故障计算机时,不是失去响应就是速度非常慢,半小时才复制 35MB,而其他计算机间的共享访问很正常。

(2)故障分析

既然其他计算机间的共享很正常,则说明网络设备和连接没有问题,故障原因应当在故障计算机到交换机端口这一部分,包括故障计算机、网卡、线缆和交换机的端口。

先检查网络线缆,检查线序及线缆本身是否有问题,通过检查没有发现问题。将网络线缆接到交换机的另一个端口上,故障仍旧。将该网卡从该计算机上拆下,安装到其他计算机上,按照正常的方法安装驱动程序后,仍然不能正常使用,并且通过测试该网卡发现并没有损坏。从目前的情况来看很有可能是网卡的工作模式的原因。

(3)故障解决

经过查看发现交换机所使用的模式是 10/100Mbps,网卡的工作模式是 10Mbps 模式。从理论上来说,这样的设置是可以正常工作的,但并不能排除其他原因。于是将网卡的工作模式更改为 10/100Mbps 自适应模式,重新启动计算机,再次连接网络,故障排除。

7. 网卡故障导致网络风暴,同一网段内的计算机无法通信

（1）故障现象

机房管理员发现图书馆电子阅览室计算机都无法接入 Internet,从文档中查找到用户的 IP 地址,用 ping 命令进行测试,发现全部连接超时。然后对图书馆的中心交换机进行 ping 测试却很正常。电子阅览室使用 Cisco Catalyst 2950T-24-SMI 作为集线设备,并通过一条双绞线与图书馆的中心交换机 Cisco Catalyst 3550-48-EMI 连接。既然机房内所有用户都无法连接,首先怀疑可能是级联电缆问题或级联端口出现了问题。先到图书馆网管中心的机柜内查看了一下该级联端口的 LED 指示灯,没有发现明显异常。到电子阅览室机房后检查了几台计算机,发现不仅无法接入 Internet,彼此之间也无法 ping 通。

（2）故障分析

数量如此众多的计算机网卡不可能同时损坏,初步判断故障可能出在交换机、级联电缆和交换机端口上。首先使用双绞线电缆测试仪测试了网络线缆,没有发现问题。将级联电缆插到 Catalyst 3550 交换机的另一个端口,故障仍没有得到解决。再查看 Catalyst 2950T 交换机的指示灯,凡是连接有网络线缆的端口,指示灯都亮。用备用交换机替换 Catalyst 2950T,几分钟后计算机又无法访问 Internet 了,它们之间的连通中断,看起来问题并非出在 Catalyst 2950T 交换机上。既然不是交换机的原因,于是怀疑是由网卡损坏而引起的广播风暴导致该网段内计算机在几分钟内就失去了彼此之间的联系。

（3）故障解决

关掉 Catalyst 2950T 的电源,然后使用命令"ping 127.0.0.1"对机房内所有计算机逐一进行测试,当发现有网卡故障的计算机后,将其所连接的网络线缆拔掉,再次打开交换机的电源,网络恢复正常。接下来的事情就是为故障计算机更换一块新的网卡。

8. ping 不通路由器外网 IP 地址

（1）故障现象

某公司利用交换机组建了一个小型交换网络,拥有 20 多台计算机,使用宽带路由器实现 Internet 连接共享。最近经常会莫名其妙地不能接入 Internet,而等两分钟以后又可以接入,故障期间,用 ping 命令测试计算机与路由器的本地 IP 地址没有问题,但测试计算机与路由器外网 IP 地址时出现超时错误。

（2）故障分析

就目前情况来看,计算机可以 ping 通内网 IP 地址,表明局域网连接是正常的;无法 ping 通外网 IP 地址,表明宽带路由器未能正常实现路由。因此,有理由怀疑宽带路由器的性能有问题,也可能是蠕虫病毒导致宽带路由器系统性能下降。

（3）故障解决

先为网络内的所有计算机都安装系统完全补丁,关掉交换机后,利用木马和病毒查杀软件逐一扫描,然后打开交换机和宽带路由器,观察宽带路由器的性能,发现故障仍然频繁发生。由此判断是宽带路由器的性能问题,更换设备后故障解决。

任务 9.2　网络服务器与网络终端设备的日常维护

【实训目的】

（1）了解网络服务器与网络终端设备日常保养方法。

（2）了解网络服务器与网络终端设备的常见故障和排除方法。

【实训条件】

（1）已经安装并能运行的局域网。

（2）设置相应的故障现象。

（3）相应的诊断工具。

9.2.1　相关知识

1. 网络服务器的日常保养

服务器是指网络中能对其他机器提供某些服务的计算机系统。相对于普通计算机来说，服务器在网络中一般是连续工作的，许多重要的数据都保存在服务器上，许多网络服务都在服务器上运行，一旦服务器发生故障，将会丢失大量的数据，造成的损失是难以估计的。因此，网络维护人员必须注意网络服务器的日常保养，以保证网络的正常运行，对于网络服务器的日常保养需注意以下几个方面。

（1）电力控制

服务器硬件应用最基本的要点就是要实现运行的稳定性与持续性，而要保持硬件系统的运行稳定，电力稳定是基础。因此，在布置机房内部的电力系统时，除了服务器机房市电的足够供应外，还要采取相应措施以应付突发的停电事故。例如，如果某机房放置了 100 台平均额定功率为 500W 的服务器，那么可配备一台安置 96 块 UPS 专用高规格电池的大型 UPS 配电柜，这样基本可以保障市电停止后，机器照常运转 8 小时左右。

（2）温度控制

市面上绝大多数品牌的服务器运行时，如果没有其他控制设备，CPU 的平均温度都在 60℃ 以上，箱体内部温度也都在 40℃ 以上，而如果出现并发处理繁忙的情况，上述两个标度都可能有 10～20℃ 左右的提升，如果服务器在此温度下较长时间的持续运行，很难预料会有什么样的问题产生。因此在构建服务器运行环境时，一定要实行温度控制。

目前主要通过空调系统控制机房的温度，例如，一个放置大量服务器的 IDC 或者 ISP 机房，通常应设置一至二台可以保障日常温度控制所需的中央空调，把机房温度控制在 15～23℃ 以内。另外，对于大型机房，还应该配备温度感应器进行温度监测。

（3）湿度控制

服务器周边环境的湿度控制也是非常重要的。假定服务器放在一个比较干燥的环境里运行，这样在周围特别是金属器械周围进行接触和摩擦时，很容易产生静电。万一不慎，会造成电流击穿电容或者 CPU 等重要部件，引起的后果不仅是系统的崩溃，对于操作人员的人身安全也有极大的威胁。

我国的地理条件是南潮北干。在北方,我们可以在机房内放置加湿器;在南方,应采取在大型机房的地板下铺设防潮材料等措施,防止机房过于潮湿。通常机房内的湿度应当控制在 45%～55% 之间。

（4）火险控制

服务器所在机房应按照防火标准安装相应的防火报警装置,使用防火防盗门。另外,所有工作人员应严格遵守相应的工作规程,避免安全事故的发生。

（5）雷击避免

电子设备对于雷电的感应非常灵敏,因此服务器机房所在的建筑物必须有防雷设施将侵袭的雷电导引至大地,避免其对服务器的损害。

（6）防尘

服务器是一种高性能的机器,同时也是一个很容易表现脆弱的机体。如果服务器长时间裸露在空气中,而混杂在空气中的灰尘进入其中达到一定程度的时候,机器里的风扇等可能就会不堪重负,停止工作。另外,灰尘的进入会使主机里的大多数部件包括主板、CPU 的寿命大大降低。

因此,在机房内,最好购置专业的服务器机柜,管理人员进入机房前,应在脚上套上一次性的防尘罩或者个人专用的干净拖鞋,机房内原则上不接受外人的参观访问。

（7）避光

直射的阳光会增加服务器的工作温度,对于服务器系统的稳定运行是非常不利的,另外,阳光的直射也会使显示器的寿命大大降低。所以服务器应工作在避光的环境,对于在阳光可以穿过窗户直射到服务器的机房,应禁止打开窗帘与窗户。

（8）压力控制

每台服务器对于压力的承受都是有一定限制的。塔式服务器一般都是单独机体的立式机箱,通常不涉及外部环境的压力问题。而对于安装在机柜上的机架式服务器则有时需要考虑压力控制的问题,以 1U 机架式机箱为例,其实际能够承受的压力大致是同规格重量的 5～7 倍左右,一些强度比较好的机架托盘,对于服务器的承压基本也在 6～8 个 1U 服务器之间。所以在设置机柜摆放规格时,一定要做好预算,不要单个隔层放置太多个机架式服务器。

（9）空间控制

服务器的空间控制主要是为了便于规划、管理,并实现更好的散热。服务器的摆放和空间控制应充分考虑设备间的相互连接、服务器周围的空气流动、工作人员的操作空间以及电源等相关设施的维护等问题,遵守相关的工业标准。

由于服务器的类型很多,不同类型服务器的日常保养和维护方法也不尽相同,网络维护人员除了注意上述常见问题之外,还应该认真阅读相关的用户手册或其他资料。

2. 网络终端设备的日常保养

网络终端设备的日常保养相对于服务器来说要简单一些,通常应注意以下问题。

（1）环境

环境对计算机寿命的影响是不能忽视的。计算机理想的工作温度应在 10～35℃,相对湿度应在 30%～80% 之间;否则就会影响配件的性能发挥和寿命。所以在天气较为潮湿时,最好每天都使用计算机或使其通电一段时间,条件许可的话,应安装空调确保计算机的工作环境符合要求。空气中的灰尘对计算机也有较大的影响,会导致计算机散热不良等各种问题的出现,因此,要保证计算机工作环境的清洁,并定期对计算机进行除尘。另外,计算机对供电电源也有要求,正常电压范围为220±22V,频率范围是50±2.5Hz,并且有良好的接地系统,有可能的话应使用UPS为计算机供电。

(2) 使用习惯

个人的使用习惯对计算机的影响也很大。比如要正确地开关机,为了确保外设的通断电不对主机造成冲击,开机的顺序应该是:先打开外设(如打印机、扫描仪等)的电源,显示器电源不与主机电源相连时,还要先打开显示器电源,然后再打开主机电源;关机的顺序则相反:先关闭主机电源,再关闭外设的电源。一般情况下,关机后距离下一次开机的时间至少应为10s,频繁的开关机动作会对机内各部件产生冲击,对硬盘的损伤尤为严重。特别要注意的是,在计算机工作时应避免进行关机操作,更不能在计算机工作的时候搬动计算机。

网络终端设备或者说计算机的日常保养还有很多需要注意的问题,限于篇幅这里不再赘述,可查阅相关的书籍或资料。

3. 计算机故障的常见检测方法

(1) 清洁法

对于机房使用环境较差,或使用时间较长的计算机,应首先进行清洁,可用毛刷轻轻刷去主板、外设上的灰尘,如果灰尘已被清扫掉,或无灰尘,再进行下一步的检查。另外,由于一些板卡或芯片采用插脚形式,由于振动、灰尘等原因,常会造成引脚氧化,接触不良。此时可用橡皮擦擦去表面氧化层,重新插接好后开机检查故障是否排除。

(2) 直接观察法

直接观察法即"看、听、闻、摸"。"看"即观察系统板卡的插头、插座是否歪斜,电阻、电容引脚是否相碰,表面是否烧焦,芯片表面是否开裂,印刷电路板上的铜箔是否烧断,还要查看是否有异物掉进主板的元器件之间(造成短路)等。"听"即监听电源风扇、驱动器电机、显示器变压器等设备的工作声音是否正常,另外,系统发生短路故障时常常伴随着异常声响,监听可以及时发现一些事故隐患以便在事故发生时即时采取措施。"闻"即辨闻主机、板卡中是否有烧焦的气味,以便及时发现故障和确定短路所在地。"摸"即用手按压管座的活动芯片,看芯片是否松动或接触不良,另外,在系统运行时用手触摸或靠近CPU、显示器、硬盘等设备的外壳,根据其温度可以判断设备运行是否正常,用手触摸一些芯片的表面,如果发烫,则该芯片可能已损坏。

(3) 拔插法

计算机系统产生故障的原因很多,主板自身故障、I/O总线故障、各种插卡故障均可导致系统运行不正常,采用拔插维修法是确定故障在主板或I/O设备的简捷方法,该方法就是,关机,将插件板逐块拔出,每拔出一块就开机观察机器运行状态,一旦拔出某块后主板运行正常,那么故障原因就是该插件板故障或相应I/O总线插槽及负载电路故障。若拔出所有插件板后系统启动仍不正常,则故障很可能就在主板上。拔插法的另一含义是有些故障是由芯片、板卡与插槽接触不良造成的,将这些芯片、板卡拔出后再重新正确插入可以解决因安装接触不当引起的计算机部件故障。

(4) 交换法

将同型号插件板,总线方式一致、功能相同的插件板或同型号芯片相互交换,根据故障现象的变化情况判断故障所在。此法多用于易拔插的维修环境,例如内存自检出错,可交换相同的内存芯片或内存条来判断故障部位,若交换后故障现象发生变化,则说明交换的芯片中有一块是坏的。如果能找到相同的型号的计算机部件或外设,使用交换法可以快速判定是否是元件本身的质量问题。当然若没有相同型号的计算机部件或外设,但有相同类型的计算机主机,则可以把计算机部件或外设插接到该计算机主机上以判断其是否正常。

(5) 比较法

运行两台或多台相同或相类似的计算机,根据正常计算机与故障计算机在执行相同操作时的不同表现可以初步判断故障产生的部位。

(6) 振动敲击法

用手指轻轻敲击机箱外壳,有可能解决因接触不良或虚焊造成的故障问题,然后可进一步检查故障点的位置并将其排除。

(7) 升温降温法

人为升高计算机运行环境的温度,可以检验计算机各部件(尤其是 CPU)的耐高温情况,因而及早发现事故隐患。人为降低计算机运行环境的温度,如果计算机的故障出现率大为减少,说明故障发生在高温或不能耐高温的部件中,此举可以帮助缩小故障诊断范围。事实上,升温降温法是采用的是故障促发原理,以制造故障出现的条件来促使故障频繁出现以观察和判断故障所在的位置。

(8) 程序测试法

随着各种集成电路的广泛应用,焊接工艺越来越复杂,仅靠硬件维修手段往往很难找出故障所在。而通过随机诊断程序、专用维修诊断卡、根据各种技术参数自编专用诊断程序来辅助硬件维修则可达到事半功倍的效果。程序测试法的原理就是,用软件发送数据、命令,通过读线路状态及相应芯片(如寄存器)状态来识别故障部位。此法往往用于检查各种接口电路故障及具有地址参数的各种电路。但此法应用的前提是 CPU 及总线基本运行正常,能够运行有关诊断软件,能够运行安装于 I/O 总线插槽上的诊断卡等。编写的诊断程序要严格、全面、有针对性,能够让某些关键部位出现有规律的信号,能够对偶发故障进行反复测试即能显示记录出错情况。软件诊断法要求具备熟练的编程技巧、熟悉各种诊断程序与诊断工具(如 Debug、DM 等),掌握各种地址参数以及电路组成原理等。需要特别注意的是,掌握各种接口单元正常状态的诊断参考值是有效运用软件诊断法的前提基础。

9.2.2 实训内容

网络服务器的类型很多,其管理和维护比较复杂,需要掌握相关的设置技巧以及经验的积累。在本次实训中我们将给出一些典型对等网故障处理的实例。

1. 打开"网上邻居"里的计算机速度非常慢

(1) 故障现象

单位有一个小型局域网,8 台计算机通过交换机相连接,自动分配 IP 地址。连接后安装 Windows XP 的计算机打开"网上邻居"中的计算机速度非常慢,大概需要 10 多秒。

(2) 故障分析

自动获取 IP 地址只适用于网络内有 DHCP 服务器,当然,宽带路由器和代理服务器也可用于动态分配 IP 地址。当采用自动获取 IP 地址时,计算机将首先发出 DHCP 请求,在网络中查找可用的 DHCP 服务器。如果没有找到 DHCP 服务器,计算机将自动采用 169.254.0.0~169.254.255.255 段的 IP 地址,子网掩码为 255.255.0.0,然后继续发送 DHCP 请求。

（3）故障解决

当采用自动获取 IP 地址并且网络中缺少 DHCP 服务器时,将会影响网络的响应速度。当网络规模较小时,应为计算机指定静态 IP 地址。

2. 最多允许 10 个用户

（1）故障现象

使用 Windows XP Professional 提供文件共享服务。测试中发现,共享文件夹时有一个"用户数限制",选择"最多用户",但客户机访问时发现系统只允许 10 台计算机同时访问,再更改用户数时才发现只能选择 10,若设置值超过 10,系统会自动改回。

（2）故障分析

Windows 2000/XP Professional 系统在设置文件共享时允许并发访问的最大用户数就是 10 个,这是 Microsoft 的限制。使用 Windows 2000 Server 或 Windows Server 2003 等服务器版本就不会出现此类问题。可以采用添加用户许可证的方式,增加所允许连接的用户数量。

（3）故障解决

当网络内的计算机数量超过 10 台时,建议安装一台 Windows 2000 Server 或 Windows Server 2003 专用服务器。

3. 有的计算机要求身份验证

（1）故障现象

公司的几台计算机全部安装了 Windows XP Professional,使用交换机组成对等网。在访问其他计算机的共享资源时,有的计算机在"网上邻居"中双击计算机名就可以查看共享资源,而有的计算机却要求输入用户名和密码。

（2）故障分析

通常如果没有使用被访问计算机中的用户名和密码登录系统时,在访问其共享资源时,将要求输入用户名和密码。若要实现计算机之间的访问互不使用密码,应当在所有的计算机中创建相同的用户名和密码,并使用同一用户名登录。当然 Windows XP 默认的最大的同时连接数为 10 个,当同时访问的计算机数量超过该值时,将导致部分计算机无法访问。

（3）故障解决

查看所有计算机后发现,部分用户在自己的计算机上创建了新的用户名和密码并用其登录,从而使其在访问其他计算机的共享资源时需要输入被访问计算机的用户名和密码。修改各计算机中的用户账户信息,使网络中所有用户使用相同的用户名和密码登录计算机,此时在"网上邻居"中双击本网络中的任何计算机名均不需要再输入用户名和密码。

4. 只能使用"\\IP 地址"方式访问

（1）故障现象

办公室中一台安装 Windows XP 系统的计算机出现故障。无论计算机名是中文还是英文,其他的计算机都无法在"网上邻居"中访问该计算机,而只能使用直接在浏览器中输入

"\\IP 地址"的方式访问。

（2）故障分析

由于在"网上邻居"中无法直接访问该计算机，通过在设备管理器中卸载并重新安装网卡的驱动程序、重新安装 TCP/IP 协议并设置 IP 地址信息，发现故障依旧，因此怀疑该计算机设置为在网络中隐藏。

（3）故障解决

单击"开始"→"运行"命令，在运行对话框中输入"regedit"，打开注册表编辑器，展开"HKEY_LOCAL_MACHINE\SYSTEM\CurrentControlSet\Services\lanmanserver\parameters"，在右侧窗口中查找 DWORD 类型的"Hidden"键值。如果存在该键值，将其直接删除或者将其值修改为"0"，重新启动计算机，问题解决。

5. Windows 2000 Server 无法访问 Windows XP

（1）故障现象

两台计算机分别安装 Windows 2000 Server 和 Windows XP 系统。组建局域网后，安装 Windows XP 的计算机可以浏览 Windows 2000 Server 系统的共享资源，而安装 Windows 2000 Server 的计算机却无法访问 Windows XP 系统的共享资源，系统提示拒绝访问，而且双方互相 ping 不通。如果两台计算机都使用 Windows 2000 Server，双方都可以互相访问，没有任何问题。

（2）故障分析

在 Windows XP 的默认设置下将启用内置防火墙，因此拒绝安装 Windows 2000 Server 的计算机的访问，并且也无法被 ping 通。当双方都使用 Windows 2000 Server 时，由于没有防火墙的限制，所以双方可以彼此访问。

（3）故障解决

若欲实现安装 Windows XP 和 Windows 2000 Server 计算机的相互访问，只需关闭 Windows XP 的内置防火墙，或在防火墙设置中将"文件和打印机共享"设为例外即可。

6. 显示"服务器没有事务响应"

（1）故障现象

公司局域网大约有 30 台计算机，操作系统是 Windows XP Professional。网络刚开始运行时，网络上邻居间访问很顺利，但近来在访问时经常显示"服务器没有事务响应"的提示，但这种问题是随机的。

（2）故障分析

估计故障可能是由冲击波、震荡波或其他蠕虫病毒所导致的。在 Windows XP 网络中实现文件和打印共享时，往往会借助 139 和 445 端口进行通信，并且只有当 445 端口无响应时，才会使用 139 端口。因此，在使用文件服务器和打印服务器的公司内部网络或对等网络环境中，都会使用 139 和 445 端口。事实上，一些蠕虫病毒也正是采用这两个端口进行病毒的传播，导致网络服务失败，甚至造成系统瘫痪和数据丢失的恶果。

（3）故障解决

建议启用 Windows XP 内置的网络防火墙，以防止病毒的攻击。若欲实现文件资源共享时，可以借助 FTP 服务器，从而避免潜在的网络安全问题。

7. 改工作组名称后才能连接到网络

（1）故障现象

公司局域网扩建后，有部分网络出现瘫痪，一楼的计算机经常出现找不到局域网上的任何计算机的情况，也 ping 不通。局域网内的计算机都是通过代理服务器上的 Internet，虽然找不到局域网内的其他计算机，却都能够上 Internet。如果把同计算机所在的工作组名字更改一下，可以非常快地连接到局域网了。然而运行一段时间后又出现同样的问题，只有再次修改工作组的名字，才可以连接到局域网。

（2）故障分析

故障的根本原因在于同一广播域内的计算机数量太多，广播占用了大量宽带，从而导致网络故障。需要注意的是，交换机只能划分碰撞域，而无法划分广播域。因此若缩小广播域，就必须在交换机上划分 VLAN，并通过三层交换实现 VLAN 间的通信。

Internet 访问使用 TCP 或 UDP 协议，而 ping 命令使用的 ICMP 协议和发现"网上邻居"使用的 NetBEUI 协议全都是基于广播的，这就是为什么可以访问 Internet，却无法彼此 ping 通的原因。通常情况下，网络内的计算机数量多于 60 台时就应当划分 VLAN，特别是采用多协议的网络，更应当缩小广播域。

（3）故障解决

利用交换机划分 VLAN，若无法划分，则可在网络中的计算机上只安装 TCP/IP 协议，而不再安装 NetBEUI、IPX/SPX 等网络协议，并最好禁用"文件和打印机的共享"。

8. 不设置密码反而无法访问

（1）故障现象

某宿舍使用桌面交换机连接了几台计算机，全部采用 Windows XP 系统，工作组和 IP 地址都设置好了，可是所有人都只能访问宿舍中的一台计算机，当访问其他计算机时，都要求输入用户名和密码。事实上，根本没有为 Windows XP 设置过密码。在安装 Windows XP 系统时，网络管理员密码的设置为空，从安装系统到现在都没有设置密码。

（2）故障分析

Windows XP 在访问共享资源时，必须为用户设置密码；否则，将无法实现对其他计算机的访问。因此，应当为每台计算机的用户都设置一个密码。当然，也可以通过修改组策略中的 Windows 的本地安全策略来改变这种状况。

（3）故障解决

为所有的计算机设置相同的用户名和密码，并都使用该用户名登录系统，计算机之间可以相互访问，解决问题。

9. 浏览主控服务器故障

（1）故障现象

由 20 多台计算机构建一个小型局域网，操作系统全部是 Windows XP。今天忽然所有计算机在"网上邻居"都看不到其他计算机了，甚至连本机也看不见。但是直接输入"\\IP 地址"或"\\计算机名"却可以访问共享资源。类似的故障以前也出现过一次，不过很快就自动恢复了。

（2）故障分析

在局域网中有一台浏览主控服务器，通常由第一台启动共享及共享打印的计算机来担当。该浏览主控服务器将负责管理当前工作组中的浏览列表,并指定其他工作组的主控服务器列表,为本工作组的其他计算机和其他访问本工作组的计算机提供服务。每个工作组都会为这个传输协议选择一个浏览主控服务器。上述故障的产生,可能是由于主控服务器发生意外故障,如非法关机、系统死机等。

（3）故障解决

通常此类故障会在几十分钟甚至两个小时后自动恢复,当然如果整个网络的共享及共享打印重新启动也可解决问题。

10. Windows XP 无法共享打印机

（1）故障现象

某公司局域网中一台安装 Windows Server 2003 的计算机提供网络打印服务,一台安装 Windows XP 的客户机无法正确安装网络打印机,总是提示找不到打印设备,其他客户机都可以顺利安装。

（2）故障分析

既然网络中的其他客户机都可以共享打印机,说明网络打印机的设置没有问题。导致故障的原因应该是故障计算机的网络设置。

（3）故障解决

在安装 Windows XP 的故障计算机上运行"网络连接向导",并按照提示重新进行设置,故障解决。

任务 9.3　使用网络实用程序监视网络运行状况

【实训目的】

（1）掌握 Windows 系统命令行方式的使用技巧。

（2）掌握 Windows 系统常用网络实用程序的使用方法。

（3）能够使用 Windows 系统常用网络实用程序监视网络运行状况。

【实训条件】

（1）已经安装并能运行的局域网。

（2）安装 Windows XP 操作系统的计算机。

9.3.1　相关知识

相对于图形化方式而言,采用命令行方式进行主机管理简单易用、灵活方便,在 Windows 系统中提供了对命令行的支持和相应的网络实用程序,使用其诊断网络故障和进行网络维护是最基本和最方便的一种方法。

1. 命令行的使用

（1）进入命令行模式

命令行工具是运行在 cmd. exe 命令解释程序的提示符下的,要打开命令提示符,常用的方法有两种:

- 单击"开始"→"运行"命令,在"运行"的对话框中输入"cmd"并按回车键。
- 单击"开始"→"程序"→"附件"→"命令提示符"命令。

（2）命令行中的使用技巧

Windows 系统在命令行方式中附带了一些特别功能,以提高管理员的操作效率。

① 在命令行查看帮助

Windows 系统对相应命令提供了比较完备的帮助信息,要想获得某命令的帮助信息,可以在命令行模式下,输入"CommandName /?",例如输入"netstat/?"命令,如图 9-1 所示。

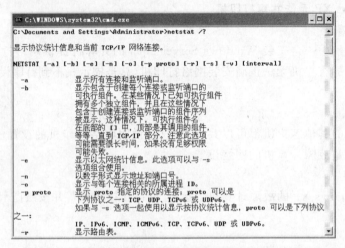

图 9-1　在命令行查看帮助

② 自动记忆功能

已经在命令提示符下输入的多条命令会在系统中自动记录下来,当调用前面或后面的命令时,只需要按键盘上的"↑"和"↓"两个方向键即可。

③ 快捷键的使用

- Esc 键可以清除当前光标所在的那行命令。
- F7 键以图形列表框形式显示曾经输入的命令,可以通过"↑"和"↓"进行选择。每个曾经输入的命令前面都有一个编号。
- F9 键会提示输入曾经命令的编号,输入后就可以直接运行该命令。
- Ctrl＋C 键可以终止命令运行。
- Alt＋F7 键可以删除保存命令的历史记录。

2. ping 命令

简单地说,ping 就是一个测试程序,如果 ping 运行正确,大体上就可以排除网络访问层、网卡、Modem 的输入/输出线路、电缆和路由器等存在的故障,从而减小了问题的范围。但由于可以自定义所发数据报的大小及无休止地高速发送,ping 也被某些别有用心的人作为 DDOS(拒绝服务攻击)的工具,例如许多大型的网站就是被黑客利用数百台可以高速接入互联网的计算机连续发送大量 ping 数据报而瘫痪的。

按照默认设置,Windows 上运行的 ping 命令发送 4 个 ICMP(网间控制报文协议)回送请求,每个请求有 32 字节数据,如果一切正常,应能得到 4 个回送应答。ping 能够以毫秒为单位显示发送回送请求到返回回送应答之间的时间量。如果应答时间短,表示数据报不必通过太多的路由器或网络连接速度比较快。ping 还能显示 TTL(Time To Live,存在时间)值,我们可以通过 TTL 值推算一下数据报已经通过了多少个路由器:源地点 TTL 起始值(就是比返回 TTL 值略大的一个 2 的乘方数)－返回时 TTL 值。例如,如果返回 TTL 值为 119,那么可以推算数据报离开源地址的 TTL 起始值为 128,而源地点到目标地点要通过 9 个路由器网段(128-119);如果返回 TTL 值为 246,那么 TTL 起始值就是 256,源地点到目标地点要通过 10 个路由器网段。

ping 命令的基本使用格式是:

ping　IP 地址或主机名

ping 命令后还可以有其他的参数,图 9-2 给出了 ping 命令可以使用的参数。

图 9-2　ping 命令可以使用的参数

下面对常用的几个参数进行说明。

- -t:连续对 IP 地址执行 ping 命令,直到被用户以 Ctrl＋C 中断。
- -a:以 IP 地址格式显示目标主机网络地址
- -n count:指定要 ping 多少次,具体次数由 count 来指定,默认值为 4。
- -l size:指定 ping 命令中发送的数据长度,默认值是 32 字节。

3. arp 命令

ARP 是一个重要的 TCP/IP 协议,并且用于确定对应 IP 地址的网卡物理地址。arp 命令主要用来查看本地计算机或另一台计算机的 ARP 高速缓存中的当前内容。此外,利用 arp 命令,也可以用人工方式输入静态的网卡物理/IP 地址对,有助于减少网络上的信息量。

按照默认设置,ARP 高速缓存中的项目是动态的,每当发送一个指定地点的数据报且高速缓存中不存在当前项目时,ARP 便会自动添加该项目。一旦高速缓存的项目被输入,它们就已经开始走向失效状态。例如,在 Windows 网络中,如果输入项目后不进一步使用,物理/IP 地址对就会在 2～10 分钟内失效。因此,如果 ARP 高速缓存中项目很少或根本没有时,请不要奇怪,通过另一台计算机或路由器的 ping 命令即可添加。所以,需要通过 arp 命令查看高速缓存中的内容时,请最好先 ping 此台计算机(不能是本机发送 ping 命令)。

arp 命令后还可以有其他的参数,图 9-3 给出了 arp 命令可以使用的参数,下面对常用的几个参数进行说明。

- arp-a 或 arp-g:用于查看高速缓存中的所有项目。-a 和-g 参数的结果是一样的,多

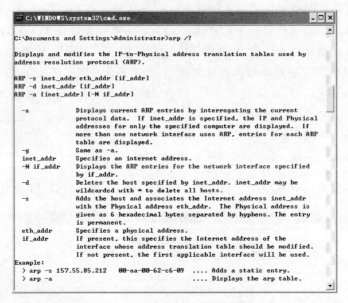

图 9-3　arp 命令可以使用的参数

年来-g 一直是 UNIX 平台上用来显示 ARP 高速缓存中所有项目的选项,而 Windows 用的是 arp-a(-a 可被视为 all,即全部的意思),但它也可以接受比较传统的-g 选项。

- arp-a IP:如果有多个网卡,那么使用 arp-a 加上接口的 IP 地址,就可以只显示与该接口相关的 ARP 缓存项目。
- arp-s IP 物理地址:可以向 ARP 高速缓存中人工输入一个静态项目。该项目在计算机引导过程中将保持有效状态,或者在出现错误时,人工配置的物理地址将自动更新该项目。
- arp-d IP:使用本命令能够人工删除一个静态项目。

4. netstat 命令

netstat 命令有助于了解网络的整体使用情况。它可以显示当前正在活动的网络连接的详细信息,例如显示网络连接、路由表和网络接口信息,可以让用户得知目前总共有哪些网络连接正在运行。可以使用 netstat/? 命令来查看一下该命令的使用格式以及详细的参数说明(见图 9-1),该命令的使用格式是在 DOS 命令提示符下或者直接在运行对话框中输入如下命令:netstat[参数],利用该程序提供的参数功能,可以了解该命令的其他功能信息,例如显示以太网的统计信息,显示所有协议的使用状态,这些协议包括 TCP 协议、UDP 协议以及 IP 协议等,另外,还可以选择特定的协议并查看其具体使用信息,还能显示所有主机的端口号以及当前主机的详细路由信息。

netstat 常用命令选项如下。

- netstat-n:显示所有已建立的有效连接。
- netstat-s:本选项能够按照各个协议分别显示其统计数据。如果应用程序(如 Web 浏览器)运行速度比较慢,或者不能显示 Web 页之类的数据,那么我们就可以用本选项来查看一下所显示的信息。我们需要仔细查看统计数据的各行,找到出错的关键字,进而确定问题所在。

- netstat-e:本选项用于显示关于以太网的统计数据。它列出的项目包括传送的数据报的总字节数、错误数、删除数、数据报的数量和广播帧的数量。这些统计数据既有发送的数据报数量,也有接收的数据报数量。这个选项可以用来统计一些基本的网络流量。
- netstat-r:本选项可以显示关于路由表的信息,除了显示有效路由外,还显示当前有效的连接。
- netstat -a:本选项显示一个所有的有效连接信息列表,包括已建立的连接(Established),也包括监听连接请求(Listening)的那些连接。

5. Net Services

许多服务使用的网络命令都以"net"开头。使用这些 net 命令可以轻松地管理本地或者远程计算机的网络环境,完成各种服务程序的运行和配置,也可进行用户管理和登录管理等。不同的 net 命令功能不同,但也具有一些公用属性。

- 要看到所有可用的 net 命令的列表,可以在命令提示行输入"net /?",如图 9-4 所示。

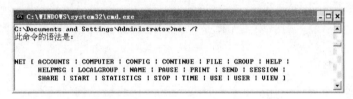

图 9-4　net 命令的列表

- 在命令行输入"net help command",可以在命令行获得 net 命令的语法帮助。例如,关于 net accounts 命令的帮助信息,可输入"net help accounts"。
- 所有 net 命令都接受"/y(是)"和"/n(否)"命令行选项。例如,net stop server 命令将提示用户确认停止所有依赖的服务器服务,而 net stop server /y 通过自动回答"是"而无须确认并关闭服务器服务。
- 如果服务名包含空格,需要使用引号将文本引起来。例如,下面的命令将启动网络登录服务:net start "net logon"。

6. pathping 命令

pathping 路由跟踪命令结合了 ping 和 tracert 命令的功能,可提供这两个命令都无法提供的附加信息。经过一段时间 pathping 命令将数据包发送到最终目标位置途中经过的每个路由器,然后根据从每个跃点返回的数据包统计结果。因为 pathping 命令显示指定的所有路由器和链接的数据包的丢失程度,所以用户可据此确定引起网络问题的路由器或链接。

pathping 命令的基本使用格式是:

pathping IP 地址或主机名

pathping 命令常用命令参数选项如下:

- -n:不将地址解析为主机名。
- -h maximum_hops:指定搜索目标的最大跃点数,默认值为 30。

- -g host-list：允许沿着 host-list 将一系列计算机按中间网关（松散的源路由）分隔开来。
- -p period：指定两个连续的探测（ping）之间的时间间隔（以 ms（毫秒）为单位），默认值为 250ms。
- -q num_queries：指定对路由所经过的每个计算机的查询次数。默认值为 100。
- -w timeout：指定等待应答的时间（以 ms 为单位）。默认值为 3000ms（3s）。
- -T：在向路由所经过的每个网络设备发送的探测数据包上附加一个二级优先级标记（例如 802.1p）。这有助于标识没有配置二级优先级的网络设备。该参数必须大写。
- -R：查看路由所经过的网络设备是否支持"资源预留设置协议（RSVP）"，该协议允许主机为某一数据流保留一定数量的带宽。该参数必须大写。

9.3.2　实训内容

1. 检查链路是否工作正常

网络运行维护中最多的一项工作就是检查网络链路是否正常，用得最多的一个命令就是 ping 命令。

（1）使用 ping 命令检查链路关键点

在正常情况下，当使用 ping 命令来查找问题所在或检验网络运行情况时，需要设置一些关键点作为 ping 命令的对象，如果所有都运行正确，我们就可以相信基本的连通性和配置参数没有问题；如果某些 ping 命令出现运行故障，它也可以指明到何处去查找问题。下面给出一个典型的检测次序及对应的可能故障。

① ping 127.0.0.1

这个命令被送到本地计算机的 IP 地址，该命令永不退出该计算机。如果没有做到这一点，就表示 TCP/IP 的安装或运行存在某些最基本的问题。

② ping 本机 IP

这个命令被送到本地计算机所配置的 IP 地址，本地计算机始终都应该对该 ping 命令做出应答，如果没有，则表示本地配置或安装存在问题。出现此问题时，局域网用户请断开网络电缆，然后重新发送该命令。如果断开后本命令正确，则表示另一台计算机可能配置了相同的 IP 地址。

③ ping 局域网内其他 IP

这个命令会经过网卡及网络电缆到达其他计算机，再返回。收到回送应答表明本地网络中的网卡和载体运行正确。但如果没有收到回送应答，那么表示子网掩码（进行子网分割时，将 IP 地址的网络部分与主机部分分开的代码）不正确或网卡配置错误或电缆系统有问题。

④ ping 网关 IP

这个命令如果应答正确，表示局域网中的网关路由器正在运行并能够做出应答。

⑤ ping 远程 IP

如果收到 4 个应答，表示成功地使用了默认网关。对于拨号上网用户则表示能够成功地访问 Internet(但不排除 ISP 的 DNS 会有问题)。

⑥ ping 域名

检验本地主机与 DNS 服务器的连通性,如果这里出现故障,则表示 DNS 服务器的 IP 地址配置不正确或 DNS 服务器有故障,也可以利用该命令实现域名对 IP 地址的转换功能。

【注意】 DNS 服务器的作用是把域名转换为 IP 地址,当计算机通过域名访问时首先会通过 DNS 服务器得到域名对应的 IP 地址,然后才能进行访问。在执行"ping 域名"时应重点查看是否得到了域名对应的 IP 地址。

如果上面所列出的所有 ping 命令都能正常运行,那么对当前计算机进行本地和远程通信的功能基本上就可以放心了。但是,这些命令的成功并不表示所有的网络配置都没有问题,例如,某些子网掩码错误就可能无法检测到。另外,有时候 ping 命令不成功的原因并不是网络基本配置的问题,而可能是由于网络中安装了防火墙,屏蔽了 ping 命令的运行。

(2) 使用 ping 命令检查网络状况

如图 9-5 所示是 ping 命令检查网络状况的一个实例。

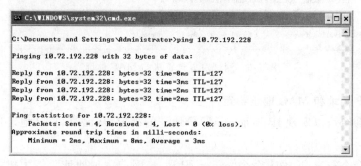

图 9-5 ping 命令检查网络状况的实例

"time"表示从发出请求到返回应答之间的时间间隔,单位是 ms(毫秒),其大小可以反映网络的繁忙程度。

"TTL"是生存时间,数据包在网络中传输每经过一个路由器,其值就会减去 1,通过它可以判断数据送到目的地址经过了多少个路由器。另外,对于不同的操作系统,如 Windows、Linux 或 Solaris,TTL 值是不同的。

"loss"表示丢包率的统计,网络负载过重,其值就会增大。

ping 命令现实的出错信息可以有效地检查网络的故障状态,这些出错信息也是由 ICMP 协议使用不同 error code 回应的错误信息。

如果显示"Unkown host",表示远程服务器的名字不能被 DNS 转换为 IP 地址,可能的故障原因有:DNS 出现故障;该名字可能是不正确的;或连接客户机和服务器之间的网络出现了问题。

如果显示"Request time out",则表示远程服务器没有响应。可能的故障原因有:客户机或服务器配置不当;远程服务器可能没有正常工作;连接客户机和服务器之间的网络出现了问题。

如果显示"Network unreachable",则表示远程服务器不可到达。

2. 测试对方计算机 MAC 地址

如果已知对方计算机的 IP 地址,可以通过 arp 命令获取该计算机的 MAC 地址,具体操作步骤如下：

（1）打开命令行窗口，输入命令"arp-d"把 ARP 高速缓存的信息清除。

（2）输入命令"ping 对方主机的 IP 地址"，如"ping 168.10.20.252"。

（3）输入命令"arp-a"查看 ARP 缓存的信息，可以看到刚才 ping 那台主机的 MAC 地址，如图 9-6 所示。

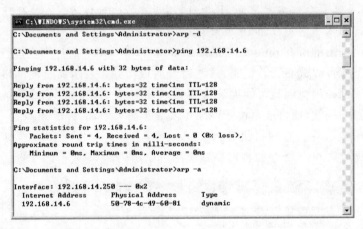

图 9-6　测试对方计算机的 MAC 地址

3. 实现 IP 地址和 MAC 地址绑定

使用 arp 命令可以实现 IP 地址和 MAC 地址的绑定，从而避免 IP 地址冲突，具体操作步骤如下：

（1）打开命令行窗口，输入命令"arp-s IP 地址 网卡物理地址"，将主机的 IP 地址和对应的物理地址作为一个静态条目加入 ARP 高速缓存。

（2）输入命令"arp-a"可以看到相应 IP 地址的项目类型为 static(静态)，如图 9-7 所示。

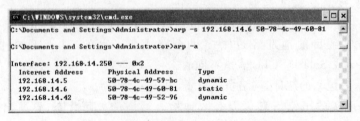

图 9-7　实现 IP 地址和 MAC 地址的绑定

【注意】　使用 arp 命令将 IP 地址与 MAC 地址绑定后，该项目在计算机重新启动前不会失效，当计算机重新启动后，该静态项目就会消失，此时需要重新添加。

4. 查看是否有人连接你的计算机

可以使用 netstat 命令查看当前计算机的连接信息，具体操作步骤为：打开命令行窗口，输入命令"netstat-a-n"，将以数字形式显示网络适配器接口上的所有连接和端口，如图 9-8 所示。

【注意】　在"netstat-a-n"命令显示的是传输层所有的有效连接，这些连接是在发送端某端口和接收端某端口之间遵循 TCP 或 UDP 协议建立的。端口是一个抽象的软件结构，

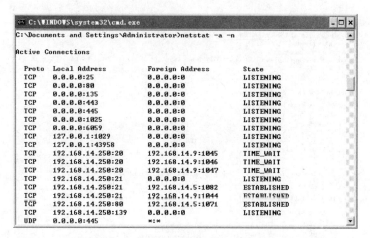

图 9-8   查看当前计算机的连接信息

应用程序通过系统调用与某端口建立关联,不同的应用程序会有不同的端口,从而实现不同计算机间相互应用程序间的通信。

5. 设置并查看当前计算机的 TCP/IP 参数

可以通过命令行方式设置当前计算机的 IP 地址、子网掩码和默认网关,指定 DNS 服务器的 IP 地址,具体操作步骤如下:

(1)打开命令行窗口,输入命令"netsh",按 Enter 键,进入 netsh 命令模式。

(2)输入命令"interface",按 Enter 键,进入 interface 子模式。

(3)输入命令"ip",按 Enter 键,进入 ip 子模式。

(4)在 ip 子模式中,输入命令"set address 本地连接名称 static IP 地址 子网掩码 默认网关 跃点数",稍等片刻,窗口显示"确定"两字,表示修改成功,设定了新的静态 IP 地址、子网掩码和默认网关,此时可以输入命令"show address"查看相应配置信息。

(5)同样在 ip 子模式中,输入命令"set dns 本地连接名称 static DNS 服务器 IP 地址",稍等片刻,窗口显示"确定"两字,表示修改成功,设定了新的首选 DNS 服务器的 IP 地址,此时可以输入命令"show config"查看更详细的配置信息。

(6)设置完毕后,可以输入命令"quit",退出 netsh 环境。

设置当前计算机的 TCP/IP 参数的配置过程如图 9-9 所示。当然在设置完毕后,也可以在命令行窗口中输入"ipconfig/all"查看刚才所做的设置。

6. 查询域名信息

可以使用 nslookup 命令查询显示来自域名系统(DNS)名称服务器的信息,要使用该命令,必须安装 TCP/IP 协议并设置有效的 DNS 服务器。具体操作步骤为:如果要查询域名"www.163.com"的相关信息,可打开命令行窗口,输入命令"nslookup www.163.com",此时将显示该域名在 DNS 服务器中的相关信息,如图 9-10 所示。

7. 使用 net 命令查看工作组信息

可以使用 net 命令查看域和工作组信息,具体步骤为:打开命令行窗口,输入命令"net view",不带任何参数,则将显示当前计算机所在域或工作组的计算机列表,如图 9-11 所示。

8. 查看并使用 Windows 系统提供的其他命令

在 Windows 系统中提供了各种各样的网络命令,利用这些网络命令可以让网络的管理

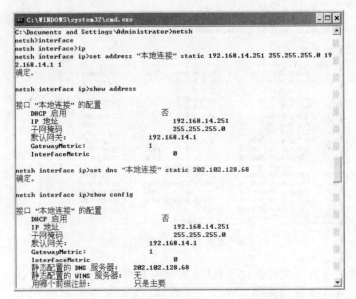

图 9-9　设置当前计算机的 TCP/IP 参数

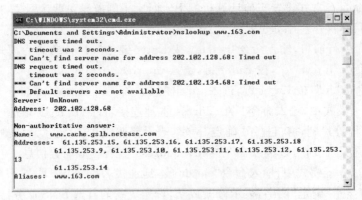

图 9-10　查询域名信息

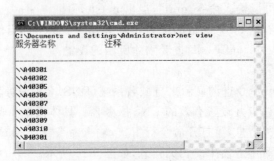

图 9-11　查看当前工作组信息

和维护变得更加简单,而且在 Windows 系统中提供了相应的帮助文档帮助用户掌握相应命令的使用。在 Windows XP 系统中查看相应帮助的方法如下:

(1) 单击"开始"→"帮助和支持"命令,打开"帮助和支持中心"窗口。

（2）在"帮助和支持中心"窗口中单击"使用工具查看您的计算机信息并分析问题"。

（3）在工具中选择"命令行参考 A-Z"，此时会显示 Windows XP 所支持的命令，如图 9-12 所示，单击相应的命令就可以获得该命令的帮助信息。

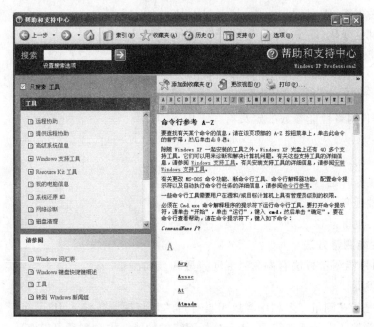

图 9-12　命令行参考 A-Z

任务 9.4　使用系统监视工具监视网络性能

【实训目的】

（1）了解网络的性能指标和网络性能的测量方法。

（2）掌握 Windows 性能监视器的使用方法。

（3）掌握 Windows 网络监视器的使用方法。

【实训条件】

（1）已经安装并能运行的局域网。

（2）安装有 Windows XP 系统的计算机。

（3）安装有 Windows Server 2003 系统的计算机。

9.4.1　相关知识

1. 网络性能指标

网络性能测量工具可用于评价和分析网络性能，不同的测量工具可能采用不同的测量指标。ITU 的 SG13 工作组和 IETF 的 IPPM WG（IP Performance Metric Working Group）工作组对 IP 网络性能参数的定义进行了标准化，并将其不断完善。

其中,ITU 的 SG13 工作组对 IP 网络性能参数的定义有如下内容:

- 业务可用性(IP Service Availability)。
- IP 包传输延迟(IP Packet Transfer Delay,IPTD)。
- IP 包丢失率(IP Packet Lass Rate,IPLR)。
- IP 包时延变化(IP Packet Delay Variation,IPDV)。
- IP 包误差率(IP Packet Error Rate,IPER)。
- 虚假 IP 包率(Spurious IP Packet Rate)。
- 流量参数(Flow Related Parameters)。

IETF 对 IP 网络性能参数的定义有如下内容:

- IP 连接性。
- IP 包单向时延。
- IP 包往返时延。
- IP 包时延变化。
- IP 包丢包率。

2. 网络性能测量方法

IP 网络的性能测量方法有两种:主动测量和被动测量。

（1）主动测量

主动测量是指在测量点上利用测量工具有目的地将探测包注入 IP 网络来判断服务器或应用从网络所能够获得的服务能力,从而分析网络的性能。主动测量可以查验端到端的 IP 网络的可用性、延迟和吞吐量等性能参数。采用主动测量的工具有 IxChariot、PingER 等。

主动测量能够根据不同的需要控制探测包,如包大小、包类型、流量特征、采样频率、调度方法、被监视的路径和函数等,所以主动测量可以灵活、机动地进行端到端的性能测量。但主动测量采用注入额外探测包的方法会改变网络本身的运行情况,从而影响到被测网络的性能,所以采用主动测量时要确保探测流量不能太大。

（2）被动测量

被动测量是指在路由器、交换机或服务器等设备上利用测量工具监视经过它的流量的测量方法,不需要产生多余流量。采用被动测量的测量工具可以是专用的,如 Sniffer、Ethereal、MRTG 等;也可以是嵌入到路由器、交换机或服务器系统中的,如Cisco Enterprise Accounting for NetFlow,或使用 RMON、SNMP 的网络管理软件等。

从理论上讲,被动测量不增加网络上的流量,不会增加网络负担。但实际上由于被动测量采用轮询的方法采集数据、陷阱或报警等信息,并且实时采集到的数据可能会非常大,因此也会产生很大的流量。同时被动测量直接监视网络中的数据流量,因此存在着用户数据泄露等安全隐患。另外,被动测量的参数也不够全面,例如在网络连接性和 QoS 测量等方面。

根据不同的网络特性可以采用不同的测量方法。例如,查验端到端的 IP 网络可用性、延时、丢包率、转发、排队、跳列表和吞吐量等参数,通常采用主动测量方式;而对于网络流量、带宽利用率等通常采用被动测量方式。在有些网络性能测量场合,还会将两种测量方法综合运用。

9.4.2　实训内容

1. 使用 Windows 性能监视器

Windows 性能监视器是在 Windows 系统中提供的系统性能监视工具。该工具包含两个预设管理单元："系统监视器"和"性能日志和警报"。"系统监视器"用来收集并查看有关内存、磁盘、处理器、网络以及其他活动的实时数据；"性能日志和警报"可用来收集来自本地或远程计算机的性能数据，并可以配置日志以记录性能数据、设置系统警告，在特定计数器的数值超过或低于所限定阀值时发出通知。下面主要在 Windows XP 系统下运行和使用性能监视器。

（1）使用系统监视器

在 Windows XP 系统的"控制面板"中打开"管理工具"窗口，双击其中的"性能"图标，即可打开 Windows XP 的性能监视器。性能监视器包含"系统监视器"和"性能日志和警报"两个管理单元，默认情况下会打开"系统监视器"，如图 9-13 所示。

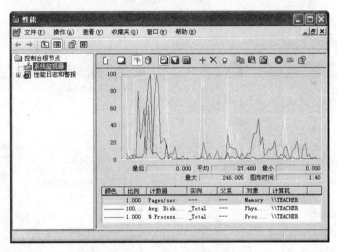

图 9-13　系统监视器

系统监视器主要用来执行下列任务：
- 收集并查看本地计算机或来自远程计算机的实时性能数据。
- 查看计数器日志收集的当前或历史数据。
- 以可打印的曲线图、直方图或报表视窗显示数据。
- 以自动操作方式将系统监视器的功能并入 Microsoft Ward 或 Microsoft Office 软件中的其他应用程序。
- 从性能视窗创建 HTML 页面。
- 创建可重复使用的监控配置，这样就可以安装在其他计算机上。

由图 9-13 可见，系统监视器默认选中，右边窗格显示并出现一个曲线图视窗和一个工具栏，界面有 3 个主要区域：曲线图区、图例和数值栏。

可以选择自动更新或手动更新曲线图区域中的数据。若手动更新，可使用"更新数据"按钮开始和停止数据收集间隔；单击"清除显示"按钮可删除所有的显示数据；若要将计数器添加到曲线图，可单击"添加"按钮并从"添加计数器"对话框中选择计数器。

时间栏（贯穿整个曲线图的竖向线条）的移动表示已过了一个更新间隔。无论更新间隔是多少，视窗都显示 100 个数据样本，必要时系统监视器会压缩日志数据以全部显示。若要查看日志中的压缩数据，可单击"属性"按钮，单击"来源"选项卡，选择一个日志文件，然后选择一个较短的时间范围。较短的时间范围所含数据较少，系统就不会减少数据点。

要使用系统监视器对系统的某项性能指标进行监视，必须添加该性能指标对应的计数器，添加计数器后，系统监视器开始在该曲线图区域将计数器数值转换成图。添加计数器的具体操作步骤如下：

① 在系统监视器右边窗格的工具栏上单击"添加"按钮，打开"添加计数器"对话框，如图 9-14 所示。

② 在"添加计数器"对话框中选择所要添加的计数器，如果要监视本地计算机网络接口每秒钟发送和接收的总字节数，可选择"使用本地计算机计数器"单选按钮；在"性能对象"下拉列表中选择"Network Interface（网络接口）"；在"从列表选择计数器"中选择"Bytes Total/sec"；在"从列表选择范例"中选择需要监视的网络接口。如图 9-15 所示。

③ 单击"添加"按钮，完成计数器的添加。如果不再添加其他计数器，即可单击"关闭"按钮，关闭"添加计数器"对话框。

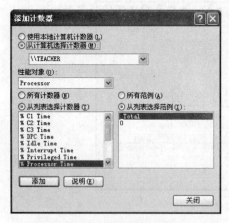

图 9-14　"添加计数器"对话框

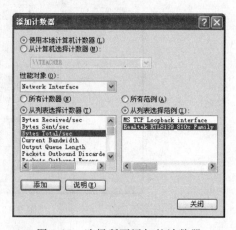

图 9-15　选择所要添加的计数器

④ 在"系统监视器"的底部可以看到新添加的计数器，如图 9-16 所示。

⑤ 为了更清楚地反映监视结果，可以对"系统监视器"的属性进行修改。右击"系统监视器"详细信息窗格，然后单击"属性"命令，打开"系统监视器属性"对话框，如图 9-17 所示。

⑥ 在"数据"选项卡上，可指定要使用的选项，其中：

- "添加"按钮将打开"添加计数器"对话框，可以在此选择要添加的其他计数器。
- "删除"按钮将删除在计数器列表中选定的计数器。
- "颜色"选项可更改所选计数器的颜色。
- "比例"选项可在图形或直方图视图中更改所选计数器的显示比例。计数器数值的幂指数比例在 0.0000001 到 1000000.0 之间。可以调整计数器比例设置以提高图形中计数器数据的可视性。更改比例不影响数值条中显示的统计数据。
- "宽度"选项可更改所选计数器的线宽。注意，定义线宽能够确定可用的线条样式。

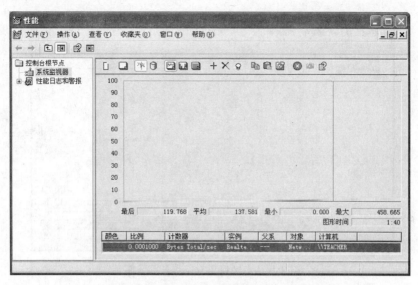

图 9-16 添加了新计数器的系统监视器

图 9-17 "系统监视器属性"对话框

- "样式"选项可更改所选计数器的线条样式。只有使用默认线宽才能选择样式。

⑦ 如果网络接口有数据传输的话,"系统监视器"就会对计数器数值进行记录,并将其转换为图形显示,如图 9-18 所示。

（2）建立计数器日志

使用"性能日志和警报"可以自动从本地或远程计算机收集性能数据。可以使用"系统监视器"查看记录的计算机数据,也可以将数据导出到电子表格程序或数据库进行分析并生成报告。建立计数器日志的具体操作步骤如下:

① 在性能监视器中,单击左侧"性能日志和警报"选项下的"计数器日志",所有现存的日志将在详细信息窗格中列出。绿色图标表明日志正在运行,红色图标表明日志已停止运行,如图 9-19 所示。

② 右击详细信息窗格中的空白区域,选择"新建日志设置"命令,打开"新建日志设置"

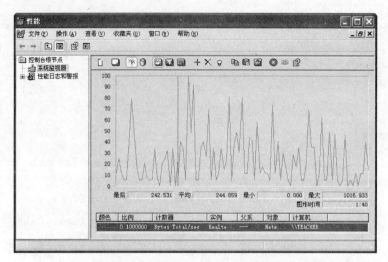

图 9-18　系统监视器监视系统性能

图 9-19　"计数器日志"控制台

对话框,在"名称"框中输入日志名称,然后单击"确定"按钮,如图 9-20 所示。

　　③ 在新建日志属性的"常规"选项卡中单击"添加对象"按钮,并选择要添加的性能对象;或者单击"添加计数器"按钮,选择要记录的单个计数器,如图 9-21 所示。

图 9-20　"新建日志设置"对话框　　　　图 9-21　计数器日志属性的"常规"选项卡

④ 如果要更改默认的文件和计划的信息,可在"日志文件"选项卡和"计划"选项卡中进行更改。

⑤ 设置完毕后,单击"应用"按钮,系统会提示是否创建新的日志文件,单击"确定"按钮后回到计数器日志控制台,此时可以看到所添加的计数器日志,如图 9-22 所示。

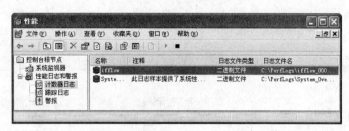

图 9-22　添加了计数器日志的控制台

(3) 建立计数器警报

① 在性能监视器中,单击左侧"性能日志和警报"选项下的"警报",已有的所有警报将在详细信息窗格中列出。绿色图标表明警报正运行,红色图标表明警报已停止。

② 右击详细信息窗格中的空白区域,再单击"新建警报设置"命令,打开"新建警报设置"对话框,在"名称"框中输入警报名称,然后单击"确定"按钮,如图 9-23 所示。

③ 在新建警报属性的"常规"选项卡上,定义警报的注释、计数器、警报阈值和采样间隔,如图 9-24 所示。

④ 要定义计数器数据触发警报时应发生的操作,可在"操作"选项卡中操作设置,如图 9-25 所示。要定义服务开始扫描警报的时间,可在"计划"选项卡中操作设置。

图 9-23　"新建警报设置"对话框

图 9-24　警报属性的"常规"选项卡

图 9-25　警报属性的"操作"选项卡

⑤ 设置完毕后,单击"应用"按钮,再单击"确定"按钮后回到控制台,此时可以看到所添加的警报,绿色表示已经启动。

（4）查看日志文件

① 使用事件查看器

设置了警报后，当计数器超过阈值，系统将记录该事件，默认情况下将记录在"应用程序"事件中，可以通过事件查看器查看。

打开"控制面板"中"管理工具"窗口，双击"事件查看器"图标。在事件查看器控制台左侧窗格单击"应用程序"，在右侧窗格可以看到很多关于应用程序的记录，如图 9-26 所示。

图 9-26　事件查看器

其中"来源"为"SysmonLog"的记录表示来自系统监视器，双击一个事件可以查看该事件的详细信息，如图 9-27 所示。

② 直接查看

可以更改所保存日志的属性。在性能监视器控制台中右击相应的计数器日志，选择"属性"命令，在属性对话框的"日志文件"选项卡中，可以看到默认的日志文件为二进制文件，文件扩展名为 .blg，可以更改日志文件类型为文本文件，文件扩展名为 .csv，如图 9-28 所示。

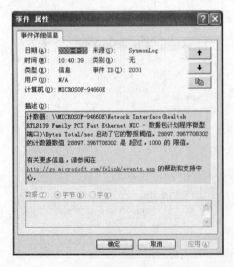

图 9-27　"事件属性"对话框　　　　　图 9-28　计数器日志属性的"日志文件"选项卡

此时生成的日志文件，可以直接用 Excel 进行查看和编辑，如图 9-29 所示。

2. 使用 Windows 网络监视器

网络监视器是 Windows 2000 Server 和 Windows Server 2003 等网络操作系统提供的

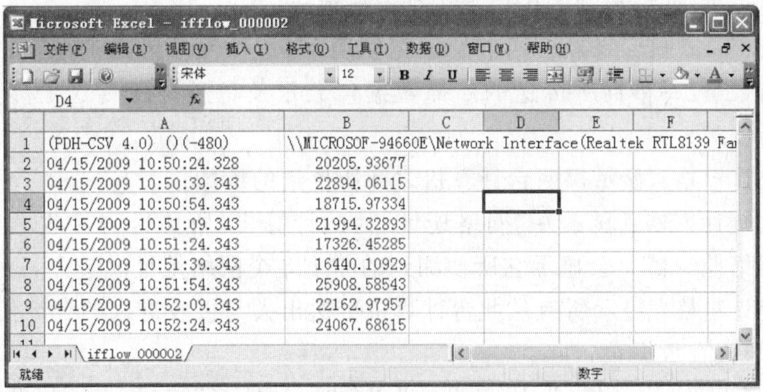

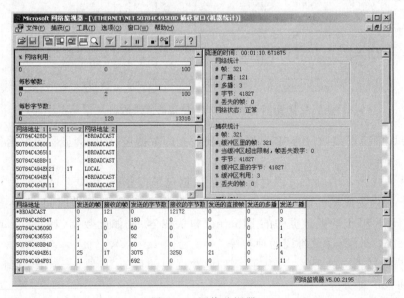

图 9-29   用 Excel 打开的计数器日志文件

监视工具。利用网络监视器可以捕获与分析网络上所传输的信息，从而可以诊断与避免各种类型的网络问题。下面主要在 Windows Server 2003 系统下运行和使用网络监视器。

（1）安装网络监视器

网络监视器并不是 Windows Server 2003 系统默认的安装组件。打开"控制面板"中的"添加或删除程序"窗口，单击"添加/删除 Windows 组件"按钮，在"Windows 组件向导"对话框中选中"管理与监视工具"项，单击"详细信息"按钮，在管理和监视工具对话框中选中"网络监视工具"项，单击"确定"按钮，指明系统安装文件的路径，完成网络监视器的安装。

（2）运行网络监视器

安装完成后，可以通过单击"开始"→"管理工具"→"网络监视器"命令，运行网络监视器。在第一次运行网络监视器时会出现一个警告框，提醒用户需要从计算机内选择一个网络接口，让网络监视器来捕获进出此网络接口的数据包信息，在单击"确定"按钮后，需要选择要监视的网络接口，完成网络接口的选择后，会看到如图 9-30 所示画面。

图 9-30   网络监视器

由图 9-30 可见,网络监视器由以下 4 个窗格组成。

- 图形窗格:以图形来显示网卡的带宽使用率、每秒钟所传送的帧数、每秒钟所传送的字节数量、每秒钟所传送的广播数据包数量及每秒钟所传送的多点传播数据包数量。
- 会话统计窗格:显示每两台计算机之间所传送的帧数量。
- 工作站统计窗格:显示在"网络地址"处的计算机,所传送与接收的数据包统计信息。网络监视器只会显示它所侦测到的前 128 个网络地址。
- 总体统计窗格:显示所有从此台计算机传送出去与接收进来的统计信息。

(3) 捕获与检查数据包

单击网络监视器"捕获"菜单中的"开始"命令"启动捕获"按钮,就可以开始捕获从此台计算机的网卡所传出或接收的数据包。除"启动捕获"按钮外,在"捕获"菜单和工具栏上还提供了"暂停"、"停止"和"检查"功能,另外,还有一个用来停止捕获并检查所捕获的数据包的"停止并检查"按钮。

如果已经捕获了一段时间的数据包,单击"停止并检查"按钮,则出现图 9-31 所示的画面。在该画面中显示了所捕获的数据包的摘要信息,例如经过多长时间才捕获到此数据包、来源与目标 MAC 地址、通信协议、来源与目的计算机的其他地址等。

图 9-31 所捕获的数据包的摘要信息

如果要详细检查数据包的内容,则双击要检查的数据包,然后会显示该数据包的详细信息,如图 9-32 所示。

利用图 9-32 所示的画面可以对所捕获的数据包进行分析,其中:

- Frame 内为此帧的摘要说明文字,例如此数据包的编号、捕获时间、大小等。
- ETHERNET 为此数据包的 Ethernet 包头内容,例如此数据包的目的 MAC 地址、源 MAC 地址、通信协议的种类等。
- IP 为此数据包的 IP 包头内容,例如此数据包的目的 IP 地址、源 IP 地址、传输层通信协议的种类等。
- TCP 为此数据包的 TCP 包头内容,例如此数据包的目的端口、源端口、相关控制信息等内容。

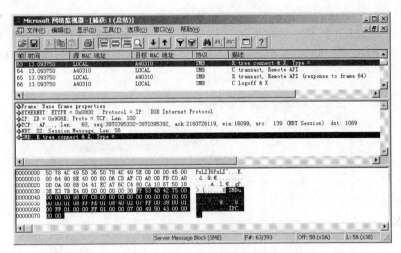

图 9-32　数据包的详细信息

可以通过单击"文件"菜单中的"另存为"命令,将所捕获的信息存盘,以备日后再读取和分析。

（4）捕获筛选器的设置

可以通过"捕获筛选器"来指定要捕获的数据包,以避免捕获太多不相干的信息。要设置捕获筛选器,单击"捕获"菜单中的"筛选器"命令,然后在弹出的警告框单击"确定"按钮,打开"捕获筛选程序"对话框,如图 9-33 所示。

"捕获筛选程序"提供了以下三种筛选模式。

① 以通信协议（SAP/ETYPE）来筛选

"SAP/ETYPE"表示 Service Access Point/Ethernet Type,也就是将通过 SAP 或 ETYPE 的通信协议类型来选择筛选对象。在"捕获筛选程序"对话框中选择"SAP/ETYPE"命令,单击"编辑"按钮后,可以打开"捕获筛选程序 SAP 和 ETYPE"对话框,如图 9-34 所示,默认捕获所有通信协议的数据包。为了方便起见,可以先单击"全部禁用"按钮,然后再选择要捕获的通信协议后单击"启用"按钮。

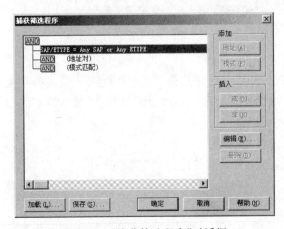

图 9-33　"捕获筛选程序"对话框

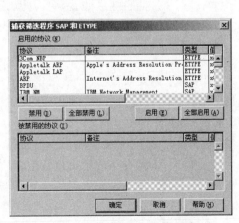

图 9-34　"捕获筛选程序 SAP
和 ETYPE"对话框

② 以地址来筛选

可以利用地址来筛选捕获的数据包,例如可以设置只捕获从某台特定计算机所传送来的数据包。设置时,需在图 9-33 中选中"地址对",然后单击"地址"按钮,打开"地址表达式"对话框,如图 9-35 所示,选择要捕获发送数据包的计算机的地址。

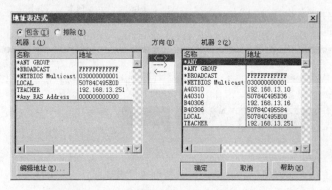

图 9-35 "地址表达式"对话框

也可以通过单击"地址表达式"对话框的"编辑地址"按钮,打开"地址数据库"对话框,如图 9-36 所示。用户可自行在地址数据库中新增、删除、修改地址信息,可以利用计算机名、IP 地址以及 Ethernet MAC 地址等来新增地址信息。

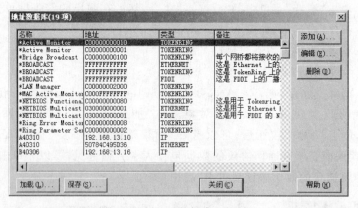

图 9-36 "地址数据库"对话框

③ 以信息模式来筛选

利用信息模式来筛选,就是指定只有在数据包内的特定位置,包含着特定模式的信息时,才捕获这个数据包。在"捕获筛选程序"对话框中选取"模式匹配"后单击"模式"按钮,打开"模式匹配"对话框,如图 9-37 所示。

其中:

- 模式:若数据包的指定位置包含此信息模式就捕获此数据包。
- 偏移值:设置寻找的起始位置。若选择"从帧的开头"则表示从此帧的开头来计算位移,例如对于以太网帧,前 6 个字节是"目的 MAC 地址",因此"源 MAC 地址"是从位移为 6 处开始的。若选择"从拓扑标头信息末尾",表示从拓扑标头的末尾来计算位移。

(5) 捕获触发器的设置

可以设置让网络监视器在捕获到内含特定信息的数据包或捕获缓冲区空间已经被使用到一定的比例时，自动执行触发器动作，例如执行某个特定的程序，或是停止捕获，或是发出警告声音。其设置方法为，单击"捕获"菜单中的"触发器"命令，打开"捕获触发器"对话框，如图 9-38 所示。

图 9-37 "模式匹配"对话框

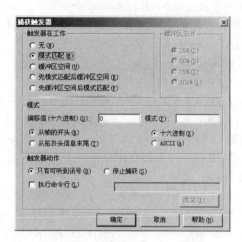

图 9-38 "捕获触发器"对话框

习 题 9

1. 判断题

(1) 不论管理员在建立网络时多仔细，网络建立以后仍然需要维护。 （ ）

(2) 所谓网络性能的优化，就是在现有的网络条件下，寻找一种可行的方案，使网络性能达到最佳状态。 （ ）

(3) 对网络进行优化时，要等到网络已经搭建起来了再进行优化。 （ ）

(4) ipconfig 命令是用于检测网络连通性、可到达性和名称解析的疑难问题的主要命令。 （ ）

(5) ping 命令是用来显示系统的 TCP/IP 配置参数的简单工具。 （ ）

(6) netstat 命令可以显示活动的 TCP 连接。 （ ）

(7) nslookup 命令可用来显示诊断域名系统(DNS)基础结构的信息，并检测 DNS 系统配置情况。 （ ）

(8) ipconpig/all 可以显示所有适配器的完整 TCP/IP 配置信息。 （ ）

(9) Windows 网络监视器可以捕获和显示运行 Windows Server 2000(2003)的计算机的一切操作。 （ ）

(10) 网络监视器复制帧的过程称为捕获。 （ ）

(11) Windows Server 2000(2003)提供的"性能"工具是用来设置计算机中的资源使用率。 （ ）

(12) 灰尘对计算机的运行影响非常大，所以在平时就要注意采取一些措施防止灰尘进入计算机。 （ ）

(13) pathping 后加参数 n，表示在搜索目标的路径中指定跃点的最大数为 n。 （ ）

(14) net 命令可让用户从本地或远程显示或修改当前运行的计算机的网络配置。 （ ）

(15) netsh 是 Windows 网络客户重要的命令行工具。 （ ）

(16) 服务器日志文件记录了服务器的运行状态、访问量等信息。 （ ）

(17) 作为服务器运行的动力,服务器的电源要有较高的稳定性。 (   )

(18) 服务器电源功率与计算机的电源功率一样。 (   )

(19) 长期不间断地运行会使服务器中的灰尘大量减少,所以服务器很少除尘。 (   )

(20) 在打开机箱之前,可以不拔掉计算机的电源插头,只要保证关机就行。 (   )

2. 单项选择题

(1) 如果 ping 命令测试失败,ping 命令显示出错信息是很有帮助的,可以指导进行下一步的测试计划。请求超时,没有成功来连接相应计算机的信息词是(   )。

    A. unknown host   B. network unreachable

    C. request timed out   D. the port is already open

(2) "ping teache-a"命令的作用是(   )。

    A. 让用户所在的主机不断向 teacher 机发送数据

    B. 指定发送到 teacher 机的数据包的大小为最小

    C. 显示 teacher 机的配置

    D. 显示 teacher 机的 IP 地址

(3) "tracert-d sohu.com"命令的作用是(   )。

    A. 跟踪 sohu.com 主机   B. 跟踪并显示"sohu.com"的主机地址

    C. 测试是否与 sohu.com 主机连通   D. 显示 sohu.com 主机的所有信息

(4) Windows Server 2000(2003)网络监视器的安装应该在"控制面板"窗口的(   )进行。

    A. 添加/删除硬件   B. 添加/删除程序

    C. 系统   D. 辅助功能选项

(5) 开机的顺序是(   )。

    A. 先打开外部设备的电源,然后再打开主机电源

    B. 先打开主机电源,然后再打开外部设备的电源

    C. 无所谓

    D. 同时开

(6) 普通计算机的连续工作时间应当限定在(   )以内。

    A. 8h   B. 12h   C. 24h   D. 48h

(7) 清除本地客户的 DNS 缓存的命令是(   )。

    A. nslookup   B. nbstar -r   C. netdiag   D. ipconfig/flushdns

(8) 某计算机的 Windows 2000 Server 有一块整合的网卡,为了提高性能更换了一块新网卡,新网卡使用 PCI 插槽。当重启计算机时,发现新网卡不响应,应该(   )。

    A. 在硬件管理器中禁止老网卡   B. 在硬件管理器中删除老网卡

    C. 将新网卡换一个插槽   D. 问题无法解决

(9) nslookup 命令可以用来(   )。

    A. 诊断域名系统(DNS)基础结构的信息   B. 显示网络物理拓扑结构类型

    C. 显示主机硬件配置   D. 显示所应用到的协议名称

(10) 下列工具可以用于观察处理器和内存使用情况的是(   )。

    A. 任务管理器   B. 系统监视器   C. 网络监视器   D. 系统分析器

3. 多项选择题

(1) 网络性能优化的目标有(   )。

    A. 制定高质量、高性能的网络应用服务   B. 保证网络数据不被盗取

    C. 防止病毒攻击   D. 保持网络系统资源的合理利用率

(2) 优化局域网的性能主要包括(   )几个方面。

　　A. 合理地设置服务器硬盘

　　B. 合理设置交换机参数

　　C. 严格地按规则进行连线

　　D. 严格执行电源接地要求及使用质量较好、速度较快的网卡

(3) 设置服务器的硬盘时，需要考虑的因素有(　　)几个方面。

　　A. 服务器上应该尽量选择转速快、容量大的硬盘

　　B. 服务器上的硬盘接口最好采用 SCSI 接口

　　C. 给网络服务器安装硬盘列阵卡

　　D. 在同一个 SCSI 通道中，不要将低速 SCSI 设备(如 CD)与硬盘共用

(4) 性能数据的用途有(　　)。

　　A. 观察工作负荷和资源使用的变化和趋势，以便计划今后的升级

　　B. 利用监视结果来测试配置更改或其他调整结果

　　C. 诊断问题和目标来测试配置更改或其他调整结果

　　D. 诊断问题和目标组件及过程，用于优化处理

(5) 网络监视器中筛选程序的筛选方式主要有(　　)。

　　A. 通过协议筛选　　　　　　　　　　　　B. 通过带宽筛选

　　C. 通过网速筛选　　　　　　　　　　　　D. 通过 IP 地址筛选

(6) net 命令可实现的功能有(　　)。

　　A. 显示任何特定路由器或链路的数据包的丢失程度

　　B. 登录或注销网络

　　C. 启动和停止服务

　　D. 显示或修改当前运行的计算机的网络配置

(7) Windows XP 系统提供(　　)来监视计算机中的资源使用情况。

　　A. 系统监视器　　　　B. 性能日志　　　　C. 警报工具　　　D. 图形显示

4. 问答题

(1) 在解决网络故障的过程中，主要可以采用哪些方法？

(2) 在网络安装运行过程中，导致双绞线电缆发生故障的原因可能有哪些？

(3) 对于网络服务器的日常保养通常需注意哪些方面？

(4) 对于网络终端设备的日常保养通常需注意哪些方面？

(5) IP 网络的性能测量方法有哪两种？各有什么特点？

5. 技能题

(1) TCP/IP 协议常用网络工具的使用

【内容及操作要求】

- 测试本机与其他机器的物理连通性。
- 测试本机的 DNS 地址、IP 地址等。
- 测试本机当前开放的所有端口。
- 测试网络中其他机器的计算机名、所在组或域名、当前用户名。
- 在代理服务器端捆绑 IP 地址和 MAC 地址，以防局域网内 IP 地址盗用问题。

【准备工作】　安装 Windows XP Professional 或以上版本操作系统的计算机若干台，局域网所需的其他设备。

【考核时限】　60min。

(2) 阅读说明后回答问题

【说明】　一般情况下，可以使用 ping 命令来检验网络的运行情况，检测时通常需要设置一些关键点作

为 ping 命令的对象,如果所有都运行正确,可以相信基本的连通性和配置参数没有问题;如果某些 ping 命令出现运行故障,它也可以指明到何处去查找问题。

【问题 1】 ping 命令主要依据的协议是什么?

【问题 2】 如果用 ping 命令测试本地主机与目标主机(192.168.16.16)的连通性,要求发送 8 个回送请求且发送的数据长度为 128 个字节,请写出在本地主机应输入的命令。

【问题 3】 通常采用 ping 命令测试计算机与网络的连通性时,应采用什么样的检测次序?

【问题 4】 当使用 ping 命令测试本地计算机与某 Web 服务器之间的连通性时,系统显示"Request time out",但使用 IE 浏览器可以访问该服务器上发布的 Web 站点,请解释为什么会出现这种情况。

项目 10　计算机机房环境管理

计算机机房作为数据存储、传输、设备控制中心，在温度、湿度、洁净度、供电、防火性、承重能力、防静电能力、防雷、接地等各项指标上均应满足计算机及网络设备的要求。作为网络管理员必须了解计算机机房设计和施工的相关知识，掌握计算机机房相关设备和系统的使用与维护方法，为计算机和网络系统的可靠运行提供合乎规范的环境条件。本项目的主要目标是了解计算机机房供配电系统、空调系统和消防系统的基本知识，了解相关设备的使用和维护方法。

任务 10.1　管理供配电系统

【实训目的】

(1) 了解计算机机房供配电系统的基本知识。

(2) 了解计算机机房供配电系统设备的操作和管理方法。

【实训条件】

(1) 学校计算机机房或计算机网络实验室。

(2) 可供参观的校园网或企业网络中心机房。

(3) 不间断电源 UPS。

10.1.1　相关知识

为计算机机房提供的电源系统的好坏，直接影响着其内部设备(如服务器、交换机等)是否能可靠运行。这种影响不仅来自所提供的电网电压、频率及电流等基本要素是否符合用电设备的要求，而且来自所提供的电网电能质量。

在目前广泛使用的微电子设备中，其内部供电系统都装有高速欠压保护电路。当电网欠压时，微电子设备靠储存在滤波电容、电感中的能量来维持存储器工作，一般能维持几毫秒，此时数据不会丢失。当供电电网瞬间中断 10ms 以上时，就会造成数据丢失。由此可见，供配电系统的质量对于计算机、交换机等微电子设备非常重要。

1. 供配电的基本要求

(1) 线制与额定电压

各类计算机设备所用的线制与额定电压常因国别而异。我国的电力系统采用的是三相四线制，其单相额定电压(即相电压)为220V，三相额定电压(即线电压)为380V。因此,国产计算机及其外围设备都应符合国家电气标准的这一规定。在此需要指出的是,在同一个计算机系统中,送给各部分机器的电压可能会有单相 220V 和三相 380V 之分。

从国外引进的计算机及其外围设备因国别而异。例如从日本引进的计算机,其所要求的额定电压为三相三线制,三相 220V 和单相二线 110V。遇到这种情况应设置专用变压器进行电压变换,以满足这类计算机的要求。从国外引进的计算机有的要求三相五线制,如美国 IBM 公司所生产的计算机就要求三相五线制。所谓三相五线制,实际上是在地线设置上区别于三相四线制,即它含有三根相线、一根中线、一根地线,地线要求单独接地,不能与中线共地。这种线制的额定电压为 220/380V。

（2）频率

国产计算机及其外围设备要求供电频率为 50Hz(工频)。从国外引进的绝大部分设备已适应我国的 220/380V、50Hz 电力系统,但有的设备要求供电的电源频率为 60Hz,对于这类设备需要采用频率变换装置以满足要求。

（3）电网波动范围

众所周知,电网在运行过程中,由于很多因素的影响,总是处于不断波动的状态。这种波动如果超出了计算机及其外围设备的用电范围,就会使设备处于不稳定的运行状态,严重时还会损坏设备。因此,计算机机房供电电源要求电压波动小、频率稳定、抗干扰能力强。

根据相关国家标准的规定,电网波动以及允许的电网异常范围主要有以下几种情况。

① 电压波动

电网电压的波动常常是由电网负载出现了较大的增加或减少而引起的。例如在用电高峰时电压往往偏低,有设备停机时电压往往偏高。根据国家标准《计算机场地技术要求》中的规定,电压波动可以分为 A、B、C 三个等级,如表 10-1 所示。机房供配电设计人员可以选取符合设备要求的相应等级进行供配电设计。

表 10-1　电压波动等级

电压波动等级	A 级	B 级	C 级
波动范围/%	$-5\sim+5$	$-10\sim+7$	$-15\sim+10$

② 频率波动

电网的频率波动主要是由于电网超负荷运行所致。根据国家标准《计算机场地技术要求》中的规定,电网频率波动可以分为 A、B、C 三个等级,如表 10-2 所示。机房供配电设计人员可以选取符合设备要求的相应等级进行供配电设计。

表 10-2　频率波动等级

频率波动等级	A 级	B 级	C 级
波动范围/Hz	$-0.2\sim+0.2$	$-0.5\sim+0.5$	$-1\sim+1$

③ 波形失真率

波形失真率是指计算机输入端交流电压所有高次谐波有效值之和与基波有效值之比的百分数。在国家标准《计算机场地技术要求》中,对此规定了 A、B、C 三个等级,如表 10-3 所示。

表 10-3　波形失真率等级

波形失真率等级	A 级	B 级	C 级
失真率/%	≤5	≤10	≤20

电力设备的类型是影响电网失真率的主要因素之一。因此,机房供配电设计人员应根据用电设备对供电波形失真率的要求选取相应的等级,而后根据当地电网的情况选用相应的电力设备,以满足用电设备的要求。

④ 瞬变浪涌和瞬变下跌

瞬变浪涌是指正弦波在工频一周或几周范围内,电源电压正弦波幅值快速增加。瞬变浪涌一般用最大瞬变率表示。

瞬变下跌又称凹口,是指正弦波在工频一周或几周范围内,电源电压正弦波幅值快速下降。瞬变下跌一般用最大瞬变下跌率表示。

瞬变浪涌和瞬变下跌往往是由于电网故障、大负载的变化等多种因素综合作用引起的。瞬间内电压幅值快速增加或减小会对计算机系统形成干扰,导致其运算错误或者破坏存储的数据和程序。

在设计计算机机房供配电系统时可参考以下数值。

- 允许的最大瞬变率:(半周或更长)≤20%;恢复过程中降至 15% 以内为 50ms;然后降至 6% 以内为 0.5s。
- 允许最大瞬变下跌率:(半周或更长)≤-30%;恢复到-20% 以内为 50ms;恢复到-13.3% 以内为 0.5s。

⑤ 瞬变脉冲

瞬变脉冲,又称尖峰或者电压闪变,是指在小于电网半个周期的时间内电网理想正弦波上叠加的窄脉冲。引起瞬变脉冲的原因很多,一般主要有以下两方面。

- 内部过电压:即在电力系统的内部,由于重负荷、感性负荷、补偿电容的投入和切除,开关和保险装置的操作以及短路故障的发生,都会使系统参数发生变化,引起电力系统的内部电磁能量的转化和传递,在系统中出现过电压。据统计,在整个瞬变脉冲事故中因内部过电压造成的占有 80%。
- 雷电:在雷电中心 1.5～2km 范围内都可能产生危险过电压,损坏电路上的设备。当雷击输电线或雷闪电发生在线路附近时,通过直接或间接耦合方式雷闪放电形成的暂态过电压将以流动波形式沿线路传播,危及设备安全。据统计,在整个瞬变脉冲事故中因雷击产生过电压造成的约占 18%。

计算机和精密仪器设备的信号电压很低,一般只有 10V 左右,所以对闪电脉冲过电压极为敏感,极易受闪电脉冲过电压的干扰和损坏。

(4) 供电进线方式

机房低压配电系统应采用频率为 50Hz、电压 220/380V 的 TT 系统(TT 系统是指将电气设备的金属外壳直接接地的保护系统,也称作保护接地系统)。

按国家标准《建设防雷设计规范》,电源应采用地下电缆进线。当不得不采用架空进线时,在低压架空电源进线处或专用电力变压器低压配电母线处应安装低压避雷器。

(5) 负荷等级

我国电力部门对工业企业电力负荷进行了等级划分,以便管理。按照用电设备对供电可靠性的要求,将工业企业电力负荷分为三个等级。

- 一级负荷:指突然停电将造成人身伤亡危险,或重大设备损坏且难以修复,或给国家带来重大的经济损失或政治影响的负荷。
- 二级负荷:指突然停电将产生大量废品,大量减产,或将发生重大设备损失事故但采取措施能够避免的负荷。
- 三级负荷:指所有不符合一级和二级负荷的用电设备。

计算机机房的负荷类型应与工业企业电力负荷分级一致,主要取决于计算机机房用电设备的工作特性。目前,计算机网络已经广泛应用到国防、科学研究、交通运输、金融、石油、化工、情报检索、通信等国民生活的各个领域。就其工作性质而言,在国防、交通运输、航空管理等部门的计算机网络是不允许出现故障的;否则会造成重大的事故,显然这种用途的计算机网络的供电负荷等级是一级。而有些计算机网络,一般只完成统计计算、情报检索等工作,计算机及网络设备的暂时停止不会引起过大的损失,这种类型的计算机网络的供电负荷等级是三级。针对计算机网络的工作性质及对供电可靠性的要求,严格区分其负荷性质属于哪一类别是非常必要的。对于那些不允许停电的计算机网络系统,而原有用电又属于二级或三级负荷的用户,则要视其要求建立不停电供电系统或相应提高供电等级。

在国家标准《计算机场地技术要求》中对不同电力负荷等级的用户,提供了相应的供电技术。

- 对于一级负荷采取一类供电,即需要建立不停电系统。
- 对于二级负荷采取二类供电,即需要建立带备用的供电系统。
- 对于三级负荷采取三类供电,即按一般用户供电考虑。

另外,需要指出的是,计算机网络系统的一类供电方式与普通工业企业一级负荷的供电方式有些差别,前者除了保证不停电以外,还要保证电网的质量。

2. 供配电方式

(1) 直接供电方式

直接供电方式就是将市电(通常为 220/380V,50Hz)直接接至配电柜,然后再分送给计算机设备。直接供电系统只适用于电网质量的技术指标能满足计算机的要求,且附近没有较大负荷的启动和制动以及电磁干扰很小的地方。

直接供电系统优点是供电简单、设备少、投资低、运行费用少、维修方便等。它的缺点是对电网质量要求高,对电源污染没有任何防护,易受电网负荷的变化影响等。应用范围为二级或三级负荷。

实际上,由于种种因素的影响,电网的质量是很难满足计算机及网络设备运行要求的。因此,直接供电方式在实际使用中受到很大的限制,在进行计算机机房供配电系统设计时,设计人员经常需要采用其他供电方式来弥补其不足。

(2) UPS 供电

UPS(Uninterruptible Power Supply,不间断电源)伴随着计算机的诞生而出现,并随着计算机的发展壮大而逐渐被广大计算机用户所接受。UPS 在市电供应正常时由市电充电并储存电能,当市电异常时由它的逆变器输出恒压的不间断电流继续为计算机系统供电,使用户能够有充分的时间完成计算机关机前的所有准备工作,从而避免了由于市电异常造成的用户计算机软硬件的损坏和数据丢失,保护用户计算机不受市电电源异常的干扰。在许多防间断和丢失的系统中,UPS 起着不可替代的作用。

(3) 直接供电与 UPS 结合方式

为了防止计算机机房辅助设备干扰计算机及网络设备,可将机房的辅助设备如空调、照明设备等由市电直接供电;计算机及网络设备由 UPS 供电,这种方式不仅可以减少设备间的相互干扰,还可以降低对 UPS 的功率要求,减少工程造价。

3. UPS

(1) UPS 的作用

在 UPS 出现之初,它仅被视为一种备用电源,但由于一般市电电网都存在质量问题,从而导致计算机系统经常受到干扰,造成敏感元件受损、信息丢失、磁盘程序被冲等严重后果。因此,UPS 日益受到重视,并逐渐发展成为一种具有稳压、稳频、滤波、抗电磁和射频干扰、防电压冲浪等功能的电力保护系统。尤其我国目前电网的线路及供电质量并不很高,抗干扰、抗二次污染的技术措施远远落后于世界先进国家,UPS 在我国计算机等精密设备上的保护作用就显得尤其重要。

UPS 的保护作用首先表现在对市电电源进行稳压,此时 UPS 就是一台交流市电稳压器;同时,市电对 UPS 电源中的蓄电池进行充电。UPS 的输入电压范围比较宽,一般情况下从 170~250V 的交流电均可输入。由它输出的电源的质量是相当高的,后备式 UPS 输出电压稳定在 ±(5%~8%),输出频率稳定在 ±1Hz;在线式 UPS 输出电压稳定在 ±3% 以内,输出频率稳定在 ±0.5Hz。当市电突然停电时,UPS 立即将蓄电池的电能通过逆变转换器向计算机供电,使计算机得以维持正常的工作并保护计算机的软硬件不受损害。

(2) UPS 的分类

目前,UPS 电源工业主要提供后备式和在线式两种 UPS 电源,如果再细分,还有在线互动式和后备方波输出式电源等类型。

- 后备式 UPS 电源。在市电正常时负载由市电经转换开关供电,当市电系统出现问题时才会由 UPS 的电池经逆变器转换向负载供电。目前大部分的后备式 UPS 电源都是一些低功率 UPS,一般不到 1kV·A。后备式 UPS 电源的主要特点是线路简单,价格便宜,但对电网污染抗干扰能力差,通常只适合办公室、家庭等要求不高的场所使用。
- 在线式 UPS 电源。在市电正常时,供电途径是市电→整流器→逆变器→负载,市电中断时的供电途径是电池→逆变器→负载,因此不论外部电网状况如何,总能够提供稳定的电压。在线式 UPS 的容量从 1~100kV·A 以上。虽然在线式 UPS 价格比后备式 UPS 贵些,但适合在电网质量差的环境下工作,也适合对供电质量要求较高的负载使用,目前计算机机房中主要使用在线式 UPS。

按 UPS 输入/输出相电压数量的不同,UPS 可以分为以下几种。

- 单相输入/单相输出,输出功率小于 10kV·A。
- 三相输入/单相输出,输出功率为 10~20kV·A。
- 三相输入/三相输出,输出功率大于 20kV·A。

（3）UPS 的供电方式

UPS 的供电方式分为集中供电方式和分散供电方式两种：集中供电方式是指由一台 UPS（或并机）向整个线路中各个负载装置集中供电，分散供电方式是指用多台 UPS 对多路负载装置分散供电。这两种供电方式有各自的优缺点，如表 10-4 所示。

表 10-4　UPS 的供电方式优缺点比较

集中供电方式	便于管理	布线要求高	可靠性低	成本高
分散供电方式	不便管理	布线要求低	可靠性高	成本低

（4）UPS 的选择

选购 UPS 通常需要注意以下问题：

* 确认所需 UPS 的类型。对于金融、证券、电信、交通等重要行业，应选择性能优异、安全性高的在线式 UPS；对于家庭和一般办公室用户，可选择后备式 UPS。
* 确定所需 UPS 的功率。计算 UPS 功率的方法是：UPS 功率＝实际设备功率×安全系数。其中，安全系数是指大设备的启动功率，一般选 1.5。也可按照总负载功率应小于 UPS 额定输入功率的 80% 来确定所需 UPS 的功率。
* 考虑发展裕量。除考虑实际负载外，还要考虑今后设备的增加所带来的增容问题，因此 UPS 的功率应在现有负载的基础上再增加 15% 的裕量。
* 选择品牌和售后服务。最好选择保修期长、售后服务及时周到的 UPS。这样，产品供应商可以方便地对其产品及时进行维护和维修，从而保证用户的正常使用。

4. 供配电系统设置

（1）供配电系统配电柜

计算机机房供配电系统的配电柜一般应设置在机房出入口附近、便于操作和控制的地方。为了避免电磁干扰和辐射，电力线在进入机房以后应用屏蔽线或金属屏蔽。从配电柜至有关设备的电缆，为了避免 50Hz 电源对网络布线系统电缆的干扰，也应采用金属网屏蔽电缆。

计算机机房供配电系统用的配电柜通常由空气低压断路器、电表、指示灯等机电元件组成。设计配电柜时，必须认真研究机房设备对供配电的要求，并注意下列问题：

* 所选用的低压断路器应满足用电设备的电压、电流要求。
* 配电柜所设计的供电路数应能足够满足各类设备使用，并要考虑到设备的扩充。
* 配电柜应设计应急开关，当机房出现严重事故或火警时，能立刻切断电源。
* 配电柜应设置电压表，以检查供给计算机的电源电压，以及相电压的三相不平衡情况。
* 配电柜应设置电流表，以检查供给计算机的电源电流，以及相电流的三相不平衡情况。
* 各路电源应有指示灯指示通断。
* 配电柜应根据要求设置必要的保护线。
* 配电柜应有足够数量的接线端子，供各类设备使用。
* 为了便于操作和维护，要标出每个低压断路器作用和控制的插座。

- 有的配电柜还要求有缺相保护系统。

（2）电源插座设置

对于计算机网络中所有用电设备（包括客户机、服务器、网络设备等），都需要设置相应的电源插座为其供电。根据国家规定单相电源的三孔插座与相电压的对应关系是：正视右孔对相（火）线，左孔对零线，上孔接地线。电源插座基本设置要求如下。

① 计算机机房。对于新建筑物的计算机机房，可以预埋管道和地插电源盒，地插电源盒的线径可根据负载大小来定。电源插座数量一般可按每 $100m^2$ 设置 40 个以上考虑，插座必须设置接地线。

旧建筑物可破墙重新布线或走明线。电源插座数量一般可按每 $100m^2$ 设置 $20\sim40$ 个考虑，插座必须设置接地线。

插座要按顺序编号，并在配电柜上有对应的低压断路器控制。

② 配线间。对于配线间的通信或计算机网络互连设备应按照一级或二级负荷供电，插座数量按每平方米设置一个或按设备多少确定。

③ 办公室（工作区）。在办公室或其他工作区内，通常应使用 UPS 为服务器、高档计算机等供电，使用市电为照明、空调等设备供电。信息插座的设置应符合以下要求。

- 容量：一般办公室按 $60kV\cdot A/m^2$ 以上考虑。
- 数量：一般办公室按每 $100m^2$ 设置 20 个以上考虑，插座必须设置接地线，尽量做到与信息插座相匹配。
- 位置：一般距信息插座 30cm。

（3）电力线与双绞线电缆走线间距

双绞线电缆安装的一个重要指标是在电源干扰源与双绞线电缆之间应有一定的距离。表 10-5 给出了电磁干扰源与双绞线电缆之间最小的间隔距离（电压小于 480V）。

表 10-5　电磁干扰源和双绞线电缆之间最小的间隔距离

最小间距/mm　　负载/kV·A　走线方	<2	2~5	>5
开放或非金属线槽与非屏蔽的电力线和电力设备	127	305	610
接地的金属线槽与非屏蔽的电力线和电力设备	64	152	305
接地的金属线槽与封闭接地金属导管内的电力线	38	76	152
变压器与电动机	800	1000	1200
荧光灯、氩灯	127		

安装时应注意以下几点：

- 对于电压大于 480V，或功率大于 $5kV\cdot A$ 的情况，需要进行工程计算，以确定电磁干扰源与双绞线电缆的间隔距离。
- 表 10-5 中最小间隔距离是指双绞线电缆与电力线平行走线或距离电磁干扰源的距离。垂直走线时除考虑变压器、电动机的干扰外，其余可忽略不计。
- 楼层配电箱与楼层配线间的间距应大于 1m。

5. 计算机机房安全接地系统

计算机系统的地线是保证计算机安全运行的重要措施,可以在发生事故时保证人身和设备安全。计算机系统的大小、种类不同,对地线的要求也不同,大、中、小型计算机比微型计算机要求高。概括起来计算机机房接地有工作接地、安全接地、直流接地、静电接地、屏蔽及建筑物防雷保护接地等类型。在实际应用中应根据计算机的工作性质和实际情况进行设置。

- 交流工作接地:是交流电源的中性线,接地电阻不应大于 4Ω。
- 安全保护接地:是设备外壳的安全接地线,接地电阻不应大于 4Ω。
- 直流工作接地:是计算机线路的逻辑地,即直流公共连接点,接地电阻应该按计算机系统具体要求确定。
- 静电接地:为了消除计算机系统运行过程中产生的静电电荷而设的一种接地,接地电阻不应大于 100Ω。
- 防雷接地:应按现行国家标准《建筑防雷设计规范》执行。
- 屏蔽接地:计算机机房屏蔽接地主要有两个作用,一是防止计算机处理信号被窃;二是防止外界电磁场干扰计算机系统正常运行。屏蔽接地电阻应大于 2Ω。

交流工作接地、安全保护接地、直流工作接地、防雷接地等四种接地宜共用一组接地装置,其接地电阻按其中最小值确定;若防雷接地单独设置接地装置时,其余三种接地宜共用一组接地装置,其接地电阻不应大于其中最小值,并应按现行国家标准《建筑防雷设计规范》要求采取防止反击措施。

6. 计算机机房的防静电措施

计算机设备基本上都是由半导体元器件构成,对静电特别敏感,静电是引起计算机故障的重要原因之一。静电对电子计算机影响有两种表现形式:造成器件损坏和引起计算机的误动作或运算错误。静电引起计算机误动作或运算错误是由于静电带电体触及计算机时,对计算机放电,有可能使计算机逻辑原件引入错误信号,导致计算机运算出错,严重者将会导致程序紊乱。静电对计算机的外部设备也有明显的影响,会引起显示器图像紊乱、模糊不清等。如何防止静电的危害,不仅涉及计算机设计,而且与计算机机房的结构和环境条件有关。

计算机机房防静电措施有以下几方面:

- 主机房内采用的活动地板可由钢、铝或其他阻燃性材料制成。活动地板表面应是导静电的,严禁暴露金属部分。
- 主机房内的工作台面及座椅垫套材料应是导静电的。
- 机房内的导体必须与大地可靠地连接,不得有对地绝缘的孤立导体。
- 导静电地面、活动地板、工作台面和座椅垫套必须进行静电接地。
- 静电接地的连接线应有足够的机械强度和化学稳定性。导静电地面和台面采用导电胶与接地导体粘接时,其接触面积不宜小于 10cm^2。
- 静电接地可以经限流电阻及自己的连接线与接地装置相连,限流电阻的阻值宜为 $1\text{M}\Omega$。

10.1.2　实训内容

1. 参观计算机机房

参观校园网或企业网络中心机房,查看机房中的计算机、网络设备、机柜、配线架等网络组件,了解这些网络组件在网络中的作用以及其与整个网络的连接情况。查看机房中电源设备、空调设备、消防设备、照明设备、安全设备及其他设备,了解这些设备的作用、品牌、型号和参数。查看机房的装修情况,了解机房对装修的要求。与机房工作人员进行交流,了解计算机机房工作人员的工作任务和工作流程。

2. 认识计算机机房的供配电系统

实地考察学校机房或计算机网络实验室的供配电系统,了解其负荷等级和电源系统所采用的供配电方式。了解机房电源系统的配置和各种设备,着重考察该机房所使用的UPS、配电柜、电源插座以及电力线缆的布线情况。

实地考察校园网或企业网络中心机房的电源系统,了解其负荷等级和电源系统所采用的供配电方式。了解机房电源系统的配置和各种设备,着重考察该机房所使用的 UPS、配电柜、电源插座以及电力线缆的布线情况。

3. 使用和维护 UPS

UPS 有多种类型,适用于不同的机房环境,不同类型的 UPS 在使用和维护上有所不同。本实训以山特 K500UPS 为例,可以根据实际条件选择其他类型的 UPS。

图 10-1　山特 K500 UPS

(1) 认识 UPS

山特 K500 UPS 是专门针对 PC、小型工作站及工控产品用户设计的 UPS,如图 10-1 所示。

山特 K500 UPS 属于后备式 UPS,具有自动稳压输出功能,能有效滤除各类电力干扰,还能够对打印机、路由器、扫描仪、Modem 等相关外设提供电源防浪涌保护。当市电中断时,UPS 在电池模式下放电至关机;当市电恢复时,UPS 可自动开机,方便无人值守情况下的电源管理。图 10-2 给出了山特 K500 UPS 前面板和后面板的外观示意图。

(2) 安装并使用 UPS

安装和使用 UPS 的基本操作步骤如下:

① 将 UPS 放置于适当位置。通常 UPS 所放置的区域必须通风良好,远离水、可燃性气体或腐蚀剂,周围的环境温度保持在 0~40℃ 范围内。

② 需 UPS 持续供电的设备(如计算机主机、网络设备等)的电源线接至 UPS 的"稳压＋电池输出"插座,如图 10-3 所示。

③ 将打印机、扫描仪等不需 UPS 持续供电的设备接至 UPS 的"防浪涌"插座,如图 10-3 所示。

④ 将 UPS 输入插座接入室内的 220VAC 市电插座,确保零、火线正确及地线良好,如图 10-3 所示。

⑤ 一旦 UPS 有市电输入,"防浪涌"插座就会有电压输出,无须 UPS 开机。

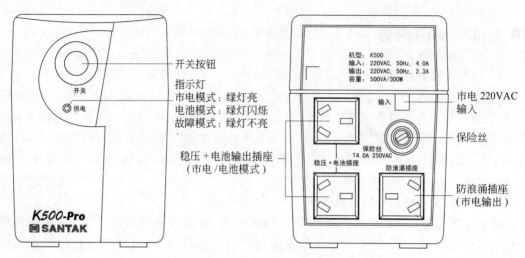

图 10-2　山特 K500 UPS 前、后面板的外观示意图

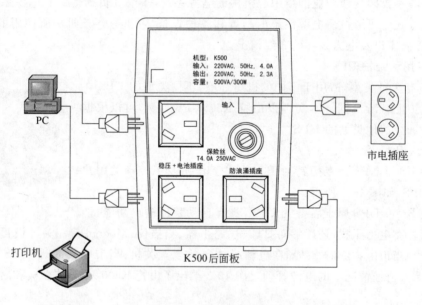

图 10-3　UPS 的安装

⑥ 按 UPS 开关按钮,自检(蜂鸣器叫,绿灯亮)数秒后,蜂鸣器停止鸣叫,绿灯亮,"稳压＋电池输出"插座有电压输出,此时可开启 PC 及其他外设。通常 UPS 电源开机、关机的正确操作顺序为:开机时,先开 UPS 电源,然后根据负载从大到小顺序开启;关机时,先关闭负载,再关闭 UPS 电源。注意:不要频繁开关 UPS 电源,在 UPS 电源关闭后,至少停 1min 以上再重新开启。

⑦ 市电正常或电池供电时,"稳压＋电池输出"插座均能提供稳定的电压输出。

⑧ 一旦市电中断或超出正常电压范围,UPS 即转入后备电池供电状态,此时绿灯闪烁并伴随蜂鸣器的间歇鸣叫,此时需及时对计算机及其他外设做存盘或关机等应急处理。市电恢复后,及时开启 UPS。

⑨ UPS 自动保护关机或远程控制关机后,市电恢复正常时,会自动开机。

（3）维护和保养 UPS

通常 UPS 内部采用密封式免维护铅酸蓄电池，只要经常保持充电就可获得期望的使用寿命。UPS 在开机后将自动对电池进行充电。需要注意的是，高温下使用 UPS 会缩短电池使用寿命，即使电池不使用，其性能也会逐渐下降。另外，在临近蓄电池使用期限时，电池性能会急剧下降。

通常应定期对 UPS 电池进行检查，电池的检查方法如下：

① UPS 接通市电，开机后对电池充电 16h 以上。

② 开启 UPS，接入负载并记录负载功率。

③ 拔下 UPS 的市电输入插头（模拟市电中断），UPS 进入电池模式，记录放电时间，直到 UPS 自动关机。

④ 将放电时间与图 10-4（初始放电时间）比较，确认是否在正常范围内。当放电时间下降到初始值的 50% 时，应该更换电池，更换电池前需要确认新电池参数必须与规格相同。

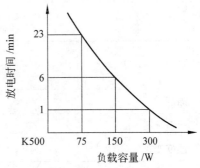

图 10-4　UPS 的初始放电时间

另外，如果 UPS 长期处于市电供电状态时，应每隔一段时间对 UPS 电源进行一次人为断电，使 UPS 电源在逆变状态下工作一段时间，以激活蓄电池的充放电能力，延长其使用寿命。UPS 长期不用时，应每隔一段时间充电一次。切记勿打开蓄电池，以免电解液伤害人体。

任务 10.2　管理空调系统

【实训目的】
（1）了解计算机机房空调系统的基本知识。
（2）了解计算机机房空调系统设备的操作和管理方法。

【实训条件】
（1）学校计算机机房或计算机网络实验室。
（2）可供参观的校园网或企业网络中心机房。

10.2.1　相关知识

计算机机房空调系统的任务是保证计算机及计算机网络系统能够连续、稳定地运行，排出计算机设备及其他热源所散发的热量，维持机房内的恒温恒湿。

1. 温度、湿度控制对计算机机房的重要性

计算机机房中的设备主要是以微电子、精密机械设备为主，这些设备使用了大量的易受温度、湿度影响的电子元器件、机械构件及材料。

温度对计算机机房设备的电子元器件、绝缘材料以及存储介质都有较大的影响。例如对半导体元器件而言，室温在规定范围内每增加 10℃，其可靠性就会降低约 25%；对电容来说,温度每增加 10℃,其使用时间将下降 50%;绝缘材料对温度同样敏感,温度过高,印刷电路板的结构强度会变弱,温度过低,绝缘材料会变脆,同样会使结构强度变弱;对存储介质而言,温度过高或过低都会导致数据的丢失或存取故障。

湿度对计算机设备的影响也同样明显,当相对湿度较高时,水蒸气在电子元器件或电介质材料表面形成水膜,容易引起电子元器件之间形成通路;当相对湿度过低时,容易产生较高的静电电压。实验表明,在计算机机房中,如相对湿度为 30% 时,静电电压可达 5000V;相对湿度为 20% 时,静电电压可达 10000V;相对湿度为 5% 时,静电电压可达 20000V,而高达上万伏的静电电压对计算机设备的影响是显而易见的。

我国国家标准《电子计算机机房设计规范》规定了计算机机房的温湿度标准,如表 10-6 和表 10-7 所示。

表 10-6　开机时机房的温湿度标准

项　　目	A 级		B 级(全年)
	夏　季	冬　季	
温度/℃	23±2	20±2	18～28
相对湿度/%	45～65		40～70
温度变化度/(℃/h)	<5,不得结露		<10,不得结露
适用房间	主机房		
	基本工作间(根据设备要求采用 A 级别或 B 级别)		
备　　注	辅助房间按工艺要求确定		

表 10-7　停机时机房的温湿度标准

项　　目	A 级	B 级
温度/℃	5～35	5～35
相对湿度/%	40～70	20～80
温度变化度/(℃/h)	<5,不得结露	<10,不得结露

因此,要保证计算机及网络设备的稳定运行,必须保证其工作环境的温度和湿度。计算机机房的温湿度控制可以通过安装相应的空调设备来实现。

2. 计算机机房专用空调

(1)计算机机房对空调系统的要求

计算机及网络设备对工作环境要求的特殊性,决定了计算机机房对空调系统的要求不同于一般的建筑物,主要表现在以下方面:

- 计算机设备的功耗、发热量较大,洁净度要求较高。
- 需要全年持续、稳定地降温运行。
- 送风量大,送、回风温差小。
- 空调系统应具有较高的可靠性。
- 温度、湿度须控制在一定范围内。

由于计算机机房的特殊性,因此计算机机房不能使用一般建筑物中使用的舒适型空调,否则就可能会由于环境温湿度参数控制不当等因素形成设备运行不稳定,数据传输受干扰,出现静电等问题。目前计算机机房通常应选择机房专用精密空调。

（2）计算机机房专用空调与一般舒适型空调的区别

计算机机房专用空调与一般建筑物使用的舒适型空调主要有以下区别:

- 传统的舒适型空调主要是针对家庭、办公场所、宾馆、商场等场所设计的,主要对象是人,送风量小,在制冷的同时也在除湿,因此,舒适型空调对计算机机房来说将会使机房内湿度过低,从而使计算机设备内部的电子元器件表面累积静电放电,损坏设备,干扰数据的传输和储存,同时由于50%左右的能量用于除湿,大大地增加了能耗;而机房专用空调由于采用了控制蒸发器内的蒸发压力和使蒸发器的表面温度高于露点温度等技术,就克服了舒适型空调的上述缺点。
- 舒适型空调风量小,风速低,只能在送风方向局部气流循环,不能在机房形成整体气流循环,使机房的冷却不均匀,存在区域温差;与相同制冷量的舒适型空调相比,机房专用空调的循环风量约大一倍,相应的焓差只有一半,使机房内能够形成整体的气流循环,使所有设备能够得到较好的冷却。
- 由于计算机机房内的设备大都是长年运行,工作时间长,要求空调设备具有极高的可靠性,舒适型空调较难满足要求,尤其是在冬天,在北方寒冷地区,由于室外温度太低,舒适型空调不能够正常运行;机房专用空调可以通过控制的室外机冷凝器保证正常工作。
- 舒适型空调不能准确地控制机房内的温度,湿度也较难控制,因此不能满足计算机机房的需要;机房专用空调由于有专门的加湿系统、高效的除湿系统及电加热补偿系统,能够精确地控制机房内的温度、湿度。
- 舒适型空调的设计寿命为5～8年,全年无间断运行的使用寿命为3～5年;机房专用空调的设计寿命一般在10～15年,平均无故障时间在10万小时以上。

表10-8给出了机房专用空调与一般舒适型空调的对比。

表 10-8　机房专用空调与一般舒适型空调的对比

比 较 内 容	一 般 空 调	专 用 空 调
冷风比/(kcal/m³)	5	2.2～3
湿热比(湿冷量/总冷量)	0.65～0.7	0.85～1.0
焓差/(kcal/kg)	3～5	2～2.5
控制精度	±1℃	±1℃,±1%RH
湿度控制	通常没有	有加湿和去湿功能
空气过滤	一般性过滤	要求过滤0.2～0.5μm的粒子10～30级
蒸发温度/℃	较低	≥5～11
蒸发器排数	4、6、8排	2～4排
迎风面积/m²	较小	1.3～2.7
迎面风速/(m/s)	较大	<2.7
备用	单制冷回路	双制冷回路
运行时间/h	8～10	24
全年运行可靠性	不设计冬季运行	全天候运行
控制	一般控制	计算机控制
监控	无	能进行本机或远程监控

（3）机房专用空调的基本类型

机房专用空调主要由压缩机、冷凝器、膨胀阀和蒸发器等组成，还包括风机、空气过滤器、加湿器、加热器、排水器等部件。一般来说空调机的制冷过程如下。压缩机将经过蒸发器后吸收了热能的制冷剂气体压缩成高压气体，然后送到室外机的冷凝器；冷凝器将高温高压气体的热能通过风扇向周围空气中释放，使高温高压的气体制冷剂重新凝结成液体，然后送到膨胀阀；膨胀阀将冷凝器管道送来的液体制冷剂降温后变成液、气混合态的制冷剂，然后送到蒸发器回路中去；蒸发器将液、气混合态的制冷剂通过吸收机房环境中的热量重新蒸发成气态制冷剂，然后又送回到压缩机，重复前面的过程。

目前机房专用空调主要有以下几种类型。

① 双回路柜式机组。这是典型的大型机房专用空调机，各生产厂家对这种专用机组的结构布局大致相同。标准机组制冷系统采用双回路设置。两个回路可以独立运行，互不干扰，即使其中一个回路发生故障不能正常运行，另一个回路可以照常运行，可以承担机组额定制冷量的一半负荷。由于空调系统在设计时已经考虑了一定的裕量，所以，不会对设备正常运行产生影响，从而提高了空调系统的可靠性。机组的蒸发器盘管采用人字形结构，可减小蒸发器所占的空间高度，以适应机房专用空调大风量、小焓差的负荷特点。直接蒸发盘管的两个制冷回路的制冷剂管路在蒸发器中交叉布置，这样既可使回路之间互不干扰，又可使在机组处于部分负荷运行状态时，每个回路都可以尽量利用蒸发器的换热面积，从而有利于提高机组运行的热效率和部分负荷时的制冷量。

机组的冷凝方式有分别用空气、水、乙二醇溶液作为冷却介质的方法。标准机组还有风机盘管型，利用对接的冷冻水系统运行，本身设有制冷系统，冷量由其他冷水机组提供。

② 单回路柜式机组。单回路柜式机组适用于大、中型机房系统，其特点是结构紧凑、占地面积小，可以靠墙角安装。机组额定制冷量在 $5.5 \sim 16kW$。冷凝方式有整体空冷式、分体室内空冷式、分体室外空冷式、整体水冷式、分体水或乙二醇溶液冷却式、整体自然冷却式、利用冷凝水供冷的风机盘管式等。

③ 模块式机组。此机组采用单元组合方法构成整机。系列的整机可以由 $1 \sim 10$ 个模块并联组成，可适用于大规模的空调系统。因为模块数量可以任意增加或减少，所以用户可以根据机房内制冷量的增加或减少来改变空调系统的总容量。当用户机房设备需要扩容或升级变化时，可以很方便地在现场对空调机组制冷能力进行重新调整。因为模块的体积和重量均比整机小得多，所以运输和安装就位比较容易。

④ 顶置式机组。安装在天花板上，不占用地面空间，尤其适用于空间较小的办公室使用。机组有整体式和分体式结构，冷凝方式在空冷、水冷或乙二醇溶液冷却和直接使用冷冻水的风机盘管式。其中空冷式有三种冷却方式：无风道整体空冷式是利用天花板和楼板之间的空间作为冷凝用空气的通道，外接风道整体冷凝式是利用专用风道输送冷凝用空气，分体式是把压缩机和冷凝器组成的室外机组安装在室外。

（4）机房专用空调的控制系统

不少机房专用空调机生产厂家专门开发一系列的控制器作为空调系统的组成部分，普遍采用微机控制器，也有把模糊控制技术应用于机房专用空调系统中。机组控制器可以独立控制机组运行，也可以和网络控制器连接，机组的运行可以利用网络控制器进行集中控制。

机组控制器可以显示机房内温度、湿度、气流速度和洁净度,还可以显示各主要部件的运行时间和报警记录,并自动地按照预先设置的程序控制机组的启动和停机。控制器还有自诊断功能,可以自动或手动地对机组以及控制器本身各部分的状态进行诊断,对出现异常现象的部件或出现故障的类型和发生的部位做出判断。

一些大型计算机系统用户的机房规模比较大,或者机房布置较分散,可以利用网络管理系统把多台设备的控制器与网络控制器连接、实现集中管理分散运行,从而减少操作人员的工作量,有利于及时发现和处理故障,提高空调系统运行安全性和可靠性。

3. 机房空调的气流组织

空调房间的气流组织是空调系统的重要环节,即在相同的热负荷下,气流组织的方式不同,空调的效果就会有很人的差异。所谓空调房间的气流组织就是根据机房特点,选择合适的送回风方式及房间内的气流分配。机房空调通常采用上送下回或下送上回的送回风方式。

(1) 上送下回气流组织方式

上送下回气流组织方式如图 10-5 所示,送风口设在房间顶棚上或房间侧墙上,向室内垂直向下送风或横向送风方式。此种方式在舒适型空调中应用极为普遍,但在计算机机房特别是大中型计算机机房用得不多。这是因为计算机或程控交换机柜,由于要带走机柜内热量,通常采用机柜下进风,机柜上出风的方式。如果风口布置不当,顶棚风口下送的冷空气与机柜顶上排出的热空气在房间上部混合,从而导致进入机柜的空气温度较高,影响了机柜内部的冷却效果。要改变这种情况,势必要降低送风温度,以保持室内较低的空调温度,这将增加空调能耗和影响室内舒适程度。上送下回的气流组织方式,一般仅适用在小型计算机机房或微型计算机机房。

(2) 下送上回气流组织方式

下送上回气流组织方式如图 10-6 所示,空调冷风送入计算机机房高架地板,以此作为送风静压箱,然后经过设置在高架地板上的风口,分别送入室内和机柜,被加热后的热空气,从机柜上部排出,再经顶棚回风口排出。这种气流组织的优点如下:

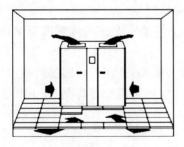

图 10-5　上送下回气流组织方式

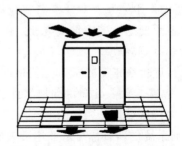

图 10-6　下送上回气流组织方式

- 空调送风气流流程与机柜冷风吸热后的气流流程一致,从而避免了冷热气流在室内混合,影响工作区的环境温度。
- 机柜冷却效果好,可以用较小的风量达到机柜冷却的目的。
- 进入室内工作区和机柜内的气流洁净度好。
- 活动地板送风口可以采用带有调节阀门的方形、矩形或圆形风口,或者采用旋流风口,可增加气流速度的衰减程度,从而减少对工作人员的吹冷风感觉。

下送上回气流组织方式通常用在设备布置密度大、设备发热量大的大中型计算机机房和程控交换机机房。

4. 机房专用空调的选型

在选择机房专用空调时,通常应根据机房内设备发热量、机房面积、机房条件(包括层高,密封,装修,室外机安装位置等)以及当地气候条件估算所需空调设备的制冷量,进而选定设备型号。可以按照以下方法估算制冷量:

$$机房空调总负荷 Q = Q1 + Q2 + Q3 + Q4$$

其中:

- Q1 为太阳辐射热通过机房的屋顶、门窗、墙壁、楼板围护设备传入的热量和室内外气温不同形成的温差传入的热量。
- Q2 为计算机机房内电子设备的发热量,应按设备生产厂家提供的资料和设备配置的数量或容量来计算。
- Q3 为机房工作人员的散热量。
- Q4 机房照明灯发热量。

空调机制冷量通常在其总负荷基础上增加 5%~10%。

以上计算起来过于复杂,对于绝大多数机房(设备发热量一般),在无法准确计算机房内的设备发热量的情况下,当机房在单层建筑物内时,在进行机房专用空调选型时可直接按照 $290 \sim 350 \mathrm{W/m^2}$ 的标准进行设计。而为了安全起见,大多数情况下都按照 $350 \mathrm{W/m^2}$ 的标准进行设计。如机房面积为 $60\mathrm{m^2}$,每平方所需要的制冷量为 $350 \mathrm{W/m^2}$,则 $350 \mathrm{W/m^2} \times 60\mathrm{m^2} = 21\mathrm{kW}$,即应该选择空调制冷量为 $21\mathrm{kW}$ 的空调。当机房在多层建筑物内时,在进行机房专用空调选型时可按照 $175 \sim 290 \mathrm{W/m^2}$ 的标准进行设计。

【注意】 空调的制冷量是以其输出功率计算的。而空调匹数原指输入功率,指空调消耗的功率,1 匹 = 735W。平常所说的空调是多少匹,则是根据空调消耗功率估算出的空调制冷量,一般来说 1 匹的制冷量大约为 2324W。

机房新风量一般按以下条件确定:

- 卫生要求。机房是人员长期停留的空间,新鲜空气量应保证人体健康要求,通常取 $40\mathrm{m^3/h} \cdot \mathrm{p}$(立方米/小时·人)。
- 保证机房正压要求。为了防止外界环境空气渗入机房,破坏室内温湿度或空气洁净度,需要用一定量的新风来保持室内正压。通常室内正压应保持在 5~10Pa。
- 取机房空调总风量的 5%。

空调系统的新风量可取上述最大值。

10.2.2 实训内容

1. 认识计算机机房的空调系统

实地考察学校机房或计算机网络实验室的空调系统,了解该机房所使用的空调系统的基本情况,着重考察机房专用空调机的工作情况、技术指标和使用方法。了解该机房所采用的空调气流组织方式。

实地考察校园网或企业网络中心机房的空调系统,了解该机房所使用的空调系统的基本情况,着重考察机房专用空调机的工作情况、技术指标和使用方法。了解该机房所采用的空调气流组织方式。

2. 计算机机房空调系统的操作

目前绝大部分机房专用空调都采用了优秀的人机交互界面,不但提供大屏幕的 LCD 背光显示和精确的微电脑控制系统,还采用了先进的智能化控制技术,可以记录各主要部件的运行时间并设置参数自动保护。另外,很多机房专用空调还配备标准的监控接口,提供标准的通信协议,可以实现机组自动切换、远程开关机和远程管理功能。由于不同厂家计算机机房专用空调的操作方法及相应的后台控制软件不尽相同,这里不再赘述,可参考相应产品的使用手册或其他相关文档。

3. 计算机机房空调系统的维护

计算机机房日常管理工作中对空调的管理和维护,主要是针对空调的各个部件进行的。

(1) 控制系统的维护

对空调系统的维护人员而言,在巡视时第一步就是看空调系统是否在正常运行,因此首先要做以下工作:

- 从空调系统的显示屏上检查空调系统的各项功能及参数是否正常。
- 如有报警的情况要检查报警记录,并分析报警原因。
- 检查温度、湿度传感器的工作状态是否正常。
- 对压缩机和加湿器的运行参数要做到心中有数,根据参数的变化可以判断计算机机房中的计算机设备运行状况是否有较大的变化,以便合理地调配空调系统的运行台次和调整空调的运行参数。

(2) 压缩机的巡回检查及维护

对压缩机的巡回检查一般可采用以下方法:

- 用听声音的方法,能较正确的判断出压缩机的运转情况。因为压缩机运转时,它的响声应是均匀而有节奏的。如果它的响声失去节奏,而出现了不均匀噪声时,即表示压缩机的内部机件或气缸工作情况有了不正常的变化。
- 用手摸的方法,可了解压缩机的发热程度,能够大概判断是否在超过规定压力、规定温度的情况下运行压缩机。
- 可以从视镜观察制冷剂的液面,看是否缺少制冷剂。
- 通过测量在压缩机运行时的电流及吸、排气压力,能够比较准确地判断压缩机的运行状况。

(3) 冷凝器的巡回检查及维护

对专业空调冷凝器的维护相当于对空调室外机的维护,通常应注意以下方面:

- 首先需要检查冷凝器的固定情况,看对冷凝器的固定件是否有松动的迹象,以免对冷媒管线及室外机造成损坏。
- 检查冷媒管线有无破损的情况,检查冷媒管线的保温状况,特别是在北方地区的冬天,这是一件比较重要的工作,如果环境温度太低而冷媒管线的保温状况又不好的话,对空调系统的正常运转有一定的影响。
- 检查风扇的运行状况:主要检查风扇的轴承、底座、电机等的工作情况,在风扇运行时是否有异常震动及风扇的扇叶在转动时是否在同一个平面上。

- 检查冷凝器下面是否有杂物影响风道的畅通，从而影响冷凝器的冷凝效果；检查冷凝器的翅片有无破损的状况。
- 检查冷凝器工作时的电流是否正常，从工作电流也能够进一步判断风扇的工作情况是否正常。
- 检查调速开关是否正常。一般的空调的冷凝器都有两个调速开关，分为温度和压力调速，现在比较新的控制技术采用双压力调速控制，因此我们在检查调速开关时主要是看在规定的压力范围内，调速开关能否正常控制风扇的启动和停止。

（4）蒸发器、膨胀阀的巡回检查及维护

蒸发器、膨胀阀的维护主要是检查蒸发器盘管是否清洁，是否有结霜的现象出现，以及蒸发器排水托盘排水是否畅通，如果蒸发器盘管上有比较严重的结霜现象或在压缩机运转时盘管上的温度较高的话（通常状况下，蒸发器盘管的温度应该比环境温度低 10℃左右），就应当检查压缩机的高、低压；如果压力正常的话，就应考虑膨胀阀的开启量是否合适。当然出现这种现象也有可能是由其他环境的原因引起的，比如空调的制冷量不够、风机故障引起风速过慢等原因。

（5）加湿系统的巡回检查及维护

由于各个地方的空气环境不同，对加湿器的使用和影响也不一样，对加湿系统的巡回检查通常应注意以下方面。

- 观察加湿罐内是否有沉淀物质。目前空调的加湿罐一般都是电极式的，如果沉淀物过多而又不及时冲洗的话，就容易在电极上结垢从而影响加湿罐的使用寿命。当然有些加湿罐的电极是可以更换的。
- 检查上水和排水电磁阀的工作情况是否正常。在加湿系统工作的过程中，有一种情况经常出现，但又不容易判断，即在空调系统正常工作的时候，由于某种原因出现了一段时间的停水，后又恢复供水，在恢复供水后加湿罐不能够正常上水。引起这种现象的主要原因是停水后的空气进到进水电磁阀前端，对进水电磁阀的正常开启造成了一定的影响。解决这种现象有两种比较有用的办法，一是卸开进水口，排掉空气；二是关掉加湿系统的电源，重新给电磁阀上电。
- 检查加湿罐排水管道是否畅通，以便在需要排水和对加湿罐进行维修时顺利进行。
- 检查蒸汽管道是否畅通，保证加湿系统的水蒸气能够正常为计算机设备加湿。
- 检查漏水探测器是否正常，因为排水管道如果不畅通的话，就容易出现漏水的情况；如果漏水探测器不正常的话，就易出现事故。当然，对一般的空调系统而言，漏水探测器是选件，如果空调系统未配有漏水探测器，那么更要注意监测排水管道是否畅通，同时也要做好机房防水墙的维护工作。

（6）空气循环系统的巡回检查及维护

对空气循环系统的巡回检查及维护应主要考虑空调系统的过滤器、风机、隔风栅及到计算机设备的风道等因素，通常要做好以下工作。

- 计算机机房的设备经常有设备移动的现象，而设备的移动可能不是由空调设备的维护人员去完成，因此在设备移动后应及时检查机房内的气流状况，看是否有气流短路的现象发生，同时在新设备的位置是否存在送风阻力过大的情况。

- 检查空调过滤器是否干净,如果脏了就应及时更换或清洗。
- 检查风机各部件的紧固情况及平衡,检查轴承、皮带、共振等情况,风机能否正常运行是空调系统能否正常运行的最后体现。风机最重要的部分是电机,在日常维护中应首先查看其皮带的状况、主从动轮是否在同一面上等。
- 测量电机运转电流,看是否在规定的范围内。根据测得的参数也能够判断电机是否正常运转。
- 测量温、湿度值,与面板上的显示值进行比较,如有较大的误差,应进行温度、湿度的校正;如误差过大应分析原因。出现这种情况通常有两种原因:一是控制板出现故障;二是温度、湿度探头出现故障需要更换。
- 检查隔风栅的关闭情况,这是针对已经停机的空调而言的。因为一台空调停止运行,如果隔风栅未关闭其温度、湿度探头,则检测到的是其他空调的出口的温度和湿度,在空调下一次开启时控制系统就会根据其先前检测到的参数而对空调系统的运行情况做出控制,这时空调控制系统就会对压缩机、加湿、除湿系统地运行情况发出错误的指令。因为这种影响的时间较短,大多数空调设计时都没有考虑这种状况对空调系统的影响,但在要求很高的计算机机房中可以为空调系统人为地增加隔风栅。
- 检查计算机及其他需要制冷的设备进风侧的风压是否正常,因为随着计算机设备的搬迁和增加,地板下面的线缆的增加有可能就影响空调系统的风压,从而造成计算机及其他设备跟前的静压不够,这就需要对空调系统的风道做出相应的调整或增加空调设备。

当然不同品牌和型号的机房专用空调在进行巡回检查和维护时需要注意的问题不尽相同,而且随着空调设备技术的不断提高,有些巡回检查和维护工作也不需要人工去完成了。因此在实际工作中,管理和维护人员必须认真学习所使用空调设备的用户手册或相关文档,制订切实可行的维护方案。

任务 10.3　管理消防系统

【实训目的】
(1) 了解计算机机房消防系统的基本知识。
(2) 了解计算机机房消防系统设备的操作和管理方法。

【实训条件】
(1) 学校计算机机房或计算机网络实验室。
(2) 可供参观的校园网或企业网络中心机房。

10.3.1　相关知识

由于计算机机房存在着大量用电设备,很容易因设备故障而引起火灾,因此在计算机机房内必须安装消防设备。

1. 计算机机房火灾防护的特殊性

计算机机房的消防系统是整个建筑物消防系统的一部分,可以纳入建筑物整体消防系统的建设中,并与建筑物的相关系统实现联动。但计算机机房不同于建筑物其他房间,对火灾防护具有特殊的要求,在安装机房消防系统时必须予以考虑。

(1)计算机机房及其设备的特点

通常计算机机房的空间结构可以被天花板和高架地板分成三层。计算机、网络设备及其他相关辅助设备置于天花板与高架地板之间,而在高架地板下或天花板以上通常会铺设大量的电缆。一般计算机机房的起火因素主要是由电气过载或短路引起的,燃烧的主要区域通常在高架地板下或天花板以上,塑料绝缘线一旦燃烧将产生大量腐蚀性烟雾,但温度上升会相对较慢。

计算机机房的电子设备包含很多塑料和纸质元件,这些易燃物质会迅速燃烧并产生热量、浓烟和腐蚀性气体。而且这些设备只能在很窄的温度、湿度范围内工作。烟雾、腐蚀性气体和水都会对设备造成损害。

(2)计算机机房火灾侦测的影响因素

消防报警系统是目前建筑物消防系统的基本组成部分,其主要方式是在易燃区域设置烟感和温感探测器,侦测区域内温度或烟雾浓度的变化并及时报警。而以下因素可能会对计算机机房的火灾侦测产生负面影响。

① 机柜及防护箱

计算机主机或网络设备通常会安装在机柜或防护箱内,而目前很多机柜和防护箱内会装有内部风扇、空调或者水制冷系统以保证设备的工作环境。而这对于现场工作的烟感探测器的传输时间会产生负面影响,包括以下方面。

- 机柜本身会限制烟雾流动,延长烟雾离开火源到达安装在天花板上或其他位置的烟感探测器的时间。
- 机柜内部风扇或制冷系统等会稀释和冷却烟雾,降低它的浮力,这会引起烟雾分层,延长烟感探测器的反应时间。

② 空调系统

烟雾的传输还可能被空调系统阻挡,空调系统通常使用每小时 15~60 次的换气率。这种换气率对现场方式工作的探测器有以下负面影响。

- 烟雾被稀释,因此需要很长时间才能达到触发探测器所需的烟雾浓度级别。
- 空调系统的抽取和排放的通风配置会把烟雾推入或推出探测器。因此,空调系统通常会使得现场方式工作的探测器反应更慢或者失效。

③ 电缆

目前计算机网络电缆基本都经过了防火剂处理,增加了耐燃性,这虽然可以阻止火势蔓延,但其燃烧产物更具有腐蚀性,也增加了火灾侦测的困难。

2. 计算机机房消防系统的基本要求

根据我国国家标准《电子计算机机房设计规范》及其他相关标准,通常计算机机房的消防系统应符合以下要求。

(1)一般规定

- 计算机主机房、基本工作间应设二氧化碳或卤代烷灭火系统,并应按现行有关规范要求执行。

- 计算机机房应设火灾自动报警系统,并应符合国家标准《火灾自动报警系统设计规范》的规定。
- 报警系统和自动灭火系统应与空调、通风系统联锁。当有火灾报警时,自动切断供电回路、关闭楼宇新风系统机房处的送风排风阀门。空调系统所采用的电加热器,应设置无风断电保护。

（2）消防设施

- 凡设置二氧化碳或卤代烷固定灭火系统及火灾探测器的计算机机房,其吊顶的上、下及活动地板下,均应设置探测器和喷嘴。
- 主机房宜采用感烟探测器。当设有固定灭火系统时,应采用感烟、感温两种探测器的组合。
- 当主机房内设置空调设备时,应受主机房内电源切断开关的控制。机房内的电源切断开关应靠近工作人员的操作位置或主要出入口。

（3）其他措施

- 计算机机房内严禁存放易燃、易爆物品,如酒精、汽油等;也不要将可燃物品堆放在计算机附近,如棉丝、纸张等。计算机机房要禁止吸烟及随意动火。
- 计算机机房操作完毕要及时切断电源,通电运行时,要监护使用。检修计算机时,必须先关闭电源,再进行作业。
- 机房出口应设置向疏散方向开启且能自动关闭的门,并应保证在任何情况下都能从机房内打开。
- 凡设有卤代烷灭火装置的计算机机房,应配置专用的空气呼吸器或氧气呼吸器。
- 计算机机房内存放废弃物应采用有防火盖的金属容器。
- 计算机机房内存放记录介质应采用金属柜或其他能防火的容器。

3. 计算机机房灭火剂的选用

计算机机房的特点决定了其不能使用传统的水、泡沫、干粉等灭火剂,而应该选用在常温下能迅速蒸发,不留下蒸发残余物,并且非导电、无腐蚀的气体灭火剂。气体消防灭火系统是将某些具有灭火能力的气态化合物(常温下)储存于常温高压或低温低压容器中,在火灾发生时通过自动或手动控制设备施放到火灾发生区域,从而达到灭火目的。目前常用的气体灭火剂有以下几种。

（1）卤代烷(1211、1301)

卤代烷灭火剂是以卤素原子取代一些低级烷烃类化合物中的部分或全部氢原子后所生成的具有一定灭火能力的化合物的总称,又称 Halon(哈龙)灭火剂。它作为一种清洁灭火剂曾得以大力推广,广泛应用于各种电力电子设备房,但后来人们发现卤代烷是破坏大气臭氧层的元凶之一,根据 1991 年通过的《蒙特利尔议定书(修正案)》,各发达国家已全面停止使用卤代烷,我国也于 2005 年和 2010 年分别对 1211 和 1301 灭火剂全面停用。

（2）二氧化碳

二氧化碳(CO_2)是地球大气成分之一,用作灭火剂始于 19 世纪,已有 100 多年的历史。它在常温常压下是一种无色、无味、不导电、化学上呈中性、无腐蚀的气体,其灭火机理主要是稀释氧气,起窒息作用,亦有一定的冷却效果,可用于档案室、电力电子设备房等处的灭火设备。近年来,有人对 CO_2 应用于电子设备房提出质疑,主要原因是它对人体的致死浓度为20%,而最低灭火浓度却为34%(计算机机房设计浓度≥40%),国内外均有致死致残的事例。另外,其喷射时有较强烈的冷冻效应,房内物品结霜,空气冷凝出现浓雾,此过程虽然非常短暂,但对磁记录设备是有影响的。尽管对 CO_2 灭火剂存在质疑,但由于其良好的灭火性能和极低廉的药剂价格,在计算机机房中仍然得到了较广泛的应用。

(3) FM200

FM200 又称七氟丙烷或 HFC-227ea,常温下气态,无色、无臭、不导电、无腐蚀、无环保限制,大气存留期较短。其灭火机理与卤代烷相同,为中断燃烧链。其灭火速度极快,这对抢救性保护精密电子设备及贵重物品是有利的。FM200 在电子设备房的设计浓度为8%,低于其 NOVEL 浓度9%,对人体安全。喷射时有薄雾和一定冷冻作用,但并不严重影响能见度和人员逃生。药剂储存压力一般为 2.5MPa 或 4.2MPa,喷射延时一般为 10~30s,以便疏散防护区人员。FM200 除设计浓度稍高外,其性能特点均近似于卤代烷1301,在有人场所比 1301 更具安全性。其最大的缺点是药剂价格高,为 1301 药剂的2.5倍。目前 FM200 作为卤代烷的过渡性替代物在我国已得到广泛应用。

(4) INERGEN

INERGEN(烟烙尽)又称 IG-541,它是由氮气、氩气和二氧化碳以 52:40:8 的体积比例混合而成的一种灭火剂。它的三个组成成分均为不活泼气体,为大气基本成分,无色、无味、不导电、无腐蚀、无环保限制,在灭火过程中无任何分解物。其灭火机理为稀释氧气、窒息灭火。其中二氧化碳主要起刺激人体呼吸作用,使人体在低于12%的氧气浓度时仍能通过加快呼吸深度和频率而获得足够氧气,而在此氧气浓度下燃烧将无法继续。喷放时环境温度变化小,且不影响能见度,只要较好地控制设计浓度,应该说是一种较完美的灭火剂,但在喷射前还是应有足够延时以使人员撤离。其缺点是喷放时噪声大,储存瓶组多,储存压力在常温下(21℃)为 15MPa,喷射时喷口的最低压力为 2.24MPa。高压增加了危险性,也相对容易泄漏,管道管件材料以及安装、维护水平要求也较高。

计算机机房在选择灭火剂时,应考虑清洁、环保、灭火迅速、技术成熟以及对人体安全、投资适度等因素,目前 FM200 和 INERGEN 都是不错的卤代烷替代物,但这两种灭火剂造价较高,在某些情况下(如小型机房、人员较少停留的场所)可采用二氧化碳灭火剂。

10.3.2 实训内容

1. 认识计算机机房的消防系统

不同类型的计算机机房使用的消防系统不尽相同,一般小型机房可以使用小型气体灭火器,大型机房应设置火灾自动报警装置、气体消防灭火系统和应急广播。图 10-7 给出了一种气体消防灭火系统的组成结构示意图。

实地考察学校机房或计算机网络实验室的消防系统,了解该机房所使用的消防系统的基本情况,着重考察该消防系统由哪些部分组成以及各部件的安装位置,了解消防系统的工作过程和使用方法。

实地考察校园网或企业网络中心机房的消防系统,了解该机房所使用的消防系统的基本情况,着重考察该消防系统由哪些部分组成以及各部件的安装位置,了解消防系统的工作

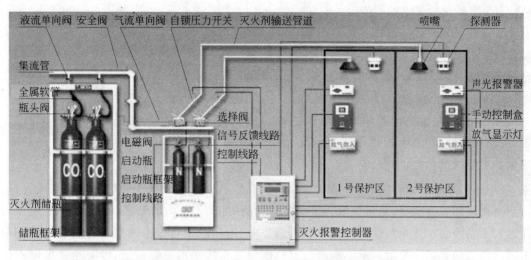

图 10-7 一种气体消防灭火系统的组成结构示意图

过程和使用方法。

2. 计算机机房消防系统的操作

（1）气体消防灭火系统的操作

气体消防灭火系统按装配形式可分为管网灭火系统和无管网灭火系统。管网灭火系统应设有自动控制、手动控制和机械应急操作三种启动方式，无管网灭火系统应设有自动和手动两种启动方式。

① 自动控制

将灭火控制器上的控制方式选择键拨至"自动"位置，灭火系统即处于电气自动控制状态。当保护区发生火情时，火灾探测器发出火灾信号，经报警控制器确认后，灭火控制器即发出声、光报警信号，同时发出联动指令，相关设备联动，经过一段延时，发出灭火指令，打开电磁瓶头阀释放启动气体，启动气体通过启动管路打开相应的选择阀和瓶头阀，释放灭火剂，实施灭火。

② 手动控制

将灭火控制器上的控制方式选择键拨至"手动"位置，灭火系统即处于电气手动控制状态。当保护区发生火情时，可按下手动控制盒或灭火控制器上"启动"按钮，灭火控制器即发出声、光报警信号，同时发出联动指令，相关设备联动，经过一段延时，发出灭火指令，打开电磁瓶头阀释放启动气体，启动气体通过启动管路打开相应的选择阀和瓶头阀，释放灭火剂，实施灭火。

③ 机械应急操作

当保护区发生火情且灭火控制器不能有效地发出灭火指令时，应立即通知有关人员迅速撤离现场，打开或关闭联动设备，然后拔除相应保护区电磁瓶头阀上的止动簧片，压下电磁瓶头阀手柄，即打开电磁瓶头阀，释放启动气体。启动气体打开相应的选择阀、瓶头阀，释放灭火剂，实施灭火。

不同气体消防灭火系统的操作方法有所不同，实际操作时需认真阅读相应产品的操作手册或其他相关文档。

（2）二氧化碳灭火器的使用

二氧化碳灭火器主要用于扑救贵重设备、档案资料、仪器仪表、600 V 以下电气设备及油类的初起火灾。在小型计算机机房可以配置手提式二氧化碳灭火器，如图 10-8 所示。

在使用时，应首先将灭火器提到起火地点，放下灭火器，拔出保险销，一只手握住喇叭筒根部的手柄，另一只手紧握启闭阀的压把。对没有喷射软管的二氧化碳灭火

图 10-8　手提式二氧化碳灭火器

器，应把喇叭筒往上扳 $70°\sim90°$。使用时，不能直接用手抓住喇叭筒外壁或金属连线管，以防止手被冻伤。灭火时，当可燃液体呈流淌状燃烧时，使用者将二氧化碳灭火剂的喷流由近而远向火焰喷射。如果可燃液体在容器内燃烧时，使用者应将喇叭筒提起。从容器的一侧上部向燃烧的容器中喷射。但不能将二氧化碳射流直接冲击可燃液面，以防止将可燃液体冲出容器而扩大火势，造成灭火困难。在室外使用二氧化碳灭火器时，应选择上风方向喷射；在室内窄小空间使用时，灭火后操作者应迅速离开，以防窒息。

3. 计算机机房消防系统的维护

（1）二氧化碳灭火器的维护

对于二氧化碳灭火器的维护主要应注意以下问题。

- 灭火器应存放在阴凉、干燥、通风处，不得接近火源，环境温度应在 $-5\sim45℃$ 之间。
- 灭火器每半年应检查一次重量，用称重法检查。称出的重量与灭火器钢瓶底部打的钢印总重量相比较，如果低于钢印所示量 50 g，应送维修单位检修。
- 每次使用后或每隔五年，应送维修单位进行水压试验。水压试验压力应与钢瓶底部所打钢印的数值相同，水压试验同时还应对钢瓶的残余变形率进行测定，只有水压试验合格且残余变形率小于 6 的钢瓶才能继续使用。

（2）气体消防灭火系统的维护

气体消防灭火系统的维护保养比较复杂，一般应由专业的维护人员定期进行检修，具体操作应参阅系统的相关手册。通常应注意以下几个方面。

① 对防护分区环境的维护保养

- 检查保护区必要的出入通道是否通畅无阻；各种报警信号和安全标志是否清洁、齐全并醒目易见；采光照明和事故照明是否完好。
- 检查烟感、温感探测器外表面是否清洁、无灰尘和环境污染（例如轻质粉尘、漆等），以保证其灵敏度；检查喷嘴孔口是否无堵塞。

② 对灭火剂储存容器的维护保养

每年对灭火剂储存容器进行称重或检查储存压力，若低于允许值极限位置以下，必须予以重新灌装或替换。

③ 对灭火控制器的维护保养

- 电源、指示灯的可靠程度检查。
- 灭火控制器的启动试验的工作情况是否正常。

④ 对系统的维护保养

- 检查电磁阀与控制阀的连接导线是否完好,端子是否松动或脱落。
- 从启动钢瓶上卸下电磁阀,检查其动作是否灵活。
- 卸下报警及控制系统与执行机构的连接装置,用模拟试验方法,检查自动控制、报警及延时功能的灵敏度和动作可靠性。
- 检查储存容器开启机构的灵活可靠性。
- 检查灭火剂储存容器阀和启动容器阀的安全装置和管路安全阀放气口。
- 检查所有钢瓶外表有无腐蚀和镀层脱落现象。
- 对系统中所有软管进行外观检查,若发现有任何缺陷,则更换或对软管进行耐压试验。
- 将止回阀从系统上卸下,检查其密封情况和开启动作灵活程度。
- 用气动和手动方式,检查所有选择阀的开启动作是否灵活可靠。

习　题　10

1. 判断题

(1) 传输信号的网络电缆和电源线之间应该避免相互串扰,在铺设电缆时应注意不要使网络信号电缆与电源线并行走线。　　　　　　　　　　　　　　　　　　　　　　　(　)

(2) UPS 应尽量不接电感性负载,因为电感性负载的关闭会影响 UPS 电源的寿命。　(　)

(3) UPS 电源应该长期处于开机状态,尽量减少开关机次数。　　　　　　　　　(　)

(4) 高频化对 UPS 电源减小体积、降低成本,以及对非线性负载有更好的响应等方面起着重要的作用。　　　　　　　　　　　　　　　　　　　　　　　　　　　　　　(　)

(5) 压缩制冷系统由制冷压缩机、冷凝器、蒸发器和节流阀四个基本部件组成。　　(　)

(6) 在制冷系统中,压缩剂是输送冷量的设备,制冷剂在其中吸收被冷却物体的热量实现制冷。(　)

(7) 在制冷系统中,制冷剂在系统中经过蒸发、压缩、冷凝和节流四个基本过程完成一个制冷循环。

　　　　　　　　　　　　　　　　　　　　　　　　　　　　　　　　　　　(　)

(8) 计算机系统工作的稳定与否与环境条件好坏没有直接关系。　　　　　　　　(　)

(9) 计算机机房对温度及洁净度没有太高的要求。　　　　　　　　　　　　　　(　)

(10) 灰尘落到电子器件上,会产生尘膜,既影响散热又影响绝缘效果,甚至产生短路。(　)

(11) 计算机机房并不要求空调全年制冷运行。　　　　　　　　　　　　　　　　(　)

(12) 电器超长时间运行,导致发热或产生故障不会引起火灾。　　　　　　　　　(　)

(13) 灭火的原理就是破坏燃烧的条件,使燃烧反应过程终止。其基本原理可归纳为冷却、窒息、隔离和化学抑制等。　　　　　　　　　　　　　　　　　　　　　　　　　　　(　)

(14) 火灾自动报警装置是将燃烧产生的烟雾、热量和光辐射等物理量,通过感温、感烟和感光等火灾探测器变成电信号,发出警报的。　　　　　　　　　　　　　　　　　　　　　　(　)

(15) 火灾自动报警装置绝不会产生误报的情况。　　　　　　　　　　　　　　　(　)

(16) 机房内的各类熔丝可以使用铜、铁、铝线代替。　　　　　　　　　　　　　(　)

(17) 机房空调的安装位置不要靠近窗帘、门帘等悬挂物,以免卷入电动机而使电动机发热起火。(　)

(18) 机房重在存储系统,供电系统的稳定性和可靠性不是很重要。　　　　　　　(　)

(19) 在电网质量较高的大城市里,是不需要 UPS 不间断电源给机房供配电的,只有在偏远山区才

需要。　　　　　　　　　　　　　　　　　　　　　　　　　　　　　　　　　　　　　（　　）

(20) UPS 电源的最大优点是：当突然停电时，它可以为计算机系统和设备供电一段时间。　（　　）

(21) 主机房内维修和测试用电源插座可以共用一个，且同时使用也可以。　　　　　　　（　　）

(22) 计算机内许多敏感电路容易受外界空间电磁场的干扰，但这不会影响计算机的正常工作。（　　）

(23) 静电会损害半导体逻辑电路。　　　　　　　　　　　　　　　　　　　　　　　　（　　）

(24) 由于主机房内采用的活动地板可由钢、铝或其他阻燃性材料制成。所以，允许金属部分暴露在地板表面。　　　　　　　　　　　　　　　　　　　　　　　　　　　　　　　　　　　（　　）

(25) 导静电地面、活动地板、工作台面和座椅垫套必须进行静电接地。　　　　　　　　（　　）

(26) 计算机机房不仅要求温度的波动幅度不得超过规定的范围，而且对温度变化的梯度有明确的要求。　　　　　　　　　　　　　　　　　　　　　　　　　　　　　　　　　　　　（　　）

(27) 对设备布置密度大、设备发热量大的主机房，宜采用活动地板下送上回的送风方式。（　　）

(28) 当发现空调滴水、漏水时，应检查排水管是否扭曲、压扁，是否破裂，排水管出口是否浸在水中。　　　　　　　　　　　　　　　　　　　　　　　　　　　　　　　　　　　（　　）

(29) 当感觉空调噪声较大时，应先确认声音是否源自空调，然后检查空调启动或停机时，内机塑料件因温度变化发生膨胀的声音是否正常。　　　　　　　　　　　　　　　　　　　　　　（　　）

(30) 通信设备的计算机系统属于高电平系统。　　　　　　　　　　　　　　　　　　（　　）

2. 单项选择题

(1) 计算机地线系统不与大地相接，而是与大地严格绝缘，称为（　　）。

　　A. 直流悬浮接地　　　　　　　　　　　　B. 接大地

　　C. 交流接地　　　　　　　　　　　　　　D. 防雷保护接地

(2) 在线式 UPS 的运行使市电经过（　　）的变换，真正做到市电与负载的隔离，因此负载得到的电源是真正的无污染、无中断的电源。

　　A. AC→DC→AC　　　　　　　　　　　　B. DC→AC→DC

　　C. AC→AC→DC　　　　　　　　　　　　D. DC→DC→AC

(3) 为延长 UPS 电源的使用寿命，总负载功率应小于 UPS 额定输入功率的（　　）。

　　A. 90%　　　　　　B. 80%　　　　　　C. 70%　　　　　　D. 60%

(4) 与相同制冷量的普通空调相比，机房专用空调机的循环风量约（　　），相应的焓差值只有一半。

　　A. 大 2 倍　　　　　B. 大 1.5 倍　　　　C. 大 1 倍　　　　　D. 小 1 倍

(5) 电子计算机中心建筑物的耐火等级不应低于（　　）。

　　A. 一级　　　　　　B. 二级　　　　　　C. 三级　　　　　　D. 四级

3. 多项选择题

(1) 计算机机房的供配电系统包括（　　）。

　　A. 机房电源系统　　B. 机房照明系统　　C. 通风系统　　　　D. 接地系统

(2) 计算机整个供配电系统所提供的电源按照用途可以分为（　　）三类。

　　A. 照明电源　　　　B. 主机电源　　　　C. 外围设备电源　　D. 辅助设备电源

(3) UPS 电源是由（　　）组成的一种电源设备。

　　A. 电力变流器　　　B. 储能装置　　　　C. 散热器　　　　　D. 开关

(4) UPS 的供电方式可分为（　　）两种。

　　A. 线性供电　　　　B. 环形供电　　　　C. 集中供电　　　　D. 分散供电

(5) 下列属于 UPS 集中式供电方式的特点有（　　）。

　　A. 便于管理　　　　B. 布线要求高　　　C. 可靠性高　　　　D. 成本高

(6) 下列属于 UPS 分散式供电方式的特点有（　　）。

　　A. 便于管理　　　　B. 布线要求高　　　C. 可靠性高　　　　D. 成本低

(7) 下列需要交流工作接地的设备有( )。

    A. 计算机   B. 变压器   C. 空调设备   D. 机柜

(8) UPS 按照工作方式主要分为( )两种。

    A. 在线式   B. 离线式   C. 后备式   D. 直流式

(9) 下列属于后备式 UPS 的特点的是( )。

    A. 线路简单   B. 价格便宜

    C. 对电网的抗干扰能力差   D. 适合于给精密设备供电

(10) 空调系统按照空气处理设备的装置情况来分,可以分为( )三类。

    A. 集中系统   B. 封闭系统   C. 半集中系统   D. 全分散系统

(11) 空调系统按照负担室内负荷所用的介质种类来分,可以分为( )。

    A. 全空气系统   B. 全水系统   C. 空气水系统   D. 冷剂系统

(12) 空调装置的故障可分为( )。

    A. 电路故障   B. 制冷系统故障   C. 机械方面的故障   D. 电源故障

(13) 下列属于空调机组日常检查的有( )。

    A. 清洗空气过滤器   B. 调整和清洗冷凝盘管

    C. 控制水冷冷凝器的污垢状态   D. 清洗排水管和控制排水

(14) 下列属于常用消防设施的有( )。

    A. 消火栓   B. 消防水龙头   C. 灭火器   D. 紧急火灾警报器

(15) 生活中引发火灾的主要因素有( )。

    A. 使用明火引发火灾   B. 电器设备引发火灾

    C. 雷击引发火灾   D. 人为的麻痹大意导致火灾

(16) 燃烧必须具备的三个条件为( )。

    A. 可燃物体   B. 电线   C. 空气   D. 明火或一定的温度

(17) 当( )时,应采用交流不间断电源系统供电。

    A. 需要保证顺序断电安全停机   B. 采用备用电源自动投入方式能满足要求

    C. 计算机系统实时控制   D. 一般稳压稳频设备不能满足要求

(18) 对电磁辐射干扰的防护需注意( )。

    A. 机房活动地板下部的电源线应尽可能远离计算机信号线,并避免并排铺设

    B. 应该设计屏蔽机房

    C. 主机房内采用的活动地板可由橡胶材料制成

    D. 主机房内的工作台面及座椅垫套材料应是防磁的

(19) UPS 使用维护注意事项包括( )。

    A. 按照正确的开机、关机顺序进行操作   B. 禁止频繁地关闭和开启 UPS 电源

    C. 定期清除 UPS 电源内的积尘   D. 控制电源温度不要过高

(20) 以下说法正确的是( )。

    A. UPS 电源的摆放应避免阳光直射,并留有足够的空间以便通风散热

    B. 为了让 UPS 更好地工作,应该定期对 UPS 电源的蓄电池组过度放电

    C. 长期不用的 UPS 电源,在重新开机使用之前,最好先不要加负载

    D. UPS 电源的最大启动负载最好控制在 80% 之内

(21) 机房环境的特点有( )。

    A. 热负荷强度高   B. 温度要求稳定   C. 气流组织形式多样   D. 洁净度高

(22) UPS 使用时应注意( )。

    A. UPS 电源摆放应避免阳光直射

B. 对 UPS 电源的蓄电池组充电时严禁超过其额定电流

C. UPS 电源不能长期连续运行,一般不能超过 24h

D. UPS 电源不宜由柴油发电机供电

(23) 对空调系统运行状况的检查项目有(　　)。

  A. 每年都要补充制冷剂　　　　　　　　B. 空调电源是否正常

  C. 空调设备是否正常制冷　　　　　　　D. 空调表面是否有破损

(24) 空调器压缩机运转时振动和噪声过大,可能的原因有(　　)。

  A. 安装不当　　　　　　　　　　　　　B. 压缩机不正常振动

  C. 风扇碰击　　　　　　　　　　　　　D. 风扇内有异物

(25) 计算机机房的温度过高会(　　)。

  A. 使电子芯片穿透电流成倍增大　　　　B. 引起 PN 结的温度进一步升高

  C. 改变电阻值　　　　　　　　　　　　D. 引起电解电容器的容量变化

4. 问答题

(1) 计算机机房常用的供配电方式有哪些类型?各有什么特点?

(2) 简述 UPS 的作用。

(3) 简述后备式 UPS 电源和在线式 UPS 电源的区别。

(4) 在计算机机房中一般应如何设置电源插座?

(5) 简述机房专用空调与一般舒适型空调的区别。

(6) 机房空调的气流组织方式有哪些?分别适合什么样的机房环境?

(7) 计算机机房通常应选择什么类型的灭火剂?目前常用的灭火剂有哪几种?